675

BIBLIOTHEQUE

DES PHILOSOPHES,

modèle

ALCHIMIQUES,

OU HERMETIQUES,

TOME QUATRIE'ME.

BIBLIOTHEQUE DES PHILOSOPHES,

ALCHIMIQUES,

OU HERMÉTIQUES;

CONTENANT

Plusieurs Ouvrages en ce genre très-curieux & utiles, qui n'ont point encore parus, précédés de ceux de Philalethe, augmentés & corrigés sur l'Original Anglois, & sur le Latin.

TOME QUATRIE'ME.

A PARIS,

Chez ANDRÉ-CHARLES CAILLEAU,
Libraire, Quay des Augustins, à
l'Espérance & à S. André.

M. DCC. LIV.

Avec Approbation & Privilége du Roy.

Les trois premiers Volumes se vendent chez le même Libraire.

TABLE
DES TRAITÉS

Contenus dans ce quatriéme Volume.

PREMIERE PARTIE.

I. **P**Hilalethe, ou l'Amateur de la Vérité ;
Traité de l'entrée ouverte du Palais fermé du Roy,   Page 1

II. Explication de ce Traité de Philalethe
par lui-même ;   121

III. Expériences de Philalethe sur l'opération du Mercure philosophique,   138

IV. Explication par Philalethe de la Lettre
de Georges Riplée, à Edouard IV. Roi
d'Angleterre,   148

V. Principes de Philalethe, pour la conduite
de l'Oeuvre hermétique,   174

VI. L'Arche ouverte, ou la Cassette du petit
Payfan,   186

VII. Abrégé de l'Oeuvre hermétique, par
Philippe Rouillac Piedmontois Cordelier,   234

SECONDE PARTIE.

VIII. L'Elucidation, où l'éclaircissement du Testament de Raymond Lulle par lui-même, 297

IX. Explication très-curieuse des Enigmes & Figures hyéroglifiques, physiques, qui sont au grand Portail de l'Eglise Cathédrale & Métropolitaine de Notre-Dame de Paris, par Esprit Gobineau de Montluisant, Gentilhomme Chartrain, Amateur & Interpréte des vérités hermétiques, avec une Instruction préliminaire sur l'antique situation & fondation de cette Eglise, & sur l'état primitif de la Cité, 307

X. Le Pseautier d'Hermophile, envoyé à Philalethe, 394

XI. Traité d'un Philosophe inconnu, sur l'Oeuvre hermétique, 461

XII. Lettre Philosophique de Philovite à Héliodore, 511

XIII. Préceptes & Instructions d'Abraham Arabe, à son fils, 552

XIV. Traité du Ciel terrestre de Vincelas Lavinius de Moravie, 566

XV. Dictionnaire abrégé des termes de l'Art hermétique, 570

❖❖❖❖❖❖❖❖❖❖❖❖❖❖❖❖❖❖❖❖❖❖

APPROBATION.

J'Ai lû par ordre de Monseigneur le Chancelier, un Ma-
nufcrit qui a pour titre : *Suite de la Bibliothéque des
Philofophes Alchymiques, ou Hermétiques*, dans lequel
je n'ai rien trouvé qui puiffe en empêcher l'impreffion.
A Paris, ce 17 Octobre 1753.

CASAMAJOR.

PRIVILEGE DU ROI.

LOUIS, PAR LA GRACE DE DIEU, ROI DE
FRANCE ET DE NAVARRE : A nos amés &
féaux Confeillers, les Gens tenans nos Cours de Parle-
ment, Maître des Requêtes ordinaires de notre Hôtel, Grand
Confeil, Prévôt de Paris, Baillifs, Sénéchaux, leurs Lieu-
tenans Civils, & autres nos Jufticiers qu'il appartiendra ;
SALUT. Notre amé CAILLEAU, Libraire à Paris ; Nous
a fait expofer qu'il défireroit faire imprimer & donner au
Public un Ouvrage qui a pour titre : *Bibliothéque des Philofophes Alchymiques ou Hermétiques*, s'il Nous plai-
foit lui accorder nos Lettres de Privilége pour ce néceffaires. A CES CAUSES, voulant favorablement traiter l'Expofant, Nous lui avons permis & permettons par ces Préfentes de faire imprimer ledit Ouvrage, autant de fois que
bon lui femblera, & de le vendre, faire vendre & débiter par
tout notre Royaume, pendant le tems de *fix années* confécu-
tives, à compter du jour de la date des Préfentes ; Faifons
défenfes à tous Imprimeurs, Libraires & autres perfonnes, de
quelque qualité & condition qu'elles foient, d'en introduire
d'impreffion étrangére dans aucun lieu de notre obéïffance ;
comme auffi d'imprimer ou faire imprimer, vendre, faire
vendre, débiter ni contrefaire ledit Ouvrage, ni d'en faire
aucun Extrait, fous quelque prétexte que ce puiffe être, fans
la permiffion expreffe & par écrit dudit Expofant, ou de
ceux qui auront droit de lui, à peine de confifcation des
Exemplaires contrefaits, de trois mille livres d'amende contre chacun des contrevenans, dont un tiers à Nous, un tiers
à l'Hôtel-Dieu de Paris, & l'autre tiers audit Expofant, ou
à celui qui aura droit de lui, & de tous dépens, dommages
& intérêts ; à la charge que ces Préfentes feront enregiftrées
tout au long fur le Regiftre de la Communauté des Imprimeurs & Libraires de Paris dans trois mois de la date
d'icelles ; que l'impreffion dudit Ouvrage fera faite dans notre

VIII

Royaume, & non ailleurs, en bon papier & beaux caractères, conformément à la feuille imprimée, attachée pour modèle sous le contre-scel des Présentes : Que l'Impétrant se conformera en tout aux Réglemens de la Librairie, & notamment à celui du dix Avril mil sept cent vingt-cinq ; Qu'avant de l'exposer en vente le Manuscrit qui aura servi de Copie à l'impression dudit Ouvrage, sera remis dans le même état où l'Approbation y aura été donnée, ès mains de notre très-cher & féal Chevalier Chancelier de France, le Sieur DE LAMOIGNON, & qu'il en sera ensuite remis deux Exemplaires dans notre Bibliothéque publique, un dans celle de notre Château du Louvre, un dans celle de notredit très-cher & féal Chevalier Chancelier de France le Sieur DE LAMOIGNON, & un dans celle de notre très-cher & féal Chevalier Garde des Sceaux de France, le Sieur DE MACHAULT, Commandeur de nos Ordres : le tout à peine de nullité des Présentes ; du contenu desquelles Vous mandons & enjoignons de faire jouir ledit Exposant & ses ayans Causes pleinement & paisiblement, sans souffrir qu'il leur soit fait aucun trouble ou empêchement. Voulons que la Copie des Présentes qui sera imprimée tout au long au commencement ou à la fin dudit Ouvrage, soit tenue pour dûement signifiée, & qu'aux Copies collationnées par l'un de nos amés & féaux Conseillers-Secrétaires, foi soit ajoutée comme à l'Original. Commandons au premier notre Huissier ou Sergent sur ce requis, de faire pour l'exécution d'icelles, tous Actes requis & nécessaires, sans demander autre permission, & nonobstant clameur de Haro, Charte Normande, ou Lettres à ce contraires : CAR tel est notre plaisir. DONNÉ à Versailles, le vingt-neuviéme jour du mois de Décembre, l'an de Grace mil sept cent cinquante-trois ; Et de notre Règne le trente-huitiéme. Par le Roi en son Conseil.

P E R R I N.

Registré sur le Registre XIII. de la Chambre Royale des Libraires & Imprimeurs de Paris, N°. 271; Fol. 215. conformément aux anciens Réglemens, confirmés par celui du 28 Février 1723. A Paris, le 11 Janvier 1754.

DIDOT, Syndic.

PHILALETHE

PHILALETHE,

OU

L'AMATEUR DE LA VÉRITÉ.

TRAITÉ

DE

L'ENTRE'E OUVERTE

DU PALAIS 'FERME'

DU ROI.

Revû, corrigé & augmenté sur l'Original Anglois,
& sur la Traduction Latine,

Par PH... UR... Amateur de la Sagesse.

PRE'FACE.

JE suis un Philosophe adepte, qui ne me nommerai point autrement que PHILALETHE, nom anonyme, qui signifie *Amateur de la Vérité*; l'an de la rédemption du Monde, mil six cent quarante-cinq, ayant à l'âge de trente-trois ans acquis la connoissance des secrets de la Médecine, de l'Alchymie, &

Tome IV. A

de la Phyfique, j'ai réfolu de faire ce petit
Traité, pour rendre aux Enfans de la Science
ce que je leur dois ; & pour tendre la main
à ceux qui font engagez dans le Labyrinthe
de l'erreur [afin de les en retirer.] Défirant
par même moyen faire connoître aux Philofophes adeptes que je fuis leur Egal & leur
Confrere, & donner une lumiere à ceux qui
font égarez par les impoftures des Sophiftes,
qui les puiffe ramener dans le bon chemin,
pourvû qu'ils la veuillent fuivre. Car je prévois qu'il y en aura plufieurs qui feront éclai-
rez par mon Livre.

Ce ne font point des Fables, ce font des
Expériences réelles & effectives, que j'ai
vû, & que je fçai certainement, comme
tout homme, qui fera Philofophe, le pourra
aifément connoître par cet Ecrit. Et parce
que je ne le fais que pour le bien du Prochain, je puis dire hardiment, & l'on doit
fe contenter de l'aveu que j'en fais, que de
tous ceux qui ont écrit fur ce fujet, il n'y a
perfonne qui en parle fi clairement que moi,
& que j'ai été tenté plufieurs fois d'en abandonner le deffein, croyant que je ferois
beaucoup mieux de déguifer la vérité fous
le mafque de l'envie. Mais Dieu, à qui je
n'ai pu réfifter, & qui feul connoît les
cœurs, m'y a forcé. C'eft ce qui me fait
croire que dans ce dernier âge du Monde, il
y en aura plufieurs qui auront le bonheur de
poffeder ce précieux tréfor, parce que j'ai

écrit sincérement, & que je ne laisse aucun doute, pour ceux qui commenceront à s'appliquer à l'étude de cette Science, que je n'aye parfaitement éclairci.

Je connois même plusieurs personnes qui sçavent ce Secret aussi-bien que moi, & je ne doute point qu'il n'y ait encore plusieurs autres Philosophes, dont j'espére d'acquérir la connoissance de jour à autre, & en peu de tems. Dieu fasse par sa sainte volonté ce qu'il lui plaira. Je confesse que je suis indigne qu'il se serve de moi pour faire ces choses. Je ne laisse pas en ces mêmes choses d'adorer sa sainte volonté, à laquelle toutes les créatures doivent être soumises, puisque c'est pour lui seul qu'il les a créés, & que c'est pour lui seul qu'il les conserve, comme étant leur centre, & le point d'émannation & de retour de toutes les lignes de l'Univers.

CHAPITRE PREMIER.

De la nécessité du Mercure des Sages, pour faire l'œuvre de l'Elixir.

QUi voudra jouir de cette Toison d'or, doit sçavoir que notre Poudre aurifique, que nous appellons autrement notre Pierre, n'est autre chose que l'Or vulgaire qui a été porté par la digestion jusqu'au souverain dégré de pureté, & d'une subtile fixité, & que ce n'est que par la Nature, & par un industrieux artifice de notre Mercure,

qu'il peut être poussé à cette dernière perfection. Et cet Or, qui étant ainsi *essensifié*, est
appellé lors notre Or, ou l'Or des Philosophes, & non plus l'Or du vulgaire, est le
chef-d'œuvre de la Nature & de l'Art, &
tout ce qu'ils peuvent faire de plus parfait.
Je pourrois sur ce sujet rapporter l'autorité
de tous les Philosophes, mais je n'ai pas besoin de témoins, puisque je suis Philosophe
moi-même, & que j'en écris plus clairement
que pas un n'a fait avant moi. Le croie, le dé-
saprouve, & le contredise qui voudra, & qui
pourra, je suis assuré que toute la récompen-
se qu'il en aura, ce sera une profonde ignorance. Je sçai bien que les esprits rafinés se
forgent mille chiméres (sur notre Ouvrage;)
mais celui qui sera bien avisé, trouvera la
vérité dans la voie simple de la Nature.

Il faut donc poser pour un fondement assuré, qu'il n'y a qu'un seul & véritable principe pour de l'Or vulgaire en faire l'Or des
Philosophes. Mais il faut remarquer que notre Or, qui est celui que nous demandons
pour notre Ouvrage, est de deux sortes; car
il y en a un qui est un Or mûr & fixe, que
l'on appelle le Laton rouge, qui dans son
intérieur & dans son centre est un pur feu;
il est notre Mercure, Or solaire, soufre &
teinture du *Soleil*, Or philosophique, & le
germe de l'Or vulgaire. Voilà pourquoi il
conserve son corps dans le feu & lui résiste;
il s'y purifie (& s'y rafine;) de sorte qu'il
n'est point soumis à sa tyrannie ni à sa vio-

lence, & n'en reçoit aucun dommage. C'eſt
lui qui fait la fonction de mâle * dans notre
Ouvrage, & c'eſt pour cela qu'on le conjoint avec notre Or blanc, qui eſt plus crud,
& qui eſt la ſémence féminine dans laquelle
il jette la ſienne. Et enfin, ils ſe joignent &
s'uniſſent tous deux enſemble par un lien *indiſſoluble*, & cet Or blanc eſt l'Or vulgaire,
indigeſte, & qui veut être cuit, meurit, & parfait par notre Or, ſon principe & feu de nature. C'eſt ainſi que ſe fait notre Hermaphrodite qui eſt mâle & fémelle. L'Or corporel eſt donc mort avant qu'il ſoit conjoint
à ſon mâle, avec lequel le ſoufre *coagulant* qui eſt dans l'Or, eſt renverſé & tourné
du dedans en dehors [& d'interne & de caché qu'il étoit, devient externe & appa-
rent.] Ainſi la hauteur eſt cachée, & la profondeur eſt rendue manifeſte. Ainſi le fixe
eſt fait volatil pour un tems, afin de poſſé-
der après par droit d'héritage un état plus
noble, dans lequel il acquiert une fixation
très-puiſſante.

Il eſt donc évident que tout le Secret ne
conſiſte que dans le Mercure. Auſſi le Philoſophe parlant de lui, a dit : *Tout ce que
cherchent les Sages eſt dans le Mercure.* Et
Geber, *loué ſoit*, dit-il, *le Très-Haut qui a
créé notre Mercure, & qui lui a donné une*

* Voyez la Note ſur l'Art. XXIX. de l'explication faite
par Philalethe, en la deuxiéme Concluſion de la Lettre de
Georges Riplée à Edouard IV. Roi d'Angleterre.

A iij

nature qui furmonte tout. Car on peut bien dire que fans ce Mercure, les Alchymiftes auroient beau fe vanter, tout leur ouvrage ne feroit rien.

Il s'enfuit de-là que ce Mercure n'eft pas le Mercure vulgaire, mais celui des Philofophes. Car tout le Mercure du vulgaire eft mâle, c'eft-à-dire eft corporel, *fpécifié* & mort : mais le nôtre eft fpirituel, fémelle vivante & vivifiante, quoique comme androgin il faffe fonction de mâle fur l'Or en fon lien conjugal, comme l'ame fur l'efprit.

Remarque donc bien tout ce que je dirai du Mercure, parce que, comme dit le Philofophe, *notre Mercure eft le fel des Sages, fans lequel quiconque travaille reffemble à un homme qui voudroit tirer d'un arc fans corde.* Et fi pourtant il ne fe trouve point en aucun lieu fur la terre. Mais ce Mercure eft un enfant que nous avons formé, non pas en le créant, mais en le tirant hors des chofes dans lefquelles il eft ; & cela fe fait par la *coopération* de la Nature, par un moyen admirable, & par un induftrieux artifice.

CHAPITRE II.

Des principes qui compofent le Mercure des Sages.

LA plûpart de ceux qui travaillent en cet Art, n'ont point d'autre intention que de purger le Mercure de diverfes maniéres,

Car il y en a qui le subliment par le moyen des sels qu'ils lui ajoûtent ; d'autres [le nettoyent] de ses *fœces* & impuretés. Les autres le *vivifient* par lui-même, & ils s'imaginent après avoir réiteré leurs opérations, que moyennant cela le Mercure des Philosophes est fait. Et tous ceux-là se trompent, parce qu'ils ne travaillent pas dans la Nature, qui seule s'amende dans sa nature.

Qu'ils sçachent donc que notre Eau est composée de plusieurs choses, ce qui n'empêche pourtant pas qu'elle ne soit qu'une seule & unique chose, faite de diverses substances incorporées & unies ensemble, qui sont toutes d'une même essence. Car il faut que dans la façon de notre Eau il y ait premierement un feu, qui est le feu de toutes choses, & notre dragon igné. Secondement que le suc ou la liqueur de la saturnie végétale y soit ; & en troisiéme lieu le lien du Mercure.

Le feu qui s'y trouve, c'est le feu minéral du soufre, qui n'est pourtant pas proprement minéral, tant s'en faut qu'il soit métallique. Mais c'est une chose qui tient le milieu entre la mine & le métal, qui n'est ni l'une ni l'autre, & qui participe de tous les deux. C'est un Cahos ou un Esprit, parce que notre Dragon *igné*, quoiqu'il surmonte tout, est néanmoins pénétré par l'odeur de la saturnie végétale ; par l'union qui se fait de son sang avec le suc de la saturnie, il se

forme un corps admirable, qui n'eſt pourtant pas corps, parce qu'il eſt tout volatil,
& n'eſt pas auſſi eſprit, parce qu'il reſſemble à du métal fondu dans le feu. Il eſt donc
effectivement un cahos, qui eſt à l'égard de
tous les métaux comme leur mere; car je
ſçai extraire & tirer toutes choſes de lui, &
même je ſçai *tranſmuer* par lui le Soleil &
la Lune ſans l'Elixir; & qui l'a vû comme
moi, en peut rendre témoignage.

On appelle ce Cahos *notre Arſenic, notre
Air, notre Lune, notre Aimant, notre Acier;*
toutefois ſous diverſes conſidérations, parce
que notre Matiere paſſe par divers états [&
ſouffre divers changemens] auparavant que
le Diadême Royal ſoit tiré du Menſtrue de
notre Proſtituée.

Apprends donc à connoître quels ſont les
Compagnons de Cadmus, quel eſt le Serpent qui les devora; ce que c'eſt que le chêne
creux, * contre lequel Cadmus perça le Serpent d'outre en outre. Apprends à connoître
quelles ſont les Colombes de Diane, qui
vainquent le Lion en le flattant : Je veux
dire le Lion vert, qui eſt en effet le Dragon Babylonien, qui tue tout avec ſon venin. Enfin, apprends à ſçavoir ce que c'eſt
que le Caducée de Mercure, avec lequel il
fait des merveilles : Et ce que c'eſt que ces
Nymphes, qu'il infecte par ſes enchante-
mens, ſi tu veux jouir de ce que tu ſouhaites.

* Expreſſion de Flamel, pour ſignifier les Cendres.

CHAPITRE III.

De l'Acier des Sages.

LEs Sages ont laiſſé à la poſterité beaucoup de choſes qu'ils ont dit de leur
Acier, & ils ne lui ont pas pu attribué de
vertu. De-là vient cette grande diſpute qui
eſt entre les Alchymiſtes vulgaires, pour
ſçavoir ce qu'il faut entendre par ce nom
d'Acier : pluſieurs l'ont expliqué diverſe-
ment. L'Auteur de *la nouvelle Lumiere
Chymique* [qui eſt connu ſous le nom de
Coſmopolite] en parle ingénuement, mais
avec obſcurité. Pour moi, qui ne veux rien
céler par envie à ceux qui s'appliquent à cette
Science, je le décrirai ſincérement.

Notre Acier eſt la véritable clef de notre
Oeuvre, ſans lequel le feu de la Lampe ne
peut être allumé, par quelqu'artifice que ce
ſoit; car il n'y a point d'autre genre ou eſpéce de feu externe pour l'œuvre purement
phyſique. Notre Acier eſt là Mine de l'Oꝛ,
l'Eſprit très-pur aude-là de toutes choſes.
C'eſt le feu infernal, ſecret, extrémement
volatil en ſon genre ; le Miracle du Monde,
le *Syſtême* (ou la compoſition, l'aſſemblage
& la concordance) des vertus ſupérieures
dans les inférieures. C'eſt pourquoi le Tout-
Puiſſant l'a marqué d'un ſigne remarquable,
la naiſſance duquel eſt annoncée par l'O-
rient philoſophique dans l'horiſon de ſa

fphére microcofmique. Les Sages l'ont vû dans leur terre de vie & de fapience, laquelle eft l'orient de tout être animé , & ils en ont été étonnés ; ils ont reconnu tout auffitôt qu'un Roi féreniffime étoit né dans le monde.

Toi , quand tu verras fon étoile, fuis-là jufqu'à fon berceau. Là , tu verras un bel Enfant, fais enforte qu'il foit dégagé des ordures & des fœces, & rends honneur à cet Enfant Royal , ouvre le tréfor, préfente-lui de l'Or. Ainfi enfin après fa mort il te donnera fa Chair & fon Sang, qui eft la fouveraine Médecine dans les trois Monarchies de la terre ; (c'eft-à-dire dans les trois Régnes , minéral, végétal, & animal.

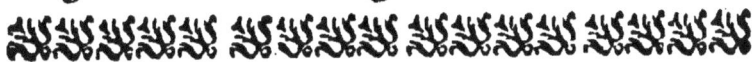

CHAPITRE IV.

De l'Aimant des Sages.

COmme l'Acier eft attiré vers l'Aimant, & que de lui-même l'Aimant fe tourne vers l'Acier, de même auffi l'Aimant des Sages attire [à foi] leur Acier. Ainfi, comme j'ai dit que l'Acier [des Sages] étoit la Mine de l'Or, de même auffi notre Aimant eft la véritable Mine de notre Acier.

Mais outre cela, je dis que notre Aimant a un centre caché, qui eft abondant en Sel, que ce Sel eft le Menftruë dans la Sphére de la Lune, & qu'il peut calciner l'Or. Ce centre, par une inclination, qui lui vient de l'Archée, fe tourne vers le Pôle, où la vertu de l'Acier eſt élevée en dégrez. Dans le Pôle eſt le cœur de Mercure, qui eſt un véritable feu, où eſt le repos de ſon Seigneur. Celui qui ira ſur cette grande Mer, doit aborder à l'une & l'autre Inde [Orientale & Occidentale,] & gouverner ſa courſe par l'aſpect de l'Etoile du Nord, que notre Aimant fera apparoir.

Le Sage s'en réjouira, & cependant le fol n'en fera point d'état, & il n'apprendra point la ſageſſe, encore qu'il voie le Pôle central tourné du dedans en déhors, qui ſera marqué du ſigne remarquable du Tout-puiſ-ſant. *Ils ont la tête ſi dure, que quelques ſignes & quelques miracles qu'ils puiſſent voir*, ils n'abandonneront point leurs Sophiſtications, & n'entreront point dans le droit chemin.

CHAPITRE V.

Le Cahos des Sages.

QUe le Fils des Philoſophes écoute ici tous les Sages, qui d'un commun conſentement concluent que cet Ouvrage doit être comparé à la création de l'Univers *Au commencement donc, Dieu créa le Ciel & la Terre, & il n'y avoit rien ſur la Terre, qui étoit nüe. Et l'Eſprit de Dieu étoit porté ſur la face des Eaux. Et Dieu dit que la Lumiere ſoit, & la Lumiere fut.*

Ces paroles ſuffiront au Fils de la Science; car il faut que le Ciel ſoit conjoint avec la Terre ſur le lit d'amitié, par ce moyen il régnera avec honneur pendant toute sa vie.

La Terre est un corps pésant qui est la matrice des Minéraux, parce qu'elle les garde dans son sein, quoiqu'elle fasse voir les arbres & les animaux (qu'elle produit, sur sa surface.) Le Ciel est le lieu où les grands Luminaires font leurs révolutions avec les astres, & il influe ses vertus dans les choses inférieures au travers de l'air : mais au commencement toutes choses étant en confusion, firent le cahos.

Je proteste que je viens de découvrir sincérement, ou saintement la vérité. Car notre cahos est comme une terre minérale à cause de sa *coagulation*, & est pourtant un air volatil, au dedans duquel est le Ciel des Philosophes dans son centre. Et ce centre est véritablement astral, qui illumine la terre par sa splendeur jusques sur sa surface. Et qui sera l'homme assez prudent, qui *infére* de ce que je viens de dire, qu'il est né un nouveau Roi, qui a une domination absolue sur toutes choses, qui rachetera ses Freres, les Métaux imparfaits, de l'impureté originelle : Roi, qui doit nécessairement mourir, & être exalté, afin qu'il donne sa Chair & son Sang pour être la vie du monde ?

O Dieu de bonté, que ces Ouvrages que vous avez fait sont admirables! Vous avez fait ces choses, & elles paroissent un miracle à nos yeux. Je vous rends graces, ô Pere, Seigneur du Ciel & de la

*Terre, de ce que vous avez caché ces choses
aux Sages & aux Prudens du siécle, & que
vous les ayez révélé aux Petits, humbles de
cœur, vos véritables Sages.*

CHAPITRE VI.

L'Air des Sages.

LE Ciel étendu, ou le Firmament est appellé air dans l'Ecriture Sainte. Notre
Cahos est aussi appellé Air, & en cela il y a
un grand secret. Car de même que l'Air firmamental est ce qui sépare les eaux, aussi
fait notre Air, & par conséquent notre œuvre est effectivement le systême du grand
monde.

Car comme nous, qui vivons sur la terre, voyons les eaux qui sont au-dessous du
Firmament, & comme elles nous apparoissent ; mais que celles qui sont au-dessus sont
hors de notre vûe, parce qu'elles sont trop
éloignées de nous : Aussi dans notre Microcosme [ou petit monde] il y a des eaux minérales excentrales [c'est-à-dire hors de leur
centre] qui paroissent ; mais celles qui sont
enfermées au dedans, nous ne les voyons
point, quoiqu'il y en ait effectivement.

Ce sont ces eaux dont l'Auteur de *la nouvelle Lumiere* dit qu'il y en a, mais qu'elles
n'apparoissent pas jusqu'à ce qu'il plaise à
l'Artiste. Tout ainsi donc que l'air fait une
séparation entre les eaux, de même notre

Air empêche que les eaux qui font hors du centre ne puiſſent en aucune maniere entrer avec celles qui ſont dans le centre; car ſi elles y entroient , & qu'elles vinſſent à ſe mêler enſemble , elles ſe joindroient tout auſſitôt d'une union *indiſſoluble*.

Je dirai donc que le ſoufre externe , vapo‑ reux, comburant, eſt opiniâtrement attaché à notre cahos, à la tyrannie duquel ne pou‑ vant réſiſter, il s'envole tout pur du feu, en façon d'une poudre ſéche. Que ſi tu ſçais atroſer cette terre aride & ſéche de l'eau de ſon genre par une humectation naturelle , tu élargiras les pores de la terre , & ce Lar‑ ron extérieur ſera jetté dehors avec les Ou‑ vriers de méchanceté; l'eau, par l'*addition* du véritable ſoufre , ſera nettoyée de l'or‑ dure de la lépre, & de l'humeur ſuperflue qui la rend hydropique , & tu auras en ta puiſſance la *Fontaine du Comte Tréviſan*, les eaux de laquelle ſont proprement dédiées à la Vierge Diane.

Ce Larron eſt un méchant qui eſt armé d'une malignité arſénicale, que Mercure, ce jeune homme qui a des aîles a en horreur, & fuit. Et quoique l'eau centrale ſoit l'é‑ pouſe de ce jeune homme, il n'oſe pas tou‑ téfois faire paroître le très‑ardent amour qu'il a pour elle, à cauſe des embûches que lui dreſſe ce Larron, qui a des ruſés preſque inévitables.

Tu as beſoin ici que Diane te ſoit favora‑

ble, elle qui fçait dompter les bêtes fauvages, qui a deux colombes qui tempéreront avec leurs aîles la malignité de l'air, & ces deux colombes volant fans aîles, fe trouvent dans les forêts de la Nymphe Venus. Sçache que ce jeune homme entre aifément par les pores, il ébranle d'abord les cataractes & les réfervoirs qui font dans l'air, il ouvre ces eaux qui n'ont point été furprifes par les mauvaifes odeurs, & il forme une nuée déplaifante. Alors fais venir les eaux par-deffus, jufqu'à ce que la blancheur de la Lune apparoiffe. Et par ce moyen les *ténébres qui étoient fur la face de l'abyfme* feront chaffées par l'Efprit qui fe meut dans les eaux.

Ainfi, par le commandement de Dieu, la Lumière apparoîtra. Sépare par fept fois la lumière d'avec les ténébres, & notre création philofophique du Mercure fera accomplie. Et le feptiéme jour fera pour toi un Sabbath & jour de repos. De forte que depuis ce tems-là, jufqu'à ce qu'une année après foit parachevée & révolue, tu pourras attendre la génération du fils furnaturel du Soleil, qui viendra dans le monde vers la fin des fiécles, c'eft-à-dire des époques & iliades philofophiques, pour délivrer fes Freres de toute leur impureté originelle, & les régénérer avec vertu prolifique.

CHAPITRE VII.

De la premiere Opération de la préparation
du Mercure philosophique, par
les Aigles volantes.

SOis instruit, mon Frere, que l'exacte
préparation des Aigles des Philosophes,
est estimée le premier dégré de perfection ;
& que pour le connoître, il faut être habile
& avoir bon esprit. Car ne t'imagine point
que pas un de nous soit parvenu à cette
Science par hazard, ou par une imagination
fortuite, comme le vulgaire ignorant le croit
sottement. Nous avons beaucoup & long-
tems sué & travaillé, nous avons passé plusieurs nuits sans dormir, & nous avons bien
pris de la peine pour découvrir la vérité.
Toi donc, studieux commençant, qui désire
parvenir à cette Science, sois fortement persuadé que si tu ne travailles beaucoup, & si
tu ne te donnes de la peine, tu ne feras jamais rien. J'entens dans la premiere opération qui est épineuse ; car dans la seconde,
c'est la Nature toute seule qui fait tout l'ouvrage, sans qu'il soit besoin d'y mettre la
main, si ce n'est pour entretenir seulement
un feu moderé au dehors.

Conçois donc bien, mon frere, ce que
veulent dire les Philosophes, quand ils disent qu'il faut mener leurs Aigles pour dévorer le Lion ; & que moins il y a d'Aigles,
plus

plus le combat eſt rude, & qu'elles demeurent plus long-tems à le vaincre; mais lorſqu'il y a ou ſept ou neuf Aigles, cette opération ſe fait parraitement bien. Le Mercure philoſophique eſt par exemple l'Oiſeau d'Hermes, qui eſt tantôt appellé Oye, tantôt Faiſan, tantôt celui-ci, & tantôt celui-là.

Mais quand les Philoſophes parlent de leurs Aigles ils parlent en plurier, & en comptent depuis trois juſqu'à dix. Ce n'eſt pas qu'ils veuillent dire par là qu'il faille mettre autant de poids d'eau contre chaque poids de terre, (comme ils diſent qu'il faut d'Aigles.) Car (par leurs Aigles) ils entendent parler du poids intérieur, c'eſt-à-dire qu'il faut faire rejoindre autant de fois à la terre l'eau, qu'elle en aura été rendue aiguë[& rectifiée,] qu'ils diſent qu'il faut d'Aigles. Et cette acuité ou [rectification] ſe fait par la ſublimation. De ſorte que chaque ſublimation du Mercure des Philoſophes eſt priſe pour une aigle, & la ſeptiéme ſublimation *exaltera* tellement ton Mercure, qu'il ſera alors un bain très-propre pour ton Roi. Afin donc de t'expliquer bien cette difficulté, [& que tu n'ayes plus aucun doute là-deſſus,] écoute-moi bien attentivement, & ne m'impute pas ton ignorance.

Il faut prendre de notre Dragon *ignée* qui cache dans ſon ventre l'Acier magique, quatre parties; de notre aimant, neuf parties; mêle-les enſemble par un feu brûlant en for-

me d'eau minérale , au-deſſus de laquelle il
ſurnagera une écume à mettre à part. Laiſſe
la coquille & prends le noyau, que tu mettras ſéparément ; purge-le & le nettoye trois
fois par le feu & le ſel ; & cela ſe fera aiſément ſi Saturne a vû & conſideré ſa beauté
dans le miroir de Mars.

De-là ſe fera le Chaméléon , ou notre
Cahos, dans lequel ſont cachés tous les ſecrets en puiſſance & vertu, & non pas actuellement. C'eſt là l'enfant hermaphrodite ,
qui dès ſon berceau a été infecté par la mor-
ſure du chien enragé de Coraſcene , ce qui
fait que l'*hydrophobie* (c'eſt-à-dire la crainte
continuelle qu'il a de l'eau) le rend fol &
inſenſé ; juſques-là que quoique l'eau lui ſoit
plus proche qu'aucune autre choſe naturelle,
il en a pourtant horreur & la fuit : quels deſtins !

Il y a toutefois deux Colombes dans la
Forêt de Diane qui adouciſſent ſa rage fu-
rieuſe , ſi l'on ſçait les y appliquer par l'art
de la Nimphe Venus ; alors de peur qu'il ne re-
tombe dans l'*hydrophobie*, (& afin qu'il n'aye
plus averſion de l'eau,) plonge-le & le ſub-
merge dans les eaux , en ſorte qu'il y périſſe.
Ce chien qui ſe noircit de plus en plus, &
toujours enragé , ne pouvant ſouffrir ces
eaux, preſque noyé & ſuffoqué, montera &
s'élévera ſur la ſurface des eaux. Chaſſe-le
en faiſant pleuvoir ſur lui, & en le battant
fais-le fuir bien loin ; ainſi les ténébres diſ-
paroîtront.

La Lune étant pleine & refplendiffante, donne lors des aîles à l'Aigle, & elle s'envolera, laiffant mortes derriere elle les Colombes de Diane, lefquelles ne peuvent profiter de rien, fi elles meurent à la premiere rencontre. Fais cela fept fois, & lors enfin tu auras trouvé le repos, n'ayant plus rien à faire qu'à décuire fimplement, ce qui eft un très-grand repos, un jeu d'enfans & un ouvrage de femmes.

✳✳✳✳✳✳✳✳✳✳✳✳✳✳✳✳✳✳✳✳✳✳

CHAPITRE VIII.

Du travail ennuyeux de la premiere préparation, ou opération.

QUelques ignorans, qui font les Chymiftes, ont voulu s'imaginer que tout notre Ouvrage, depuis le commencement jufqu'à la fin n'eft qu'une récréation pleine de divertiffement, & qu'il n'eft aucunement pénible ; mais qu'ils fe repaiffent à la bonne heure de leur imagination. Il eft certain que dans un ouvrage qu'ils fe perfuadent être fi aifé, ils ne recueilleront que du vent de leur vaine imagination & de leur opération fainéante. Pour nous, nous fommes affurés qu'après la bénédiction de Dieu & une bonne racine, c'eft le travail, l'induftrie & le foin qui font le principal de notre affaire.

Certes, le travail qu'on employe dans le tracas du ménage, qui doit plutôt paffer pour un jeu & pour un divertiffement que

pour une peine , ne nous peut pas donner la
fatisfaction que nous fouhaittons fi paffion-
nément. Au contraire, il ne faut pas, comme dit Hermés, prétendre épargner fa peine , quand on en devroit incommoder fa
fanté ; car autrement, ce que le Sage a pré-
dit dans fes Paraboles fe trouvera véritable,
c'eft à fçavoir que *le défir du pareffeux le
tuera.* Et il ne faut pas s'étonner fi tant de
perfonnes qui travaillent à l'Alchymie deviennent pauvres, parce qu'ils n'aiment pas
le travail, & n'épargnent pas toutes fortes
de dépenfes inutiles.

Mais nous qui fçavons ce que c'eft que
l'œuvre, & qui l'avons fait , nous avons
trouvé par l'expérience qu'il n'y a point de
travail plus ennuyeux qu'eft notre premiere
préparation. C'eft pourquoi Morien exhorte
férieufement là-deffus le Roi Calid , en lui
difant : *Que plufieurs Philofophes s'étoient
plaints de l'ennui que donne ce premier travail.* Et je ne crois pas que l'on doive entendre ceci métaphoriquement , parce que
je ne regarde pas préfentement les chofes
comme elles paroiffent dans le commencement de l'œuvre furnaturel , mais de la maniere & telles que nous les avons premiérement trouvé.

Le plus rude travail , la peine toute entiere
Eft à parfaitement préparer la matiere.

Il ajoûte :

Hercule te fait voir par fes travaux fi grands,

Combien pénible à faire eſt ce que tu prétends,
Que de rudes travaux, que de peine on endure,
A préparer la maſſe & la matiere impure.
Dit le Poëte Augurel, Liv. II. de la Chryſopée:

C'eſt ce qui a fait dire au fameux d'*Eſpagne*
Auteur du ſecret hermétique, que ce
premier travail eſt un travail d'Hercule, parce qu'il y a dans nos Principes beaucoup de
ſuperfluités *hétérogénées*, (c'eſt-à-dire de différentes natures) qui ne peuvent jamais être
rendues aſſez pures, pour ſervir à notre Ouvrage, & qu'il faut par conſéquent entiérement évacuer. Ce qu'il eſt impoſſible de
pouvoir faire, ſans avoir la théorie & la
connoiſſance de nos ſecrets, par laquelle
nous enſeignons un moyen par lequel on
peut extraire le Diadême royal du ſang menſ-
trual de notre Proſtituée. Et après que l'on
aura connu ce moyen ou milieu, il faut
encore un très-grand travail, & ſi grand,
que le Philoſophe a dit que pluſieurs avoient
abandonné l'art & l'œuvre ſans l'achever,
à cauſe des peines épouvantables qu'il y a à
ſouffrir.

Ce n'eſt pas que je veuille dire qu'une femme ne puiſſe être capable de faire ce travail,
pourvû qu'elle en faſſe ſa tâche principale,
& non pas un jeu ni un divertiſſement. Mais
quand une fois on a le Mercure tout préparé par la premiere opération, très-longue, ennuyeuſe & difficile, quoique natu-

relle, & que Bernard de Trévifan appelle *la Fontaine*, alors on a trouvé le repos, *qui eft plus à fouhaitter qu'aucun travail*, comme dit le Philofophe.

****

CHAPITRE IX.

De la vertu de notre Mercure fur tous les Métaux.

Notre Mercure eft le Serpent qui dévora les Compagnons de Cadmus, & il ne s'en faut pas étonner, puifqu'il avoit déja dévoré Cadmus lui-même, qui étoit beaucoup plus fort qu'eux. A la fin pourtant Cadmus percera ce Serpent d'outre en outre, quand par la vertu de fon foufre il l'aura coagulé.

Sçache donc que ce Mercure (c'eft-à-dire le nôtre) a la domination & la puiffance fur tous les corps métalliques, & qu'il les réfout dans leur plus proche matiere mercurielle, en féparant leurs foufres. Sçache de plus que le mercure d'un aigle, ou de deux, ou au plus de trois, commande à Saturne, à Jupiter & à Venus, c'eft-à-dire au plomb, à l'étain & au cuivre. Il commande à la Lune, c'eft-à-dire à l'argent, depuis trois aigles jufqu'à fept; & enfin quand il a jufqu'à dix aigles il commande au Soleil, c'eft-à-dire à l'or.

Partant, je déclare que ce mercure eft plus proche du premier être (ou matiere) des

Métaux que par un autre mercure. C'eſt
pour cela qu'il pénétre *radicalement* les corps
métalliques, & qu'il rend manifeſtes & fait
apparoître en dehors leurs profondeurs cachées.

CHAPITRE X.

Du Soufre qui eſt dans le Mercure Philoſophique.

IL n'y a rien de ſi merveilleux que de ce
que dans notre Mercure, il y a un ſoufre
non-ſeulement actuel, [c'eſt-à-dire qui y eſt
réellement & effectivement] mais encore
qui eſt actif (& agiſſant,) & cependant
qu'avec cela il garde & conſerve toutes les
proportions & la forme du mercure. Il faut
donc néceſſairement qu'une forme ait été
miſe & introduite dans le mercure par notre préparation ; & cette forme c'eſt le ſoufre métallique ; & ce ſoufre, c'eſt un feu
qui putréfie & pourrit l'or compoſé ou diſpoſé pour s'unir à lui, comme étant l'ame
générale du monde.

Ce feu *ſulphureux*, c'eſt la ſémence ſpirituelle que notre Vierge a contracté & reçû,
ne laiſſant pas pour cela de demeurer toujours vierge, parce que la virginité peut
bien ſouffrir un amour ſpirituel ſans en être
corrompue, comme le dit l'Auteur *du Se-*
cret hermétique, & comme l'expérience le
fait voir. Notre mercure eſt hermaphrodi e
à cauſe de ce ſoufre, parce qu'il renferme

& contient en lui tout à la fois & en même
tems, un principe qui eſt tout enſemble actif & paſſif, & qui eſt rendu évident & ap-
parent par le même degré de digeſtion. Car
étant joint avec l'or il le ramollit, le liquifie & le diſſout par une chaleur accommo-
dée & proportionnée à *l'exigence* du compoſé. Par le moyen de cette même chaleur
il ſe coagule ſoi-même, & en ſe coagulant
il donne & produit l'or & l'argent philoſophique, ſelon le degré de la ſeconde opération, & le deſir de l'Artiſte.

Ce que je vas dire te ſemblera peut-être
incroyable, mais il eſt pourtant vrai; c'eſt
à ſçavoir que le mercure qui eſt homogéné
pur & net, étant par notre artifice engroſſé
d'un ſoufre interne ſe coagule ſoi-même,
étant aidé ſeulement d'une chaleur convenable externe, & qu'il ſe coagule à la façon
de fleur ou crême de lait; ſur la ſurface des
eaux ce mercure-nage en forme d'une eſpéce de terre ſubtile; mais lorſqu'il eſt joint
avec l'Or, non-ſeulement il ne ſe coagule
pas, mais étant ainſi compoſé il paroît de
jour en jour plus mol, juſqu'à ce que les
corps étant preſque diſſous, les eſprits ayent
commencé à ſe coaguler dans une couleur
très-noire, & une odeur très-puante.

Il eſt donc évident que ce ſoufre ſpirituel
métallique eſt effectivement le premier mobile qui fait mouvoir la roüe, & qui fait
tourner l'eſſieu en rond, mais c'eſt ce mercure

cure qui est véritablement l'Or volatil, non
pas encore assez cuit ni assez digeré, cependant assez pur. Aussi par une simple digestion il se change en Or ; il est vrai que quand
l'Artiste en est à l'opération de joindre notre mercure à l'Or qui est déja parfait, il ne
se coagule pas tant, mais il dissout l'Or corporel, & l'ayant dissoût il demeure sous une
même forme avec lui, quoiqu'il faille nécessairement que la mort précéde cette parfaite union, afin qu'après cette mort ils se
puissent tous deux unir, non-seulement dans
une unité simplement parfaite, mais dans
une perfection qui est parfaite plus qu'au
millième dégré.

CHAPITRE XI.

Comment on a trouvé le parfait Magistere.

TOus les Sages qui ont autrefois acquis
la connoissance de cet Art sans aucun
Livre, ont été poussés par l'inspiration de
Dieu, à le rechercher & à l'acquerir de la
maniere que je vas dire. Car je ne sçaurois
croire que personne l'ait jamais eu immédiatement par révélation. Si ce n'est peut-
être qu'on veuille dire que Salomon l'ait eu
ainsi, ce que j'aime mieux laisser indécis que
de me mêler de le vouloir décider. Mais
quand il seroit vrai qu'il l'auroit eû, peut-
on conclure de-là qu'il ne l'ait pas acquis
par la recherche & par l'étude, puisqu'il ne

demanda à Dieu feulement que la Sageffe, qu'il lui donna de telle forte, qu'il eut tout enfemble avec elle les richeffes & la paix, puifque la Sageffe les procure aifément. Puifque donc il étudia & examina foigneufement la nature des Plantes & des Arbres, depuis le Cédre qui eft au Liban, jufqu'à l'Hyffope des murailles, qui fera l'homme de bon fens qui puiffe nier qu'il ne fe foit auffi appliqué à la connoiffance de la nature des Minéraux, qui n'eft pas moins agréable que l'autre, & qu'il n'en ait eu l'intelligence.

Mais reprenons notre difcours. Nous difons qu'il y a bien de l'apparence que les premiers qui ont poffédé ce Magiftere, comme Hermés, qui n'avoient aucun Livre d'où ils pûffent apprendre, ont premiérement recherché, non pas à faire la perfection plus que parfaite, mais feulement à pouffer & élever les métaux imparfaits jufqu'à la perfection & à la condition royale de l'Or. Et parce qu'ils s'apperçûrent que tout ce qui eft métallique eft d'origine mercurielle, & que le mercure étoit très-femblable au plus parfait des métaux, qui eft l'Or, en poids & en *homogénéité* ; ils effayérent de le pouffer par la cuiffon jufqu'à la maturité & à la perfection de l'Or ; mais ils n'en pûrent venir à bout par quelque maniere & dégré de feu qu'ils pûffent faire.

Ils s'avisèrent donc que pour faire ce qu'ils
prétendoient, outre la chaleur extérieure, il
leur falloit encore à tout le moins un feu
interne. Ils se mirent donc à chercher ce
feu en plusieurs choses. Et premiérement ils
tirerent des eaux extrémement chaudes des
moindres minéraux, avec quoi ils rongérent
le mercure (& le réduisirent en parties imperceptibles.) Mais quelque artifice qu'ils
pûssent y employer, ils ne pûrent par cette
voye là faire que le mercure changeât ses
propriétés intérieures, parce que toutes les
eaux corrosives ne sont que des agens extérieurs, & qui agissent seulement par dehors, comme fait le feu, quoique différemment; & que d'ailleurs ces eaux, qu'ils appelloient menstrües, ne demeuroient pas
avec le corps dissout.

Etant confirmés par cette même raison,
ils ont laissé toute sorte de sels, hormis un
seul sel, qui est le premier être de tous les
sels; qui dissout quelque métail que ce soit,
& par même moyen coagule le mercure;
ce qu'il ne fait pourtant que par une voye
violente. Voilà pourquoi cet agent est derechef séparé des choses qu'il a dissout, sans
qu'il y ait aucun déchet en son poids,
& qu'il se perde rien de sa vertu & de
ses forces.

C'est pourquoi les Sages connurent enfin
que ce qui empêchoit la digestion & cuisson
du mercure, étoit qu'il avoit des crudités

C ij

aqueufes & des *fœces* terreftres , lefquelles
étant *intimement* enracinées dans lui,ne pouvoient en être chaffées , qu'en renverfant
tout le compofé. Ils reconnurent , dis-je ,
que fi le mercure pouvoit être dépouillé &
purifié de ces deux chofes, il feroit tout auffitôt fixe , parce qu'il a en foi un foufre qui
a une vertu fermentative , & duquel le plus
petit grain eft capable de coaguler tout le
corps du mercure, pourvu qu'on en pût ôter
& féparer les *fœces* & les crudités. Ils effayérent donc de le faire , en le purgeant diver-
fement ; mais ce fut en vain , parce que
pour faire cette opération, il faut tout enfemble mortifier & revivifier, ou réengen-
drer, ce qui ne fe peut faire fans un agent.

Enfin,ils connurent que dans les entrailles
de la terre le mercure avoit été deftiné pour
être fait métail, & que pour y parvenir il
confervoit un mouvement journalier, autant
de tems que le lieu & les autres chofes extérieures ont demeuré bien difpofées ; mais
que ces chofes ayant été corrompues par accident, cette production qui n'étoit pas mûre
tomboit d'elle-même, & que c'eft pour cela
que (ce mercure) paroît en quelque façon
privé de mouvement & de vie. Or il eft impoffible de pouvoir immédiatement retourner de la privation à l'habitude.

Ainfi ce qui auroit dû être actif & agent
dans le mercure eft paffif ; de forte qu'il faut
introduire en lui une autre vie de même

nature, qui, lorfqu'on la lui introduit réveille & reffufcite la vie du mercure qui eft
cachée. Ainfi la vie reçoit la vie, & c'eft
alors enfin qu'il eft changé entiérement &
jufques dans le profond ; & les *fœces* ou ordures font alors d'elles-mêmes jettées hors
du centre, ainfi que nous avons dit bien au
long dans les Chapitres précédens. Cette
vie eft dans le feul fouffre métallique ; les
Sages l'ont cherché dans Venus & dans les
fubftances femblables, mais inutilement.

Enfin, ils ont effayé fur l'enfant de Saturne, c'eft-à-dire fur la faturnie végétale,
& ils ont reconnu par l'expérience qu'il
étoit la racine générative & l'épreuve de
l'Or ; & parce qu'il a le pouvoir de féparer
les *fœces* de l'Or mûr, ils croyoient qu'à plus
forte raifon il feroit la même chofe fur le
mercure, par un raifonnement & par une
conféquence qu'ils tiroient du plus au moins.
Mais l'expérience leur fit connoître que cet
enfant de Saturne avoit lui-même des impuretés qu'il gardoit toujours, & ils fe fou-
vinrent du Proverbe commun, qui dit :
*Soyez purs vous-mêmes, vous qui voulez pu-
rifier les autres.* C'eft pourquoi ayant entrepris de le vouloir purger, ils trouverent qu'il
étoit abfolument impoffible de le faire, parce qu'il n'avoit en foi aucun fouffre métallique, quoiqu'il eût abondance d'un fel naturel très-pur.

Comme ils remarquerent que dans le mer-

cure il n'y avoit que bien peu de fouffre, &
qui étoit feulement paffif, ils n'en trouvé-
rent dans cette race de Saturne aucun qui y
fût actuellement, mais feulement en puiffance ; c'eft pourquoi elle a fait alliance
avec le fouffre arfénical brûlant, & étant
folle quand elle eft fans lui, elle ne peut
fubfifter dans une forme coagulée ; & cependant elle eft fi ftupide, qu'elle aime
mieux demeurer avec cet ennemi qui la
tient étroitement en prifon, & commettre
un concubinage, que de le quitter & de paroître fous une forme mercurielle.

Les Mages donc cherchant plus à fond le
fouffre actif, ils l'ont enfin fi bien recherché,
qu'ils l'ont trouvé très-profondément caché
dans la maifon d'Aries * ils reconnurent que
la même race de Saturne avoit alors dans
cette maifon reçu ce fouffre avec grande
avidité, parce qu'elle eft une matiere métallique très-pure, fort tendre & très-prochaine
du premier être des métaux qui n'a aucun
fouffre actuel, mais qui a la puiffance de recevoir le fouffre ; c'eft pourquoi elle l'attire
à foi comme un Aimant, & elle l'engloutit
& le cache dans fon ventre. Et ie Tout-
puiffant, pour embellir & orner parfaitement cet ouvrage, le marque de fon Sceau
royal. Les Mages furent d'abord fort ré-

---

* Le Cofmopolite dit dans le ventre d'Aries, qui commence le dixiéme jour de l'Equinoxe de Mars, c'eft-à-dire,
le premier Avril.

jolis, voyant qu'ils n'avoient pas feulement trouvé le fouffre, mais qu'il étoit même tout prêt.

Ayant enfin effayé de purger le mercure par ce fouffre ; ils n'en eurent pas l'iffue qu'ils efpéroient, parce qu'il y avoit encore de la malignité arfénicale mêlée avec ce fouffre, qui avoit été engloutie dans la race de Saturne ; & quoiqu'il y eût lors fort peu de cette malignité à l'égard de la grande quantité qu'il y en avoit quand ce fouffre étoit dans fa nature minérale, toutes fois ce peu qui y reftoit ne laiffoit pas d'empêcher que ce fouffre ne pût avoir ingrès en aucune maniere ; c'eft pourquoi ils œuvrérent autrement ce fouffre mercuriel faturnien, & ils trouverent par l'épreuve qu'ils en firent, que cette malignité de l'air étoit corrigée & tempérée par les colombes de Diane, & cette expérience les rendît fatisfaits. Alors ils mêlerent la vie avec la vie, & ils humecterent la fêche par la liquide, & ils aiguiférent la paffive par l'active, & par la vivante ils vivifiérent la morte. Ainfi le Ciel pour un tems fut couvert de nuées, & après de longues pluyes il redevint clair & ferain.

Lors le Mercure fortit hermaphrodite; ils le mirent donc dans le feu, & ils ne furent pas long-temps à le coaguler ; & dans fa coagulation ils trouverent le Soleil & la Lune très-purs.

Enfin, rentrant en eux-mêmes, ils s'avi-
férent que ce mercure, quoiqu'épuré, n'é-
tant pas encore coagulé, n'étoit pas encore
métail, mais cependant affez volatil, jufqu'à
ne laisser dans fa diftillation aucunes
fœces ni réfidence dans le fonds du vaiffeau;
ils l'appellerent pour ce fujet un Soleil *indi-*
gefte, & qui n'étoit pas mûr, & leur Lune
vive.

Ils confidérerent de plus, parce qu'il étoit
le véritable premier être de l'Or, étant encore volatil, que par conféquent il pouvoit
bien être le champ dans lequel l'Or étant
femé, il s'augmenteroit & multiplieroit en
vertu.

Voilà pourquoi ils mirent l'Or dans ce
mercure. Et (ce qui donne d'abord de l'admiration) dans ce même mercure le fixe
fut fait volatil, le dur fut rendu mol, & le
coagulé fut diffous, au grand étonnement de
la Nature même. C'eft pourquoi ils mariè-
rent ces deux chofes enfemble, les enfermé-
rent dans un vaiffeau de verre, les mirent
fur le feu; & ils gouvernerent l'ouvrage felon le befoin & l'exigence de la Nature durant long-tems. Ainfi celui qui étoit mort
fut vivifié, & celui qui étoit vivant mourut. Le corps fe pourrit, & l'efprit reffufci-
ta glorieux, & l'ame fut exaltée jufqu'à une
quinteffence qui fut une médecine fouveraine pour les animaux, les métaux & les végétaux.

CHAPITRE XII.

La maniere en général de faire le parfait Magiſtere.

NOus devons à jamais rendre graces à
Dieu, de ce qu'il lui a plû nous montrer ces ſecrets de la Nature, qu'il a caché
aux yeux de pluſieurs. C'eſt ce qui nous oblige de découvrir gratuitement & fidélement
à ceux qui ſont comme nous amateurs
de cette Science, ce que nous avons reçu
gratuitement de la libéralité de ce grand
Bienfaiteur.

Sçache donc que le plus grand ſecret de
notre opération n'eſt autre choſe qu'une cohobation des natures l'une ſur l'autre, juſqu'à ce que la vertu parfaitement digérée &
cuite ſoit extraite du digéré par le moyen
du crud.

Pour cet effet, il faut premierement avoir,
préparer & accommoder exactement toutes
les choſes qui entrent dans l'œuvre. Secondement, il faut bien diſpoſer les choſes du
dehors. En troiſiéme lieu, les choſes étant
ainſi prêtes & préparées, il faut un bon régime. Quatriémement, il faut avant de travailler avoir la connoiſſance & ſçavoir les
couleurs qui apparoiſſent dans l'œuvre, afin
de ne pas travailler en aveugle. Cinquiéme-
ment & en dernier lieu, il faut de la patienc afin qu'on ne hâte pas l'ouvrage, ou

que l'on ne le gouverne & ne le pousse pas
avec précipitation. Nous parlerons de toutes
ces choses par ordre, & l'une après l'autre ;
& nous en dirons tout ce qu'un frere en peut
dire à son frere.

‹‹‹ ‹‹‹‹‹‹‹‹‹‹‹‹‹‹‹‹‹ ‹‹‹

CHAPITRE XIII.

De l'usage du Souffre mûr dans l'œuvre de l'Elixir.

Nous avons parlé de la nécessité du mercure, & nous en avons découvert
beaucoup de secrets, qui avant nous étoient
assez rares & inconnus dans le monde, parce
que presque tous les Livres de Chymie ne
sont pleins que d'énigmes ou d'opérations
sophistiques, ou enfin d'un entassement &
d'une confusion de paroles insipides. * Pour
moi je n'ai pas agi de la sorte, soumettant
en cela une véritable volonté au bon plaisir
de Dieu, qui doit ce me semble ouvrir &
révéler ces trésors en ce dernier âge du
monde.

Ainsi je ne crains plus que cet Art devienne vil & méprisable ; je souhaite que cela
n'arrive pas, & il ne se peut faire, parce
que la véritable Sagesse se conserve d'elle-même, & se maintient dans un honneur
éternel. Mais plût à Dieu que l'Or & l'Ar-

* Il y a dans le Latin *Verborum scabioserum congerie*,
c'est-à-dire, d'un entassement de paroles galeules.

gent, ces deux grandes idoles, qui ont juſqu'à préſent été adorées de tout le monde,
devinſſent auſſi mépriſables que la boüe &
le fumier. Car moi qui ſçai l'art de les faire,
je ne ſerois pas tant en peine de me cacher
que je ſuis. De ſorte qu'il ſemble que la malédiction de Caïn ſoit tombée ſur moi, (ce
que je ne ſçaurois penſer ſans verſer des larmes & ſans ſoupirer) & que je ſois comme
lui chaſſé de devant la face du Seigneur,
me voyant privé de l'agréable compagnie de
mes amis, avec qui j'avois autrefois con-
verſé en toute liberté. Mais à préſent il
ſemble que je ſois pourſuivi par les Furies,
& je ne puis demeurer long-tems en aucun
lieu en aſſurance ; ce qui m'oblige bien ſouvent de faire en gémiſſant la plainte que
Caïn faiſoit à Dieu : *Voici que quiconque
me trouvera me tuera.*

Je n'oſe pas même prendre le ſoin de ma
famille, étant vagabond & errant, tantôt
dans un pays, tantôt dans un autre, ſans
avoir aucune demeure aſſurée ni arrêtée. Et
quoique je poſſéde toutes les richeſſes, je
ne puis néanmoins m'en ſervir que de bien
peu. En quoi eſt-ce donc que je ſuis heureux, ſi ce n'eſt dans la ſpéculation, dans
laquelle j'avoue que j'ai une très-grande ſa-
tisfaction d'eſprit ? Il y en a pluſieurs qui
n'ont pas la connoiſſance de cet art, qui s'i-
maginent que s'ils en avoient la poſſeſſion,
ils feroient bien des choſes. Je croyois bien

autrefois de même ; mais les dangers que
j'ai couru m'ayant rendu plus fage , j'ai
choifi une méthode plus particuliere & plus
fecrette ; car quiconque eft une fois échappé
d'un péril où il a couru rifque de fa vie , il
en eft plus fage par la fuite. On dit en commun proverbe, que les femmes de ceux qui
ne font pas mariés , & les enfans des pu-
celles , font bien vêtus & bien nourris.

J'ai trouvé le monde dans un état très-
corrompu & perverti, & je n'ai vû prefque
perfonne, quelqu'apparence qu'il eût d'honnête homme , & quelque affectionné qu'il
parût pour le bien public, qui n'agît pour
un intérêt fordide & indigne d'un homme
d'honneur. On ne peut rien faire tout feul,
& fans fe communiquer, furtout en ce qui
regarde les œuvres de miféricorde, [& la
compaffion pour le prochain.] Et cependant fi l'on le veut faire on fe met en danger de fa vie , comme je l'ai expérimenté
en des Pays étrangers , où ayant donné ma
médecine à des moribons & à d'autres malades abandonnés, ou qui avoient des maladies fâcheufes & fort difficiles , & les
ayant guéris, comme par miracle, on a commencé à dire que cela s'étoit fait par l'Elixir
des Philofophes. De forte que je me fuis
trouvé plufieurs fois bien en peine, & j'ai
été contraint de changer d'habits, de me
rafer , de prendre la perruque , & ayant
changé de nom de me fauver la nuit pour ne

pas tomber entre les mains de très-méchan-
tes gens, qui m'en vouloient fur le feul
foupçon qu'ils avoient que je poffédois ce
fecret, & par l'envie & l'avidité déteftable
d'avoir de l'Or.

Je pourrois raconter beaucoup de chofes
qui me font arrivées fur ce fujet, qui paroî-
troient incroyables & fembleroient ridicu-
les à quelques-uns; car il me femble que je
leur entends dire: Si je fçavois ce fecret, je
me comporterois bien autrement; mais ils
doivent fçavoir que les perfonnes d'efprit
ont bien de la peine à converfer avec des
gens ftupides. Les fpirituels d'autre côté
font adroits, fubtils, pénétrans & clair-
voyans comme des Argus. Il y en a même
de curieux, & d'autres qui fuivent les ma-
ximes de Machiavel, qui s'informent très-
curieufement de la vie, des mœurs, & des
actions des perfonnes; & il eft bien mal aifé
de fe pouvoir cacher à ceux-là, fur-tout fi
l'on a tant foit peu de familiarité avec eux.

Si je parlois à quelqu'un de ceux qui ont
cette imagination, que s'ils avoient la Pierre
Philofophale, ils feroient ceci ou cela, &
que je leur dife: Vous connoiffez particuliè-
rement une perfonne qui la fçait faire; tout
auffi-tôt faifant reflexion là-deffus, il me ré-
pondroit: Cela ne peut être; il fe pourroit
bien faire que je verrois une fois un Philofophe fans le connoître, mais fi j'avois con-
verfé familiérement avec lui, il eft impoffi-

ble que je ne m'en apperçuſſe. Toi donc qui
as cette opinion de toi-même , penſes-tu que
les autres n'ayent pas autant d'eſprit , & ne
ſoïent pas auſſi clair voyans que toi , pour
te pouvoir découvrir? Car il faut néceſſairement converſer avec quelqu'un , autrement
tu paſſerois pour un Cynique, comme un autre Diogene.

. Tu ne peux pas ſans te faire mépriſer,avoir
familiarité avec des gens de la lie du peuple.
Que ſi tu fais amitié avec des perſonnes pru-
dentes , il faut que tu ſois bien aviſé , &
que tu prennes bien garde que les autres ne
te puiſſent reconnoître auſſi facilement , que
tu crois pouvoir découvrir un Philoſophe ,
& tirer ſon Secret de lui , pourvû ſeulement
que tu euſſes ſa converſation. Encore au-
rois-tu bien de la peine à t'appercevoir qu'il
eût ce ſoupçon de toi , ſans que tu en re-
çuſſes bien de l'incommodité ; outre qu'il
ſuffit pour te faire dreſſer des embûches ,
qu'on ait la moindre conjecture du monde
de ton Secret. Les hommes ſont ſi mé-
chants, que je ſçai qu'il y en a eu de pen-
dus ſur ce ſimple ſoupçon , qui pourtant ne
ſçavoient rien. Il ſuffiſoit que quelques gens
déſeſpérés euſſent ſeulement ouï parler de
cette Science, & que ceux qu'ils en ſoup-
çonnoient euſſent la réputation de la ſçavoir.

Je ſerois trop long & trop ennuyeux ſi
je voulois raconter tout ce que j'ai expéri-

menté, vû & oui dire fur cette affaire, &
plus en ce tems ici, qu'en aucun autre des
fiécles paffés. Et de vrai ne voit-on pas que
l'Alchymie eft un vrai prétexte dont tout le
monde fe fert; de forte que fi tu fais la moindre chofe en fecret, à peine pourras-tu faire
trois pas, que tu ne fois trahi? La précaution que tu apporteras à te cacher, fera naître l'envie aux curieux de t'obferver de plus
près, ils feront courir le bruit que tu fais la
fauffe monnoye. Enfin que ne diront-ils
point? Que fi tu veux agir plus ouvertemet,
les chofes que tu feras feront furprenantes
& extraordinaires, foit dans la Médecine,
foit dans l'Alchymie; fi tu as quelque gros
lingot d'Or ou d'Argent que tu veuilles vendre, on s'étonnera de voir une fi grande
quantité d'Or fin, & d'Argent fi pur, &
on fera en peine d'où cela peut venir, d'autant qu'il ne vient point d'Or fi fin d'aucun
endroit; fi ce n'eft peut-être de la Barbarie,
& de la Guinée, qu'on en apporte de fort
fin, qui eft en menus grains comme du fable. * Et celui que tu auras étant encore
d'un plus haut Karat, & en lingot, cela donnera un grand fujet de murmurer.

Les Marchands ne font pas fi niais, quoi
qu'ils difent comme les enfans qui jouent,
nous avons les yeux fermez, venez nous ne
voyons goutte: fi tu es affez facile pour y
aller, d'un feule clin d'œil ils en découvri-

* On pêche cet Or dans le Fleuve Niger.

ront plus qu'il ne faut pour te faire bien du
mal & de la peine. Pour l'Argent fin, il n'en
vient point d'aucun endroit qui le foit tant
que celui que nous faifons par notre Art. On
en apporte de fort bon d'Efpagne, qui n'eft
pourtant gueres meilleur que l'Argent Ster-
ling d'Angleterre,& fi la monnoye en eft bien
plus mal faite, & on ne le peut tranfporter
qu'en cachette, à caufe qu'il eft défendu par
les Loix du pays. Si tu vas donc vendre une
grande quantité d'Argent fin, tu te décou-
vriras par-là, & fi tu le veux allier, n'é-
tant pas Orfévre ni Monnoyeur, tu mérites
la mort par les Loix de Hollande & d'Angleterre, & de prefque toutes les Nations,
qui défendent fur peine de la vie à qui que
ce foit, qui n'eft pas Maître Orfévre ou
Monnoyeur, de faire aucun alliage à l'O &
à l'Argent, encore qu'il n'y en ait que le
poids qu'il faut.

J'en puis bien parler avec certitude, parce
qu'étant dans un pays étranger, déguifé en
Marchand, & ayant voulu vendre un lingot
d'argent très-pur d'environ 1200 marcs,
(parce que je n'avois pas ofé y mettre de
l'alliage, à caufe que chaque pays à fon Titre particulier pour l'Argent, & fon Karat
pour l'Or,que lesOrfévres & les Monnoyeurs
connoiffent tout auffi-tôt; de maniere que
fi vous penfiez dire que cet Argent ou cet Or
vint ou d'ici ou delà, le connoiffant par la
touche, ils vous arrêteroient; ceux à qui
je

je le voulois vendre me dirent tout auffi-tôt que c'étoit de l'argent fait par artifice; & quand je leur demandai à quoi ils le connoiſſoient? Ils ne me répondirent autre choſe, ſinon qu'ils n'étoient pas apprentis, & qu'ils connoiſſoient fort bien l'Argent qui venoit d'Angleterre, d'Eſpagne, d'ailleurs, & que celui-là n'étoit du Titre de pas un de ces pays là. Ce qu'ayant oüi, je m'évadai ſans dire mot, & je laiſſai-là la Marchandiſe & l'argent que j'en devois retirer, ſans que je l'aye jamais redemandé depuis.

Que ſi vous vouliez ſuppoſer qu'on eût apporté d'étrange pays un gros lingot d'Or, ou ſur-tout d'Argent, cela ne ſe peut pas faire ſans que l'on en ait oüi parler. Le Patron du Navire dira, je n'ai point apporté tant d'argent que cela, & on ne l'a point pû mettre dans mon Vaiſſeau, ſans que quelqu'un en ait eu connoiſſance. Ce que entendant les autres Marchands, qui vont en ces lieux-là pour trafiquer, ils s'en riront & diront; quoi, y a t'il apparence que cet homme ait pû acheter tous ces lingots d'or & d'argent, & les charger ſur un Navire, contre de ſi étroites défenſes, & contre la recherche ſi exacte qu'on en fait? Et ainſi cette affaire ſe divulguera non-ſeulement en ce pays-là, mais encore dans tous les pays circonvoiſins. De ſorte qu'étant devenu ſage à mes dépens, j'ai réſolu de me tenir ccahé, & de te communiquer la Science, à toi qui fais tant de

D

belles réſolutions là-deſſus, pour voir ce que tu feras pour le bien public, quand tu en au-ras la poſſeſſion.

Je dis donc qu'ayant ci-devant fait voir que le Mercure étoit néceſſaire pour l'Oeuvre, ayant même dit des particularitez du Mercure, que pas-un des Anciens n'a-voit déclaré avant moi ; maintenant je dis tout de même, que le Souffre d'autre côté y eſt auſſi fort néceſſaire, parce que ſans lui le Mercure ne recevra jamais de congela-tion, qui puiſſe être profitable à l'Oeuvre ſur-naturelle.

Ce Souffre dans notre Ouvrage fait la fonction de Mâle, & quiconque ſans le Souf-fre entreprend de vouloir faire l'Art de la Tranſmutation, ne fera jamais rien. Car tous les Philoſophes aſſûrent d'un commun ac-cord, qu'il eſt impoſſible de faire aucune Teinture ſans leur Laton ou Airain. Et leur Airain eſt l'Or vulgaire ſans aucune ambigui-té, ils l'appellent de la ſorte, & il eſt la femelle. C'eſt ce qui a fait dire au fameux Sandivogius: *Que le Philoſophe connoît notre Pierre juſ-ques parmi les fumiers ; & l'ignorant ne peut pas comprendre ni croire qu'elle ſoit même dans l'Or.*

C'eſt donc dans l'Or, je veux dire dans l'Or des Philoſophes, qui provient du Souf-fre Mercuriel des Sages ; & de l'Or vulgaire décuits & recuits enſemble en un ſeul corps exalté, qu'eſt cachée la Teinture de l'Or ;

& quoique l'Or soit un corps parfaitement digeré, il se *reincrudé* néanmoins dans notre seul Mercure, & c'est du Mercure qu'il reçoit la multiplication de sa semence, non pas tant en poids, comme en vertu. Et quoi qu'il semble que plusieurs Philosophes veuillent dire que cet Or ne soit pas Philosophique, la chose est pourtant véritablement, comme je la viens de dire : parce qu'ils disent que l'Or vulgaire est mort, que leur Or au contraire est vif ; mais on peut dire aussi que le grain du Froment est mort ; c'est-à-dire que l'action & l'activité de germer est supprimée & offusquée en lui. Et il demeureroit toujours de la sorte (sans germer ni produire) s'il étoit toujours gardé dans un lieu & dans un air sec. Mais si on le seme, & qu'on le jette en terre, ce grain reçoit tout aussi-tôt la vie fermentive ; il s'enfle, il mollit, & il germe.

Voilà proprement ce qui se fait dans notre Or ; il est mort, c'est-à-dire, que sa vertu vivifiante est scellée & cachée sous l'écorce corporelle, comme est celle du grain de Froment, quoique différemment. Car il y a grande différence entre un grain qui est végetable, & l'Or qui est un métail. Mais l'Or de même que le grain de Froment demeure toujours sans être changé, s'il est tenu dans un air sec, & il est détruit dans le feu, & ne peut être réduit (en sa semence) que dans notre Eau seulement ; & alors notre grain est vivant. D ij

Tont ainſi que le Froment étant ſemé dans le champ, change de nom, & s'appelle la Semence du Laboureur, qui tandis qu'il étoit au grenier n'étoit que Froment, & étoit auſſi propre à faire du pain ou quelqu'autre choſe ſemblable, qu'à être Semence ; ainſi l'Or tandis qu'il eſt ſous la forme d'une bague, ou d'un vaſe, ou d'une pièce de Monnoye, alors c'eſt l'Or vulgaire. Et conſidéré en cette premiere maniere, on l'appelle mort ; parce qu'il pourroit demeurer de la ſorte ſans être changé juſques à la fin du monde. Mais conſidéré en cette derniere, & ſeconde maniere, (c'eſt-à-dire en tant qu'il eſt joint avec le Mercure des Philoſophes) on l'appelle Or vivant, parce qu'étant ainſi conjoint, il eſt en puiſſance (de recevoir la vie) laquelle puiſſance peut-être réduite en acte, en fort peu de jours. Et lors cet Or ne ſera plus Or, mais ce ſera le Cahos des Philoſophes.

Les Philoſophes ont donc raiſon de dire que l'Or Philoſophique eſt différent de celui vulgaire, & toute cette différence ne conſiſte qu'en la compoſition (de l'Or avec leur Mercure.) Car de même que l'on dit qu'un homme eſt mort, à qui on a prononcé l'arrêt de mort, ainſi l'Or eſt appellé vif, lorſqu'il eſt mêlé par cette compoſition, & qu'il eſt mis à un feu fait de telle maniere, qu'en fort peu de tems il recevra néceſſairement la vie germinative, & que même il fera paroître dans peu de jours par ſes actions, qu'il commence d'avoir vie.

C'est pourquoi les mêmes Philosophes qui disent que leur Or est vif, te commandent, à toi qui recherches cet Art, de revifier le mort. Si tu sçais faire cela, & que tu ayes preparé l'Argent, (en sorte qu'il soit tout disposé & tout prêt,) & si tu mêles ton Or comme il faut, il ne tardera gueres à être fait vivant; & dans cette vification, ton Menstruë, qui est vif, mourra. C'est pour cela que les Philosophes commandent de vivifier le mort & de mortifier ou faire mourir le vivant. Et néanmoins premietement & tout d'abord, ils appellent leur Eau, Vivante : & ils disent que la mort de l'un des principes a la même durée & tout le même période que la vie de l'autre.

D'où il est évident que leur Or se prend mort, & que l'Eau se prend vivante; mais en composant & unissant ces deux choses ensemble, l'Or qui est mort se vivifie bientôt par la cuisson, & le Mercure qui est vif, meurt : c'est-à-dire que l'Esprit est coagulé, le Corps étant dissout ; & ainsi ils pourrissent tous deux ensemble, & deviennent comme du fumier ou de la boüe, jusques à ce que tous les membres du composé soient séparés & détachés en atômes, (& en parties presque imperceptibles.) C'est-là la nature & l'essence de notre Magistere.

Le mystere que nous cachons avec tant de soin, c'est la préparation du Mercure,

duquel il est ici véritablement dit : *Qu'il ne
se peut trouver sur la terre tout prêt & préparé pour notre Ouvrage* , & ce pour des raisons toutes particulieres, qui sont connues aux
Philosophes. Dans ce Mercure nous amalga-
mons très-bien de l'Or pur en limaille ou
en lamines, & purifié jusques au souverain
dégré de pureté, & ayant mis cet amalgame dans un vaisseau de verre bien bouché,
nous le cuisons continuellement. L'Or par
la vertu de notre Eau se dissout, & est résoût
dans sa plus prochaine matiere, dans laquelle la vie de l'Or qui y est enfermée, est mise
en liberté, & reçoit la vie du Mercure qui
le dissout, & qui est la même chose à l'égard
de l'Or, qu'est une bonne terre à l'égard du
grain de Froment.

    L'Or étant donc dissout dans ce Mercure
il s'y pourrit, & il faut que nécessairement
cela se fasse ainsi, par la nécessité de la Nature. C'est pourquoi après la pourriture de
la mort, un nouveau Corps ressuscite, qui
est de même essence que le premier, mais
qui est d'une substance plus noble, laquelle
reçoit les dégrés de vertu avec proportion,
selon la différence qui se trouve entre les
quatre qualités des Elémens. Voilà en quoi
consiste tout notre Ouvrage ; c'est-là toute
notre Philosophie.

    J'ai donc eu raison de dire qu'il n'y a rien
de caché dans notre Oeuvre que le seul Mercure, le Magistere [ou Maîtrise] duquel con-

fiste à le bien préparer , & à le joindre & le marier ensuite, dans une juste & dûe proportion avec l'Or, & enfin à gouverner cette composition dans le feu selon l'exigence du Mercure. Parce que l'Or lui-même ne craint point le feu. Et partant tout le travail & tout l'ouvrage n'est qu'à si bien proportionner les dégrés de la chaleur , que le Mercure la puisse souffrir.

Or celui qui n'aura pas bien préparé son Mercure par la premiere opération , quoiqu'il mêle de l'Or avec lui , son Or ne sera que de l'Or vulgaire , parce qu'il sera joint avec un Agent qui n'a aucune vertu ni efficace, & dans lequel il demeure sans s'alterer ni se changer, non plus que s'il demeuroit dans le coffre. Et quelque regime & dégré de feu qu'on lui puisse donner, il ne se dissoudra point ; mais il demeurera toujours dans sa masse , & dans sa nature corporelle, parce qu'il n'a point d'Agent vivant. Notre Mercure n'est pas de la sorte, il est une ame vivante & vivifiante ; voilà pourquoi notre Or est Spermatique, de même que le Froment quand il est semé, est Semence qui néanmoins demeurant au grenier, ne serviroit que pour la provision , & demeureroit toujours Bled , & mort ; encore qu'on l'enterrât dans une boëtte, comme font ceux des Indes Occidentales, qui pour conserver leurs provisions les mettent dans des fosses qu'ils couvrent, afin qu'il n'y entre point d'eau. Ce Froment, dis-je demeure mort; s'il ne rencontre une vapeur humide dans la terre, fans quoi il ne fçauroit produire de fruit, & il ne vegetera jamais.

Je fçai bien qu'il y en a plufieurs qui reprendront ce que j'enfeigne ici, & qui s'étonneront de ce que j'affure que le fujet matériel (ou la matiere) de la Pierre eft l'Or vulgaire & le Mercure coulant philofophique. Car diront-ils, nous fommes affurés du contraire. Mais venez-ça, Meffieurs les Philofophes, confultez vos bourfes, & puifque vous fçavez cela, je vous demande, avez-vous la Pierre des Philofophes? Pour moi je déclare que je l'ai, non pas que je la tienne de perfonne que de Dieu feul, ni que je l'aie dérobé. Je l'ai, dis-je, je l'ai fait, & je l'ai tous les jours en ma poffeffion.

Diftillez & brouillez donc bien vos *Eaux de pluyes*, vos *Rofées de Mai*, vos *Sels*: dites hardiment tout ce qu'il vous plaira de votre Sperme plus puiffant que le démon même, dites-moi bien des injures, croyez-vous que je me fâche pour toutes vos infâmes calomnies? Oui je le dis encore, que le feul Or & le Mercure font nos Matéreaux, & je n'écris rien que je ne fçache fort bien, & Dieu qui eft le Scrutateur des cœurs, fçait que ce que je dis & ce que j'écris, eft véritable.

Perfonne ne me doit accufer d'envie, parce que j'écris hardiment & fans crainte, que j'écris des chofes extraordinaires, & qui

n'ont

n'ont jamais été écrites de la maniere que je les écris ; & cela je le fais pour rendre honneur à Dieu, pour l'avantage de mon prochain, pour le mépris du monde & des richesses. Car déja *Elie l'Artiste est né*, & on commence *à dire des choses glorieuses de la Cité de Dieu*. Je puis assurer avec vérité que je possede plus de richesses que ne vaut toute la Terre connue, mais je ne puis m'en servir, à cause des embûches des méchans.

J'ai conçû avec raison un dédain & une horreur pour l'Or & l'Argent, que tout le monde idolâtre si passionnément, avec quoi il met le prix à toutes choses, & qui sont les instrumens de ses pompes & de ses vanités. Ah crime infâme ! ah néant plus que néant ! croit-on que ce soit par envie & par jalousie que je cèle cette Science ? Non, non. Car je confesse hautement que je me plains du plus profond de mon cœur de me voir errant & vagabond sur la terre, comme si j'étois chassé de devant la face du Seigneur.

Mais sans tant faire de discours inutiles, je déclare ce que j'ai vû, ce que j'ai touché, ce que j'ai fait & travaillé de mes mains ; ce que j'ai, ce que je possede & ce que je sçais : je le déclare, dis-je, par la seule compassion que j'ai de ceux qui s'adonnent à cette Science, & par l'indignation que j'ai conçû contre l'Or, l'Argent & les pierreries ; non pas en tant que ce sont des créatures de Dieu. Non, car en cette maniere je les honore, & je crois qu'on les doit honorer ; mais le mal eft que le peuple Ifraëlite, & tout le refte du monde les adorent également ; qu'il foit donc par conféquent réduit en poudre comme fut le * Serpent d'Airain.

J'efpere (& j'efpere de vivre affez pour le voir) que dans peu d'années le beftial fervira d'Argent & de monnoye comme autrefois, & que cet appui & ce foûtien de cette bête de l'Antechrift, [parce qu'elle eft oppofée, & contraire à l'efprit du Chriftianifme] tombera en ruine. Le Peuple eft infenfé, les Nations font affolées, & ne reconnoiffent point d'autre Dieu que cette maffe de Métal péfant & inutile. Eft-il poffible que ces chofes pûffent accompagner notre rédemption, que nous attendons depuis fi long-tems, & qui doit bien-tôt arriver, quand *la Jerufalem nouvelle aura fes Places pavées d'Or, que fes Portes feront faites toutes entieres de Pierres précieufes d'une feule piece ; & que l'Arbre de vie au milieu du Paradis donnera fes feuilles pour la fanté des Nations.*

Je fçai, oui je fçai que cet Ecrit que je publie fervira à plufieurs d'Or le plus fin, & que par ce même Ecrit, l'Or & l'Argent deviendront auffi méprifables que le fumier! Oui, croyez ce que je vous dis, vous jeunes Etudians, & apprentis de cette

---

* Ce fut le Veau d'Or que Moyfe réduifit en poudre par le moyen de fon Art fecret.

Science; croyez-le, vous Vieillards & Philosophes, que le tems est proche & qu'il
ne s'en faut gueres qu'il ne soit venu, (Je n'é-
cris pas ceci par une vaine imagination, mais
je le prévois en esprit & par revélation)
que nous qui sçavons & possédons cette
Science, reviendrons des quatre coins de la
Terre, & que nous rendrons des actions de
graces & de louange au Seigneur notre
Dieu. Mon cœur conçoit & dit en lui-même des choses qui n'ont point encore été
entendues, mon esprit s'éleve & bat avec
joie & allegresse dans ma poitrine, en l'honneur du Dieu de tout Israël.

J'annonce & je publie ces choses dans
le monde comme un Avant-coureur & un
Trompette, afin que je ne meure pas sans
avoir rendu quelque service au monde. Mon
Livre servira de précurseur à *Elie*; qui pré-
parera la voie Royale au Seigneur. Et plût à
Dieu que tout ce qu'il y a de gens d'esprit
dans le monde sçussent cet Art. Alors l'Or,
l'Argent, les Perles étant si communes &
en si grande abondance par-tout, personne
n'en feroit état, sinon en tant qu'elles con-
tiendroient la Science. Ce feroit alors qu'enfin la vertu toute nue, étant aimable d'elle
même, feroit en honneur.

J'en connois plusieurs qui possédent cet
Art, & qui en ont une véritable connoissance, qui tous souhaitent fort qu'on le tienne fort secret. Mais pour moi je ne suis pas

dans ce sentiment & j'en juge autrement
par la confiance que j'ai en mon Dieu.
C'est ce qui m'a obligé à écrire ce Livre, dont
pas un de mes confreres les Philosophes
n'a connoissance : parce que je suis comme
si j'étois dans le tombeau ou mort au monde.

Dieu en qui j'ai mis une très-ferme confiance, a donné du repos & de la tranquillité
à mon cœur, & je crois assurément que je
rendrai service par ce moyen, & par l'usage
que je fais du talent qui m'a été donné ; &
à Dieu de qui je l'ai reçu, & à mon prochain,
principalement à Israel ; je suis assuré que
personne ne sçauroit faire si bien profiter
son talent que je fais le mien. Car je prévois
qu'il y aura pour le moins cent personnes qui
seront éclairés par cet Ecrit.

Ainsi je n'ai point consulté ni la chair ni
le sang, & je n'ai point recherché le consen-
tement de mes confreres pour publier cet
Ouvrage. Je prie Dieu qu'il lui plaise pour
la gloire de son saint Nom, que je puisse
arriver à la fin que je prétends. Alors du
moins tous les Philosophes qui me connoissent se réjouiront de ce que j'aurai mis ce
Livre en lumiere.

CHAPITRE XIV.

Des circonstances qui arrivent, & qui sont requises en général, pour faire l'Oeuvre.

J'AI retranché de l'Art d'Alchimie toutes les erreurs du vulgaire, & ayant renversé tous les Sophismes, toutes les rêveries & les curiosités des imaginatifs, j'ai fait voir que l'Art se devoit faire de l'Or & du Mercure. J'ai montré que le Soleil étoit l'Or sans aucune métaphore, & j'ai déclaré que le Mercure étoit sans aucune ambiguité le Vif-argent, non pas le vulgaire.

J'ai dit que le premier, qui est l'Or, étoit parfait par la nature, que c'étoit celui qui se vendoit & qui s'achetoit ; & que le dernier, [c'est-à-dire le Mercure] devoit être fait par l'Artiste : j'en ai apporté des raisons si claires & si évidentes, qu'à moins que tu veuilles fermer les yeux, pour ne pas voir la lumiere du soleil, il est impossible que tu n'en sois persuadé. J'ai déclaré, & je déclare encore, que j'ai avancé ce que j'ai dit, non point sur la créance que j'aie aux Ecrits des autres. J'ai vû & je sçai ce que je déclare fidélement ; j'ai fait, j'ai vû, & j'ai en ma possession la Pierre qui est le grand Elixir, & je ne serois point fâché que tu en eusses la connoissance ; au contraire je souhaite que tu l'apprennes de ces Ecrits que je te donne.

Au reste j'ai déclaré que la préparation du véritable Mercure philosophique est difficile, & qu'elle l'est tant, que sans une particuliere grace de Dieu, personne ne peut en avoir une parfaite connoissance. Le principal nœud consiste à trouver les Colombes de Diane, lesquelles sont enveloppées dans les continuels embrassemens de Venus, & ne sont vues que du véritable Philosophe : cette seule Science de la théorie parfait l'Oeuvre de la pratique, elle honore le Philosophe & lui découvre tous nos secrets ; c'est le nœud gordien, qu'aucun commençant ne pourra jamais dénouer sans le secours du doigt de Dieu ; il est si difficile à trouver qu'il faut une grace particuliere de Dieu à celui qui défirera en acquerir la parfaite connoissance.

Pour moi, j'ai dit tant de choses touchant sa composition & la maniere de le faire, que personne avant moi n'en avoit tant dit : & je ne sçaurois en dire davantage, si je ne voulois donner ce que j'ai reçu de Dieu, & encore l'ai-je fait, si ce n'est que je n'ai pas nommé les choses par leur propre nom. Il ne me reste plus qu'à en écrire l'usage & la pratique, par laquelle tu pourras aisément connoître la bonté ou le défaut du Mercure. Et par ce moyen tu le pourras corriger & l'amender pour le rendre propre à ton ou-

vrage. Quand tu auras donc le Mercure animé & l'Or, il n'y aura plus qu'à donner,
tant au Mercure qu'à l'Or, une purgation
accidentelle, puis à les marier ensemble, &
en troisiéme lieu à leur donner un bon régime.

CHAPITRE XV.

*De la purgation accidentelle du Mercure
& de l'Or.*

ON trouve dans les entrailles de la terre
de l'Or parfait, & il s'en trouve par
fois en petits morceaux & en grains comme
du sable. Si tu en peux recouvrer de celui-là,
tel qu'il se trouve, & sans être mélangé, il
est assez pur : sinon il le faudra purger & purifier, en le passant par l'Antimoine, ou par
la Coupelle, ou après l'avoir mis en grenaille,
le faisant bouillir & dissoudre dans l'eau forte, ou régale ; après quoi il le faudra fondre par un feu de fusion, puis le mettre en
limaille, & il sera prêt & bien préparé.

Notre Or fait par la nature, & que nous
avons perfectionné, est un Or secret que
j'ai trouvé & dont j'ai fait usage avec succès ; il est inconnu de cent mille Artistes, à
moins d'une entiere connoissance du regne
minéral : d'ailleurs il est dans un sujet présent à tout le monde ; mais comme il est mêlé
avec beaucoup de superfluités, nous le met-

tons à beaucoup d'épreuves & de mélanges jufqu'à ce que toutes les *fœces* & faletés foient regetées & qu'il refte pur ; cependant cela ne fe fait pas fans qu'il garde quelque héterogenéité ; mais nous ne le faifons point fondre, parce qu'ainfi le feu feroit périr fon ame tendre, & il deviendroit mort aufli-bien que l'Or vulgaire : pourquoi il faut le laver dans une eau où il foit entierement confumé, fans que notre matiere jointe s'y confume : alors par cette lotion & confomption de l'Or, notre corps, ou compofé devient noir comme le bec d'un corbeau.

Mais le Mercure a befoin d'une purgation interne & effentielle, qui eft l'addition qu'on y doit faire du véritable Souffre par dégrez, felon le nombre des aigles, (qui y font requifes) & alors il eft purifié & nettoyé radicalement. Ce Souffre n'eft autre chofe que notre Or ; fi vous fçavez le féparer fans violence, & exalter l'un & l'autre féparément, puis les rejoindre, vous aurez de leur union une conception qui vous donnera un fils plus noble qu'aucune fubfance fublunaire.

Diane fçait achever cette Oeuvre, fi elle fe trouve toujours enveloppée dans les embraffemens inviolables de Venus : priez le Tout-Puiffant qu'il vous revèle ce miftere que j'ai déja découvert & expliqué à la Lettre dans mes Chapitres précédens, où ce Secret a été entierément traité : il n'y a ici aucune parole, n'y aucun point superflu, & rien ne manque pour l'inſtruction & la pratique.

Mais outre cette purgation eſſentielle du Mercure, & qui eſt requiſe, il lui faut encore donner une purgation accidentelle de ſes impuretés extérieures, & qui faſſe paſſer & jetter du centre à la circonférence celles intérieures, pour les laver & purger, par l'opération de notre vrai Souſtre intrinſeque.

Ce n'eſt pas que ce travail ſoit abſolument néceſſaire; néanmoins parce qu'il eſt cauſe que l'Oeuvre en eſt plutôt faite, il eſt bon de le faire.

Prens donc de ton Mercure que tu auras préparé par le nombre des aigles qui lui eſt néceſſaire, & ſublime-le trois fois avec le ſel commun & les *Scories* de Mars, les broyant enſemble avec du Vinaigre & un peu de ſel Ammoniac, juſques à ce qu'il ne paroiſſe plus de Mercure, puis deſſeche-le & le diſtille par une cornue de verre, augmentant le feu par dégrez, juſqu'à ce que tout le Mercure ſoit monté. *Reitère* quatre fois cette opération: enſuite fais-bouillir le Mercure avec de l'eſprit de Vinaigre une heure durant dans une cucurbite, ou dans quelque autre vaiſſeau de verre qui ait le fond large & le col étroit, & ait ſoin de le remuer fortement de fois à autre. Alors verſe le Vinaigre par *inclination*; & pour ôter toute l'acrimonie qu'il

pourroit avoir laiffé au Mercure , lave-le
avec de l'eau de fontaine , que tu verferas
à diverfes fois. Après quoi fais deffecher
le Mercure , & il fera fi clair & fi refplendif-
fant, que tu en feras furpris.

Tu pourras bien , fi tu veux, pour t'épargner la peine de fes fublimations qui ne
font pas naturelles , laver ton Mercure avec
de l'urine ou avec du vinaigre & du fel ,
incontinent après que tu l'auras préparé
avec le nombre des aigles qui lui eft convenable , & le diftiller enfuite au moins quatre
fois , fans lui rien ajouter, en lavant à chaque diftillation la cornue , qui doit être d'a-
cier , avec de la cendre & de l'eau. Enfin il
le faudra faire bouillir dans du vinaigre diftillé durant une demi-journée (c'eft-à-dire
douze heures) le remuant fortement de fois
à autre, puis tu verferas le vinaigre qui fera
noirâtre , & en remettras d'autre , & à la
fin lave-le avec de l'eau chaude. Tu peux en
rediftillant l'efprit de vinaigre , le dépouiller
de cette noirceur , & il fera auffi bon qu'à la
premiere fois.

Tout cela n'eft que pour ôter au Mercure
l'ordure & la craffe extérieure, qui n'eft pas
adhérante au dedans & au centre , & qui
toutefois s'attache opiniâtrement fur la fu-
perficié & voici comme tu le reconnoîtras.
Fais l'amalgame de ton Mercure avec de l'Or
très pur fur du papier bien blanc & bien
net. Tu verras que l'amalgame aura taché

le papier d'une noirceur brune & obſcure.
On lui ôte ſes *fœces* & ordures en le diſtil-
lant, le faiſant bouillir, & le remuant comme il a été dit; & cette préparation aide
beaucoup à l'ouvrage, parce qu'elle eſt cauſe
qu'il ſe fait plutôt; cependant il ne faut pas
prendre à la lettre ce que j'ai dit ici du Mercure à préparer.

CHAPITRE XVI.

*De l'Amalgame du Mercure & de l'Or, &
du poids requis de l'un & de l'autre.*

QUand tu auras ainſi bien préparé tes
matieres, tu prendras de l'Or bien purifié qui ſoit en lamines, ou en limaille fort
menue, une partie: de mercure, deux parties; mets-les dans un mortier de marbre
qui ſoit échauffé dans l'eau bouillante, de
laquelle étant retiré il ſe deſſéche tout auſſi-
tôt & retient fort long-tems ſa chaleur:
broye-les enſemble avec un pilon d'yvoire,
de verre, de pierre, ou de fer (qui n'eſt pas
ſi bon) ou de buis; il vaut pourtant mieux
de verre ou de pierre; celui dont je me ſers
eſt de corail blanc.

Broye les, dis-je fortement, juſqu'à ce
qu'ils deviennent impalpables, & broye-les
auſſi exactement que les Peintres ont accoutumé de broyer leurs couleurs. Après cela
conſidére-en la conſiſtance, qui ſera bonne

fi ton amalgame eft maniable & ployable
comme du beurre qui n'eft pas trop chaud ,
ni auffi trop froid ; mais qu'il foit de telle
maniere qu'en le penchant le Mercure ne
s'en détache, ni ne coule point, comme fait
l'eau dans le ventre des hydropiques quand
ils fe retournent d'un côté fur l'autre; la confiftance, dis-je, en fera bonne de cette façon, finon il faudra y ajouter de l'eau (c'eft-
à-dire du Mercure) autant qu'il fera néceffaire pour lui donner cette confiftance.

La régle du mêlange & de l'amalgame eft
qu'il faut qu'il foit d'abord bien ployable &
bien mol & fouple, & que néanmoins on en
puiffe former comme de petites pelottes ou
boulettes , comme l'on en fait de beurre, qui
quoiqu'il céde & obéiffe lorfqu'on ne fait
feulement que le toucher du bout du doigt :
néanmoins les femmes qui le lavent en forment aifément de petites pelottes. Suis l'e-
xemple que je te propofe , parce que je ne
t'en fçaurois donner de plus exacte , ni qui
foit plus femblable ; car comme en penchant le beurre il n'en fort rien du côté
qu'on l'incline qui foit plus liquide qu'eft
toute la maffe , de même en doit-il être de
notre mêlange.

Pour ce qui eft de la nature & compofition interne du Mercure, voici la proportion
qu'il faut garder : il faut qu'il y ait le double
ou le triple de Mercure à l'égard du corps, ou
qu'il y ait trois parties de corps contre qua-

tre parties d'esprit ; ou deux parties de corps
contre trois d'esprit. Et selon la différence
de la proportion du Mercure l'amalgame sera
ou plus mol ou plus dur ; mais souviens-toi
toujours qu'il faut qu'on en puisse former
des boulettes, & que ces boulettes ou pe-
lotes étant posées séparément elles se soutiennent & ayent une telle consistance, que
le mercure n'apparoisse pas plus vif & plus
coulant dans le fonds que dans le haut ; car
tu dois remarquer que si on laisse reposer
l'amalgame, il s'endurcit de lui-même ; c'est
donc lorsqu'on le mêle & qu'on le broye,
qu'il faut juger de sa consistance.

Lorsque l'on verra qu'il sera ployable
comme du beurre, & qu'on en pourra faire
des pelottes, qui étant posées sur du papier
bien net s'affermiront d'elles-mêmes en les
laissant reposer ; de sorte que le bas & le
fond de ces pelottes ne soit pas plus liquide
que le haut : on peut dire alors que la proportion a été bien observée, & qu'ainsi
l'amalgame est d'une bonne consistance.

Cela étant fait, prends de l'esprit de vinaigre, (c'est-à-dire du vinaigre distillé,) &
dissous dans cet esprit la troisième partie
de sel ammoniac, lors mets dans cette liqueur ton Or & ton Mercure que tu auras auparavant amalgamé (de la façon que
nous avons dit.) Puis mets le tout dans un
vaisseau de verre qui ait le col long, & les
fais bouillir un quart-d'heure à gros bouil-

lons ; enfuite retire cette compofition du vaiffeau, & en fépare la liqueur fais chauffer un mortier & les broye fortement & foigneufement, comme tu as déja fait ; puis ôtes-en la noirceur en lavant avec de l'eau chaude.

Remets ton amalgame dans cette même liqueur dont tu l'as ôté, & dans le même vaiffeau fais-le bouillir derechef, puis broye-le exactement & le lave une feconde fois ; réitere cette opération jufqu'à ce que l'amalgame ne laiffe plus aucune tache ni noirceur, quelque chofe que tu y puiffes faire ; il fera alors clair & luifant comme de l'argent très-fin & bien poli, & d'une blancheur qui t'étonnera. Prens bien garde derechef à fa confiftance, & que l'amalgame foit exactement fait felon les régles que je t'ai prefcrit ; que s'il ne l'étoit pas, il faut que tu en faffes la proportion jufte, & que tu procédes enfuite comme il a été dit. Cette opération eft pénible, mais tu feras bien récompenfé de ta peine, par les marques & les fignes qui apparoîtront dans l'Oeuvre.

Enfin fais bouillir ton amalgame dans de l'eau toute pure, la verfant enfuite par inclination, & réitére cette *ebullition* jufqu'à ce qu'il n'y ait plus de falure ni d'acrimonie dans l'eau ; alors verfe-là & fais fécher ton amalgame, qui fera bientôt fec.

Mais afin que tu fois bien affuré de ton

procedé, (parce que s'il y avoit trop d'humidité cela gâteroit ton ouvrage, & casse-
roit ton vaisseau, quelque grand qu'il fût,
à cause des vapeurs qui s'en éléveront,) mets
ton amalgame sur du papier bien blanc, &
le remue d'un lieu à l'autre avec la pointe
d'un couteau jusqu'à ce qu'il soit bien sec,
& puis tu procéderas comme je te le vas
dire.

CHAPÍTRE XVII.

De la proportion du Vaisseau, de sa forme,
de sa matiere, & comment on
le doit boucher.

TU auras un vaisseau de verre fait en ovale, ou qui soit rond & assez grand pour
contenir deux onces d'eau distilée dans toute
la capacité de son rond (ou de sa panse) &
pas moins, s'il se peut ; mais prens-le le
plus approchant que tu pourras de cette
grandeur. Il faut qu'il ait le col aussi long
comme est la main, qu'il soit d'un verré
clair & épais ; car il sera meilleur plus il aura
d'épaisseur, pourvû qu'on puisse remarquer
toutes les opérations qui se feront au dedans ; il ne faut pas qu'il soit plus épais dans
un endroit que dans l'autre

Tu mettras dans ce vaisseau une demy-
once d'Or avec deux onces de Mercure, & si
tu mets le triple de Mercure (c'est-à-dire

une once & demie) toute la compofition n'ira toujours qu'à deux onces ; c'eft là l'é-xacte proportion qu'il faut garder. Au refte, je t'avertis que fi ton vaiffeau n'eft épais , il ne pourra pas durer ni réfifter au feu , parce que les venrs qui fe formeront de notre em-brion le feront caffer. Il le faut fcéler par haut , avec cette précaution qu'il n'y ait ni fente ni aucun trou , autrement ton ouvrage feroit perdu.

Par là tu pourras juger que toute l'Oeuvre dans fes principes matériels ne coûte pas plus de trois écus d'or ; & même à l'égard de la compofition de l'eau on en peut faire une livre qui ne reviendra guéres davantage qu'à deux écus ; il eft vrai qu'outre cela il faut quelques inftrumens , mais ils ne coû-tent pas beaucoup. Et qui auroit un vaif-feau à diftiller comme j'en ai un , n'auroit que faire d'en acheter de verre , qui eft une matiere fragile & fujette à fe caffer.

Il y en a pourtant qui s'imaginent que toute la dépenfe qu'il faut pour faire l'Oeu-vre ne va pas à plus d'un ducat ; mais je puis dire à ces gens là , que par là ils font bien voir qu'ils n'ont jamais fait notre Oeu-vre : car il y a d'autres chofes qui coûtent, & qui font pourtant néceffaires pour la fai-re ; mais ils me répliqueront que les Philo-fophes affurent que

Tout ce qui coûte bien cher
Dans notre Oeuvre eft menfonget.

Je

Je leur réponds en leur demandant, &
qu'eſt-ce que notre Oeuvre ? C'eſt, diront-
ils, de faire la pierre. Il eſt vrai que c'eſt
notre derniere Oeuvre ; mais pour la faire, il
faut auparavant trouver une humidité ou
liqueur, dans laquelle l'Or ſe fonde comme
la glace dans l'eau tiéde : pouvoir trouver
cela, c'eſt notre Oeuvre.

Il y en a pluſieurs qui ſe tourmentent à
trouver le mercure de l'Or, d'autres le mercure de l'Argent, mais c'eſt toute peine perdue ; car dans cette premiere Oeuvre, (qui
eſt de trouver cette liqueur,) tout ce qui
coûte beaucoup eſt menſonger & trompeur.
Je proteſte avec verité que pour un Florin
on peut avoir & acheter autant de matiere,
qui eſt le principe de cette eau, qu'il en faut
pour animer deux livres entiéres de mercure,
afin d'en faire le véritable Mercure des Philoſophes, que l'on ſe donne tant de peine à
chercher ; c'eſt de cette eau & de cet Or que
nous opérons la confection ſolaire & aurifique, qui étant Or parfait, vaut plus pour
l'Artiſte que s'il l'achetoit au prix de l'Or le
plus pur ; car notre Or réſiſte à toute épreuve, & c'eſt le meilleur & le plus excellent
pour notre Oeuvre, puiſqu'alors il eſt vivant,
animant, ſpiritualiſant, générarif, prolifique & multiplicatif.

Cependant il y a quelque dépenſe à faire
pour avoir des vaiſſeaux de verre & de terre, du charbon, un fourneau, & quelques

vaiſſeaux & inſtrumens de fer (dont on ne
ſçauroit ſe paſſer.) Que ces Sophiſtes ceſſent donc leurs caquets & leurs menſonges
impudens , avec quoi ils en ſéduiſent tant.
Sans le corps parfait , qui eſt notre Airain ,
c'eſt-à-dire l'Or, on ne ſçauroit avoir de teinture ; & notre pierre eſt d'un côté vile, crue,
volat le & n'eſt pas mûre ; & d'autre côté
elle eſt parfaite , prétieuſe & fixe ; & ces
deux eſpéces, ce ſont le corps ou l'Or ; &
l'eſprit, c'eſt-à-dire l'Argent vif philoſophique.

CHAPITRE XVIII.

Du Fourneau, ou de l'Athanor des Philoſophes.

J'AI aſſez parlé du Mercure, de ſa préparation, de ſa proportion & de ſa vertu.
J'ai auſſi aſſez diſcouru du Souſfre , de ſa
néceſſité & de ſon uſage en notre Oeuvre.
J'ai averti comme il les falloit préparer ;
j'ai montré comme il les falloit mêler ; &
j'ai déclaré beaucoup de choſes touchant le
vaiſſeau dans lequel on les doit mettre &
ſceller. Mais je donne avis que tout ce que
j'ai dit ſe doit entendre avec un grain de
ſel, (& avec prudence & diſcrétion,) de
peur que ſi l'on prétendoit prendre les choſes à la lettre , & procéder mot à mot ,
comme je l'ai dit, on ne fît ſouvent des
fautes.

J'avoue que c'est ainsi que j'ai tellement entremêlé les subtilités de la Philosophie avec une ingénuité toute extraordinaire, que si l'on ne s'avise d'expliquer & d'entendre métaphoriquement plusieurs choses que j'ai dit dans les Chapitres précédens ; on n'en recueillera point d'autre fruit que de la perte & de la dépense inutile. Pour exemple, lorsque j'ai dit que sans aucune ambiguité l'un des principes ou des matiéres étoit le Mercure, & l'autre que c'étoit l'Or ; que l'un se vendoit, & que l'autre se devoit faire par art ; tu dois sçavoir que notre Mercure donne de l'Or de lui-même, & si tu ne sçais pas que c'est le sujet de nos Secrets, tu n'as qu'à le vendre pour l'Or vulgaire, étant véritable Or à toutes sortes d'épreuves ; ainsi il est *vénal*, c'est-àdire, qu'on le peut vendre à qui que ce soit sans aucun scrupule. Et partant notre Or se peut vendre publiquement s'il est réduit en metal par la voie & l'effet de sa projection sur les métaux imparfaits, mais on ne le trouve pas communément à acheter, à tel prix d'argent que ce soit, quand bien même on en offriroit une Couronne ou un Royaume ; car c'est un don de Dieu. Notre Or perfectionné n'est pas le vulgaire, & ne se peut trouver que par notre art ; tu pourrois aussi cependant par notre même art le chercher & trouver dans l'Or & l'Argent vulgaire. Si tu les veux opérer méthodiquement avec notre eau , son principe ; pourquoi notre Or est la matiere prochaine de notre pierre , comme l'Or & l'Argent & les autres métaux en sont la matiere éloignée , les autres choses non métalliques n'en sont que la matiere très-éloignée , ou plutôt étrangere.

Moi-même je l'y ai cherché , & je l'ai trouvé dans l'or & l'argent ordinaire ; mais la pierre est plus aisé à faire par l'extraction de notre matiere & de l'Or joint que par l'extraction de notre sujet véritable de tout métal vulgaire , parce que notre Or est le cahos , l'ame duquel n'a point été chassée par le feu. Et l'Or du vulgaire est celui de qui l'ame pour se mettre en sureté contre la tyrannie de Vulcain, s'est retirée dans une forteresse fermée. C'est ce qui a fait dire aux Philosophes que le feu est la cause de la mort artificielle des métaux ; de sorte que dès qu'ils ont été mis en fusion ils sont privés de la vie. Si tu as l'esprit de t'appliquer à connoître ce que je te marque , alors il ne t'est pas besoin d'autre clef , que de l'Or vulgaire qui est ton corps imparfait , & du dragon igné , qui est notre eau acuée à laquelle cet Or se doit marier , pour se spiritualiser & astraliser. Mais si tu cherches notre Or, cherche-le dans une chose qui est *mitoyenne* , & qui tient le milieu entre le parfait & l'imparfait , & tu le trouveras ; sinon ôte les barriéres, (& ou-

vre les ferrures), de l'Or vulgaire , ce qui
s'appelle la premiere préparation par laquelle on délie le charme & l'enchantement
de fon corps , fans quoi il ne peut faire le
devoir ni la fonction de mari , ce qui eft
dit travail d'Hercule.

Si tu prends la premiere voie, tu dois y
procéder par un feu fort doux & tempéré ,
depuis le commencement jufqu'à la fin ;
mais fi tu veux fuivre la feconde , tu es
obligé d'implorer l'affiftance de Vulcain brûlant; je veux dire que tu dois te fervir d'un feu
qui foit violent & au même degré que doit être
celui dont nous nous fervons pour faire la
multiplication, lorfque l'on employe le corps
de l'Or & celui de l'Argent vulgaires pour
fervir de ferment , afin de donner la derniere perfection à l'Elixir. Tu trouveras ici
un labyrinte d'où tu ne fortiras pas aifément, fi tu ne fçais le moyen de t'en dégager.

Toutefois, laquelle des deux voies que tu
veuilles fuivre , & lequel des deux procédés que tu veuilles faire en opérant, foit dans
l'Or vulgaire, foit dans notre Or philofophique, tu as befoin d'une chaleur égale & continuelle , & fçaches que dans l'un & l'autre
travail , quoique le mercure foit radicalement unique , il difiere néanmoins en fa préparation , tu dois être affuré de deux chofes ;
la premiere , que notre Or achevera & parfera ton Oeuvre deux ou trois mois plutôt

Que notre matiere premiere extraite de l'Or
ou de l'Argent vulgaires ; l'autre, que la vertu
de l'Elixir qui se fera avec notre Or sera dans
son premier dégré de perfection d'une plus
grande vertu, que l'autre le seroit à la troisiéme circulation. Outre cela si tu fais l'Oeuvre avec notre Or , il faudra que tu lui
donnes à manger , que tu lui donnes à boire,
que tu le fermentes , &c. (& c'est ce qu'on
appelle cibation , imbibition, fermentation,)
& par ce moyen sa vertu se multipliera à
l'infini; mais si tu fais l'Oeuvre avec l'Or vulgaire , il te faudra l'illuminer & l'insérer
comme il est enseigné bien au long dans le
grand Rosaire.

D'ailleurs , si tu travailles avec notre Or,
tu pourras calciner, putrifier & blanchir par
le moyen & par l'aide du feu intérieur de
nature , qui est doux & benin, en lui admi-
nistrant au dehors une chaleur de bain imitant celle de fumier , ou vaporeuse. Que si
tu travailles avec le vulgaire , tu dois dispo-
ser tes matieres par la sublimation & l'ébullition , afin qu'après cela tu puisses les unir ,
(& les conjoindre) avec le lait de la Vierge.

Mais lequel des deux procédés que tu choi-
sisses , & que tu veuilles faire , tu ne peux
rien faire pour tout sans le feu. C'est pourquoi ce n'est pas sans sujet que le *véridique*
Hermés établit pour tiers & gouverneur de
l'ouvrage le feu qui est le plus approchant
du Soleil & de la Lune, l'un pere de l'Or ,

l'autre mere de l'Argent. Mais je t'avertis
que par ce feu là il ne faut entendre autre
chose que notre fourneau, qui est véritablement une chose secrette, & que jamais
l'œil corporel n'a vû.

Il y a néanmoins un autre fourneau, que
nous appellons le fourneau commun & ordinaire, qui peut être fait ou de briques ou
de terre à Poitier, ou de *lamines*, de fer,
ou d'airain; qui seront bien jointes & en-
duites par-dessus avec du lut. Nous appellons ce fourneau là *athanor*; je n'en trouve
point de meilleur que celui qui est fait avec
une tour & un nid.

Pour le bien faire il faut faire une Tour
qui ait environ deux pieds de haut, & neuf
doigts de large, ou un empan ordinaire, l'é-
paisseur des murs de tous côtés doit être de
deux doigts, de façon que l'élévation aille
de bas en haut, toujours en diminuant, se
terminer à sept ou huit doigts d'ouverture de
diamétre à la superficie. Au-dessus du sol
ou plancher il faut faire une porte ou ouverture, afin d'en pouvoir ôter les cendres;
qui ait trois ou quatre pouces en quarré,
avec une pierre qu'on y ajustera. *Immédiatement* au-dessus de cette porte on posera la
grille, & un peu au-dessus de la grille il faudra faire deux trous qui ayent environ un
doigt de tout sens, par lesquels la chaleur
puisse entrer & se communiquer à l'*athanor*
qui sera tout joignant, & qui y tiendra;
la capacité ne doit pas être plus grande que

pour contenir trois ou quatre œufs de verre.
Au reste, il faut que cette Tour & ce nid
n'ait pas la moindre petite fente ni crevasse,
& que la couverture du nid ne descende point
en dehors des bords de son bassin, mais que la
pointe de la langue de feu puisse frapper immédiatement le cul du nid, & sortir par deux,
trois ou quatre trous ; ce nid aura à son couvercle une fenêtre ou visiere à chacun
des deux côtés d'opposite, & ce sera dans
ce nid qu'on placera droit & à demeure le
vaisseau de verre philosophique de près d'un
pied de haut. ; il faut qu'il y ait un vuide entre la grille & le cul du bassin.

Tout étant ainsi disposé, le fourneau sera
mis stablement dans un lieu clair ; l'on mettra les charbons par le haut de la Tour, &
d'abord il en faudra mettre qui soient allumés & tout rouges ; puis on en mettra d'autres sans être allumés, & ensuite il faudra
fermer bien exactement l'ouverture d'en
haut, en la couvrant de son dôme adapté.
Ayant un fourneau fait de cette manière,
tu pourras accomplir l'Oeuvre selon ton intention.

Que si tu es curieux, tu pourras fort aisément trouver d'autres maniéres de faire le
feu, tel qu'il est nécessaire, sans charbons ;
il doit être humide, digérant, doux, subtil,
renfermé, aërien, circulant, environnant,
altérant & non brûlant, linéaire, egal &
continuel. Tu dois donc faire ton athanor
de

de telle façon, qu'après y avoir mis ta matiere tu puiſſes ſans bouger ton vaiſſeau, y
faire tel *degré* de feu qu'il te plaira, & ſelon
que tu en auras beſoin, depuis une *chaleur*
ſemblable à celle de la *fiévre*, juſqu'au feu
du petit *reverbere*, ou d'un rouge obſcur; qu'il
puiſſe durer de lui-même, & ſans qu'il y faille
toucher dans ſa plus forte chaleur pour le
moins huit ou dix heures, c'eſt-à-dire ſans
qu'il ſoit néceſſaire d'y admettre d'autre &
nouveau feu; car s'il duroit moins, ce ſeroit un
travail bien fatiguant à faire : pour lors la
porte de l'Oeuvre t'eſt ouverte.

Mais quand tu auras fait la pierre, tu pourras pour ta commodité faire un petit fourneau portatif, tel que j'en ai fait un moi-
même, parce que les autres opérations ne
ſeront point difficiles ni ſi laborieuſes ; car
elles ſont plus courtes, & par ces raiſons elles n'exigent point un ſi grand fourneau,
qui ſeroit bien plus difficile à tranſporter ;
alors il faut & moins de tems , & un feu
naturel bien plus doux, pour multiplier la
pierre , ce qui eſt l'ouvrage peut-être d'une
ſemaine, ou tout au plus de deux ou trois.

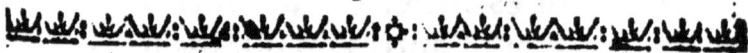

CHAPITRE XIX.

Du progrès de l'Oeuvre durant les premiers quarante jours.

Quand tu auras préparé notre Mercure
par la cuiſſon, & notre Or par la pur-

gation, enferme-les dans notre vaiſſeau, &
gouverne-les par notre feu; dans quarante
jours tu verras que toute la matiere ſera
changée en un *ombre*, c'eſt-à-dire en atomes (noirs) ſans que l'on puiſſe remarquer
qui fait cette action, ni que l'on puiſſe appercevoir aucun mouvement ſenſible, ni
que l'on ſente aucune chaleur en touchant
le vaiſſeau, ſi ce n'eſt qu'on s'apperçoit ſeulement que la matiere s'échauffe.

Mais ſi tu ne ſçais pas encore le myſtère
de notre Or & de notre mercure, ne travaille
pas davantage, car il ne t'en reſteroit qu'une
dépenſe inutile. Que ſi tu ne connois pas
encore parfaitement le ſecret de notre Or
dans toute ſon étendue, que tu ayes néanmoins une parfaite connoiſſance de notre
mercure, & comment l'Or dans ſa préparation doit être uni au corps parfait, ce qui
eſt un grand myſtère, en ce cas là prens une
partie de l'Or vulgaire qui ſoit bien purifié,
& trois parties de notre mercure illuminé &
préparé par la premiere opération ; joins &
amalgames ces deux matiéres enſemble, comme je t'ai enſeigné ci-devant, & mets-les
au feu avec un tel dégré de chaleur qu'elles
puiſſent bouillir, qu'elles ſuent, que leur
ſueur ſe *circule* ſans intermiſſion, & que
cette opération ſe faſſe jour & nuit par l'eſ-
pace de quatre-vingt dix jours, & autant
de nuits ; tu verras que ce mercure aura
ſéparé tous les élémens de l'Or vulgaire, &
que de rechef il les aura conjoint & réuni.

Fais encore bouillir cette matiere par cinquante autres jours, & tu verras alors que notre mercure aura converti l'Or vulgaire en notre or philofophique, qui eft une médecine du premier ordre.

C'eft donc là alors notre fouffre, mais il ne fera pas encore *tingent*; & je t'affûre que plufieurs Philofophes ont fuivi cette voie dans leur ouvrage, & ils ont trouvé la vérité; mais c'eft une voie bien ennuyeufe, & qui eft bonne pour les grands Seigneurs. Car quoiqu'on aye trouvé & fait ce fouffre, il ne fe faut pas imaginer pour cela que l'on aye la pierre, l'on ne poffède feulement alors que la vraie matiere de la pierre, qui en cet état eft une chofe imparfaite; avec laquelle cependant en moins d'une femaine tu peux chercher & trouver cette pierre par une voie facile & rare qui nous eft propre, & que Dieu a réfervé pour les pauvres qui font méprifés des hommes, & pour fes Saints qui font rejettés de la fociété du monde.

Je veux maintenant en parler bien au long, quoi qu'en commençant ce Livre j'euffe réfolu de n'en pas dire un feul mot; c'eft un des plus grands *Sophifmes* que faffent tous les Adeptes. Les uns parlent de l'Or & de l'Argent vulgaires, & ils difent vrai. Les autres difent que ce n'eft rien moins que cela; & ils difent vrai tout de même. Pour moi étant ému de charité, je m'en vais ten-

dre la main aux Amateurs de la Science ;
j'appelle ici tous les Adeptes, & je soutiens
qu'ils ont tous été envieux ; je le voulois
être auſſi-bien qu'eux, mais Dieu m'a changé & détourné contre la réſolution que j'a-
vois priſe ; qu'il en ſoit éternellement béni
& ſanctifié.

Je dis donc que ces deux voyes ſont vraies,
parce qu'elles ſont une ſuite l'une de l'autre,
& une ſeule voie pour la fin de l'Oeuvre,
quoiqu'elles n'ayent point le même commencement ; car tout notre ſecret conſiſte (& eſt) dans notre mercure & dans
notre Or. Notre mercure eſt notre voie,
& ſans lui l'on ne fera rien. Notre Or de
même n'eſt pas l'Or du vulgaire, & néanmoins il eſt dans l'Or du vulgaire ; car autrement, comment les métaux ſeront-ils
homogénes & de même nature ?

Si donc tu ſçais la méthode d'illuminer
notre mercure ſelon l'art requis, tu pourras
au lieu de notre Or joindre notre mercure
avec l'Or vulgaire, (quoi qu'à dire vrai, la
préparation de notre mercure doive être différente à l'égard des deux Or,) par un régime tel qu'il doit être, ils te donneront
notre Or dans cent cinquante jours, parce
que notre Or provient naturellement de notre mercure.

Si l'Or du vulgaire eſt réſous & diviſé en
ſes élémens, & puis remis & réuni en ſa
nature par notre mercure ; cette compoſition
ſe convertira toute en notre Or par le moyen

du feu. Et si cet Or est joint ensuite avec notre mercure préparé, que nous appellons notre lait virginal, il donnera assurément toutes les marques & tous les signes qui ont été décrits par les Philosophes, pourvû que l'on lui donne le feu tel qu'ils l'ont dit.

Mais si tu prétends à présent mettre notre même mercure sur notre décoction de l'Or vulgaire, quelque pur qu'il soit, & qui selon notre usage doit être mis sur notre Or philosofique, quoiqu'à généralement parler, ces deux Or fluent de la même source, & que tu y administres le même régime de chaleur que les Sages en leur Livre ont appliqué à notre pierre; par ce procédé tu es assurément dans la voie de l'erreur. Et c'est là le grand labyrinthe ou presque tous ceux qui commencent à travailler sont arrêtés tout court, parce que les Philosophes parlent dans leurs Livres de l'une & de l'autre de ces deux voies & manieres, qui ne sont pourtant en effet & fondamentalement qu'une seule maniere & une seule voie, si ce n'est qu'il y en a une qui est plus droite & plus courte que l'autre.

Ceux donc qui parlent de l'Or vulgaire (comme je fais dans ce petit Traité, & comme ont fait aussi Artephius, Flamel, Riplée & beaucoup d'autres dans leurs Ecrits) ne veulent dire autre chose, si ce n'est que l'Or philosophique est fait de l'Or vulgaire & de notre mercure; & que cet Or

G iij

étant enfuite , & par réitération diffous &
liquéfié , donnera le fouftre & l'argent vif
fixe , incombuftible & tingent à toute forte
d'épreuve.

Semblablement , & en ce fens , notre
pierre eft en chaque métal & minéral , parce
que l'on peut , par exemple , tirer de chacun
d'eux l'Or vulgaire, duquel enfuite on peut
avoir notre Or très-prochain ; je veux dire
que notre Or eft dans tous les métaux vulgaires , mais qu'il eft plus près & plus proche dans l'Or & dans l'Argent affinés.

C'eft ce qui a fait dire à Flamel que plufieurs ont travaillé fur Jupiter ou l'Etain ,
d'autres fur Saturne ou le Plomb, *mais moi ,*
dit-il , j'ai travaillé dans l'Or , & j'ai trouvé
l'Or philofophique.

Il y a pourtant une chofe unique dans le
régne métallique d'une admirable origine ,
dans laquelle notre Or eft plus proche que
dans l'Or & l'Argent vulgaires ; fi tu le cherches à l'heure de fa naiffance, c'eft un fouffre folaire qui fe liquifie, fe réfout & fe
fend dans notre mercure fon humide radical , comme fait la glace dans l'eau chaude ;
& cependant ce foufre liquide eft en quelque
façon femblable à l'Or. Tu ne trouveras pas
cela immédiatement dans la manifeftation
de l'Or vulgaire, mais par la révélation du
fecret qui eft en notre mercure ; cette même
chofe étant digérée fe peut trouver dans notre mercure par l'efpace de cent cinquante

jours en la premiere opération. C'est là notre Or solaire, qu'on acquiert par une plus longue voie ; cependant il ne sera pas encore aussi puissant que celui que la Nature nous a laissé entre les mains.

Mais en le circulant, & tournant la roüe pour la troisiéme fois, tu trouveras le même dans tous les deux ; avec cette différence toutes fois, que tu le trouveras dans le premier en sept mois ; & qu'il te faudra un an & demi, ou peut-être deux ans, pour le trouver dans le dernier par la seconde opération. Je sçai l'une & l'autre de ces deux voies, j'approuve néanmoins davantage celle qui est la plus aisée, & je la recommande aux gens d'esprit ; mais je n'ai décrit que la plus difficile, de peur d'attirer sur moi l'anathéme & la malédiction de tous les Philosophes ; cependant ces deux opérations se suivent & sont nécessaires, ainsi que la troisiéme.

Sçaches donc que l'on ne trouve que cette seule difficulté en lisant les Livres des Philosophes les plus sincéres, qui est que tout tant qu'ils sont, donnent le change dans le seul régime : & que lorsqu'ils parlent d'un ouvrage, ils mettent le régime & la pratique de l'autre. J'ai été long-tems embarrassé dans ces filets, (& dans ces difficultés) avant que d'avoir pu m'en délivrer. C'est pourquoi je déclare que la très-bénigne chaleur de nature est celle convenable dans notre œuvre, si tu sçais bien comprendre notre ouvrage. G iv

Mais si tu travailles dans l'Or vulgaire ; cet ouvrage n'est pas proprement le nôtre, il te conduira pourtant tout droit à notre œuvre, en son tems déterminé. Or tu as besoin d'une coction ou cuisson forte dans celui-là, & d'un feu qui soit proportionné. Puis tu procéderas par un feu très-doux, que tu feras dans notre *athanor* avec sa Tour, que je trouve très-propre pour nos opérations.

Ainsi si tu as travaillé avec l'Or vulgaire, ayes la précaution & le soin de faire les Nôces de Diane & de Venus, dans le commencement de celles de ton mercure ; fais-le ensuite reposer en son nid, & par le moyen d'un feu, tel qu'il est nécessaire, tu verras l'emblême ou la figure du grand œuvre, sçavoir le Noir, la queue de Paon, le Blanc, l'Orangé & le Rouge. Après cela recommence cet ouvrage avec le mercure, que l'on appelle *le lait de la Vierge*, en lui donnant le feu du Bain de rosée ; & pour le plus le *feu de sable* tempéré avec les cendres ; & alors tu verras non-seulement *le noir, mais le noir plus noir que le noir, & toute la noirceur* ; & tout de même, *& le blanc & le rouge parfait* ; & cela se fait ainsi par un doux procédé, & la volonté de Dieu ; car Dieu n'étoit point dans le feu, & dans un vent fort, mais il appella *Elie* par une voix muette, c'est-à-dire que son souffre spirituel, attira doucement à lui l'humide radical de nature.

C'est pourquoi si tu sçais l'art, tire notre
Or de notre mercure, alors tous les mystères
cachés seront représentés en un seul personnage, & tu accompliras tout l'ouvrage d'u-
ne seule chose ; ce qui sera, je t'assure, plus
parfait que tout ce qu'il y a de parfait dans
le monde ; comme le dit le Philosophe. *Si
tu peux, dit-il, faire l'Oeuvre du mercure
tout seul, tu auras assurément trouvé l'Oeuvre le plus précieux de tous.* Dans cet ouvrage il n'y a rien de superflu, mais je te
jure par le Dieu vivant, que tout est changé en
pureté, parce que l'action se fait dans un seul
sujet, qui est l'Or philosophique solaire. Mais
si tu commences ton travail sur l'ouvrage de
l'Or vulgaire, lors il y a action & passion
dans deux choses, & de ces deux choses là,
l'on n'en prend que la moyenne substance
toute seule, parce que l'on en ôte les *fœces*
& les impuretés. Pense bien & médite profondément sur ce que je viens de dire ici
en peu de paroles ; car si tu les entends, tu
as la clef pour ouvrir & accorder toutes les
contradictions qui paroissent être dans ce
que les Philosophes ont écrit. Pourquoi
Riplée enseigne dans le Chapitre de la calcination, *qu'il faut tourner la roue pour la
troisiéme fois*, & en ce lieu là il parle expressément de l'Or vulgaire, & il le faut entendre ainsi. Cet Auteur est fort mistique &
obscur, & sa triple doctrine des proportions
s'accorde à ce qui est rapporté, parce que
les trois proportions dont il parle servent

pour trois ouvrages différens & méthodiques.

Des trois ouvrages l'un est fort secret, & purement naturel, & celui-là se fait dans notre mercure avec notre Or solaire. C'est à cet ouvrage qu'il faut attribuer tous les signes que les Philosophes décrivent ; c'est un ouvrage qui ne se fait ni avec le feu ni avec les mains, mais par la chaleur intérieure toute seule, & la chaleur du dehors ne fait autre chose que chasser & empêcher le froid, & surmonter & corriger ses symptômes ou accidens.

L'autre & second ouvrage se fait dans l'Or vulgaire & notre mercure; pour le faire il faut se servir d'un feu doux & clair, & il y faut beaucoup de tems, pendant lequel ces deux matieres se cuisent, par l'entremise de Venus, jusqu'à ce que la plus pure substance de l'une & de l'autre soit tirée & exprimée, & c'est ce que l'on appelle *le suc de la Lunaire.* Ici lorsque par le travail naturel les fœces & les ordures ont été jettées, & qu'il n'en subsiste plus dans le compôt, il faut prendre le suc ; car en cet état il n'est pas encore la pierre, mais il est pourtant notre véritable soufre : l'on doit alors le cuire avec notre mercure, qui est son sang approprié, & en faire une pierre de feu, qui sera extrêmement pénétrante & tingente.

Enfin le troisiéme ouvrage est mixte ou mêlé. Il se fait en mélant l'Or vulgaire avec notre mercure en poids convenable, à

quoi l'on ajoûte autant de ferment de notre
fouffre qu'il en eſt de befoin : alors *font ac-*
complis tous les miracles du monde ; car il fe
fait un élixir qui peut donner & les richeſſes
& la fanté.

Employe donc toutes tes forces & toute
ton induftrie à chercher notre fouftre, que je
t'affure que tu recueilleras dans notre mercure, *ſi les deſtins te font favorables.* Que ſi
tu ne l'y peux pas trouver, tu mettras notre
Or & notre Argent philofophiques dans
l'Or vulgaire par une chaleur propre, &
avec le tems qui eſt néceſſaire pour cela ;
mais c'eſt une voie pleine d'épines, (&
un procedé où il y a mille difficultés.)
Et j'ai fait vœu & promis à Dieu & à l'E-
quité, de ne déclarer jamais en propres
termes ni l'un ni l'autre des régimes diftinctement & féparément ; car je jure en
bonne foi que j'ai découvert la vérité dans
les autres chofes décrites.

Prens donc ce mercure que je t'ai expliqué, & le marie avec l'Or qui lui eſt fort
ami ; & avec notre régime de chaleur, tu
verras certainement ce que tu déſires dans
fept mois, ou neuf, ou dix au plus ; mais
notre Lune paroîtra pleine dans l'efpace de
cinq mois. Ce font là les véritables termes,
(& le tems préfix) pour parachever ces fouffres ; mais ſi tu crois qu'en cet état ils foient
nos pierres (au rouge ou au blanc) tu te
trompes encore : mais par une réitérée dé-

coction de ces souffres , en réitérant & re-
commençant ton travail avec un feu qui
soit du moins sensible, tu posséderas notre
pierre & le véritable élixir des teintures , &
tout cela dans un an & demi philosophiques,
moyennant la grace & l'aide de Dieu , à
qui la gloire en soit rendue éternellement.

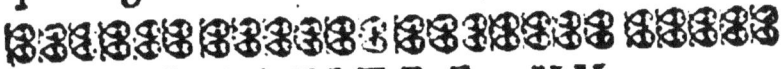

CHAPITRE XX.

De l'arrivée de la noirceur dans l'œuvre du
Soleil & de la Lune , ou de l'Or
& de l'Argent.

SI tu as travaillé dans l'Or & dans l'Argent pour y chercher notre souffre , à
l'aide de notre Mercure, regarde si tu verras
ta matiere enflée comme de la pâte , & bouillante comme de l'eau , ou pour mieux dire
comme de la poix fondue, parce que notre
Or solaire, ainsi que notre mercure, a une représentation *emblématique* dans l'Oeuvre de
l'Or vulgaire avec notre mercure. Ton fourneau étant échauffé , attends dans la chaleur
bouillante par l'espace de vingt jours , auquel tems tu remarqueras beaucoup de couleurs variées : mais vers la fin de la quatriéme semaine (pourvû que la chaleur ait été
continuelle) tu verras l'aimable verdeur ,
qui durera sans disparoître dix jours ou environ.

Tu as lors sujet de te réjouir, car assurément tu verras bientôt après toute ta matiere aussi noire qu'un charbon ; & tous le

membres (ou parties) de ta composition feront réduits en atomes. Car cette opération n'eſt autre choſe que la réſolution du
fixe dans le non-fixe , afin qu'étant enſuite
unis & conjoints l'un avec l'autre, ils ne faſ-
ſent qu'une même matiere, qui ſoit en partie ſpirituelle , & en partie corporelle. C'eſt
pourquoi le Philoſophe dit : *Prens le Chien*
de Coraſcene , & la Chienne d'Armenie ,
joints-les enſemble, & ils t'engendreront un
fils de la couleur du Ciel. Parce que ces natures par la décoction ſeront bientôt changées en un bouillon qui reſſemblera à l'écume de la mer , ou à un brouillard épais , qui
ſe teindra d'une couleur livide & noirâtre ;
& je te jure en bonne foi que je ne t'ai rien
caché que le régime, & ſi tu es prudent tu
pourras aiſément le concevoir par ce que j'en
ai dit.

Quand tu ſçauras le régime , prens la
pierre qui t'a été montrée ci-deſſus, & gou-
verne-la comme tu ſçais ; & tu verras enſuite apparoître pluſieurs choſes fort remarquables que voici.

Premierement , dès auſſitôt que la pierre
aura ſenti ſon feu, le ſouffre & le mercure
ſe fondront & ſeront *fluents* (ou coulants)
ſur le feu comme de la cire , le ſouffre ſera
brûlé, & il changera les couleurs de jour à
autre ; & le mercure demeurera *incombuſti-*
ble, ſi ce n'eſt que pour un tems il ſera teint
des couleurs du ſouffre, mais il n'en ſera pas

taché , ainſi il lavera entiérement le lâ-
ton , & le nettoyera de ſes ordures. Fais
enſorte que le Ciel ſe joigne à la Terre , &
le fais tant de fois , juſqu'à ce que la Terre
ait conçû une nature céleſte.

*O ſainte Nature ! qui faites toute ſeule
ce qui eſt abſolument impoſſible à quelque
homme que ce ſoit !*

C'eſt pourquoi quand tu auras vû dans ton
vaiſſeau de verre, ou œuf philoſophique, que
les natures ſe mêlent enſemble , comme ſi
c'étoit du ſang caillé & brûlé , ſois aſſuré
que la fémelle a ſouffert les embraſſemens
du mâle. Et partant dans dix-ſept jours ,
après que ta matiere aura commencé à ſe
deſſécher, tu dois t'attendre que les deux
natures ſe changeront en une *bouillie graſſe* ,
& ſe contourneront enſemble en façon d'un
brouillard épais , ou comme l'écume de la
mer , ainſi qu'il a été dit , & cela ſera d'u-
ne couleur fort obſcure. Alors crois ferme-
ment que l'Enfant royal eſt conçû , parce
que de-là en avant tu verras des vapeurs ver-
doyantes , jaunes , noires & bleues dans le
feu , & aux côtés du vaiſſeau. Ce ſont là
ces vents qui ſe font ordinairement lorſque
notre *embrion* ſe forme , leſquels il faut retenir adroitement de peur qu'ils ne fuyent ,
& que l'ouvrage ne ſoit anéanti.

Tu dois tout de même prendre garde que
l'odeur ne s'exhale par quelque fente , parce
que la force & la vertu de la pierre en ſouf-

friroit un dommage confidérable; c'eſt pour cela que le Philoſophe commande *de conſer-* *ver ſoigneuſement le vaiſſeau avec ſa liga-* *ture.* Et je t'avertis de ne point ceſſer ton opération, & de ne mouvoir ni ouvrir ton vaiſſeau, ni d'interrompre un ſeul moment ta décoction, mais de continuer à toujours cuire juſqu'à ce que tu voyes qu'il n'y ait plus d'humidité, ce qui arrivera dans trente jours. Voyant cela, réjouis-toi hardiment, & ſois aſſuré que tu es dans la droite voïe.

Alors ſois aſſidu à ton ouvrage, parce que peut-être dans deux ſemaines après ce tems-là tu verras que toute la terre ſera ſéche & fort noire. C'eſt ici la mort du Compoſé, les vents ont ceſſé, & tout eſt dans le calme & dans le repos. C'eſt-là cette grande Eclipſe du *Soleil* & de la *Lune* tout enſemble, c'eſt-à-dire de l'Or & de l'Argent qui ſont engendrés par ces deux Aſtres, & qui tiennent de la nature de leurs Progéniteurs; pendant cette Eclipſe *on ne verra aucun luminaire ſur la Terre, &* *la Mer diſparoîtra.* C'eſt alors que ſe fait notre cahos, duquel par le commandement de Dieu tous les miracles du monde ſorti-ront par ordre, & l'un après l'autre : car c'eſt ici le labyrinthe, qui a ſept portes, l'hydre à ſept têtes, le Chandelier à ſept branches, le Ciel des ſept Planettes, la Fontaine des ſept Métaux, l'Ether des ſept dons de ſageſſe & de lumière, le Globe des ſept eſprits influans vie, le Foyer des ſept illuminations, ou fu-

blimations ; la Lanterne magique des sept
opérations naturelles, la Boëte des sept phioles aurifiques de parfums odoriférans & salutaires , & l'Habitacle de tous les trésors
célestes dans notre Microscome.

CHAPITRE XXI.

De la Combustion des Fleurs, & comment
on la peut empêcher.

C E n'est pas un manquement de peu de
conséquence , & qui se fait pourtant
aisément , que la combustion ou brûlure des
Fleurs auparavant que les natures encore
tendres soyent bien extraites hors de leur
profondeur & de leur centre. Il faut principalement prendre garde à ne pas faire cette
faute après la troisiéme sémaine. Car au
commencement il y a une si grande abondance d'humeur , que si tu donnes le feu
plus fort qu'il ne faut , ton vaisseau qui est
fragile , ne pourra pas résister à la quantité
des vents qui s'y formeront , & qui d'abord
le feront éclater , si ce n'est qu'il soit plus
grand qu'il ne faut. Et si cela arrivoit , l'humidité sera tellement dispersée & répandue,
qu'elle ne retournera plus en son corps, du
moins en telle quantité qu'elle puisse être
suffisante pour lui donner des forces & de
la vigueur.

Mais quand la Terre aura commencé de
retenir une partie de son eau, alors ne se
faisant

faisant plus de vapeurs, on pourra bien augmenter le feu plus qu'il ne faut, sans crainte
que le vaisseau en puisse être aucunement en-
dommagé; mais aussi cela sera cause que
l'Oeuvre en sera gâté, qu'il prendra la
couleur de pavot sauvage, & que toute la
composition deviendra enfin une poudre séche, qui se sera faite rouge inutilement.
Cette marque te fera connoître que le feu
aura été plus fort qu'il ne falloit, c'est-à-
dire si fort, qu'il aura empêché que la véritable conjonction ne se soit faite.

Tu dois donc sçavoir que notre œuvre demande un véritable changement des natures, ce qui ne se peut faire si la derniere
union des deux natures ne se fait, & elles
ne se peuvent unir qu'en forme d'eau; car
il ne se fait point d'union des corps, mais
c'est seulement une contusion ou *broyement*;
tant s'en faut qu'il puisse y avoir d'union du
corps avec l'esprit par le mêlange qui se fait
des atomes, c'est-à-dire des plus petites parties les unes avec les autres. Mais pour ce
qui est des esprits ils se pourront bien aisément unir ensemble. C'est pourquoi (pour
l'union des natures) il faut nécessairement
une eau métallique homogénée, à laquelle
on prépare la voie par la calcination qui la
précéde, (& qui se fait auparavant.)

Cette exsiccation, ou desséchement, n'est
donc pas véritablement une *exsiccation*;
mais c'est une réduction en atômes de l'eau

avec la terre par le crible de la nature, & ces atômes font plus déliés & plus fubtils que l'eau ne requiert & qu'il eft néceffaire, afin que la terre reçoive le ferment tranf-mutatif de l'eau. Mais cette nature fpiri-tuelle, par un feu trop violent & plus fort qu'il n'eft néceffaire, eft comme fi elle étoit frappée du marteau de la mort, & lors ce qui étoit *actif* devient *paffif*, le fpirituel eft rendu corporel, c'eft-à-dire qu'il s'en fait un précipité rouge, qui eft inutile pour notre Oeuvre, parce que la couleur noire du Cor-beau ne fe fait que dans une chaleur qui lui eft propre & convenable ; & quoiqu'elle foit noire, c'eft pourtant une couleur que l'on doit beaucoup fouhaiter.

Il eft vrai cependant qu'au commence-ment du véritable Oeuvre il apparoît une rougeur, & qui eft même remarquable ; mais il faut que pour cela il y ait une fuffifante quantité d'eau, c'eft un témoignage que le Ciel a eu *copulation*, & a couché avec la Terre, & que le feu de la Nature a conçû ; pourquoi Hermes dit, que *notre feu fulfu-reux uni à notre humide radical, eft ce Roi qui defcend du Ciel, l'ame qu'il faut rendre à fon corps, & qui le doit reffufciter,* ce qui fera que tout le vaiffeau fera teint au dedans d'une couleur dorée ; mais cette couleur ne durera pas, & elle produira bien-tôt la couleur verte. Tu auras enfuite le noir en peu de tems, & tu verras ce que tu défi-res, fi tu as patience.

Sur tout *hâte-toi lentement*, continue pourtant ton feu affez bien, & conduit ta barque en Pilote bien expert entre les écueils de *Scylle & Charibde*, fi tu veux gagner les richeffes des deux Indes (Orientale & Occidentale.) Cependant tu verras par fois comme de petites Ifles, des épics & des bouquets en touffes, & de petites ombres de diverfes couleurs, qui s'éléveront dans les eaux & aux côtés (du vaiffeau) & fe diffiperont incontinent, pour faire place à d'autres qui naîtront & paroîtront enfuite. Cela vient de ce que la Terre, qui ne demande qu'à germer, produit toujours quelque chofe, de forte qu'il te femblera par fois de voir dans ton vaiffeau des oifeaux, des bêtes, des ferpens, des reptiles, & d'autres couleurs agréables, mais qui ne font pas confidérables, & difparoîtront bientôt.

Le principal eft que tu continues inceffamment le feu dans le dégré qu'il doit être, & tout cela fe déterminera avant le cinquantiéme jour dans une couleur très-noire, & dans une poudre, dont les parties n'auront aucune liaifon enfemble. Que fi cela n'arrive pas, tu t'en devras prendre, ou à ton mercure, ou au régime (du feu), que tu donnes, ou à la matiere qui ne fera pas bien difpofée, pourvû que tu n'ayes point bougé ou remué ton vaiffeau. car cela pourroit ou retarder ou ruiner abfolument ton Ouvrage, & notre Pierre fe fublime, se dissout, s'engrossit, se coagule, & se fixe d'elle-même, sans aucune interposition des mains.

CHAPITRE XXII.

Le Régime de Saturne, ce que c'est, & pourquoi on l'appelle ainsi.

Tous les Mages, c'est-à-dire les Sages, qui ont écrit de ce travail de la Sagesse, ont parlé de l'Oeuvre & du régime de Saturne, ce qui a été cause qu'il y en a eu plusieurs qui ne les entendant pas bien, ou les prenant dans un sens contraire à l'esprit occulte, se sont jettés dans beaucoup d'erreurs, & se sont trompés dans leur opinion. Il y en a eu qui ainsi deviés pour s'être laissé surprendre par trop de confiance à la lettre des Ecrits, ont travaillé sur le plomb, avec espérance & sans fruit ni profit. Mais sçache que notre plomb est plus précieux qu'aucun Or que ce soit ; car c'est la boüe & le limon dans lequel l'ame de l'Or se joint avec le mercure, afin de produire ensuite le mâle & la fémelle, Adam & Eve sa femme.

C'est pourquoi l'Or qui étoit le plus haut & le plus élevé, s'est humilié ici pour être fait le plus bas, en attendant la rédemption de tous ses Freres les métaux dans son sang. Donc ce que nous appellons Saturne dans notre ouvrage, c'est le tombeau où notre Roi, c'est-à-dire l'Or est enseveli, & c'est

la clef du trésor de l'Art transmutatoire.
Heureux celui qui peut saluer cette Planette
qui va si lentement. Prie Dieu, mon Frere,
qu'il te fasse cette grace, car c'est une bénédiction *qui ne dépend pas de celui qui court*
pour l'avoir , ni de celui qui la souhaite ,
mais du seul Pere des lumiéres.

CHAPITRE XXIII.

Des différens régimes de cette Oeuvre.

STudieux Tyron de notre Science, sois
assuré que dans tout l'ouvrage de la Pierre, il n'y a que le seul régime qui soit celé.
Ce qu'un Philosophe en a dit est très-véri-
table, que *quiconque en aura la parfaite con-*
noissance sera honoré des Princes & des
Grands de la Terre. Et je te jure sur ma
foi, que si l'on disoit seulement le régime
ouvertement (& comme il se doit faire) il
n'y auroit pas même jusqu'aux fols qui ne se
mocquassent de notre Art.

Car quiconque connoît une fois le régime, sçait que *tout le reste n'est qu'un ou-*
vrage de femmes & un jeu d'enfans , n'y
ayant plus autre chose à faire qu'à décuire
& à cuire. Et c'est ce qui a obligé les Philosophes à cacher ce secret avec grand artifice ; & crois assurément que j'ai fait fondamentalement la même chose , quoique
j'aye paru parler du dégré de chaleur. Néanmoins puisque je me suis proposé d'agir sin-

cerement & de bonne foi dans ce petit
Traité, & que je l'ai promis, je me trouve
obligé à faire quelque chose de particulier,
pour ne pas tromper l'espérance & la peine
des personnes d'esprit qui liront ce Livre.

Sçaches donc que dans tout notre ouvrage
nous n'avons qu'un seul régime *linéaire*, qui
n'est autre chose que de décuire & digérer.
Et néanmoins ce seul régime-là en comprend
plusieurs autres en soi, que les envieux ont
caché en leur donnant beaucoup de noms
qui sont différens , & en parlant comme
si c'étoient différentes opérations. Pour
moi, à cause que j'ai promis candeur & sin-
cérité, j'en traiterai beaucoup plus ouvertement; de sorte que tu seras obligé d'avoüer
que je suis en cela plus ingénu que pas un;
car ce n'est pas notre coûtume de parler
clairement d'une chose de cette importance.

CHAPITRE XXIV.

Du premier Régime de l'Oeuvre, qui est celui
du Mercure philosophique.

JE commencerai par le Régime de Mercure, qui est un secret , dont pas un des
Philosophes n'a jamais parlé. Penses bien
qu'ils ont tous commencé par le second ouvrage, c'est-à-dire par le régime de Saturne,
& ils n'ont donné aucune lumière à l'Ar-

tifte commençant, de ce qui fe fait avant
que la *noirceur* apparoiffe, laquelle eft un des
principaux fignes de l'Oeuvre. Le bon Bernard, Comte de Trévifan, n'en a même
rien dit ; car il enfeigne dans fa Parabole,
que le Roi lorfqu'il vient à la Fontaine,
ayant laiffé toutes les perfonnes étrangéres,
entre tout feul dans le Bain, ayant une Robe
de drap d'Or, qu'il dépouille & la donne à
Saturne, qui en échange le couvre d'un vêtement de velours noir. Mais il ne dit point
en combien de tems le Roi quitte & dépouille cette Robe de drap d'Or, & ainfi il
paffe fous filence tout un régime entier, qui
peut être de quarante jours, & par fois de
cinquante. Durant ce tems-là les pauvres
Apprentis fe fondent fur des expériences
qu'ils ne connoiffent pas. Depuis qu'une fois
la noirceur commence à paroître jufqu'à la
fin de l'œuvre, les nouveaux fignes qui paroiffent tous les jours dans le vaiffeau, donnent affez de fatisfaction à l'Artifte ; mais
il faut avouer qu'il eft ennuyeux d'être cinquante jours dans une telle incertitude, fans
guide, & fans aucune marque qui puiffe affurer ceux qui travaillent.

Je dis donc que depuis que le compôt a
commencé à fentir le feu (dans le fourneau) jufqu'à ce que la noirceur apparoiffe,
tout cet intervale, c'eft le régime du mercure, c'eft-à-dire du mercure philofophique,
qui travaille tout feul durant tout ce tems-

là, fon compagnon (l'Or vulgaire) demeurant mort un efpace de tems convenable : & c'eft ce que perfonne n'a encore découvert avant moi.

Quand tu auras donc conjoint enfemble les matieres, qui font l'Or & notre Mercure, ne t'imagine pas, comme font les vulgaires Alchymiftes, que l'Occident (ou diffolution) de l'Or doive arriver tout auffi-tôt après. Non, je t'affure que cela ne fe fait pas ainfi. J'ai attendu long-tems avant que la paix & le calme fuffent faits entre le feu & l'eau. Et de ceci les envieux n'ont dit qu'un feul mot, lorfque dans le premier ouvrage ils ont appellé leur matiere *Rebis*, c'eft-à-dire une chofe qui eft faite de deux chofes, ainfi que le Poete l'a dit :

> Rebis n'eft qu'une chofe, étant faite de deux ;
> Toutes deux unies en une.
> Il fe diffout, afin qu'en Soleil, ou qu'en Lune
> Les Spermes foient changés, qui font principes d'eux.

Sçaches donc certainement qu'encore que notre mercure dévore l'Or, néanmoïns cela ne fe fait pas de la maniere que le penfent les Chymiftes Philofopâtres. Car quoique tu ayes conjoint l'Or avec notre mercure, tu retireras un an après le même Or tout entier, fans qu'il foit aucunement alteré ni dans fa fubftance ni dans fa vertu, fi tu ne lui donnes le feu au dégré qu'il faut pour le décuire. Qui dira le contraire n'eft pas Philofophe.

Ceux

Ceux qui font dans la voie de l'erreur s'i-
maginent que la diffolution des corps eft fi
aifée à faire, que dès auffitôt que l'Or eft
jetté & fubmergé dans notre mercure, il eft
dévoré (& diffout) en un clin d'œil, fe
fondant fur ce paffage de Bernard Comte
de la Marche Trévifane, qu'ils expliquent
mal, lorfqu'il parle de fon *Livret d'Or*, qui
étant tombé *dans la fontaine fe perdit*, &
il ne put plus l'en retirer. Mais ceux qui ont
eu la peine de travailler à la diffolution des
corps peuvent rendre témoignage de la difficulté qu'il y a à la pouvoir faire. Moi-même qui en ai vû & fait l'expérience plufieurs
fois, je protefte que c'eft un travail qui requiert une grande induftrie de gouverner le
feu fi bien & avec une telle juftelle, après
que la matiere eft préparée, que par fa chaleur il faffe diffoudre les corps, fans qu'il
brûle leurs teintures. Remarques donc bien
ce que je te vais dire.

Prens le corps que je t'ai montré, c'eft-
à-dire l'Or vulgaire, & le mets dans l'eau
de notre *Mer*, laquelle ne perde point la
chaleur qu'elle a acquife auparavant pendant
un grand nombre de mois qu'elle aura été
travaillée & difpofée : décuis continuellement cet Or avec un feu qui lui foit propre, de forte que dans ton vaiffeau tu voies
monter une rofée & un brouillard, qui re-
tomberont inceffamment en gouttes jour &
nuit. Je t'apprends que dans cette *circulat*

tion le mercure monte tout tel qu'il eſt en ſa premiere nature, & que le corps deſmeure en bas (au fonds du vaiſſeau) tout de même en ſa premiere nature, juſqu'à ce que par un aſſez longtems le corps commence à retenir quelque peu de l'eau, & ainſi le corps & l'eau ſont faits l'un & l'auſtre participans des dégrés (& des qualités] qu'ils ont chacun ſéparément, (c'eſt-à-diſre que le corps communique ſa fixité à l'eau, & l'eau fait part de ſa volatilité au corps.)

· Mais parce que dans la ſublimation qui ſe fait alors, toute l'eau ne monte pas, & qu'il en reſte une partie avec le corps dans le fonds du vaiſſeau ; ſi tu conſidéres ſouſvent & attentivement cette opération, tu remarqueras que le corps bouls & ſe crible dans l'eau, qui demeure en bas, & que par le moyen de cette même eau les gouttes qui retombent percent & ouvrent le reſte du corps, & que l'eau par cette circulation continuelle devenant plus ſubtile, elle tire à la fin l'ame de l'Or doucement & ſans violence.

· Ainſi par l'entremiſe de l'ame, l'eſprit eſt réconcilié avec le corps, & ils s'uniſſent tous deux dans la couleur noire, & cela arſrive dans cinquante jours au plus tard. ·Cette opération s'appelle le régime du merſcure, parce qu'il ſe circule, étant élevé en ·haut, & que le corps de l'Or eſt bouilli en bas dans le fonds du vaiſſeau en ce même mercure. Et dans cette opération le corps eſt paſſif juſqu'à ce que les couleurs apparoiſſent, qui commencent à ſe faire voir tant ſoit peu vers le vingtiéme jour, pourvû que l'*ébullition* ſe faſſe bien & ſans aucune interruption ni relâche. Enſuite ces couleurs s'augmentent & ſe multiplient, ſe changent & ſe diverſifient juſqu'à ce qu'elles ſe terminent dans la noirceur très-noire, qui arrivera au cinquantiéme jour, ſi les deſtins favorables t'appellent à ce bonheur.

CHAPITRE XXV.

Du ſecond Regime de l'Oeuvre qui eſt celui
de Saturne, ou du Plomb.

LE Regime de Mercure étant achevé, (ce que l'on reconnoît par ce que ſon opération eſt de dépouiller le Roi, c'eſt-à-dire l'Or de ſes habits dorés, d'attaquer & laſſer par divers combats le Lyon juſques à ce qu'il ſoit aux derniers abois) le Regime prochain de Saturne lui ſuccede. Cár c'eſt la volonté de Dieu que l'ouvrage qui eſt commencé ſoit parachevé de la maniére qu'il le doit être, & c'eſt la regle de cette Tragédie, que lorſque l'un des Perſonnages ſort de deſſus le Théâtre, l'autre y entre en même tems, & que l'un ayant joué ſon rôle l'autre commence le ſien auſſi-

tôt. La Loi de la nature, eſt que la mort
phiſique d'un Etre, eſt la vie d'un autre,
la fin & la corruption de celui-ci eſt l'origine & la génération de celui-là ; la vie ſe
perpétue ſous différentes formes ſucceſſives
l'une à l'autre, par une continuelle méta-
morphoſe. Ainſi le Regime de Mercure
n'eſt pas plutôt achevé, que Saturne qui eſt
ſon ſucceſſeur & à qui le Royaume appartient par droit de ſucceſſion, prend incontinent ſa place. Par le Lyon mourant
naît le Corbeau de bon augure.

Et ce Regime eſt fort droit & linéaire
à l'égard de la chaleur, parce qu'il n'y a
qu'une couleur ſeule & unique qui eſt le
noir très-noir, qui paroiſſe ; mais il n'y a ni
fumée, ni vent ni aucun ſimbole (ou indice) de vie, & l'on n'y remarque autre
choſe, ſi ce n'eſt que la Compoſition paroît quelquefois toute ſeche, & par fois on
voit qu'elle boult en façon (& conſiſtance)
de poix fondue. O que c'eſt une choſe af-
freuſe à voir ! Auſſi eſt-ce proprement une
repréſentation de la mort éternelle, & un
deuil de la Létargie phyſique : mais que
c'eſt une choſe qui doit cauſer de joye à
l'Artiſte qui en ſuit la conduite ! Car ce
n'eſt pas une noirceur ordinaire qui paroît
ici, mais c'eſt une noirceur ſi exceſſive,
qu'à force d'être noire elle paroît luiſante
& reſplendiſſante. Que ſi tu vois une fois
la Matiére s'enfler comme de la pâte dans

le fond du vaiſſeau, réjouis-toi, car tu dois
ſçavoir que cela te marque qu'il y a un
Eſprit vivifiant, qui eſt renfermé au dedans,
& qui redonnera la vie à ces Corps morts
dans le tems que le Tout-puiſſant a preſcrit
pour cela.

Je t'avertis ici de prendre ſur-tout bien
garde à ton feu, que tu dois ménager &
conduire bien judicieuſement ; car je te jure
en bonne foi, que ſi dans ce Regime-ci,
tu fais ſublimer quelque choſe de tes Matieres, pour avoir trop pouſſé le feu, tout
ton Ouvrage ſera perdu ſans reſſource. Contente-toi donc, comme le bon Treviſan,
d'être détenu en priſon quarante jours &
quarante nuits, & laiſſe demeurer la Matiere, qui eſt encore tendre, au fond du
vaiſſeau ; qui eſt le nid où ſe fait la conception ; & ſois très-aſſuré que lorſque le
tems ſera échû, que le Tout-puiſſant a li-
mité pour l'accompliſſement de cette opération, l'Eſprit réſuſcitera glorieux, & qu'il
glorifiera ſon Corps : je veux dire qu'il montera, & qu'il ſe circulera doucement &
ſans violence ; du Centre il montera aux
Cieux, puis des Cieux il deſcendra dans
le Centre, *& il prendra la force des choſes
ſupérieures & inférieures.*

L'Or vulgaire s'éxauçant & dignifiant par
la vertu de notre Mercure, manifeſte par ordre tous les dégrez métalliques qu'il a en lui,
& devient ainſi l'Or philoſophique animé &
animant.

❀❀❀❀❀❀❀ ❀❀❀❀❀:❀ ❀❀❀❀

CHAPITRE XXVI.

Du troisiéme Regime qui eſt celui de Jupiter, ou de l'Etain.

AU noir Saturne, ſuccede Jupiter qui
eſt d'une couleur différente. Car après
que la Matiere a été dûement putrifiée &
pourrie, & que la conception a été faite
dans le fond du vaiſſeau, tu verras encore
par le bon plaiſir de Dieu, des couleurs qui
ſe changeront ſouvent, & une autre ſublimation qui circulera. Ce Regime n'eſt pas
long, car il ne dure pas plus de trois ſemaines. Durant ce tems-là toutes ſortes
de couleurs que l'on ne ſe ſçauroit imaginer
paroîtront, & l'on n'en peut rendre aucune
raiſon certaine. Les pluyes ſeront alors
plus abondantes de jour à autre, & enfin
après toutes ces choſes qui ſont très-agréa-
bles à voir, il paroît au côté du vaiſſeau
une blancheur en façon de petits filamens
ou comme des cheveux. * Quand tu verras
cela, réjouis toi, car c'eſt une marque que
tu as heureuſemeut parachevé le Regime
de Jupiter.

Dans ce Regime il y a pluſieurs choſes
à quoi l'on doit prendre garde fort ſoigneuſement. La premiere c'eſt d'empêcher les
petits des Corbeaux de retourner dans leur

* Flamel l'appelle blancheur capillaire.

nid, quand il en feront un fois fortis. La
feconde eft qu'il ne faut pas tellement épui-
fer l'eau, que la terre qui eft affaiffée n'en
ait point du tout, & qu'elle demeure toute
feche & aride dans le fond, ce qui la ren-
droit inutile. La troifiéme c'eft que tu dois
prendre garde à ne pas tant arrofer ta
terre qu'elle en foit tout à fait fuffoquée
& noyée. On évitera toutes ces erreurs &
ces inconvéniens, par le fecours du bon
Regime de la chaleur exterieure.

CHAPITRE XXVII.

*Du quatriéme Regime qui eft celui de la
Lune, ou de l'Argent philofophique.*

LE Regime de Jupiter étant parachevé, fur la fin du quatriéme mois le
figne du croiffant de la Lune t'apparoîtra,
& tu dois fçavoir que tout le Regime de
Jupiter a été employé à laver le Laton.
L'Efprit qui fait cette *lotion* [ou qui le lave]
eft fort blanc & pur en fa nature, mais le
corps qui doit être lavé eft d'un noir très-
noir, à caufe de fes impuretés : dans le paffage du noir au blanc, paroiffent toutes
les couleurs intermédiaires qui difparoiffant
font que tout devient blanc, non pas pourtant qu'il foit parfaitement blanc dès le premier jour; mais du blanc il viendra au très-
blanc peu-à-peu, & par dégrez.

Tu dois sçavoir que dans ce Regime tout le compôt devient à la vûe comme de l'Argent-vif coulant, & c'est ce qu'on appelle sceller la mere dans le ventre de son enfant qu'elle a enfanté auparavant. Et dans ce Regime on verra plusieurs belles couleurs variées, qui ne feront que se montrer, & qui disparoîtront aussi-tôt, mais qui tiendront pourtant plus de la blancheur que de la noirceur ; de même que dans le Regime de Jupiter elles s'approchoient plus du noir que du blanc, & sçache qu'en trois semaines le Regime de la Lune ou de l'Argent, sera accompli.

Mais avant que ce Regime soit achevé, le composé prendra mille formes différentes. Car les Fleuves venant à se grossir avant toute sorte de coagulation, le composé se *liquifiera* & se coagulera cent fois dans un jour. Par fois il paroîtra comme des yeux de poissons. D'autres fois on le verra en forme d'un arbre d'argent très-fin & bien poli avec de petites branches & des feuilles. En un mot dans ce Regime-ci tu seras surpris & ravi d'admiration de voir tant de diverses choses qui paroîtront à toute heure A la fin tu auras de petits grains très-blancs, qui ressembleront aux atomes du Soleil, & d'ailleurs si beaux, que jamais homme n'en a vû de pareils.

Rendons des graces immortelles à Dieu, qui a eu la bonté de conduire l'œuvre jus-

ques à cette perfection. Car c'est alors la
véritable teinture parfaite pour le blanc,
quoi qu'elle ne soit encore que du premier
ordre, & par conséquent qu'elle n'ait que
peu de vertu & d'efficacité, en comparaison de
cette puissance admirable qu'elle acquerera
si l'on réitere, & refait sa préparation du
second ordre.

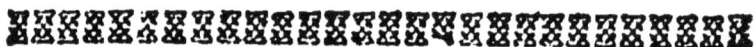

CHAPITRE XXVIII.

Du cinquiéme Regime, qui est celui de Venus, ou du Cuivre.

C'Est une chose la plus surprenante & admirable de toutes dans notre Pierre, de
ce qu'étant à présent entiérement parfaite, &
pouvant [dans l'état où elle est] communiquer une teinture parfaite pour le blanc, elle
s'humilie encore d'elle même, & qu'une
seconde fois elle veuille devenir volatile,
sans que l'on y touche, ni que l'on y mette la main. Néanmoins si tu pensois l'ôter
de son vaisseau, pour la remettre dans un
autre, quand elle sera une fois refroidie,
tu ne la sçaurois plus pousser à un plus haut
dégré de perfection, c'est-à-dire au rouge,
quelque artifice que tu fasses. Et ni moi ni
pas un des anciens Philosophes ne sçaurions
donner une raison convaincante pourquoi
cela se fait ainsi, & nous ne pouvons dire
autre chose, si ce n'est que c'est le bon plai-

fir de Dieu que cela arrive de la forte.

Ici tu dois bien prendre garde à bien conduire ton feu. Car c'est une maxime indubitable, que la pierre, pour être parfaite doit être fufible. Ainfi fi tu lui donnes le feu plus fort qu'il ne faut, ta Matiere fe vitrifiera, & étant fondue, elle s'attachera aux côtés de ton vaiffeau, & tu n'en fçaurois rien faire de plus, (ni lui donner davantage de perfection.) Et c'eft-là cette vitrification de la Matiere que les Philofophes avertiffent fi fouvent qu'il faut éviter & qui (fi l'on n'y prend bien garde) a accoûtumé d'arriver devant que l'Oeuvre foit au blanc parfait, & lors qu'elle y eft. Et cela arrive depuis le milieu du Regime de la Lune, jufqu'au feptiéme ou dixiéme jour de celui de Venus.

Il faut donc augmenter feulement un peu le feu, & de telle forte, que la chaleur ne puiffe pas faire devenir la compofition vitrifiée, c'eft-à-dire coulante comme du verre fondu. Mais il faut que la chaleur foit douce, parce que par ce moyen la Matiere fe fondra & s'enflera d'elle même, & avec l'aide de Dieu, elle recevra un efprit qui volera & montera en haut, portera & enlevera la Pierre avec foi, & il produira & fera naître de nouvelles couleurs. La premiere de toutes fera la verdeur de Venus, qui durera long-tems; car elle ne difparoîtra point entierement qu'après vingt jours. Enfuite viendra la couleur bleue ; puis la livide ou plombée , & fur la fin du Regime de Venus la couleur de pourpre pâle & obfcure.

Ce à quoi tu dois prendre garde dans cette Opération , c'eft de ne pas trop irriter ni pouffer l'Efprit : car lors il eft plus corporel qu'il n'étoit auparavant , & fi par le feu tu le contrains de voler au haut du vaiffeau , à peine le pourras-tu faire retourner de lui-même. Il faut avoir la même précaution dans le Regime de la Lune , lorfque l'Efprit aura commencé à s'épaiffir [& à fe faire corps:] car lors il faudra le traiter doucement & fans violence , de peur que fi on le faifoit fuir au haut du vaiffeau , tout ce qui eft dans le fond ne foit brûlé , ou du moins qu'il ne fe vitrifiât , ce qui cauferoit la perte totale de ton Ouvrage.

Quand donc tu verras la verdeur , fçaches qu'elle contient & enferme dans foi la vertu de germer. Ainfi prends bien garde en cet endroit que cette agréable verdeur ne fe change en vilain noir par la trop grande chaleur , mais gouverne ton feu avec prudence ; & par ce moyen tout ce Regime fera fait dans quarante jours , & tu y remarqueras toute la vertu amoureufe de la regénération & vegétation.

CHAPITRE XXIX.

Du sixiéme Regime qui est celui de Mars,
ou du Fer.

LOrsque le Regime de Vénus est parachevé, dont la principale couleur a été
verte, & tirant un peu sur le rouge obscur
de pourpre, & par fois sur le livide ; dans
le tems duquel l'Arbre Philosophique a fleuri
& a paru avec des feuilles & des branches
diversifiées de plusieurs couleurs, le Regime
de Mars prend sa place. La couleur dominante dans ce Regime est une ébauche & un
commencement d'orangé mêlé & lavé
d'un jaune tirant sur le brun limoneux, &
outre cela il fait parade des couleurs de l'Iris
& de celles de la queue de Paon ; mais elles
ne font que passer.

Dans ce Regime la consistance de la composition est plus seche, & il semble que la
Matiere prenne plaisir à se déguiser en prenant diverses formes. La couleur de l'Hyacinthe mêlée avec tant soit peu d'Orangé,
paroîtra fort souvent dans ces jours-là. C'est
ici que la mere qui a été scellée dans le
ventre de son enfant s'éleve & s'épure afin
qu'il ne s'y trouve aucune pourriture, à cause
de la trop grande pureté dans laquelle notre Composé se doit terminer. Mais pendant tout ce Regime, l'on voit dans le fond

du vaiſſeau des couleurs obſcures qui ſe pro-
menent, & il ſe forme d'autres couleurs
moyennes qui paroiſſent fort ca'mes.

Sçaches que *notre Terre vierge* reçoit lors
ſa derniere façon, afin que le fruit du ſo-
leil, c'eſt-à-dire de l'Or y ſoit ſemé, & qu'il
meuriſſe. Ainſi tu dois continuer à entrete-
tenir toujours une bonne chaleur, & aſſurément vers le trentiéme jour de ce Regime tu verras paroître la couleur orangée,
qui dans deux ſemaines après qu'elle aura
commencé de paroître, teindra toute la Matiere de ſa couleur.

CHAPITRE XXX.

*Du ſeptiéme Regime qui eſt celui du Soleil
ou de l'Or philoſophique.*

TE voilà maintenant bien proche de
la fin de ton Oeuvre, & tu l'as preſque
achevé. Tout paroît dans le vaiſſeau, comme ſi tout étoit de l'Or très-fin, & le laiſt
de la Vierge, qui s'y circule, avec lequel tu
fais *imbibition* & abreuve cette Matiere, devient fort orangé.

C'eſt ici que tu es obligé de rendre des
graces immortelles à Dieu, qui eſt le li-
béral diſpenſateur de tous les biens, de ce
qu'il t'a fait la grace de parvenir juſques-
là. Prie-le bien humblement, qu'il lui plai-
ſe de ſi bien conduire ton deſſein pour ce

qui te reste à faire, que pour vouloir hâter ton Ouvrage, qui est presque parachevé, tu ne le ruines entierement.

Considére qu'il y a presque sept mois que tu attends, & qu'il n'est pas à propos de détruire & de perdre tout en moins d'une heure. C'est pourquoi tu dois agir avec très-grande précaution, d'autant plus que tu es plus proche de la fin, & de la perfection de ton œuvre.

Si tu te comportes prudemment, voici ce qui arrivera de remarquable dans ton Ouvrage. Premierement tu verras une certaine lueur citrine ou orangée dans ton corps ; & à la fin le corps venant à s'affaisser, tu remarqueras des vapeurs orangées, qui seront teintes de couleur de violette, & parfois de pourpre obscure.

Après avoir attendu douze ou quatorze jours tu remarqueras dans ce Régime du Soleil ou de l'Or Philosophique, que la plus grande partie de la Matiere deviendra humide, même en quelque façon pesante ; cependant elle ne laissera pas d'être toute emportée *dans le ventre du vent.*

Enfin vers le vingt-sixiéme jour de ce Regime elle commencera à se dessecher, puis elle se *liquifiera*, deviendra coulante & se congèlera, & ensuite elle se liquifiera encore cent fois le jour, jusqu'à ce qu'elle commence à se granvler, ensorte que toute la matiere paroîtra divisée en petits grains ;

après quoi elle fe réunira en une maffe , &
de jour à autre elle prendra mille formes
différentes , & cela durera deux femaines
ou environ.

Enfin par l'ordre de Dieu, la lumiere de
ta matiere jettera des rayons fi vifs , qu'à
peine le pourrois-tu imaginer. Quand tu
verras paroître cette lumiere tu dois attendre bientôt la fin de ton Oeuvre, car tu verras cette fin défirée trois jours après , parce
que la matiere fe mettra toute en grains
auffi menus que les atômes du Soleil , &
elle fera d'une couleur rouge fi foncée ,
qu'à force d'être rouge elle paroîtra noire,
comme eft le fang d'un homme bien fain,
quand il eft pris & caillé. Et tu n'aurois jamais
pû croire que l'Art eût pû donner une telle
teinture à l'Elixir, parce que c'eft une créature admirable qui n'a pas fa pareille dans
toute l'étendue de la Nature, tant s'en faut
qu'il fe puiffe rien trouver au monde qui lui
foit parfaitement femblable.

CHAPITRE XXXI.

La Fermentation de la Pierre.

ENfin , fouviens-toi bien que te voilà
en poffeffion du foufre rouge incombuftible , qui par lui-même, quelque dégré
de feu que l'on puiffe lui donner, ne pourroit être pouffé plus loin par lui-même.

Mais j'avois oublié de t'avertir dans le Chapitre précédent que tu dois soigneusement prendre garde à une chose dans le régime du Soleil orangé, c'est-à-dire de l'Or citrin philosophique, qui est qu'avant la naissance du Fils surnaturel, qui est revêtu de la véritable pourpre de Tyr, tu ne fasses le feu si fort, qu'il vitrifie ta matiere; parce que si elle étoit ainsi, elle ne se pourroit jamais plus dissoudre, & par conséquent elle ne se congéleroit point en ces très-beaux atômes parfaitement rouges. Ménage donc bien ta chaleur, & sois prudent & avisé pour ne te pas priver toi-même d'un si grand trésor.

Cependant quand tu seras parvenu jusqu'ici, ne t'imagine pas que ce soit la fin de tes travaux, & que tu n'ayes plus rien à faire; car tu dois encore passer outre, réiterer & faire une seconde fois la circulation de la roüe (c'est-à-dire recommencer les opérations que tu viens de faire) afin que de ce souffre incombustible tu ayes l'Elixir.

Pour cet effet, prend trois parties d'Or bien pur, & une partie de ce souffre *ignée*; Ou si tu veux, tu peux prendre quatre parties d'Or, avec une cinquiéme partie de ton souffre (c'est-à-dire une partie de souffre contre quatre d'Or) mais la premiere portion est la meilleure. Fais fondre l'Or dans un creuset bien net, & quand il sera en *fusion* jette ton souffre dedans, mais avec précaution

caution, de peur que la fumée des charbons ne le gâte.

Fais les fondre & *fluer* ensemble, puis jette-les dans un autre creuset, & il s'en fera une masse qui se pourra aisément pulvériser, & qui sera d'une couleur très-belle & très-rouge, mais qui ne sera presque pas transparente. Prends de cette masse, que tu auras broyé & mis en poudre, une partie, & de ton mercure des Philosophes deux parties, mêle-les très-bien ensemble, & les mets dans un autre œuf philosophique de verre, que tu boucheras exactement, gouverne-les comme tu as fait ci-devant; & dans deux mois tu verras paroître & passer une seconde fois tous les régimes l'un après l'autre selon l'ordre que je les ai décrit ci-dessus; c'est là la véritable fermentation pour obtenir l'élixir philosophique, & on la peut encore réitérer si l'on veut.

****

CHAPITRE XXXII.

L'Imbibition de la Pierre.

JE sçai bien qu'il y a beaucoup d'Auteurs qui dans cette œuvre prennent la fermentation pour l'agent interne & invisible, parce qu'ils appellent ferment ce qui a la vertu d'épaissir naturellement les esprits volatils & subtils, sans qu'il soit besoin d'y toucher pour cela. Et ils disent que la ma-

niere de faire la fermentation dont je viens
de parler, se doit plutôt appeller *cibation*,
(ou nourriture) qui se fait avec le pain &
le lait, c'est-à-dire avec le souffre parfait,
& le mercure, qui est le lait de la Vierge.)
Et c'est ainsi que Riplée en parle. Mais
moi, qui n'ai pas accoutumé de citer les
autres, ni de m'assujettir à leurs opinions,
dans une chose que je sçai aussi-bien qu'eux,
j'en ai parlé selon la connoissance & l'expérience que j'en ai.

Il y a donc une autre opération par laquelle la pierre s'augmente plus en poids
qu'en vertu. La voici. Prens ton souffre
lorsqu'il est parfait, ou au *blanc* ou au *rouge*; & à trois parties de souffre ajoûte-y une
quatriéme partie d'eau, (qui est le mercure
des Philosophes) & après que cette composition aura portée tant soit peu de noirceur,
par une cuisson de six ou sept jours dans un
œuf philosophique en l'athanor, ton eau que
tu viens de mettre, deviendra aussi épaisse
que ton souffre.

Alors ajoûte-y encore une quatriéme partie (d'eau.) Or quand je dis une quatriéme
partie, cela ne se doit pas entendre qu'il
faille prendre une quatriéme partie d'eau
à l'égard de toute la composition que tu viens
de faire, dans laquelle contre trois parties
de souffre tu as déja mis une partie d'eau,
qui a été coagulée; mais on doit entendre
cette quatriéme partie d'eau, à l'égard des

trois parties de souffre ; (& de ce qu'elles
pesoient) avant qu'il eût été abreuvé ou im-
bibé de cette quatriéme partie d'eau , ce qui
s'appelle la seconde imbibition.

Et quand cette seconde quatriéme partie
d'eau sera bûe , ajoûte-y encore une semblable quatriéme partie d'eau , que tu coa-
guleras encore de même par une chaleur convenable , ce sera la troisiéme imbibition.

Pour faire la quatriéme imbibition , prend
deux parties d'eau , pour trois parties de
souffre premier , que tu as employé avant
la premiere imbibition & selon le poids observé ; c'est par cette proportion qu'on imbibe & congele pour la quatriéme , cinquiéme & sixiéme fois.

Quand tu auras fait six imbibitions &
congélations de cette sorte , en observant
toujours la proposition (que je t'ai dit qu'il
faut garder de l'eau à l'égard du souffre.)
Enfin à la septiéme imbibition tu mettras
cinq parties d'eau , toujours à proportion
des trois premieres parties de ton souffre ,
avant la premiere imbibition. Et quand tu
auras fait ta composition de cette maniere ,
tu la mettras dans ton vaisseau , que tu scel-
leras , & avec le même feu dont tu t'es servi
dans ta premiere opération , tu la feras passer par tous les régimes de cette premiere
opération, ce qui se fera dans un mois au plus.
Tu as alors la véritable pierre du troisiéme
ordre , dont une partie fait projection sur

K ij

dix mille parties (des méaux imparfaits)
qu'elle teindra parfaitement (en Or.)

✠✠✠✠✠✠✠✠✠✠✠✠✠✠✠✠✠✠✠

CHAPITRE XXXIII.

De la multiplication de la Pierre.

IL n'y a point d'autre façon pour faire la
multiplication, que de prendre la pierre
quand elle est parfaite, & en mettre une
partie avec trois, ou tout au plus avec quatre parties de mercure de la premiere opération ; (c'est-à-dire du mercure des Philosophes) & donner à cette composition un
feu convenable sept jours durant, ayant auparavant scellé ton vaisseau bien exactement.
Et tu auras un très-grand plaisir à voir qu'elle passera par tous les régimes tout de suite ;
& le tout sera augmenté en vertu mille fois
plus que la pierre ne l'étoit avant cette multiplication.

Si tu fais la même chose une seconde fois,
elle passera par tous les régimes en trois
jours, & sa vertu *tingente* de la Médecine
sera exaltée, & augmentera encore de mille
fois autant.

Et tu feras passer ton œuvre par tous les
régimes, & par toutes les couleurs dans l'espace d'un jour naturel, si tu réiteres la même
opération pour une troisième fois.

Enfin tout cela se fera dans une heure,
& pour la quatriéme fois tu fais la même

chofe ; de forte que tu ne pourras jamais trouver la fin de la vertu de ta pierre , qui fera fi grande qu'elle fera infinie , & par conféquent incompréhenfible , fi tu continue à la multiplier. Etant parvenu là , n'oublie pas de rendre des graces immortelles à Dieu ; car tu as en ta poffeffion tout le tréfor de la Nature.

✳✳✳✳✳✳✳✳✳✳✳✳✳✳✳✳✳✳✳✳✳✳✳✳

CHAPITRE XXXIV.

De la maniere de faire la Projection.

PRens une partie de ta pierre lorfqu'elle fera parfaite de la maniere qu'il a été dit, foit au blanc foit au rouge , & felon la qualité (& le dégré) de ta Médecine , prens de l'un ou de l'autre luminaire, c'eft-à-dire ou de l'Or ou de l'Argent, quatre parties , que tu feras fondre dans un creufet bien net ; & lors jette la partie de ta pierre blanche ou rouge, felon l'efpéce du luminaire que tu auras fondu , ou blanc ou rouge. Et quand tout fera mêlé & incorporé renverfe le creufet ; & tu trouveras une maffe qui fe pourra pulvérifer.

Prens de la poudre de cette compofition une partie , & du vif-argent bien lavé dix parties : Fais-le chauffer jufqu'à ce qu'il commence à pétiller & à frémir ; jette lors ta poudre fur ce vif-argent , ou mercure vulgaire , & elle le pénétrera dans un clin

d'œil. Fais fondre tout cela, en augmentant
le feu, & le tout sera converti en une médecine *de l'ordre inférieur.*

Prens alors une partie de cette médecine,
& fais-en projection sur autant de quelque
métail que ce soit (quand il sera en fusion,
&. qu'il aura été bien purgé) que ta pierre
en pourra teindre, & tu auras un Or ou
un Argent, meilleur qu'aucun Argent ni
Or naturel.

Il est pourtant mieux de faire la projection peu à peu, jusqu'à ce que tu voyes que
ta pierre ne pourra plus teindre de métail
imparfait; car de cette maniere elle s'éten-
dra, & elle en teindra davantage, parce que
quand on ne projette qu'un peu de la poudre sur beaucoup de métail imparfait, à
moins que la projection se fasse sur le mercure vulgaire, il se fait une perte notable
de la médecine, à cause des *scories* (& des
crasses ou excrémens) qui sont dans les métaux imparfaits. C'est pourquoi plus les métaux sont purifiés, & nettoyés avant que de
faire la projection sur eux, moins il y a de
déchet dans leur transmutation.

CHAPITRE XXXV.
De divers usages de la Pierre.

JE ne vois pas ce qu'un homme, qui par
la bénédiction de Dieu, a une fois parfaitement accompli cet œuvre, ait à sou-

haiter en ce monde après cela, finon qu'il
puiffe en toute liberté, & fans craindre les
tromperies & les malices des méchans, fervir & honorer fon Dieu toute fa vie. Car
ce feroit une vanité tout-à-fait infupporta-
ble, fi une perfonne à qui Dieu auroit fait
une fi grande grace, avoit l'ambition de paroître avec pompe & avec éclat dans le
monde, pour fe faire admirer & y afpirer
à l'eftime du vulgaire. Non, croyez-moi,
ceux qui ont cette fcience font bien éloignés d'avoir de telles penfées: au contraire
il n'y a rien qu'ils méprifent & fuyent davantage.

Mais voici quel eft le bonheur & la félicité
de celui que Dieu a voulu gratifier de ce talent; c'eft un vafte champ ouvert pour lui
à tels plaifirs, volupté & contentement,
qu'il eft infiniment plus digne & prétieux que
toute l'admiration du peuple.

Premierement s'il vivoit mille ans, & qu'il
eût tous les jours un millier de milliers
d'hommes à nourrir & entretenir, il ne man-
queroit jamais de rien pour cela, parce qu'il
peut à fon gré multiplier fa pierre en poids
& en vertu. De forte que cet homme, s'il
eft adepte, & s'il vouloit, pourroit *tranfmuer* en Or ou en Argent véritables, tout
ce qui fe peut trouver de métaux imparfaits
dans tout le monde.

Secondement, par le moyen de cet Art il
pourra faire des pierres précieufes & des
perles incomparablement plus belles & plus

grosses qu'aucunes que la Nature ait jamais produit.

Et enfin il a une Médecine universelle, tant pour prolonger la vie, que pour guérir toutes sortes de maladies : de maniere qu'un homme qui est véritablement adepte est seul capable & en état de rendre la santé à tous les malades qui sont dans toute la Terre habitable.

Rendons donc louanges & graces *à jamais au Roi éternel, immortel & tout-puissant* en reconnoissance de ses bienfaits infinis, & de ses trésors inestimables, qu'il met en la main & au pouvoir des hommes sages.

Ainsi j'exhorte celui qui a ce talent de s'en servir à l'honneur de Dieu, & à l'utilité du prochain, afin qu'il ne soit pas convaincu d'ingratitude envers celui qui lui a confié ce bienheureux talent, & qu'il ne soit pas trouvé coupable & condamné au dernier jour.

Cet Ouvrage a été commencé & fini l'an 1645, par moi, qui en ai professé & eu professé l'Art secret, sans chercher les applaudissemens de qui que ce soit ; mais l'objet de mon Traité est d'aider ceux qui cherchent sincérement la connoissance de cette Science cachée, & de leur apprendre que je suis leur Ami & leur Frere, sous le nom soussigné D'ÉYRENE PHILALETHE, Anglois de naissance, habitant de l'Univers.

GLOIRE A DIEU SEUL,

F I N.

EXPLICATION

❀❀❀❀❀❀❀❀❀❀❀❀❀❀❀❀❀❀❀

EXPLICATION
DE PHILALETHE
Sur son Livre intitulé : *L'Entrée ouverte du Palais fermé du Roy.*

MARS en son intérieur a un esprit & une vertu occulte que personne ne connoît.

Venus, la Déesse des Amours, a une beauté qui charme le Dieu des Armées; elle contient un sel en son centre, qui pourra avoir ce sel central posséde la clef pour trouver les secrets; je n'en dis point davantage, personne devant moi n'a découvert ceci.

Entre tous les Dieux il ne s'en trouve pas de si magnanime que Jupiter, mais entre le commun & celui que nous nommons le nôtre, il y a grande différence; le nôtre provient du vieux Saturne, ce Dieu mélancolique ayant avalé une pierre, s'imagina avoir avalé ou englouti Jupiter en ses entrailles; mais se trouvant trompé, il devint mélancolique & triste, & l'on ne le pût consoler; car incontinent que cette pierre *abbadir* fut entrée en son ventre, le mangeur changea en apparence en une autre forme; mais le vieux *Abbadir*, qui avoit coutume de manger ses enfans, devint fils de

cette pierre, dans l'eſtomach de ſon pere ;
cela lui fit tant de mal, qu'il en devint mélancolique, & de ce fils eſt provenu le noble
Abbretano.

La premiere matiere du Mercure métallique eſt une humidité qui ne moüille pas les
mains, toutefois fluide ; c'eſt pourquoi nous
la nommons eau, ſi commune, que tout le
monde l'a & la peut avoir.

Mais ce n'eſt pas l'eau commune ou vulgaire que nous cherchons ; car en la nôtre
eſt caché notre feu, il s'égaliſe à tous métaux, puiſque tous contiennent un Mercure
en eux ; ſon amitié eſt plus proche à l'Or,
puis à la Lune ; puis à Jupiter & Saturne,
mais moins à Venus, & encore moins à
Mars.

Qui ſçait ôter la ſuperfluité au Mercure,
& qui ſçait lui donner la vie par le véritable Souffre (car il eſt mort encore qu'il
ſoit fluide) celui-là pourra diſſoudre l'Or,
& le préparer à une matiere ſpirituelle.

Le Mercure eſt véritabl ment Or, mais
non pas pur, lequel en cas que vous le ſça-
chiez préparer ſelon la ſcience, donne une
ſecrette ſource, mere de notre pierre ;
c'eſt ici notre eau, notre feu, notre huile,
notre onguent, notre marcaſſite, notre
fontaine qui prend ſon cours, des quatre
mines ou ſources tombans par le fluide de
l'air, & humecte notre Roi, ainſi celui qui
paroît être mort vient d'être vivifié, & ſe
voit dans la verdeur.

Après Mercure c'est le vieux Saturne, qui néanmoins en apparence est le fondement de toute notre Oeuvre, par ainsi connoissez que le Mercure est véritablement Or, à le voir saturnien humide & froid.

Le Mercure commun n'est aucunement nécessaire à notre œuvre ; la raison est qu'un corps mort ne peut vivifier un corps mort, ni ce qui est en son impur ne peut purifier autrui, ainsi tout ce qui est mort n'a point d'ame, & ne peut rendre un corps fixe volatil, parce que nul ne peut donner ce qu'il n'a pas.

Comme donc en Saturne est cachée une ame immortelle, qui est prisonniere en son corps déliez-lui ses liens, qui l'empêchent de paroître, alors vous verrez monter une vapeur en forme de perle orientale, ceci est notre Lune, notre Ciel, notre Air, notre Firmament.

A Saturne Mars est lié d'amour fort étroitement, lequel se voit englouti par ce puissant esprit de Mars, qui sépare le corps de Saturne de son ame, ces deux unis donnent une source d'où provient une eau claire & admirable dans laquelle le Soleil perd sa lüeur.

Venus est une très-belle étoile, il la faut conjoindre à Mars & qu'il l'embrasse, leurs influences doivent être unies, car elle est seule la médiatrice entre le Soleil & notre Mercure, qui se joignent tellement ensemble, qu'ils ne se peuvent jamais séparer.

Pour faire projection si votre Mercure est au rouge sur le Soleil, ou au blanc sur la Lune, une part sur quatre ou cinq parties de métal, il devient cassant comme du verre, reluisant comme un rubis, mettez ceci sur dix parties de Mercure ; poursuivez jusqu'à ce qu'elle ait perdu sa force, l'issue en est Or ou Argent.

L'Auteur atteste avoir vû un petit grain de la poudre rouge gros comme un grain de froment un peu plus épais, lequel étoit porté en une si haute perfection, qu'il est incroyable, transmuant une si grande partie de métal en Or ; en premier lieu on mit ceci sur une once de métal qui devint toute teinture, laquelle l'on mit sur dix, ce que l'on fit jusqu'à la quatriéme fois, puis l'on en prit une partie que l'on mit sur quatre-vingt-dix mille parties, & devint très-bon Or, *en un an on la peut mener à cette perfection.*

En cas que l'on employe plus de cinquante livres, excepté le feu continuel, l'on ne parviendra jamais à notre Oeuvre, l'Or & le Mercure sont les espéces de cette pierre, si quelqu'un vient à manquer, l'Or & le Mercure demeureront comme ils étoient auparavant.

La véritable eau, c'est le grand secret de notre science ; cette eau provient de quatre sources, lesquelles ne sont que trois, les trois que deux, & les deux qu'un ; c'est l'unique bain où se baigne notre Roi, c'est notre Rosée de May, c'est notre Oiseau d'Hermes, qui vole sur le sommet des montagnes sans voix ni ton.

C'est le descendant de Saturne, qui cache une source dans laquelle Mars se noye ; que Saturne contemple alors sa face à la source, lequel paroîtra jeune, frais & tendre, lorsque les ames des deux seront unies ensemble, il faut qu'une ame améliore l'autre, pour lors il tombera une étoile dans cette source, & par sa splendeur la terre viendra à être éclairée. Permettez que Venus y ait toute son influence, car elle est l'amour de notre pierre, le lien de tout Mercure cristallin, ceci est une source où notre Or meurt pour ressusciter plus glorieux.

Sçachez que notre fils de Saturne doit être conjoint avec un Mercure métallique ; car le Mercure seul est agent dans notre ouvrage, non le commun, car il est mort, mais il doit être animé par le sel & le Souffre de nature, le sel se trouve dans le descendant de Saturne, dans son intérieur il est pur, c'est lui seul qui peut pénétrer jusques dans le centre des métaux, & entre si bien dans le Soleil, qu'il fait séparation de ses élémens, & ils demeurent ensemble dans la dissolution.

Le Souffre, cherchez-le dans la maison d'Aries, c'est ici le feu des Sages, duquel l'on échauffe le bain du Roi, ce qui peut être préparé en une femaine, ce feu eft très-difforme, & en une heure on le fait fortir, & lavez-le avec une petite pluie argentine.

C'eft une chofe furprenante de voir qu'un fi fier métal qui fupporte fi long-tems le feu, & qui ne fe laiffe mêler en aucune fonte avec aucun autre métal, toutefois il faut qu'il fe plie fous la puiffance de notre minéral, & devient étoilé volatil, & entiérement fpirituel.

La raifon eft, que chaque ame a la magnézie de l'autre ame, nous nommons ceci l'urine du vieux Saturne.

C'eft ici notre Acier, notre véritable Aimant du Roi, notre Eau que nous nommons ainfi, à caufe de fa grande fplendeur, notre Or non fixe, un corps caffant, lequel on accommode par l'aide de Vulcain.

Si tu peux joindre fon ame avec le Mercure, aucun fecret ne te pourra être caché, ceci fe rapporte au Mars épuré des Anciens, qui doit être immédiatement mêlé avec Saturne.

Olum ordonne dans la tourbe, que l'on joigne le Combattant avec celui qui n'a point envie de combattre, le Dieu des armées, Mars, joignez-le avec Saturne qui aime la paix.

Tous les Métaux ont leur commencement en Mercure, en cas que du Saturne, du Jupiter & du Venus on en fît un Mercure de tous chacun en particulier, vous connoîtrez cette vérité déterminée.

Toute notre science pourroit être mûe
au Mercure des Philosophes, mais à quoi
ceci est-il bon, puisque la nature nous
donne une Eau que nous pouvons préparer
à notre Mercure.

Remarquez donc que le Mercure a des
défauts, comme il est différent du nôtre;
car nous sommes d'accord qu'ils sont du
même poids, couleur & fluidité tous deux
métalliques & volatils.

Mais nous cherchons dans le nôtre un
souffre que le Vulgaire n'a point; ce souffre le purifie & l'anime, il demeure toutefois eau, car l'eau est la matrice de tous les
êtres, & si elle n'a sa chaleur naturelle, elle
est incapable de pouvoir engendrer; elle ne
peut faire suer notre corps, ni verser sa semence que dans un feu sulphureux comtrempé avec le Mercure.

Ce feu doit avoir une vertu magnétique,
& doit être en substance Or, quoique non
fixe, toutefois d'une même source, seulement il y a cette différence, que l'un est fixe,
& l'autre volatil, dissolvant le fixe.

Il n'y a rien dans ce monde si proche
au Mercure que ceci, & rien ne se peut
préparer pour notre Oeuvre que de cette
substance, qui est le descendant de Saturne,
aux Sages très-bien connu & par moi déclaré.

Tous les Métaux peuvent être mêlés avec le Mercure, sçavoir extérieurement, mais ne se joignent pas radicalement ; car par le feu on les sépare fort facilement, par quoi l'on voit qu'il ne se mêle jamais au centre, & que l'un n'améliore jamais l'autre.

Là raison est que le souffre fixe des Métaux est trop compacte, & le non-fixe trop terrestre & impur, le Mercure en a horreur, & ne se mêle point avec eux ; que si tu en sépares les fœces, tu trouveras un Mercure fluide & un Souffre crud, par lequel fut congelée son humidité, comme aussi un sel en forme d'Alun, toutefois ceux-ci diffèrent en qualité beaucoup de l'Or.

Mais notre Minéral tant estimé lui ayant ôté ses fœces crües, ce qui se fait facilement, il contient en soi un Mercure pur, lequel à la puissance de donner aux corps morts la vie par laquelle ils seront capables de produire leur pareil ; mais en soi-même, il n'a point de souffre, toutefois congelé par un souffre brûlant, cassant, & avec des veines reluisantes ; son souffre qui n'est nullement métallique ne diffère point du souffre commun, si l'on le sépare bien selon la science, & si l'on en ôte les fœces, il paroît comme un pepin d'un noyau, & à la vûe comme un métal, lequel l'on peut facilement réduire en poudre : dans lui est une ame très-tendre, montant comme fumée par un très-petit feu (tel que le Mercure congelé) facilement ceci donne pénétration à l'Eau, pénétre jusqu'à la racine des Métaux, & les rend en leurs premieres matieres; toutefois il lui manque le véritable soufre; nous le trouvons dans la maison d'Aries, Mars se rend par l'assistance de ce Minéral, & le secours de Vulcain, en Minéral, comme il m'est arrivé plusieurs fois.

C'est notre véritable Vénus, la concubine de Mars, la femme du boiteux Vulcain, qui châtie ces deux de cet action.

En premier lieu, faites que Mars embrasse le Minéral, & tous deux se distrairont de leur terrestréité, & leur sustance métallique paroîtra en peu de jours, & ce sera la marque de notre succès que vous trouviez notre étoile empreinte là dedans; c'est le sceau que le Tout-puissant a mis sur ce merveilleux sujet, c'est le feu du Ciel, lequel étant une fois allumé dans les corps, y amene un si grand changement, que le noir nous paroît comme un joyau très-resplendissant, & couronne notre jeune Roi d'une couronne très-agréable; c'est la corruption qui nous annonce une génération prochaine, & prouve que ce Roi réssuscitera.

Joignez à ceci Venus en proportion convenable; par sa beauté elle surprend Mars; elle est animée par lui, l'échauffe & l'anime, étant amie à l'Or, comme Mars l'est aussi à Diane : de ceci Vulcain devient jaloux & les couvre tous deux de son retz pour les attraper dans leur union paillarde.

Et afin que ceci ne vous paroisse pas une fable, remarquez comme Cadmus est dévoré par notre monstre ; car à la fin il le touche si bien, qu'il en mérite le nom d'un grand Conquerant, car d'un coup de lance il l'attache à un chêne ; remarquez aussi l'Etoile qui est solaire, car l'Or se joint avec l'enfant de Saturne, l'ayant premierement nettoyé de ses *fœces*, tout ce qui est pur se met au fonds, étant versé il paroît une étoile, comme il fait avec le Mars.

Mais Venus donne une substance métallique en forme très-prisable, conjointe avec Mars elle est enfermée dans un rets, ce qui est curieux à contempler ; les Poëtes subtils l'ont caché par des paroles poëtiques, mais assez connues aux Sages.

L'ame de Saturne & de Mars se joignent ensemble par l'assistance de Vulcain, tous deux également volatils, ne peuvent se séparer, que l'ame ne devienne fixe, pour lors il se défait de Saturne, & en l'épreuve est bon Or, laquelle teinture est réelle & parfaite.

Mais ceci se doit faire par la médiation de Venus ; par son association Diane les sépare, autrement il seroit impossible.

Quelques-uns se servent des colombes de Diane pour préparer leur eau, ce qui est un long travail, & une voie non sûre ; c'est pourquoi nous recommandons l'autre à tous amateurs de la Science, laquelle est la plus secréte.

Laissez circuler cette eau, jusqu'à ce que les ames laissent leur grossiere substance en arriere, se faisant un, & volans ensemble sur la montagne, mais ne les y laissez pas si long-tems, qu'elles se congélent, car vous ne parviendriez pas à votre Oeuvre.

Prenez deux parties du fils du vieux Saturne, de Cadmus une partie, purgez ceuxci par Vulcain de leurs *fœces*, jusqu'à ce que la partie métallique soit pure ; ceci se fait en quatre réitérations, l'étoile vous en montrera le chemin ; faites qu'*Aeneis* soit pareille, vous les purifierez bien jusqu'à ce que Vulcain les enferme tous deux ; humectez-les avec de l'eau, & entretenez-les avec chaleur jusqu'à ce que les ames soient glorifiées.

C'est de la rosée du Ciel qu'il les faut nourrir & entretenir, ainsi que la Nature le requiert trois fois pour le moins, ou jusqu'à sept fois par les barres de l'eau & les flammes du feu, selon la raison ; faites en sorte que la tendre Nature ne s'envole, alors vous aurez bien gouverné votre feu.

Sçachez aussi que le Mercure qui doit commencer l'Oeuvre doit être liquide & blanc, ne séchez pas trop l'humidité par un trop grand feu, afin qu'il ne vienne en poudre rouge, car pour lors vous auriez perdu la semence féminine.

Toutefois ne faites pas enforte que notre
Mercure devienne en gomme tranfparente,
ni onguent, ni huile ; car vous perderiez votre proportion, & ne pourriez pas venir à
la folution ; mais tâchez d'augmenter une
ame qui manque au Mercure vulgaire ; fu-
bliniez-le du groffier au Firmament, féparez
les *fœces* felon la fcience, & quand les fept
Saifons feront paffées, joignez l'Or, & faites enforte que l'un ne délaiffe pas l'autre.

Nous cherchons à multiplier en notre
Mercure un fouffre, qui eft notre Or en maniere de liqueur, de laquelle eft la lunaire,
étant la feule plante que nous cherchons en
notre Ciel terreftre; & néanmoins l'Or que
la Nature a créé parfait, peut par la vertu
du feu de notre Or, être remis en arriere,
s'entend en Souffre & en Mercure, quoique
ci-devant il ne fe pouvoit féparer par aucune
flamme de feu.

Qui ne voit que le Mercure feul eft indigne de notre Oeuvre, puifque le fouffre lui
fert comme d'un habit, qui plait fort à la
nature métallique, car fans cela notre Eau
ne pourroit être nommé métal.

Ce fouffre fe trouve dans les matieres
métalliques, en quelques-unes pur & mêlé
d'impuretés, là où le feu le détruit feulement; Or & Argent font rendus fi clos par
un fouffre fixe, qu'ils peuvent réfifter à toutes les forces de Vulcain, & par aucune
puiffance d'homme, leur fouffre ne peut

être séparé de leur eau, excepté par notre liqueur, qui change la fixité du Soleil & de la Lune, les fait monter tous deux en haut, non pas seulement ceci, mais ce feu miraculeux sépare le souffre du Soleil dans son centre; lequel sert comme un vêtement au Mercure, & demeure en une eau dorée; par dégrez il se fait reculer en arriere, selon que requiert la Nature.

Mais cette liqueur ne détruit pas l'homogénéité des Métaux en sa solution, ne permet pas pourtant qu'ils demeurent l'un avec l'autre, & les met en désordre.

Car le Mercure central s'en va au fonds séparé de la liqueur teinte, de sorte que ce qui donnoit ci-devant le poids à l'Or est plus léger que le Mercure, à le voir par dehors comme une huile ou liqueur onctueuse, ou sel très-noble en toutes sortes de maladies; finalement s'il y a quelque chose qui soit métallique, qui se dissolût dans cette liqueur, & l'y laisse autant qu'elle a de matiere métallique, son souffre s'y fond quoique difficilement, tant notre liqueur a une force merveilleuse: en ceci s'accordent tous les Philosophes disans que notre Mercure ne prend rien que ce qui lui est allié métallique, c'est la mere de notre Pierre.

Ayant découvert le secret de notre Mercure animé du feu, nous passerons à la pratique sur laquelle vous songerez à réfléchir solidement & mûrement avant de mettre la main à l'Oeuvre.

Prenez de notre Mercure, lequel eſt notre Lune, joignez-y du Soleil terreſtre ; ainſi
l'Homme & la Femme ſont conjoints réellement enſemble ; mettez-y pour lors votre
eſprit, qui donne la vie, & incontinent ils
agiront enſemble.

Prenez de l'Homme rouge une partie, de
la Femme trois parties, mêlez-les enſemble,
pour lors mettez quatre parties de votre eau,
cette mixtion eſt notre plomb.

On le doit régir par un très-petit feu,
& l'augmenter juſqu'à ce qu'il ſue ; vous
pourriez auſſi ſuivre ici une partie de l'Or,
deux de Lune, quatre d'Eau, qui ſont
enſemblement le nombre de ſept, qui vous
donnera un Sabat glorieux ; car le laton eſt
rouge, mais ne fait rien en notre Oeuvre
qu'il ne ſoit blanchi, encore qu'il ait un eſprit dans ſon centre, il ne paroît jamais
que le Mercure n'y ſoit joint ; ce Mercure
eſt un corps alors délicat, l'eſprit de l'Or y
eſt reſolut incontinent.

Ainſi notre Oeuvre ſe commence par trois ;
en premier lieu, le corps & l'ame ſe joignent
enſemble, on leur adjoint l'eſprit, l'Or
& la Lune ne ſont qu'un en leur eſſence,
en nombre réel que deux ; car le Soleil
ſe cache & ne reluit plus ; deux corps mêlés
enſemble, nous les nommons notre plomb,
notre Mercure, notre Hermaphrodite, il
eſt rouge par dedans, à le voir, ſaturnien
volatil & blanc, cette nature différente ne

se sépare point, mais se conjoint par notre Art inséparablement.

Prenez une once d'Or, de la Magnesie trois onces, ce qui fait ensemble quatre onces; il il faut qu'il soit de la sorte, que l'Or perde son habillement riche, & soit blanchi par l'humidité de la Lune. Il doit être fait par un petit feu, cette masse paroît saturnienne fusible dans la chaleur comme du plomb; joignez-y le poids convenable de votre Mercure, pour lors mettez-le dans un verre spherique ou ovale, sigillé hermétiquement, & assez grand pour qu'il en reste plus d'un tiers de vuide.

Le quart d'une once suffit, ou même vous le feriez d'une dragme, en cas que vous observiez bien votre poids; l'Or est la huitiéme partie du tout, en cas que vous prenniez trois parties de la Femme, & une partie de l'Homme, vous mettrez autant pesant d'eau, & si vous prenez deux parties de la Femme & une d'Or, nous prenons pour lors une partie plus de l'esprit que de terre.

Un Athanor est le meilleur fourneau pour cet Oeuvre il contient douze heures de feu, sans qu'il soit besoin d'y revoir, attendu sa construction clibanique.

Incontinent que votre composition sentira le feu, elle fondra comme plomb; ce corps tendre, & qui est l'ame de notre Acier, fait voir une si puissante force, que le Soleil devient bientôt blanc, & est dévoré par lui.

Alors il faut verser le suc de Midas sur eux deux, & en quarante jours il devient noir comme un charbon brûlé, qui est une bonne marque; continuez votre feu à même dégré, & il parviendra à la blancheur.

Mais surtout, que votre matiere ne rougisse pas devant son tems, qui est près de dix mois philosophiques; si elle rougit avant ce tems, c'est une marque évidente que vous avez donné trop de feu & avez brûlé ses fleurs, & qu'il s'est fait une précipitée calcination.

Premierement, l'eau se doit épaissir de jour en autre, finalement qu'elle ne monte plus, mais que le tout demeure au fonds, ayant mauvaise odeur, noir & liquide comme de la poix.

Environ les cinquante jours vous appercevrez plusieurs couleurs, qui s'augmenteront de jour en autre comme, azur, verd, citrin, violet pâle, finalement noir parfait, il paroîtra comme s'il fluoit & qu'il y eut des aîles.

En cas que la sécheresse & couleur citrine apparoissent & se multiplient, & que le verd & l'azur ne paroissent point, doutez de votre opération.

Mais en cas que votre sueur circule doucement, vous n'avez rien à craindre, & quand vous aurez le noir en six semaines, la corruption & mortification sera comme les rayons du Soleil, non pas entiérement
secs,

fecs, reluifant comme un charbon, luifant comme du velour ; vous continuerez à fublimer jufqu'à ce qu'il devienne poudre.

Alors l'on n'augmente pas le feu, & ladite poudre redevient en eau, jufqu'à ce qu'elle s'évanouiffe pour fe coaguler de nouveau.

Calcination, folution, féparation, conjonction, réfolution font toutes les fonctions de l'efprit ; mais en vérité ne font qu'une même Oeuvre, qui fe fait toute par un même feu, & requiert une même chaleur continuelle ; ce n'eft autre chofe que la fublimation pour rendre le corps fixe volatil.

Toute l'Oeuvre n'eft autre chofe que de faire monter les vapeurs & les faire redefcendre, que nous nommons féparation. C'eft le commencement, le milieu & la fin de notre Oeuvre ; démêlant leurs efpéces l'une de l'autre, auffi long-tems qu'elles foient immédiatement conjointes enfemble, & que l'on ne les puiffe plus féparer.

Alors ils font comme l'homme, efprit, ame & corps, lefquels trois ne font qu'un : ainfi notre Oeuvre, encore que trois, par la continuelle opération du feu ne fait qu'un corps, dont on ne peut plus féparer les parties.

Encore que nous donnions différence à notre Magiftere, cependant ce n'eft qu'une feule opération ; car qui acheve une Oeuvre peut achever l'autre quand il lui plaira, parce que tout dépend de sçavoir ouvrir & refermer les corps, les diſſoudre & les recongeler, les volatiliſer & figer, les putrifier, & derechef les purifier, les faire mourir, & puis les faire vivre, tout ceci n'eſt qu'une ſeule opération compriſe en pluſieurs ſens.

EXPERIENCES

Sur la préparation du Mercure des Sages pour la Pierre, par le régule de Mars, ou fer, tenant de l'Antimoine, & étoilé, & par la Lune ou l'Argent.
Tirées du Manuſcrit d'un Philoſophe Américain, dit IRENE'E PHILALETHE, Anglois de naiſſance, habitant de l'Univers.

I. *Secret de l'Arſenic philoſophique.*

J'Ai pris une partie du Dragon igné, & deux parties du corps magnétique, je les ai préparé enſemble par un feu de roüe, & par la cinquiéme préparation, huit onces environ de véritable Arſenic philoſophique ont été faites.

II. *Secret pour préparer le Mercure avec ſon Arſenic, & en ôter les fœces impures.*

Ma méthode étoit de prendre une partie de très-bon A enic philoſophique, que j'ai

mariée avec deux parties de la Vierge Diane,
& les ai uni en un seul corps, que j'ai trituré
& réduit en menües particules ; avec cela
j'ai préparé mon Mercure, en travaillant le
tout ensemble à la chaleur requise, jusqu'à
ce qu'ils fussent fort bien œuvrés ; ensuite
j'ai purgé la composition par le sel d'urine
pour en faire tomber les *fœces*, que j'ai re-
cueillies séparément.

III. *Deputation du Mercure des Sages.*

Distillés trois ou quatre fois le Mercure
préparé, & qui a encore quelque impureté
externe, dans un alambic qui lui soit propre, avec une cucurbite calibée, puis lavez-
le avec le sel d'urine jusqu'à ce qu'il se clari-
fie, & qu'il ne laisse aucune queüe en cou-
rant.

IV. *Autre purgation fort bonne.*

Prenez dix onces de sel décrepité, & autant des scories de Mars, ou de fer, avec
une once & demie de Mercure préparé ; triturez dans un mortier de marbre le sel & les
scories, réduisez-les en tres-menues parties ;
alors mettez-y le Mercure ; broyez encore
le tout avec du vinaigre, jusqu'à ce qu'ils
soient si bien mêlés, qu'on ne les distingue
plus ; mettez le tout dans un vase philosophique de verre, & le distillez dans un alambic
aussi de verre par la médiation du nid qui lui

fert d'arêne, jufqu'à ee que tout le Mercure
monte en fublimation, pur, clair & fplen-
diffant; réiterez trois fois cette opération,
& vous aurez le Mercure très-bien préparé
pour le Magiftere.

V. *Secret de la jufte préparation du Mercure des Sages.*

Chaque préparation du Mercure avec fon
arfenic, eft une aigle; lorfque les plumes
de l'aigle ont été purgées de la noirceur du
corbeau, faites enforte que l'aigle volle
jufqu'à fept fois, c'eft-à-dire que la fublimation fe faffe autant de fois; alors l'aigle ou la fublimation eft bién préparée &
difpofée pour s'élever jufqu'à la dixiéme
fois naturellement.

VI. *Secret du Mercure des Sages.*

J'ai pris le Mercure requis, & l'ai mêlé
avec fon vrai arfenic, la quantité du Mercure a été de quatre onces environ, & j'ai
rendu légere la confiftance du mélange; je
l'ai purgé à la façon convenable, puis je
l'ai diftillé, & il ma donné le corps de la
Lune; ce qui ma fait connoître que j'avois
fait ma préparation felon l'Art, & fort
bien. •

Enfuite j'ai ajouté & augmenté à fon
poids arfenical de l'ancien Mercure, autant pefant qu'il en a fallu pour que ce même Mercure rendit la compofition fluide

& légere, & je l'ai ainsi purgé jusqu'à ce que la noirceur & les ténébres ayent été dissipées, même jusqu'à ce que l'Oeuvre eut presque acquis la blancheur de la Lune.

Alors j'ai pris une demie once d'arsenic, dont j'ai fait le mariage requis. j'ai ajouté cela avec le Mercure en l'y joignant, & il en a été faite une matiére disposée en forme de terre à potier préparée, cependant un peu plus légere.

Je l'ai purgé derechef selon l'usage requis, cette purgation exigeoit bien du travail, ce que j'ai fait avec un long-tems par le sel d'urine, que j'ai trouvé très-bon pour cet ouvrage.

VII. *Autre purgation très-bonne.*

La meilleur voie que j'ai trouvé pour purger la composition, a été par le vinaigre & sel pur Marin ; c'est ainsi qu'en douze heures je peu préparer une aigle, ou sublimation.

1°. J'ai fait voler une aigle, Diane est restée au fond de l'œuf philosophique, avec un peu de cuivre.

2°. J'ai entrepris de faire voler une autre aigle, & après avoir fait rejetter les superfluités, j'ai encore fait une sublimation, & de nouveau les colombes de Diane sont restées avec une teinture de cuivre.

3°. J'ai marié l'aigle, en faisant joindre la sublimation avec le compôt, & j'ai en-

core purgé en écartant les superfluités juſqu'à ce qu'il parut quelque blancheur : alors
j'ai fait voler une autre aigle ou ſublimation, & une grande partie de cuivre eſt reſtée
avec les colombes de Diane, puis j'ai fait
voler l'aigle deux fois ſéparément pour opérer toute l'extraction du corps total.

4°. J'ai marié l'aigle en faiſant retomber la ſublimation ſur la confection, & y
ajoutant de plus en plus & par dégrez de
ſon humeur ou humidité radicale ; & par là
la conſiſtance a été faite en fort bon regime ; l'hydropiſie qui avoit regnée dans chacune des trois premieres aigles, ou ſublima-
tions a ceſſée entierement.

Telle a été la bonne voie que j'ai trouvée
pour préparer le Mercute des Sages.

Enſuite je mets dans un creuſet, & au
fourneau en place, la maſſe amalgamée &
mariée ſelon l'Art ; je fais enſorte cependant qu'il n'y ait point de ſublimation pendant une demi-heure ; alors je la retire du
creuſet, & la triture habilement ; puis je
la remet dans le creuſet & au fourneau,
& après un quart-d'heure ou environ je la
retire encore & la triture, & alors je me
ſert d'un mortier échauffé.

Dans cet ouvrage l'amalgame commence à jetter beaucoup de poudre blanche,
je le mets de nouveau dans le creuſet & ſur
le feu, comme la premiere fois, & pen-
dent un tems convenable, de façon qu'il

ne se sublime point, mais plus fort est le feu, meilleur il est.

Je continue ce travail en échauffant & broyant ainsi la masse jusqu'à ce presque entiere, elle paroisse en poudre; puis je la nétoye, & ce qu'il y a de fœces se sépare facilement; alors l'amalgame se prend à part; après quoi je le lave & purifie encore par le sel, le remets sur le feu, le triture comme j'ai fait auparavant, je répete ce procédé jusqu'à ce qu'il n'y subsiste plus de fœces & d'impuretés.

VIII. *Triple épreuve de la bonté du Mercure préparé.*

Prenez votre Mercure préparé avec son arsenic, par le travail de 7, 8, 9 ou 10 aigles ou sublimations; versez-le dans l'œuf philosophique, luttez-le bien avec le lut de Sapience, & le placez dans le fourneau en son nid, qu'il y demeure dans une chaleur de sublimation, de façon qu'il monte & descende dans cet œuf de verre, jusqu'à ce qu'il se coagule un peu plus épais que du beure; continuez ainsi jusqu'à une parfaite coagulation, jusqu'à, dis-je, la blancheur de la Lune.

IX. *Autre & seconde épreuve.*

Si le Mercure, en agitant le vase de verre qui le contient, se convertit naturellement avec le sel d'Urine en poudre blanche im-

palpable, de maniere qu'il n'apparoiſſe plus
ſous la forme mercurielle, & que derechef auſſi naturellement il prenne conſiſtance
du ſec & du chaud, comme un Mercure
leger & volatile, cela ſuffit; il eſt cependant meilleur, ſi on le fait paſſer en cet
état en globules imperceptibles par l'eau de
la fontaine des Philoſophes: car ſi le corps
réſide en grains, il ne ſera pas ainſi converti
& ſéparé en particules legeres.

X. *Autre & troiſiéme épreuve.*

Diſtillez le Mercure dans un alembic de
verre, par le moyen d'une cucurbite auſſi
de verre; s'il paſſe ſans rien laiſſer après lui,
alors l'eau Minerale eſt bonne.

XI. *Extraction du Souffre hors le Mercure vif, par le moyen de la ſéparation.*

Prenez tout votre compoſé d'ame, d'eſprit & de corps mêlés enſemble, dont le
corps à été coagulé par la voie de la digeſtion & la vertu de l'eſprit volatile, &
ſéparez le Mercure de ſon ſouffre par le
moyen du diſtilatoire propre de verre; alors
vous aurez la Lune blanche fixe, qui réſiſte
à l'eau forte, c'eſt-à-dire l'Argent philoſophique, qui eſt plus péſant que l'Argent
vulgaire.

XII. *Secret pour tirer l'Or magique de cet Argent.*

Par la chaleur du feu, vous tirerez le
Souffre

Souffre jaûne qui eſt Or, de ce Souffre blanc qui eſt Argent ; c'eſt une opération manuelle qui aide à la naturelle, & cet Or eſt le plomb rouge des Philoſophes.

XIII. *Façon de tirer l'Or potable de ce Souffre aurifique.*

Vous convertirez ce Souffre jaune en huile rouge comme du ſang, en le faiſant circuler ſelon l'Art, avec le menſtrue volatile, qui eſt le Mercure philoſophique ; c'eſt ainſi que vous aurez une panacée admirable.

XIV. *Conjonction groſſiere du menſtrue avec ſon Souffre, pour former la production du feu de nature.*

Prenez du Mercure préparé, purgé, & bien tiré par le travail de 7, 8, 9 ou 10 aigles au plus ; mêlez-le avec le Souffre rouge appellé Laton préparé, c'eſt-à-dire qu'il faut deux ou trois parties au plus d'eau philoſophique pour une partie de Souffre pur, purgé & broyé.

XV. *Elaboration du mélange par un travail manuel.*

Broyez & triturez ce mélange ſur un marbre en partie très-fines, déliées, & ſubtiles ; enſuite lavez-le avec le vinaigre, & le ſel Armoniac, juſqu'à ce qu'il ait dépoſé toutes ſes fœces noires ; alors vous l'ave-

rez toute sa piquante saline & son acrimonie dans l'eau de la Fontaine philosophique ; Fontaine de Salmacis , fontaine de
Jouvance , piscine probatique ; puis vous le
ferez sécher sur un carton propre , en l'y
versant de place en place , & l'agitant avec
la pointe d'un couteau , jusqu'à parfaite
siccité.

XVI. *Imposition du fœtus dans l'œuf Philosophique.*

Maintenant vous mettrez votre mélange
bien sec, dans un œuf philosophique de
verre , lequel sera fort blanc & transpa-
rant, de la grandeur d'un œuf de poule ; que
votre matiere n'excéde pas plus de deux
onces dans cet œuf, que vous scellerez hermétiquement ; pourquoi pesez-le avant d'y
introduire la matiere , & repesez-le après
l'y avoir mise, pour en connoître & regler
le poids. Sçachez que notre mélange en son
origine est une eau séche qui ne mouille
pas les mains : en ceci est un grand secret.

XVII. *& derniere. Regime du feu.*

Ayez un fourneau construit , de façon
que vous y puissiez conserver un feu immortel, c'est-à-dire une chaleur continuelle
sans interruption depuis le commencement
de l'Oeuvre jusqu'à la fin ; vous aurez soin
d'y entretenir une chaleur du premier dégré à l'endroit du nid ; dans ce fourneau
la rosée de notre composé doit s'élever &

circuler de lui-même, c'est-à-dire par sa
propre vertu, continuellement jour & nuit
sans aucune intermission, & opérer naturellement toutes les merveilles de l'Oeuvre:
dans ce feu, le corps mourra & l'esprit sera renouvellé: enfin il en naîtra une ame
nouvelle qui sera glorifiée, & unie à un
corps immortel & incorruptible; ainsi sera
fait un nouveau Ciel.

Note en forme de suplément & de conclusion.

Remarquez bien que la 16e & 17e expérience de *Philalethe* contiennent ingénument
& sincérement l'analyse explicative de toute
la conduite de l'Oeuvre hermétique, simple
& naturelle; les autres expériences de ce Phi-
sophe, renferment de grandes vérités &
instructions; mais elles sont bien fines &
captieuses: il semble avoir réservé à mettre
sous un seul point de vûe la description
des deux articles principaux & essentiels,
avec la vérité dont il se fait honneur,& sans
aucune obscurité, pour la bonne bouche
& la fin de son traité; ce qui dans l'ordre naturel doit en faire le commencement;
en quoi il a suivi l'usage des anciens Hé-
breux, qui commençoient leurs Livres par
la fin du volume, en remontant par suite
à son commencement, où ils le finissoient;
cette révélation sera d'un grand secours pour
les vrais Artistes.

LETTRE DE GEORGES RIPLÉE,*
A EDOUARD IV,**
ROI D'ANGLETERRE.

*De l'Explication d'Irene'e Philalethe,
& de la Traduction de l'Anglois
en François.*

I. CEtte Lettre qui a été écrite immédiatement à un Roi fage & vaillant, contient tout le Secret de l'Oeuvre hermétique, quoique décrit & celé avec beaucoup d'art, comme l'Auteur même l'affirme, & qu'en cette Lettre il promette de denoüer entierement le nœud le plus difficile : de mon côté, je rends témoignage avec lui que cette Lettre, quoique bréve, contient ce qu'un Philofophe peut défirer, tant pour la théorie, que pour la pratique de nos Myftères alchimiques.

II. Il eft effentiel que cette Lettre foit la clef de tous les Ecrits que j'ai mis au jour, & j'affure que je ne me fervirai d'aucun terme douteux ni allégorique, comme dans mes autres Traités, où il paroît que je prouve des chofes qui fe trouveroient fauf-

* Chanoine Régulier de Bridlinglon en Angleterre.
** Ce Prince commença fon Régne & mourut aux mêmes années que Louis XI, Roi de France ; c'eft-à-dire qu'il régna vingt-deux ans, depuis l'an 1461 jufqu'en 1483. On peut donc juger du tems où vivoit Riplée.

ses, si l'on ne les prend figurément ; ce que j'ai fait afin de cacher cet Art, ainsi qu'il convient ; mon intention n'étant pas que cette clef devienne vulgaire ; je prie fort ceux qui la posséderont de la tenir secrette & cachée, & de ne la communiquer qu'à quelqu'Ami, dont la fidélité lui soit éprouvée & connue, & de la discrétion duquel il soit sûr.

III. Ce n'est pas sans raison que je fais cette exhortation ; car je suis certain que tout ce que j'ai écrit jusqu'à présent n'est pas à comparer à ce que j'en vais expliquer, à cause des contradictions que j'ai entremêlées dans mes autres Ouvrages. C'est pourquoi je ne me servirai en cette Lettre que d'une méthode bien différente de celle que j'ai autrefois employée ; je commencerai par tirer la substance physique que renferme la Lettre de Riplée, puis, je la réduirai en plusieurs définitions & *conclusions*, que je promets d'éclaircir par la suite.

IV. Les huit premieres Stances de cette Lettre en Vers, n'étant que des assurances de respect, je prends la *premiere Conclusion* à la neuviéme Stance ; sçavoir, que tout se multiplie par sa propre espéce, & que par conséquent les Métaux le peuvent être, puisqu'on peut les changer d'imparfaits en parfaits.

V. Dans la dixiéme Stance est renfermée la *seconde Conclusion*, qui est que le fondement le plus sûr pour pouvoir tranſmuer , eſt de réduire tous les Métaux & Minéraux , qui ſont incru de nature & principe métallique, en leur premier Mercure , en les rendant en leur matiere premiere.

VI. La *troiſiéme Concluſion* contenue dans la onziéme Stance , eſt que parmi tous les Souffres minéraux & métalliques & tous les Mercures , il n'eſt que deux Souffres qui ſoient propres à notre Ouvrage , avec leſquels le Mercure eſt uni eſſentiellement & radicalement.

VII. La *quatriéme Concluſion* , tirée de la même Stance , porte que celui qui comprend comme il faut ces deux Souffres & ces deux Mercures , trouvera que l'un eſt le plus pur de l'Or , qui en ſon apparence eſt Souffre , & en ſon occulte eſt Mercure, & que l'autre eſt le Mercure le plus pur & le plus blanc , qui eſt véritable Argent-vif dans ſon extérieur , & Souffre en ſon intérieur ; & ce ſont la les deux principes de notre Oeuvre.

VIII. La *cinquiéme Concluſion* , qui ſe tire de la douziéme Stance , eſt que ſi les principes ſur leſquels travaille un Philoſophe ſon vrais, & les opérations exactes & régulieres l'effet en doit être ſûr, lequel n'eſt autre choſe que le Myſtère véritable des Philoſophes alchymiques.

Ces Concluſions ne ſont pas en grand nombre ; mais elles importent beaucoup , de forte que leur extenfion, leur illuftration, & même leur éclairciffement, doivent fatisfaire un véritable fils de la Science.

Explication de la premiere Conclufion.

IX. Comme notre deffein n'eft pas d'engager perfonne dans l'entreprife de l'Oeuvre & de l'Art hermétique, mais d'y conduire feulement les enfans de la Science, je ne m'arrêterai point à prouver la poffibilité & la réalité de l'Alchymie, (ou de la tranfmutation) puifque je l'ai fait dans un autre Traité bien fuffifamment,

X. Que celui qui ne veut pas croire, ne croye point ; que celui qui veut fubtilifer, fubtilife ; mais celui dont l'efprit eft perfuadé de la vérité & de la dignité de cet Art, doit être attentif fur l'éclairciffement de ces *cinq Conclufions* ; & il ne manquera pas de fentir fon cœur palpiter de joye.

XI. Dans ces Conclufions, je ne m'arrêterai particuliérement qu'à éclaircir les endroits où fe trouvent les Secrets de l'Art hermétique.

XII. A l'égard de la *premiere Conclufion*, où il affirme la vérité & la poffibilité de l'Oeuvre & de l'Art, que ceux qui voudront fatisfaire leur curiofité plus amplement fur cet article, lifent avec attention les témoignages des Philofophes ; mais que ceux qui font incrédules reftent dans leurs erreurs, dès que par la fubtilité de leurs difcours & de leurs argumens, ils veulent en éluder les preuves , & ne pas croire à tant de personnes, dont plusieurs , dans leur siécle même, se sont acquis une grande réputation.

XIII. Pour expliquer au net cette premiere clef , je ne m'arrêterai qu'au témoignage de Riplée , qui dans la quatriéme Stance de la Lettre que j'explique , assure le Roi, qu'étant à Louvain, il vit pour la premiere fois l'effet de ces grands & admirables Secrets des deux Elixirs, l'un blanc, l'autre rouge ; & dans les Vers suivans, il proteste qu'il a aussi trouvé la voie du Secret alchimique, dont il lui promet la découverte , à condition néanmoins de la tenir secrette & cachée : & quoique dans la huitiéme Stance il atteste qu'il ne confiera jamais ces Mystères au papier, il offre pourtant de montrer au Roi , non-seulement l'Elixir blanc & rouge , mais même la maniére de le trevailler & opérer en peu de tems & à peu de frais.

XIV. Ceux donc qui ne croyent pas à cette Philosophie alchimique , regarderoient ce fameux Auteur comme un imbécile, ou un sophiste insensé, d'écrire de telles choses à un Prince, s'il n'avoit pas été capable de les mettre au jour & de les effectuer ; mais son Histoire, ses sublimes Écrits en cet Art, sa réputation, sa gravité , enfin sa profession, le justifient entiérement de cette téméraire calomnie.

XV. *Explication de la seconde Conclusion.*

La *seconde Conclusion* renferme en substance, que tous les Métaux & les corps des
principes métalliques peuvent être réduits &
réincrudés en leur premiere matiere mercurielle, ce qui est le premier & le plus sûr
fondement de la possibilité de la transmutation métallique ; c'est sur quoi nous nous
étendrons le plus. On doit bien m'en croire,
& c'est ici le pivot sur lequel roulent tous
nos Mysteres hermétiques.

XVI. Sachez donc principalement que
tous les Métaux & la plus grande partie des
Minéraux ont pour prochaine matiere un
Mercure auquel adhére presque toujours
un Souffre externe & non métallique, bien
différent de la substance interne ou noyau du
Mercure.

XVII. A ce Mercure le Souffre ne manque pas ; & c'est par son moyen qu'il peut
être précipité en une poudre séche, par une
liqueur qui nous est connue, mais qui ne
sert point à l'Art de la transmutation. Ce
Mercure peut-être fixé au point qu'il endurera toutes sortes de feux, qu'il souffrira l'é-
preuve de la coupelle même, & cela sans
aucune addition ni mélange que la liqueur
qui le fixe, laquelle ensuite en peut être sé-
parée toute entiere, sans perdre de son
poids ni de sa vertu.

XVIII. Dans l'Or le souffre est fort pur ;

mais il l'eſt moins dans les autres Métaux, d'autant qu'il eſt fixe dans l'Or & dans l'Argent , & qu'il eſt volatil dans les autres. Dans tous les Métaux il eſt coagulé ; mais il eſt coagulable dans le Mercure ou Argent-vif. Ce ſouffre eſt ſi fortement uni dans l'Or , l'Argent & le Mercure , que les Anciens ont toujours cru que le ſouffre & le Mercure n'étoient qu'une ſeule & même choſe.

XIX. Il y a par tout une liqueur dont nous devons dans cette contrée l'invention à Paracelſe , quoiqu'elle ait été & qu'elle ſoit commune parmi les Maures , les Arabes , & que quelques-uns même des plus ſçavans Alchymiſtes ; & c'eſt par le moyen de cette liqueur que nous ſçavons ſéparer en forme d'huile teinte & métallique, le ſouffre externe & coagulable du Mercure, mais qui eſt coagulé dans les autres Métaux. Pour lors le Mercure reſtera dépouillé de ſon ſouffre , excepté de celui qu'on peut dire interne ou central , qui ne peut être coagulé que par notre Elixir ; car de lui-même il ne peut jamais être fixé ni précipité , ni ſublimé ; mais il demeure ſans altération en toutes les eaux corroſives , & en toutes les digeſtions où on le peut mettre à l'épreuve.

XX. Il y a donc une voie particuliere de réduire le Mercure en huile, auſſi-bien que tous les Minéraux & Métaux. C'eſt par la liqueur *Alkaeſt*, qui de tous les corps compoſés de Mercure peut ſéparer un Mercure coulant, ou Argent-vif, duquel tout le ſouffre eſt alors ainſi ſéparé, excepté ſon ſouffre interne & central, qu'aucun corroſif ne peut toucher ni diſſoudre.

XXI. Outre cette voie univerſelle de faire la réduction, il s'en voit d'autres Particuliers par leſquelles l'Artiſte peut réduire le Plomb, l'Etain, l'Antimoine, & même le Fer en Mercure coulant, & cela ſe fait par le moyen des ſels, qui, parce qu'ils ſont corporels, ne ſçauroient pénétrer les corps des Métaux auſſi radicalément que le fait la liqueur *Alltaeſt*; & c'eſt pour cette raiſon qu'ils ne dépouillent pas entiérement le Mercure de ſon ſouffre; mais ils lui en laiſſent autant qu'on en trouve ordinairement dans le Mercure commun.

XXII. Mais obſervez que le Mercure des corps a quelques qualités particulieres ſelon la nature du métal ou du minéral dont il eſt extrait, pourquoi il eſt inutile à notre Oeuvre de diſſoudre en Mercure l'eſpéce des Métaux parfaits, il n'a pas plus de vertu que le Mercure commun & vulgaire. Il n'eſt qu'une ſeule humidité appliquable à notre vrai Ouvrage, qui n'eſt aſſurément ni du plomb, ni du cuivre; elle n'eſt même tirée d'aucune choſe que la Nature ait crée, mais d'une ſubſtance requiſe, compoſée par la nature, & l'Art du Philoſophe hermétique.

XXIII. Or ſi le Mercure tiré des corps a

une qualité aussi froide, & les mêmes *fœces*
& superfluités que le Mercure vulgaire, jointes à une forme distincte & spécifique, c'est
ce qui le rend encore plus éloigné de notre
Mercure, que n'est le Mercure commun.

XXIV. L'Art philosophique est d'œuvrer
un composé de deux principes ; dans l'un
se trouve le sel, & dans l'autre le souffre de
la nature : cependant n'étant l'un & l'autre
entiérement parfaits, ni imparfaits, & pouvant être changés, exaltés & dignifiés par
notre Art, on en vient à bout par le Mercure commun ; il tire non le poids, mais la
vertu céleste & astrale du composé ; ce qui
ne se pourroit faire si ses principes étoient
sans défauts, ou absolument imparfaits.
Cette vertu étant d'elle-même fermentative,
produit dans le Mercure vulgaire une race
bien plus noble que lui, qui est notre vrai
Hermaphrodite, notre androgin qui se
congéle de soi-même, & dissout tous les
corps.

XXV. Examinez avec attention un grain
de sémence, où le germe est presque invisible ; séparez ce germe du grain, il meurt
aussi-tôt : mais en laissant tout entier le grain
avec son foible germe, il s'enfle, fermente,
& produit ; il n'y a donc que le germe qui produit la plante. De même il en est de notre
corps ; l'esprit fermentatif, vivifiant & géné-
rant, qui est en lui, est la moindre partie
du composé, & les parties impures & cor-

porelles du corps, se séparent avec la lie du Mercure.

XXVI. Outre cet exemple du grain, on peut encore observer que la vertu ignée & cachée de notre corps purge & purifie l'eau, qui est sa propre matrice, en laquelle il souffle, c'est-à-dire, qu'il en expulse quantité de terre sale, & une grande abondance d'humidité salée ; pour en avoir la preuve & en voir l'effet, faites ce que je vais dire.

XXVII. Faites vos lotions avec de l'eau de fontaine bien pure ; pesez premierement une pinte de cette eau avec exactitude, & en lavez votre composé en faisant la préparation des huit ou dix aigles ou sublimations, & mettant à part toutes les *fœces* & scories ; ensuite après les avoir bien séchées, distillées ou sublimées tout ce qui se pourra distiller ou sublimer, & il en sortira une très-petite quantité de Mercure ; mettez le reste de ces *fœces* dans un creuset entre des charbons ardens, & toutes les matieres féculentes du Mercure se brûleront comme du charbon, mais sans produire de fumée.

XXVIII. Après que tout sera consommé, pesez le reste, & vous ne trouverez que les deux tiers du poids de votre corps ; l'autre partie étant demeurée dans le Mercure ; pesez aussi le Mercure que vous avez distillé, ou sublimé, & celui que vous avez préparé, chacun séparément ; le poids de ces deux Mercures n'approchera pas à beaucoup près du Mercure que vous avez pris d'abord ; faites aussi bouillir l'eau qui a servi à vos lotions, & s'évaporer jusqu'à pellicule ; ensuite mettez la au froid, il en résulteta des cristaux, qui sont le sel du Mercure crud.

XXIX. Ces opérations ne sont, il est vrai d'aucune utilité ; elles satisfont seulement beaucoup l'Artiste, en lui faisant voir les matieres étrangeres qui se trouvent dans le Mercure, & qui ne se peuvent découvrir que par la liqueur *alkaest* ; mais néamoins elle ne le fait que d'une maniere destructive, & non pas générative, différente en cela de notre opération préparatoire & efficiente, qui se fait naturellement entre le feu & l'eau, la chaleur & l'humide, c'est-a-dire * le male & & la fémelle, dans la propre espéce où se

* Quelques Philosophes entendent aussi par l'Or mâle ; l'Or vulgaire, qui dans la seconde opération de l'Oeuvre fait fonction de mâle par son union avec le Mercure philosofique de la premiere opération, lequel Mercure est sa compagne, sa fémelle, à laquelle il dépose sa teinture spermatique, sulfureuse & aurifiante, pour l'engrossir, la faire concevoir, & enfanterl'Or philosophique dansla propre espéce, c'est-á-dire dans le Mercure philosophique même, qui est la mere propre qui avoit auparavant engendré cet Or vulgaire, considéré comme son enfant & de son espéce, parce que dans leMercure philosophique il y a un souffre aurifique solaire & astral, principe de l'Or métallique : & c'est dans ce Mercure philosofophique que se trouve ce Souffre ou Or solaire, moteur animant & vivifiant, qui comme ferment spirituel, ou esprit fermentateur, est l'agent opérant toutes les merveilles de l'Oeuvre ; quelquefois encore les Philosophes appellent mâle leur Mercure préparé par la premiere opération pour être marié à l'Or crud vulgaire, comme sa fémelle pour la seconde opération ; la distinction de cette nominale application dépend de l'état & de la grada-

trouve le ferment analogue, qui opére les merveilles que toute autre chose ne peut faire.

XXX. Par conséquent si vous faites fermenter votre corps imparfait, & le Mercure séparément, vous tirerez de l'un du soufre très-pur, & de l'autre un Mercure noir & impur; cependant vous ne ferez jamais rien de ces deux matieres, parce qu'il leur manque la vertu fermentative, qui est le chef-d'œuvre & le miracle du monde.

XXXI. C'est cette vertu qui fait que l'eau commune devient herbe, plante, arbre, fruit, sang, chair, pierres, minéraux; enfin, c'est elle qui forme tout.

Cerchez-la donc seulement, elle le mérite; quand vous la possederez elle mettra le comble à votre félicité, puisqu'elle est un trésor inestimable; mais je dois vous instuire en même-tems, que la qualité fermentative ne travaille point hors de son espéce, & que les sels n'ont point la puissance de faire fermenter les Métaux.

XXXII. Si vous voulez sçavoir pourquoi quelques alkalis séparent le Mercure des minéraux & des métaux les plus imparfaits; considérez qu'en tous les corps le soufre n'est point aussi radicalement mélé, & aussi

_____

tion actuelle, où se trouvent le Mercure philosophique & l'Or vulgaire dans l'Oeuvre; car ce qui est agent y devient patient, & ce qui est patient y devient agent, chacun alternativement, jusqu'à ce qu'il en résulte la perfection, ou le plus digne domine souverainement.

intimement uni , qu'il l'est avec l'Or & l'Argent , & qu'il s'allie avec quelques alkalis qui font extraordinairement diffous & fondus avec lui ; par ce moyen les parties font disjointes , & le Mercure se sépare par le feu.

XXXIII. Le Mercure est donc séparé parce moyen de son souffre , autant qu'il est nécessaire seulement , lorsqu'il ne s'agit que d'une dépuration du souffre par une séparation du pur d'avec l'impur ; mais ces alkalis en séparant ce souffre rendent le Mercure d'une qualité inferieure à sa premiere , parce qu'ils l'éloignent de la nature métalique.

XXXIV. Voici un exemple ; le souffre du plomb ne brulera jamais ; quoique vous le sublimiez & le calciniez pour le convertir en sucre ou en verre , il reprendra toujours par le flux & le feu , sa premiere forme ; mais le souffre , en étant comme j'ai dit , séparé , si vous le joignez au nitre , il prendra feu aussi facilement que le souffre commun ; de sorte que les sels agissant sur le souffre , dont ils séparent le Mercure , manquent du ferment , qui ne se peut trouver que dans les substances de même nature.

XXXV. Par la même raison , le ferment du pain n'agira pas sur une pierre , ni celui d'un animal ou d'un végetable sur les métaux & les minéraux. Quoique vous

puissiez

puissiez tirer le Mercure de l'Or par le moyen du premier Etre du sel, ce Mercure néanmoins n'accomplira jamais notre Oeuvre; mais une part de Mercure tirée de ce même principe, c'est-à dire de l'Or, par trois parties de notre Mercure seulement, mettra l'ouvrage à son point de perfection par une digestion continuelle.

XXXVI. Pourquoi notre Mercure est-il superieur en puissance à l'autre ? Ne vous en étonnez pas : c'est qu'il est préparé par le Mercure commun. Le ferment qui survient entre le corps préparé & l'eau cause la mort, puis la regénération, de-là se fait une opération dont-il est l'unique auteur, rien autre ne pourroit même le faire; car outre qu'il sépare du Mercure ce qu'il a de terrestre & qui brûle comme du charbon, & une humidité qui se dissout dans l'eau commune, il lui communique une esprit de vie, qui est le vrai souffre embrionné de notre eau invisi 'e, mais dont le progrès du travail est sei ible à la vüe.

XXXVII. Nous concluons de-là que toutes les opérations de notre Mercure, exceptée celle qui se fait par le Mercure commun, & par notre corps selon les regles de l'art, sont fausses, & qu'elles ne perfectionneront jamais notre Oeuvre; de quelques manieres que soient travaillés ces Mercures, ils n'auront jamais la vertu du notre. C'est le sentiment de tous les Sça-

Ω

vans, & de l'Auteur de la *nouvelle lumie-re alchimique*. Aucune eau dans toute l'Iſle des Philoſopes, dit-il, n'y eſt propre, ſinon celle qui ſe tire des rayons du Soleil & de la Lune.

XXXVIII. Je vais vous expliquer le ſens de ces paroles : le Mercure en ſon poids eſt incombuſtible ; c'eſt un Or fugitif. Notre corps en ſa pureté eſt appellé la Lune des Philoſophes, étant bien plus pûr que les métaux inparfaits, ſon ſouftre eſt auſſi pûr que le ſouftre de l'Or ; ee n'eſt pas qu'il ſoit en effet la Lune, ne pouvant ſeulement demeurer au feu.

XXXIX. Maintenant je viens à la com-poſition de ces trois principes de notre com-poſé, il intervient un ferment tiré de la Lune, hors de laquelle quoique ce ſoit un corps, il ſort néamoins une odeur ſpécifique. Souvent il arrive qu'elle perd de ſon poids, ſi le compoſé eſt trop lavé, après avoir été ſuffiſamment purifié.

XL. Si le ferment du Soleil & de la Lune entre dans notre compoſition, quels avan-tages n'en réſultent-t'il pas ? Il engendrera une race mille fois plus noble que lui, au lieu que ſi vous travaillez ſur notre corps compoſé par la voie violente des ſels, vous aurez à la verité du Mercure ; mais il ſera bien moins noble que le corps, par-ce qu'il ſera ſéparé & non exhalté par cette opération.

Explication de la troisiéme Conclusion.

XLI. Cette *Conclusion* nous aprend qu'entre tous les souffres minéraux & métalliques, il n'y en a que deux à l'usage de notre Oeuvre, & qui sont unis essentiellement à leur propre Mercure. Ici se dévoile ce grand secret de notre Art, que nous avons toujours caché avec soin aux vulgaires imprudens, en leur donnant le change, & leur insinuant deux voies différentes, comme a fait Riplée. Soyez certain que nous n'avons qu'un seul & vrai principe, qu'une seule maniere, & qu'une seule voie linéaire & uniforme pour nous conduire dans notre travail, & que celui qui s'éloigne de ce principe n'atteindra jamais à la perfection de l'Oeuvre.

XLII. Comme ces deux souffres sont les principes de notre Ouvrage, ils doivent être homogenez, ou rendus de la même nature ; c'est uniquement l'Or spirituel que nous cherchons à faire devenir blanc, puis rouge, & cet Or est l'Or vulgaire même, qu'on voit tous les jours, mais dont on n'apperçoit pas l'esprit qui est caché dans son intérieur. Ce principe n'a besoin que de composition, & cette composition doit indispensablement être faite avec notre souffre blanc & crud, qui n'est autre chose que le Mercure vulgaire préparé par de fréquentes cohobations sur no-

tre corps hermaphrodite , juſqu'à ce qu'il
ſe convertiſſe en eau *ignée* ou ardente.

XLIII. Le Mercure n'a en lui qu'un
ſouffre paſſif ; notre Art conſiſte à multiplier en lui un ſouffre actif & vivant, qui
ſort des reins de notre corps hermaphrodite , qui a pour pere un métail, & pour mere
un minéral.

XLIV. Prenez pour parvenir à votre but,
la plus chérie des filles de Saturne, qui
porte pour armes un cercle d'argent * ſur-
monté d'une croix de ſable en champ noir,
qui eſt l'emblême du grand monde ; mariez-
la au plus vaillant des Dieux **, qui réſide
dans la maiſon d'*Ariés* , & vous y trouverez le ſel de nature : acuez votre eau
avec ce ſel du mieux qu'il vous ſera poſ-
ſible , il vous en réſultera le bain lunaire,
dans lequel l'Or veut-être puriſié & recti-
fié.

XLV. Je puis vous aſſûrer en outre,
que quand vous auriez notre corps réduit
en Mercure, ſans addition de Mercure commun, ou le Mercure de quelqu'autre corps
métallique, fait par ſoi-même, c'eſt-à-dire
ſans addition de Mercure, il vous ſeroit totalement inutile ; car il n'y a que notre Mer-

---

* Toute cette allégorie n'eſt que pour expliquer l'Antimoine que les Chymiſtes déſignent par un globe, mais
c'eſt l'Antimoine philoſophique.

** C'eſt le Mars ou le Fer, dont ſe fait le regule étoilé
avec l'Antimoine ; mais il faut entendre le Mars philoſophique.

cure feul qui ait une forme & un pouvoir célefte, qu'il ne reçoit cependant pas tant de notre compofé ou principe, que de la vertu fermentative qui procéde des deux, c'eft-à-dire, du corps & du Mercure : c'eft de cette conjonction que fort une admirable & merveilleufe créature. Appliquez-vous donc à marier le fouffre avec le Mercure; C'eft-à-dire, que notre Mercure qui eft empreint du fouffre doit être marié avec notre Or. Alors vous aurez deux fouffres mariés, & deux Mercures d'une même ex-traction, dont les peres & meres font l'Or & l'Argent.

Explication de la quatriéme Conclufion.

XLVI. Je vais à préfent vous expliquer, & vous rendre fenfible tout ce que nous avons dit ci-devant. Cette *Conclufion* con-tient principalement que ces fouffres font l'un le plus pûr fouffre de l'Or, & l'autre le plus pur fouffre blanc du Mercure : ce font la nos deux fouffres ; l'un qui paroît un corps coagulé, porte néanmoins fon Mer-cure dans fon fein; l'autre eft en toute ma-niere vrai Mercure; mais Mercure très-pur qui porte fon fouffre au-dedans de lui-mê-me, quoique caché fous la forme & la fluidité du Mercure.

XLVII. Ici les Sophiftes fe trouvent dans un embarras extrême caufé par leur igno-rance fur l'amour métallique. Ils travaillent fur des fubftances hétérogènes, où s'ils s'éxercent fur des corps métalliques, ils joignent mâle avec mâle, ou femelle avec femelle. Quelquefois ils travaillent fur un corps feul, ou s'ils prennent les deux fexes, le mâle fera impuiffant, & la matrice de la femelle fera viciée; de forte que par leur inconfi. dération ils ne rempliffent jamais leurs efpérances, & ces ignares attribuent à l'Art la faute qu'ils ne doivent juftement imputer qu'à leur folie, & qui eft une fuite de leur inintell gence des Philofophes.

XLVIII. Il eft plufieurs de ces Sophiftes que je fçai, qui rêvent fur plufieurs pierres végetables, minérales & animales; quelques-uns même y ajoutent l'*ignée*, l'Angélique & la pierre de Paradis. Ces Opérations, quoique fort inconféquentes, puifqu'ils n'en tirent rien de bon pour la perfection de l'œuvre, n'ont rien qui vous doive furprendre; le but où ils tendent eft trop haut, pour que leur imagination bornée y atteigne; pour reparer ce défaut de capacité, ils inventent des manieres nouvelles qu'ils croyent être convenables pour y arriver. Ils emploient pour cela deux voyes, l'une qu'ils appellent voye humide, l'autre voye feche. Cette derniere à ce qu'ils prétendent eft un l'abyrinthe, qui n'eft connu que des plus illuftres Philofophes; l'autre eft le feul dédale, oye aifée, de peu de dépenfe, & que les pauvres même pourroient entreprendre.

XLIX. Quoique puissent dire ces Sophistes, je peux vous protester qu'il n'y a qu'une seule voye, qu'un seul regime dans la conduite de notre Ouvrage; & qu'il n'est point d'autres couleurs que les notres. Ce que nous enseignons de contraire à ces principes uniques, n'est que pour voiler aux yeux du vulgaire & des impudens le plus grand des secrets. Chaque chose doit avoir ses propres causes, donc il n'y a point d'effet qui soit produit par deux voyes sur des principes différens.

C'est pourquoi nous avertissons & assûrons de rechef les Lecteurs, que dans nos premiers écrits nous avons caché beaucoup de choses sous prétexte de deux voyes, que nous y avons insinuées, & que nous allons toucher en peu de mots exactement.

L. L'un de nos Ouvrages est une minutie, qu'un enfant pourroit faire, qu'une femme sçauroit aisément élaborer; ce n'est autre chose que la cuisson par le feu. Nous assûrons que le plus bas dégré de l'Oeuvre est que la matiere soit excitée, & puisse d'heure en heure circuler sans que le vaisseau qui la contient se brise; pour remédier à cet inconvenient, il faut qu'il soit très-fort; mais notre cuisson lineaire ou uniforme, est un Ouvrage interne, qui avance de jour en jour & d'heure en heure, & bien différent de cette chaleur externe; car il est invisible & insensible.

LI. En cet Ouvrage notre Diane eft notre corps, lorfqu'il eft mêlé avec l'eau, car
pour lors le tout eft appellé la Lune, parce que tout eft blanchi, & la femme gouverne. Notre Diane à un bois, parce que
dans les premiers jours de la pierre, que no-
corps eft blanchi, il pouffe plufieurs végé-
tations : dans la fuite de l'Ouvrage on trouve dans ce bois deux colombes ; car après
trois femaines elles font fortement unies
dans les embraffemens perpétuels de Venus :
en ce tems la compofition eft entierement
teinte d'une pure verdeur. Et ces colombes font circulées fept fois ; parce que dans
le nombre de fept fe trouve toute perfection. Elles meurent enfin, car elles ne s'é-
levent plus, & ne donnent plus aucun figne de mouvement : pour lors notre corps
eft noir comme le bec d'un corbeau ; dans
cette Opération tout fe change en poudre
plus noire que le noir même.

LII. Nous ufons fouvent de ces allégo-
ries, lorfque nous parlons de la préparation
de notre Mercure. C'eft un trait de notre
prudence pour abufer les gens trop fimples,
qui ne prennant les chofes qu'à la lettre, font
indignes de mettre la main à l'Oeuvre ;
nous le faifons auffi pour obfcurcir & em-
baraffer un peu nos traités & nos procédés.
Souvent nous parlons de l'un lorfque nous
devrions parler de lautre ; fi notre Art étoit
dévoilé aux yeux de la multitude, tout au
au

long, & dans un ordre méthodique de procéder ; le nombre d'ignorans qui se trouveroient parmi eux qui l'éxerceroient , feroit passer nos Oeuvres pour des folies, & mépriser nos Ouvrages.

LIII. Ayez donc confiance en ce que je dis, que rien n'est plus naturel que nos Ouvrages , & c'est cette naturalité qui nous enhardit à prendre la liberté de confondre le travail des Philosophes , & de l'embarrasser avec ce qui n'est que l'effet de la simple nature ; c'est aussi pour maintenir les imbéciles dans l'ignorance de notre vrai vinaigre , sans le secours & la connoissance duquel tous leurs travaux deviennent inutiles. Pour finir cette *Conclusion* , souffrez que j'ajoûte encore quelques paroles.

XIV. Prenez votre corps qui est l'Or vulgaire , & notre Mercure qui a été acué sept fois par son mariage avec notre corps hermaphrodite, qui est un cachos, & l'éclat de l'ame du Dieu Mars dans la terre & l'eau de Saturne ; mêlez ces deux ensemble en tel poids que la nature le demande. Dans ce mêlange vous possédez nos feux invisibles ; car dans l'eau, ou Mercure, est un souffre actif ou feu minéral ; & dans l'Or il y a un souffre mort & passif, mais cependant actuel. Quand ce souffre de l'Or est excité & revivifié, il se forme du feu de la nature, qui est dans l'Or, & du feu contre nature, qui est dans le

Mercure, un autre feu participant de l'un & de l'autre ; c'est l'union de ces deux feux en un seul qui cause la corruption, qui est l'humiliation, d'où vient ensuite la génération, qui est glorification & perfection du composé.

LV. Je crois devoir vous instruire maintenant que l'Or seul gouverne ce feu interne. L'homme en ignore entierement le progrès ; tout ce qu'il peut faire est d'être attentif dans le tems son Opération, & d'appercevoir seulement la chaleur : il remarquera que ce feu opére tous les dégrez de chaleur nécessaires à la cuisson. Il n'y a point de sublimation dans ce feu-là, car la sublimation est une exaltation, sans lui on ne peut espérer aucune réussite, & tout le travail tombe dans l'inutilité.

LVI. Tout Notre Ouvrage ne consiste donc en autre chose qu'à multiplier ce feu ; c'est-à-dire, circuler le corps jusqu'à ce que la vertu du souffre soit augmentée. De plus ce feu est invisible, & comme il n'a aucune dimension, soit en haut, soit en bas, il étend la Sphere d'activité de notre matiere dans l'œuf, de maniere que sa substance quoique materielle & visible, se sublime & monte par l'action de la chaleur élementaire. Cette vertu spirituelle est cependant toujours existante dans ce qui reste au fond du vaisseau, aussi-bien que dans la matiere plus élevée ; la raison est que cette vertu eſt comme la vie dans le corps de l'homme, laquelle l'anime en toutes ſes parties, étant diffuſé par toute la capacité & en tout le contenu de la machine en même tems, ſans être attachée n'y fixée à une localité particuliere.

LVII. Voilà le fondement de nos Sophiſmes, & c'eſt, je crois, avec raiſon, que nous aſſurons qu'il n'y a aucune ſublimation dans le feu philoſophique proprement dit. Le feu eſt vie, c'eſt une ame qui n'eſt pas ſujette aux dimenſions des corps; d'où il arrive que l'ouverture de l'œuf, ou le refroidiſſement de la matiere dans le travail tue cette vie, ou ce feu qui réſide dans le ſouffre ſecret. Rien de plus commun que de ſçavoir allumer & gouverner le feu élémentaire, les enfans même n'en ſont pas ignorans. Mais il n'y a que le vrai Sage qui puiſſe diſcerner avec quelque juſteſſe le vrai feu interne; en effet, c'eſt une choſe ſurnaturelle qui agit dans le corps, quoiqu'elle n'en faſſe point partie: c'eſt pourquoi nous diſons, que le feu eſt une partie céleſte; qu'il eſt toujours le même juſqu'au dernier période de ſon opération; alors étant à ſon point de perfection, il n'agit plus; car tout agent ſe ſépare, lorſque le terme de ſon Opération eſt arrivé.

LVIII. Ainſi lorſque nous parlons de notre feu, qui ne ſublime point, n'allez pas vous méprendre, & croire que l'humidité de notre compofition, qui exifte dans l'œuf, ne doive point fe fublimer ; c'eft au contraire ce qu'elle doit faire inceffamment. Le feu qui nefublime point eft l'amour métallique, qui réfide dans toute l'étendue de l'Univers, céleste & terreftre, & dans toute notre matiere.

LIX. Maintenant, il ne me refte pour pour conclure ce que je viens de vous expliquer, qu'à vous recommender l'attention la plus fcrupuleufe fur la qualité de la matiere dont vous ferez choix pour votre Oeuvre : cette maxime eft certaine. Il ne réfulte jamais rien de bon d'un mauvais principe : un méchant Corbeau pond un méchant œuf.

Que votre femence & votre matiere foient pures, elles vous produiront une race noble.

Que le feu externe foit tel, qu'en lui votre confection puiffe agir librement de tous côtés dans l'œuf ; parce moyen & en peu de jours, il produira ce qui fait l'objet de votre attente, c'eft-à-dire le bec du corbeau.

Continuez enfuite votre cuiffon, & en 130 jours vous vertez la blanche colombe ; 90 jours après, paroîtra l'étincelant Cherubin d'une beauté furprenante.

Explication de la cinquiéme & derniere Conclufion.

LX. Si les operations d'un homme font

gulieres , & ſes principes vrais, dit ici notre excellent Artiſte , le chef-d'Œuvre qui en réſultera doit couronner ſes travaux , & le Magiſtere ſera aſſuré.

LXI. Hommes vulgaires , fols & aveugles , s'écrie le célébre Riplée , qui ſans conſidérer que chaque choſe dans le monde à ſa propre cauſe & ſa propre action , ne ſuivez que les conſeils de vos ſtériles idées , croyez vous qu'un pilote puiſſe voguer ſur mer avec un caroſſe quelque beau qu'il ſoit ? L'eſſai qu'il qu'il en feroit feroit ſans doute une folie. Vous perſuadez-vous qu'avec le plus brillant navire bien équipé , vous puiſſiez aller à la volée, ſans bouſſole & ſans voiles? Jaſon eût-il abordé l'heureuſe Colchide ? Loin d'arriver à la côte d'Or, & d'être devenu le Poſſeſſeur de la précieuſe Toiſon, le premier rocher eût mit un obſtacle invincible à ſon bonheur, & ſon naufrage eût été certain. Ce ſont cependant des inſenſés de cette trempe qui cherchent notre ſecret dans des matieres triviales , & qui cependant eſperent de trouver l'Or d'Ophir , l'Or de Corinthe, ou celui du fleuve *Phiſon* ; mais leurs recherches ſont vaines: ce bonheur eſt reſervé pour peu de perſonnes,illuminées d'en haut : la voie en eſt droite & ſimple, quoique couverte d'écueils ; mais elle n'eſt trouvée & frayée que par un très-petit nombre d'Elûs.

PRINCIPES DE PHILALETHE,

Pour diriger les Opérations dans l'Oeuvre hermetique, Traduits de l'Anglois.

1°. Ne vous livrez jamais à l'entreprise du grand Oeuvre fur les régles que des ignorans, où les Livres des Sophistes pourroient vous suggérer, & ne vous écartez point de ce principe : le but où vous aspirés est l'Or ou l'Argent, l'Or & l'Argent doivent être les uniques objets fur lesquels vous avez à travailler par le moyen de notre Fontaine mercurielle préparée pour les baigner, & cela demande toute votre application.

20. Ne vous rendez pas aux propos qu'on pourroit vous tenir, en vous disant que notre Or n'est pas l'Or vulgaire, mais l'Or physique : l'Or vulgaire est mort il est vrai, mais de la façon dont nous le préparons, il se revivifie de même qu'un grain de bled mort dans un grenier, se revivifie dans la terre. Après six semaines, l'Or qui étoit mort, devient dans notre Oeuvre, vif, vivant & spermatique, parce qu'il est mis dans une terre qui lui est propre, je veux dire dans notre composé. Nous le pouvons donc appeller notre Or à juste titre, parce que nous le joignons avec un agent, qui certainement lui rendra la vie; comme par une dénomination contraire, un homme con-

damné au supplice de la mort, est appellé un homme mort, parce qu'il mourra bientôt, quoiqu'il soit encore en vie.

3°. Outre l'Or, qui est le corps, & qui tient lieu de mâle dans notre Oeuvre, vous aurez encore besoin d'un autre sperme, qui est l'esprit, l'ame ou la fémelle ; ce sperme est le Mercure fluide, semblable dans sa forme à l'Argent-vif commun, mais cependant plus net & plus pur. Plusieurs au lieu de Mercure se servent de toutes sortes d'eaux & de liqueurs, qu'ils appellent Mercure philosophique. Ne vous laissez pas séduire par leurs beaux discours, & n'entreprenez pas ce travail, car il est inutile ; on ne sçauroit recueillir ce qu'on n'a pas semé ; l'on moissonne le fruit du grain qu'on a semé ; ainsi si vous semés votre corps, qui est l'Or, dans une terre, ou un Mercure, qui ne soit pas métallique & homogéne aux métaux, au lieu d'un élixir métallique, vous ne retirerez de votre opération qu'une chaux inutile & sans vertu.

4°. Notre Mercure n'est qu'une même chose en substance avec l'Argent-vif vulgaire ; mais il diffère dans sa forme, ayant une forme céleste & ignée, & une excellente vertu ; qualités qu'il reçoit de notre Art à sa préparation.

5°. Le secret de cette préparation consiste à prendre un minéral qui approche du genre de l'Or & du Mercure. Il faut l'impreigner avec l'Or volatile, qui se trouve dans les reins de Mars, & c'est avec cela qu'il faut purifier le Mercure au moins sept fois. Cela fait, ce Mercure est préparé pour le Bain du Roi, c'est-à-dire de l'Or.

6°. Depuis sept fois jusqu'à dix le Mercure se purifie de plus en plus, & devient aussi plus actif, étant acué dans chaque préparation par notre vrai soufre ; mais s'il excédoit ce nombre de préparations ou sublimations, il deviendroit trop igné ; & loin de dissoudre le corps, il se coaguleroit lui-même, & l'Or ne s'y fonderoit ni dissoudroit point.

7°. Ce Mercure ainsi acué ou animé, doit être encore distillé dans une retorte de verre deux ou trois fois, parce qu'il peut lui être resté quelques atômes du corps, à l'instant de la préparation : ensuite il faut le laver avec du vinaigre & du sel armoniac ; alors il est préparé pour notre Oeuvre, ce qui doit ici s'entendre métaphoriquement.

8°. Choisissez toujours pour cet Oeuvre un Or pur & sans mélange : s'il n'est pas tel, lorsque vous l'achetés, purifiez-le vous-même par les voies ordinaires. Après cette opération mettez-le en poudre subtile, en le limant ou autrement, ou réduisez-le en feuilles : ou si vous voulez, en le calcinant avec des corrosifs : n'importe de quel moyen vous vous serviez, pourvu qu'il soit très-subtil.

9°. Maintenant venons au mélange ; pre-

nez une once ou deux de ce corps préparé,
& deux ou trois onces au plus de Mercure
animé, comme je viens de vous le dire;
mêlez-les dans un mortier de marbre chauf-
fé, autant que l'eau bouillante le pourra
faire; broyez & triturez-les jusqu'à ce qu'ils
soient incorporés ensemble, puis mettez-y
du vinaigre & du sel jusqu'à la parfaite pureté, ensuite vous le dulcifierés avec de
l'eau chaude, & le sécherez exactement.

10°. Je puis vous assurer que, quoique ce
qui précede soit énigmatique, je vous parle
avec candeur, & que la voie que je vous
enseigne ici est celle-là même dont nous nous
servons; & que tous les anciens Philosophes se sont servi de ce moyen qui est l'unique. Notre Sophisme git seulement dans les
deux sortes de feux employés à notre Ouvrage.

Le feu secret interne est l'instrument de
Dieu, & ses qualités sont imperceptibles aux
yeux des hommes. Nous parlerons souvent
de ce feu, quoiqu'il paroisse que nous en-
tendions la chaleur externe : c'est de-là que
naissent les erreurs où se plongent les faux
Philosophes & les imprudens. Ce feu est notre feu gradué, car la chaleur externe est
presque linéaire, c'est-à-dire, égale & uniforme dans tout l'Ouvrage, si ce n'est que dans
l'Oeuvre au blanc elle est une sans aucune
altération, excepté dans les sept premiers
jours, où nous la tenons plus foible pour

la fureté de l'Oeuvre ; mais le Philofophe expérimenté n'a pas befoin de cet avis.

A l'égard de la conduite du feu externe, elle eft infenfiblement graduée d'heure en heure, & comme il eft journellement réveillé par la fuite de la cuiffon, les couleurs en font altérées, & le compofé meuri. Je viens de vous dénouer un nœud très-difficile & embraffé, confervez-en la mémoire, & gardez-vous de vous laiffer furprendre d'orénavant.

11°. Vous devez être pourvû d'un vaiffeau, ou matras de verre, fans lequel vous ne pourriez achever votre Ouvrage : qu'il foit de figure ovale ou fphérique, & de contenance convenable à votre compofé, c'eft-à-dire qu'il foit de capacité à renfermer deux fois autant de matiere que vous y en mettrez : nous l'appellons œuf philofophal ; que le verre en foit épais, fort, tranfparent, fans aucun défaut ; fon col doit être au plus d'un demi pied de longueur. Quand votre matiere y fera mife, fcellés le col de cet œuf hermétiquement, de forte qu'il n'y ait aucune ouverture, car le plus petit évent laifferoit évaporer l'efprit le plus fubtil, & perdroit l'Ouvrage.

Pour vous rendre certain de l'exacte figillation de votre vaiffeau, faites l'épreuve fuivante, elle eft infaillible. Lorfqu'il fera froid, appliquez votre bouche à l'endroit du col où il eft fcellé, fuccez avec force, & s'il y a la

moindre ouverture, vous attirerez l'air qui
eſt dans le matras, & lorſque vous retirerez
de votre bouche le col du vaiſſeau, l'air ren-
trera par l'évent avec un ſifflement, dont
l'oreille entendra le bruit aiſément ; jamais
cette expérience ne s'eſt trouvée fauſſe.

12°. Il vous faut auſſi un fourneau, que
les Sages appellent *athanor*, dans lequel
vous puiſſiez accomplir tout votre Ouvrage.
Dans le premier travail, celui dont vous
avez beſoin doit être diſpoſé de façon qu'il
fourniſſe une chaleur d'un rouge obſcur, ou
moindre, à votre volonté, & qu'il puiſſe ſe
tenir au moins douze heures dans ſon plus
haut dégré de chaleur avec égalité ; ſi
vous en avez un tel, obſervez cinq conditions.

La premiere, que la capacité de votre nid
ne ſoit pas plus ample qu'il ne faut pour
contenir votre baſſin, avec environ un pouce de vuide tout autour, afin que le feu qui
vient du ſoupirail de la Tour puiſſe circuler
autour du vaiſſeau.

La ſeconde eſt que, votre baſſin doit contenir ſeulement un vaiſſeau, matras ou œuf,
avec environ un pouce d'épaiſſeur de cendre entre le baſſin, le fonds & les côtés du
matras ; & ſouvenez-vous toujours des paroles du Philoſophe : *un ſeul vaiſſeau, une
ſeule matiere, un ſeul fourneau.*

Ce baſſin doit être placé de façon, qu'il
ſoit préciſément ſur l'ouverture du ſoupirail.

d'où vient le feu, & qui ne doit avoir qu'une
feule ouverture d'environ deux pouces de
diamétre, par où, en biaifant & montant
fe conduira une langue de feu, qui frappera
toujours le haut du vaiffeau, environnera le
fonds, & le maintiendra continuellement
dans une chaleur également brillante.

La troifiéme eft que, fi votre baffin étoit
trop grand, comme la cavité de votre fourneau doit être trois ou quatre fois plus fpa-
cieufe que fon diamétre, le vaiffeau ne pourroit jamais être échauffé exactement ni continuellement, comme il eft néceffaire qu'il
le foit.

La quatriéme eft que, fi votre tour n'eft
de fix pouces ou environ à l'endroit du feu,
vous n'êtes pas dans la proportion, & ne
viendrez jamais au point jufte de chaleur;
& fi vous excedés cette mefure, & faites
trop flambler votre feu, il fera trop foible.

Enfin, la cinquiéme eft que, le devant de
votre fourneau doit fe fermer exactement
par un trou, qui ne doit être que de la grandeur néceffaire pour introduire le charbon
philofophique, c'eft-à-dire d'environ un pouce, afin qu'il puiffe d'en bas répercuter la
chaleur avec plus de force.

13°. Les chofes étant ainfi difpofées, mettez l'œuf où eft votre matiere dans ce fourneau, & lui donnez la chaleur que demande
la nature, c'eft-a-dire foible & non trop violente, commençant où la nature a quitté.

Vous ne devez pas ignorer que la Nature a laiſſé votre matiere dans le régne minéral, & quoique nous tirions nos comparaiſons des végétaux & des animaux, il faut néanmoins que vous conceviez un rapport convenable au régne dans lequel eſt placée la matiere que vous voulez travailler ; ſi par exemple, je fais comparaiſon entre la génération d'un homme & la végétation d'une plante, ne croyez pas que ma penſée ſoit telle que la chaleur, qui eſt propre pour l'un, le ſoit auſſi pour l'autre ; car nous ſommes certains que dans la terre, où les végétaux croiſſent, il y a de la chaleur que les plantes ſentent, & même dès le commencement du printems ; mais un œuf ne pourroit pas éclore à cette chaleur, & un homme, loin d'en recevoir du ſentiment, n'en reſſentiroit qu'un froid engourdiſſement. Certain que votre ouvrage git totalement dans le régne minéral, vous devez connoître la chaleur qui lui eſt néceſſaire, & diſtinguer avec préciſion la petite ou la violente.

Conſidérez actuellement que, non-ſeulement la Nature vous a laiſſé dans le régne minéral, mais encore que vous devez travailler ſur l'Or & le Mercure, qui tous deux ſont incombuſtibles ; que le Mercure eſt tendre, & qu'il peut rompre les vaiſſeaux qui le contiennent, ſi le feu eſt trop violent. Qu'il eſt incombuſtible, & que le feu ne peut lui nuire ; mais qu'il faut cependant le retenir

avec le sperme masculin en un même vaisseau de verre, ce qui ne pourroit se faire si
le feu étoit trop vif, & vous seriez par
conséquent dans l'impossibilité d'accomplir
l'Oeuvre.

Ainsi le dégré de chaleur, qui pourra tenir du plomb ou de l'étain en fusion, même
un peu plus forte, pas cependant plus que
les vaisseaux ne peuvent la souffrir sans se
rompre, doit être estimé le dégré requis, ou
la chaleur tempérée. Vous voyez par là qu'il
est nécessaire de commencer votre dégré de
chaleur par celui qui est propre au régne où
la Nature vous a laissé.

14°. Tout le progrès de cet Ouvrage, qui
est une cohobation de la Lune sur le sol, est
de monter en nuées & de retomber en pluie ;
c'est pourquoi je vous conseille de sublimer
en vapeurs continuelles, afin que la Pierre
prenne air & puisse vivre.

15°. Mais pour obtenir notre teinture permanente, ce n'est pas encore assez ; il faut
que l'eau de notre lac bouille avec les cendres de l'arbre d'Hermès. Je vous conseille
de la faire bouillir nuit & jour continuellement, afin que dans les travaux de notre
mer orageuse, la nature céleste puisse monter, & la nature terrestre descendre. Il est
certain que sans l'exactitude de cette opération, qui est de bouillir, nous ne pouvons
jamais nommer notre Ouvrage une cuisson,
mais une digestion ; parce que quand les et-

prits circulent feulement en filence, & que
le compofé, qui eft en bas, ne fe meut point
par ébulition, cela fe nomme proprement
digeftion.

16°. Ne précipitez rien dans l'efpoir de
recueillir avant la maturité de la moiffon,
je veux dire de l'Oeuvre; mais au contraire
travaillés avec conftance l'efpace de cinquante jours au plus, & vous verrez le bec
du corbeau de bon augure.

Plufieurs, dit le Philofophe, s'imaginent
que notre folution eft fort aifée, mais ceux
qui l'ont effayée, ou qui en ont fait l'expérience, fçavent combien elle eft difficultueu-
fe. Par exemple, fi vous femez un grain de
bled, trois jours après vous le trouverez en-
flé, mais fi vous le retirez de la terre il fe fé-
chera & retournera dans fon premier état.
Cependant on l'a mis dans une matrice convenable, la terre eft fon propre élément;
mais il a manqué du tems néceffaire pour la
végétation. Les femences les plus dures demandent un plus long féjour dans la terre
pour y germer, telles font les noix & les
noyaux des prunes & des fruits; chaque
efpéce a fa faifon, & c'eft une marque certaine d'une opération naturelle & fructueu-
fe, lorfqu'elle attend le tems prefcrit pour
fon action, fans précipitation prématurée.

Croyez-vous donc que l'Or, qui eft le
corps le plus folide qui foit au monde, puiffe
changer de forme en fi peu de tems ? Il

faut demeurer dans l'attente jufques vers le quarantiéme jour que le commencement de la noirceur fe fait voir. Quand vous l'appercevrez, concluez que votre corps eft détruit, c'eft-à-dire, qu'il eft réduit en une ame vivante, & votre efprit eft mort, e'eft-à-dlre, qu'il eft coagulé avec le corps ; mais jufqu'à cette noirceur, l'Or & le Mercure confervent chacun leur forme & leur nature.

17°. Prenez garde que votre feu ne s'éteigne, pas même un moment ; car fi une fois la matiere fe refroidit, la perte de l'Ouvrage eft certaine.

Il réfulte de tout ce que nous venons de dire, que tout notre Ouvrage confifte à faire bouillir notre compofé au premier dégré d'une liquéfiante chaleur, qui fe trouve dans le régne métallique, où la vapeur interne circule autour de la matiere, & dans cette fumée l'une & l'autre mourront & reffufciteront.

18°. Continuez alors votre feu jufqu'à l'apparition des couleurs, & vous verrez enfin la blancheur. Lorfqu'elle paroîtra, (ce qui arrivera vers la fin du cinquiéme mois) l'accompliffement de la Pierre blanche s'approche. Réjouiffez-vous donc ; car le Roi, vainqueur de la mort, paroît en Orient environné de gloire, annoncé par un cercle citrin, fon avant-coureur, ou ambaffadeur

19°. Continuez avec courage votre feu
jufqu'à'

jusqu'à ce que les couleurs paroiffent de nouveau, & vous allez voir le beau vermillon & le pavot champêtre. Glorifiez-en Dieu, & foyez reconnoiffant.

20°. Enfin, quoique votre Pierre foit parfaite, il la faut faire bouillir, ou plutôt cuire de rechef dans la même eau, avec la même proportion & le même régime; que votre feu foit feulement un peu plus foible; & par ce moyen vous l'augmenterez en quantité & en vertu, felon que vous le défirerez, ce que vous pouvez à cet effet réitérer autant de fois que bon vous femblera.

Que Dieu, Pere des lumières, Souverain Seigneur, Auteur de toute vie & de tout bien, vous faffe la grace de vous montrer cette régénération de lumière, pour entrer en la terre de vie, terre promife à fes Fidels, & participer un jour à la vie éternelle. Ainfi foit-il.

TRAITÉ DU SECRET DE L'ART PHILOSOPHIQUE,

Ou l'Arche ouverte, autrement dite la Cassette du petit Paysan.

Commenté par Valachius, corrigé & élucidé par Ph.... Ur... Amateur de la Sagesse. Premiere Partie.

NOus avons ici en Allemagne un commun & vieux Proverbe, *après beaucoup de pleurs grande joye, après la pluye le beau tems*; il en est tout au contraire, ç'a été à mon grand regret depuis peu d'années, mon sort fatal; la même chose est arrivée quelquefois à d'autres, qui ont commencé l'Ouvrage sans un fondement véritable, comme je le montrerai au long; car pensant tenir en mes mains tout le monde, je n'eus rien moins que cela, d'autant que mon vaisseau de verre sur lequel j'avois appuyé tout mon bonheur, vint à se casser avec grand bruit, & toute la matiere rejaillit sur mes minutes de Philosophie, qui en furent gâtés & salies, ce qui me causa beaucoup de perte, mais je passe cela sous silence; je dis seulement que je fus si fort surpris d'étonnement par ce désastre inopiné, que je ne sçavois où j'en étois, ni ce que je faisois, tant j'étois devenu triste & affligé: car toute

ma joye & mon espérance s'étoient tournés en venin, & non pas en l'Or & en l'Argent que j'attendois.

Etant donc un peu revenu & rentré en moi-même, & ayant consideré attentivement la grande perte que j'avois faite, & l'incommodité que je recevois de cet accident ; je commençai à deux genoux, les larmes aux yeux, & d'un cœur gémissant, de représenter tout mon malheur à celui qui de toute éternité voit toutes choses ; car Dieu donne & ôte à qui il lui plaît. Je lui fis une instante priere, afin qu'il eut pitié de moi, en m'inspirant la vraie voie pour arriver devant sa Divine Majesté par l'esprit de vérité & de sagesse ; ce qui me donna aussi de la consolation, fut ce que dit Zachaire, que beaucoup de Philosophes ont failli au commencement, qui néanmoins sont enfin parvenus au bout de leur Ouvrage. Comme donc j'étois presque accablé de diverses pensées pour le fâcheux accident qui m'étoit arrivé sur la rupture de mon vaisseau, il me vint en pensée une question qui tourmentoit mon esprit, sçavoir si le Tout-Puissant voudroit bien permettre que nous autres pauvres pécheurs (venans en ce siécle si pervers & corrompu) puissions parvenir à la connoissance d'un si grand Secret, comme est la Pierre des Philosophes.

Après ces inquiétudes & mouvemens, je fis enfin une résolution de ne plus m'inquie-

ter l'efprit, confidérant que tous ceux qui
nous ont précedé, & qui ont atteint a la
parfaite connoiffance de ce faint myftère, ne
laiffoient pas d'être pécheurs comme nous,
& que ce don de Dieu ne fe révéle pas à
caufe d'aucun mérite qui foit en l'homme;
mais c'eft une grace particuliere de Dieu,
puifque nous ne fommes que très-inutils &
pleins d'erreur. Cette confidération me fit
faire une ferme réfolution de me convertir
à Dieu, & de n'avoir plus que fon honneur
pour but, & le fecours du prochain pour
toutes mes entreprifes. Etant en cette ferme
volonté, je fentis une fainte extafe & certaines émotions qui me donnerent de la clarté parmi mes précédentes afflictions; & me
relevant de ma priere, je me trouvai incité
à reprendre en main mes Philofophes.

Mais il me fembla que je devois furtout
préférer le Comte de Trévifan, lequel, quoiqu'auparavant j'euffe bien feuilleté, je n'y
découvrois rien néanmoins qui me donnât
un fondement affuré, mais après cette illu-
mination, comme je fus à l'endroit, où l'Auteur traite de la premiere matiere, je me fentis intérieurement éclairé, reconnoiffant en
quoi confifte vraiment la vertu & puiffance
de l'Oeuvre, & d'abord je treffaillit de joye,
mais examinant continuellement cette fcience, je trouvai mon entendement tout-à-fait
ouvert, où auparavant il avoit été clos &
refferré, & quoi qu'avec tant d'étendue &

de foins, je me fulle ci-devant occupé en beaucoup d'opérations, elles avoient toutes fois été faites en vain, car j'étois mal fondé. Partant je louai Dieu, & invoquai avec joye fon faint Nom ; je continuai à le prier humblement qu'il me donnât la perfection de ces bons & folides commencemens, qui n'avoient en moi autre fin que fa gloire & mon falut.

A l'inftant je continuai à bien comprendre cette matiere, afin que je ne me méprifle plus par les apparences, mais à ce que je mifle le doigt fur celle qui fe peut dire & nommer matiere prochaine & non éloignée ; car celle-là eft plus riche & fertille que celle-ci, quoiqu'elle tendent toutes deux à même but, felon le bon Riplée, en fes axiomes des douze Portes, & felon Flamel, *fol.* 120. *Item*, *fol.* 180, ou 150, où il dit que c'eft furtout un très-grand fecret de pouvoir connoître de quelle chofe minérale on doit prochainement faire l'Oeuvre.

Or comme j'étois allé faire un voyage, je me rencontrai entre deux montagnes, où j'admirai un homme des champs, grave & modefte en fon maintien, vêtu d'un manteau gris, fur fon chapeau un cordon noir, autour de lui une écharpe blanche, ceint d'une couroie jaune, & botté de bottes rouges, lequel je faluai. M'étant approché, j'apperçus qu'il tenoit en fes mains deux fleurs très-éclatantes & étoilées à fept rayons ; l'une de ces fleurs étoit blanche, & l'autre rouge. Je les confidérai bien, parce qu'elles étoient très-belles, brillantes & de très-belles couleurs, fort odoriférantes & agréables au goût; de plus, l'une tenoit du féminin, & l'autre du masculin, croissantes néanmoins toutes deux d'une même racine & de l'influence de toutes les Planetes.

Je demandai à cet homme quel étoit son dessein sur ces deux fleurs, car j'en avois assez bonne connoissance, mais non pas qu'il y eût en elles une intention distincte, ni qu'elles fussent mâle & fémelle, c'est-à-dire de deux différentes natures. Lors, m'envisageant fixement, il me demanda qui m'avoit adressé en ce lieu inhabité; qu'il étoit, dit-il, recherché des plus grands de ce monde, mais rempli de beaucoup de périls, & presque inaccessible.

Comme je lui eus dépeint le cours de ma vie, mes avantures & emplois, il se sourit, n'en tenant pas grand compte; il me traita toutes fois fort civilement, commençant à me tenir ce discours:

» Tu sçauras que qui que ce soit n'arrive à
» la connoissance de ces deux fleurs, qu'il ne
» soit appellé de Dieu, guidé par la foi &
» par invocation; encore lui arrive-t'il en ses
» recherches de grandes peines, ennuis &
» afflictions, afin que cette haute science
» lui soit à grande vénération lorsqu'il la pos-
» sédera comme un tréfor cher acheté.

» Mais puifque tu eft parvenu jufqu'en ces
» lieux, tu verras que Dieu m'autorife à te
» dire, que de ces deux fleurs provient (après
» leur conjonction, & non point plutôt) la
° premiere matiere de tous les Métaux, ce
» qui t'eft confirmé par Trevifan fur la fin
» de fa feconde Partie, où il nomme ces
» deux fleurs, homme rouge & femme blan-
» che; mais les Philofophes, pour beaucoup
» de raifons, ont dit plufieurs chofes fur le
» fujet de cette premiere matiere, pour la
» couvrir & fa racine comme d'un voile, &
» ils fe font auffi donnés de garde de décou-
» vrir la feconde matiere : quoiqu'il faille
» premierement que tu traite cette feconde
» matiere, qui eft crue & indigefte, & qui
» eft toutes fois le fujet de la Pierre, il faut
» que tu la tire comme de l'homme & de
» la femme, qui après la conjonction de-
» vient la matiere premiere que je te déclare
» ici avec fincerité.

Je m'étonnois de ce difcours, qui pourtant me donnoit de la joye pour le contentement où je me trouvois d'être avec lui ;
fur ces chofes, je ne pus me tenir de lui
dire: Ami, ta fimplicité m'eut bien empé-
ché de chercher en toi des chofes de fi haute
intelligence ; il fe mit à fourire, & me dit :
C'eft en vérité cette fimplicité qui met tout
le monde en erreur, & qui fait que je fuis
négligé d'un chacun ; car ma forme extérieure les trompe tous, voyant ma baffeffe, &

ce qui femble de vil en moi ; mais lorfqu'ils
me prient courtoifement de quitter ma jaquette grife, &·mon manteau de bure, je
les exauffe, & leur fait fait voir là-deffous
un habillement diamantin, & une fourure
de rubis, ou fi tu veux, une chemife très-
précieufe ; mais le Tout-Puiffant les a prefque tous aveuglés, afin qu'ils ne voyent de
quoi ces Métaux ont pris leur origine.

Je lui répartis, cher Ami, habitant des
champs, cès fleurs ont un luftre & éclat très-
haut, mais pourtant elles ont auffi propriété de Médecine. Il répondit, elles font
bien médicinales, mais leur plus grande propriété eft cachée en elles, car lorfqu'elles
font fur leur propre racine, elles font vé-
néneufes : c'eft pourquoi il faut que leur
racine foit bénignement & délicatement
fublimée avec foin, comme je veux croire
que tu fçais ; ce que je juge par tes opérations ; quoiqu'elles t'ayent mal réuffi jufqu'à
préfent, je ne révoque point en doute que
tu ne comprennes bien ce que veut dire ici
cette fublimation, laquelle fe fait fans qu'il
y entre jamais rien de mordicant ni corrofif,
qui détruiroit la bonté de fa nature : & c'eft
de-là que prennent leur naiffance, ces deux
belles fleurs, fans addition d'autres chofes,
étrangéres & différentes, tirées de cette
montagne contagieufe ; & fi je n'euffe fçû
fous quelles Planettes l'on conftelle les
hommes des champs, je ne ferois jamais ar-

rivé, ni pû me rendre à ce lieu si remarquable.

Je lui dis, cher Ami, tes discours m'engagent à te supplier encore de me dire, si ces deux fleurs prennent naissance & accroissent toutes deux à la fois, & ce qui est de leur production ; car je me propose qu'en cet éclaircissement sont révélés de grands secours de la science : je tiens à honneur & grand avantage d'en être éclairci, parce que les Philosophes en ont très-peu parlé. A cela, au lieu de sourire, il fit quelque branlement de tête, & se tint en silence assez long-tems ; puis il me dit, tu me demandes la pierre d'achopement, où plusieurs trébuchent ; car beaucoup connoissent la premiere matiere, mais ils errent au fait de cette maîtrise ; pourtant, sois ici demain de retour à cette même heure, (vingt-quatre heures après) tu m'y trouveras disposé à te donner intelligence de ces choses, tout autant qu'il m'est permis. Je le remerciai, me séparai joyeux, & restai tout ce tems en grande inquiétude de l'heure à venir, que j'observai ponctuellement.

Je le vis donc arriver, tenant les deux fleurs en sa main, & le sommai de sa favorable promesse, le suppliant de croire que je lui étois absolument acquis, quoique je reconnusse bien lui être fort inutile. A quoi il me dit en ces mots ; Pourvû que tu sois bien à Dieu, je serai bien à toi, & toi à moi ;

finon je ferai toujours éloigné de toi , fi tu
es éloigné de Dieu ; mais d'autant que je crois
que tu es à Dieu , je te découvre ici tout le
procédé , & te répéterai mes premieres paroles , fur chacune defquelles tu dois avoir
une particuliere attention . avec prieres continuelles à Dieu. Cette Science eft un don
fpécial de la bonté fuprême ; prend donc
bien garde à toutes mefdites paroles , & exa-
mines-les très-exactement. Affis-toi avec
moi fur cette verdure , car je fuis vieux &
d'un naturel froid , je n'ai pas bonnes jambes , ni bien robuftes , c'eft pourquoi je ne
puis pas me tenir long-tems debout , & de
plus , je me plais fort à me repofer fur la verdure.

Tu as fans doute lû que nos Mages , Philofophes & Rois , écrivent & difent à tous ,
fuivez la Nature , fuivez la Nature ; & c'eft
de-là que tu dois inférer que tous ceux
qui veulent produire quelque chofe d'avan-
tageux & de grand en cette Science , doivent
furtout avoir entiere connoiffance de l'origine & fondement de tous les Métaux , de
leur naiffance , production & différence , de
leur fympathie & antipathie , c'eft-à-dire ,
amour & haine.

Sçaches de plus , que tous les Métaux
font provenus d'une même racine , la matiere dont ils prennent leur origine , n'étant
qu'une & unique , & ils n'acquerent leur
différence que par la cuiffon , c'eft-à-dire ,

selon qu'ils sont plus ou moins cuits ou di-
gérez. Les bons Auteurs te confirment cette
vérité ; mais ne te dégoûte point de leurs
différentes façons ; fuis seulement les don-
neurs de recettes & de procedés particuliers ; sois donc infatigable à lire les bons
Auteurs , & le retardement récompensera ta
patience & ta peine.

Mais sçaches en peu de mots , que celui
qui comprendra bien l'origine de nos Métaux, connoîtra que la matiere des nôtres
doit être métallique , née aussi de miniere
métallique sans métail ; car il n'y a point
de métail sans lumieres métalliques , ni aussi
de lumieres métalliques sans métail ; & ainsi
conséquemment l'un se rapporte à l'autre ;
car leur être naturel & leur genre est un ,
qui se nomme électre minéral-mineur non
mûr, ou magnesie, ou autrement lunaire ;
& de-là vient que les Philosophes parlent
toujours en plurier quand ils disent , par
exemple, nos métaux.

Mais il faut que je t'en entretienne plus
clairement , puisque tu as la véritable connoissance de la vraie matiere, dont cette racine métallique doit être doucement sépa-
rée de ce qui lui est contraire , ou contre
nature ; je veux dire de ce qu'elle a acquis
accidentellement des vapeurs vénéneuses.

Puis il en faut extraire cette blanche &
mercurielle liqueur, qui est si délicate &
fluide , laquelle il faut rechercher dans sa

partie fupérieure ; & fon nom eft Azoth, ou glus de l'aigle ; mais fa liqueur fixe fulphu- rée, rouge & incombuftible , fe doit cher- cher dans la partie inférieure la plus occulte, & s'appelle laiton, ou lion rouge ; à bon entendeur fuffit.

Mais s'il te manque quelque lumière, in- voque le Nom du Seigneur des lumières, & l'Auteur de toute bonne donation ; & re- marque furtout avec admiration que ces deux fleurs jamais ne fe féchent ni fe flétrif- fent , que l'une fe peut convertir en l'au- tre en toutes formes & figures , & qu'elle a de la pente & de l'inclination à toutes les fept Planettes, aufquelles fi une fois elle fe joint, elle ne s'en fépare plus : la vertu naturelle & la propriété de ces fleurs ne fe peut affez doctement décrire par quelque Philofophe que ce foit.

Tu vois maintenant que ces deux fleurs proviennent d'une même tige, qui eft fep- tuple & fufceptible de toutes couleurs ; mais icelles fleurs font affez éloignées l'une de l'au- tre , ce qui provient de leurs différentes na- tures, & partant il faut trouver le moyen de les joindre & unir, de les faire végéter & croître ; il faut que de ces deux fe procrée un fruit excellent, indiffoluble & perpétuel, ce qui n'arrive pas fans l'expreffe permiffion du Souverain.

Au furplus, fçaches que le compte , où le nombre de la femence ou germe du lys

blanc eſt différent de celle du lys rouge , &
que ces deux fleurs n'opérent pas en même
tems ; ce que les anciens Sages ont tenu fort
clos & couvert , & c'eſt ce qu'ils nomment
leurs poids & ſans poids : ces deux lys ne
s'uniſſent & ne ſe mêlent pas par menues
parties. Les Anciens parmi les Arabes parlant de ces choſes en ces termes , diſent que
*le poids du mâle eſt ſingulier , & celui de
la fémelle eſt toujours pluriel ;* ce qu'expoſe
le Comte de Tréviſan en cette ſorte: *La puiſſance terrienne ſur ſon réſiſtant ſelon la ré-
ſiſtance differée ,* c'eſt l'action de l'agent en
cette matiere ; entends-tu cela? Je répondis
que ces termes ſont obſcurs ; à quoi il me
répliqua que je ne m'en miſſe point en peine; car, dit-il , ſi tu arrives à l'accroiſſement
de ces deux fleurs de lys , lors tu connoîtras
par leur propre eſſence propriété & nature ,
ce que tu auras à faire , & non autrement ;
je te donne avis d'avoir grand ſoin que la
chaleur de ton feu ſoit *lente & bénigne ;*
car autrement la ſemence du lys blanc s'é-
vaporeroit en fumée , & tout ton travail ſeroit réduit au néant.

Puis je lui dis , tu as fait mention de deux
lys , & toutefois les Philoſophes diſent quelquefois *qu'en une ſeule choſe ,* ou *un ſeul
Mercure & Azoth , conſiſte tout ce que cherchent les Philoſophes , ou Sages ;* quelquefois
ils parlent de trois choſes , du Soufſre , Mercure & Sel , & le plus ſouvent d'ame ,

d'efprit, & de corps ; cependant tu n'en fais aucune mention.

Il faut, dit-il, que je me rie de toi, de ce que tu n'entends pas encore les termes des Philofophes, & qu'ils te foient fi peu connus, ou bien c'eft que tu veux m'éprouver ; il faut donc que je te foulage en cela. Sçaches donc que les Philofophes entendent par une feule chofe le fel des Métaux, ou Pierre philofophale, & par deux, le corps & l'ame, dont le tiers eft l'affemblage de ces deux ; à fçavoir l'efprit, lequel on ne peut appercevoir, d'autant qu'il eft caché en ces deux ; & ainfi l'on peut dire que cet efprit furnage fur les eaux ; or tu le peux lire en Moyfe : que cela te fuffife.

Mais quant à moi je m'en tiens volontiers à ces deux ; c'eft pourquoi prends ces deux lys très-clairement polis, & les ayant renfermés en un criftal bien bouché, fans feu, mets-les en une douce & légere chaleur d'athanor : lors le lys blanc s'épandra au large, embraffera & contiendra en foi le lys rouge, & d'autant que le lys rouge eft d'une nature ignée, & qu'il reçoit, aide la chaleur externe, il communique & donne fon odeur & haleine de beaume chaloureux dans la froideur du lys blanc, d'où leur naît un difcord, l'un ne voulant céder à l'autre, ce qui procéde des qualités contraires qui font en eux, comme tu fçais ; puis ils s'élévent tous deux au Ciel, ou pour

mieux dire, ils croiſſent tous deux au Ciel,
mais ils ſont par après repouſſés en bas par
le vent, & ce par pluſieurs & tant de fois,
qu'ils ſont devenus las & fatigués du travail de monter & deſcendre ; ils ſont con-
traints de ſe repoſer en terre, & ſçaches
que ſi le bain n'eſt tellement régi & gouverné, à ce que leurs natures ne s'élévent
toutes deux à la fois, mais chacune à part,
ou l'une après l'autre, tu ne jouiras jamais
de leur odeur : partant prends bien garde à
cette opération grandement remarquable.

Or d'autant qu'à cauſe de ces deux natures ou qualités ennemies, & contraires,
l'un de ces deux lys peut ne ſe rendre prédo-
minant ſur l'autre ; ils ſe ralient & s'uniſſent
de telle amitié enſemble, qu'ils ne ſe veulent plus ſéparer ; puis après, en cette union
ou ralliement, tout le Firmament s'émeut
ſemblablement, & le Soleil & la Lune en
deviennent ténébreux & obſcurcis, autant
qu'il plaît au Très-Haut ; après quoi par
l'amour du Tout-Puiſſant, l'Arc-en-Ciel de
toutes couleurs ſe fait voir en l'air, pour
marquer qu'alors tu ne peux plus douter que
Dieu te ſois propice, & que le déluge de
ces deux fleurs de lys n'arrivera plus, de
quoi tu te dois réjouir.

Tu apperceveras auſſi en peu de tems, que
la Lune peu à peu ſe fera voir moins téné-
breuſe qu'auparavant, & finalement ornée
d'une lueur, blancheur & clarté d'un très-

R iiij

beau luftre , mais le Soleil eft encore caché derriere la Lune , lequel à caufe de l'inter-pofition de la terre ne fe peut encore voir ; que fi tu as les yeux de l'entendement ou-vert , tu appercèvras quatre Planettes de-dans la Lune , lefquelles par l'éclat de fa lueur , tu convertiras & transformeras en fa permanente nature.

Mais quand la Lunaire ou l'Ecreviffe s'approche du Soleil , & que la chaleur fe multiplie & croît de plus en plus, lors la Lune eft offufquée par les rayons & l'éclat lumineux du Soleil , jufqu'à ce qu'elle foit contrainte de fe cacher derriere lui & dans fes rayons ; comme au contraire cet écla-tant Soleil vient par la confpiration des autres Planettes à fe revêtir d'une belle & agréa-ble couleur , & fe trouvant tout irrité par leur moyen , il commence à pâlir , puis à fe couvrir , & devient rouge comme fang : mais d'autant que ces Planettes s'humilient devant lui , comme devant leur Seigneur , & bon Maître , Dieu l'ayant ainfi ordonné , il les reçoit finalement à grace , & fe les rend égaux , en les affociant à fon régne par une étroite union & amitié. Etant donc ainfi unies & annoblies , ils louent Dieu d'un fi grand bienfait , par lequel elles fe voyent douées d'un fi grand & fi merveilleux orne-ment , & de leur fi excellente amélioration elles confacrent le tout à fa loüange & gloire.

Vois maintenant que je t'ai tiré de ton

doute & de ton incertitude, & fois entiérement danscette croyance, que tu as acquis
l'entiere intelligence de toute l'affaire ; mais
il faut que tu gardes le silence, en priant
Dieu qu'il te fasse la grace d'en user droite-
ment avec beaucoup de discrétion , car si tu
fais autrement tu ne me reverras jamais.

Je restai à cela tellement étonné & inter-
dit, que je n'avois point de paroles suffisan-
tes pour lui rendre des actions de graces ,
quoique je fusse porté & enclin à lui témoigner toutes sortes de reconnoissances, je ne
laissai pas toutefois avec toute soumission
de lui faire encore quelque demande , sçavoir si rien n'étoit plus à ajouter à la Science , & si elle avoit là son terme & accomplissement ; à quoi il me répondit gracieu-
sement : Tu sçauras que la vertu & l'efficace de ces deux fleurs de lys s'amplifient &
se renouvellent de trois jours en trois jours ,
qu'elles se multiplient & s'ensemencent à
milliers ; ce qui advient lorsque la semence
est jettée dans la premiere & précédente
terre ; ainsi au premier jour les ténébres paroissent ; au deuxiéme, une claire lueur de
Lune se fait voir ; & au troisiéme un Soleil
chasse les ténébres venant de son couchant ,
& cette affaire se provigne autant que le
Tout-Puissant le veut ou le permet.

De la nature de cette Pierre se forment
d'autres pierres précieuses de toutes sortes ;
mais son grand effet tend à la connoissance

& au culte du Tout-Puissant, ainsi qu'à la
longueur & prolongation de la vie ; & même
si quelqu'un arrive à la possession de la moindre feuille de ses fleurs de lys, il aura des
antidotes contre toutes infirmités & maladies : comme aussi celui qui arrivera à la
possession de la moindre fleur de lys, aura
de quoi se rendre heureux.

Mais je te reviendrai voir dans neuf mois,
& lors je t'exposerai plus au long les propriétés de ces fleurs, car il faut que je me
retire ; j'apperçois toutefois que tu es en
quelque trouble à cause de mon extérieur,
d'autant que tu me vois couvert de cette
envelope, ou jacquette grise, de laquelle je
me suis revêtu, afin de me voiler aux Puissances qui veulent me ravir & tourmenter
par leurs géhennes ; mais ne t'ai-je pas dit
que je suis en mon intérieur & dedans revêtu & paré d'Or, de Diamans, d'Emerau-
des & de Rubis.

A quoi je répartis en grande soumission,
reconnoissance, & très-humbles prieres,
qu'il me fut permis pour un plus grand
éclaircissement de faire encore cette demande ; je lui dis donc, tous les grands Auteurs
nous représentent qu'il y a de grandes ob-
servations à faire au régime du feu, & que
les grandes choses en dépendent, puisqu'il
doit souvent être plus ou moins chaud en
ses dégrés ; de plus je souhaiterois fort
d'être instruit distinctement qu'elle est la

matiere la plus prochaine de la Pierre, de laquelle l'on doit extraire la forme fpécifique, ou bien ces deux belles fleurs ; car encore que je fçache la matiere générale, je fuis pourtant encore en doute en ce premier point touchant la plus prochaine, & ce d'autant que *Clangorbuccinœ* nous dit, qu'à peine peut-on d'une livre de matiere en tirer la pefanteur d'une dragme, dont on puiffe utilement opérer en l'Oeuvre, & moi je me propofois que d'une livre on en pourroit préparer plufieurs onces, tant pour le rouge que pour le blanc.

Tu me preffes de trop près, me répondit-il, & tout ce que tu tireras encore de moi aujourd'hui, c'eft que tu prennes garde que fous cette mienne cafaque ou jaquette grife, je porte une chemifette verte & rouge, que fi tu la rends polie & perfectionnée avec les pierres ou cailloux à feu & philofophiques, y ajoûtant de la limaille ou rouille de Mars, & de l'Aigle rouge fixe en l'Oeuvre, alors cette chemifette fe perfectionnera grandement, & puis quand tu l'auras plongée dans une luifante fontaine d'une très-claire Lune, cette Lune l'enrichira de fix autres de Soleil, bons & valables, que tu retireras à chaque opération pour ton ufage, & tu pourras chaque femaine te procurer ce profit, dont tu vivras avec honneur & commodité, même jufqu'à très-bons revenus annuels, en attendant la perfection de ton Oeuvre.

C'eſt ce que l'ami peut ouvertement dire & déclarer à ſon ami, en gardant toujours le ſilence ſur ce qui fait l'entiere conduite du grand Oeuvre, que Dieu diſtribue de lui-même ; il s'en eſt réſervé à lui ſeul la diſpenſation.

A ces mots mon Docteur s'évanouit & entra dans le vaſte & profond de la montagne, & les deux fleurs de lys demeurérent au même endroit, auquel ſe gliſſa ledit *Agricola*, c'eſt-à-dire homme des champs; je m'avançai pour cueillir ces fleurs, mais étant arrivé à l'endroit où je les avois vû, j'apperçûs à leur place un gros tas, ou maſſe de matiere crue,& la vraie de la Pierre, dont le poids étoit de pluſieurs livres, & tout proche étoit un Ecriteau portant ces mots : *Dieu vend ces biens par les travaux;* ce qui fut la fin de mon entretien.

✿✿✿✿✿✿✿✿✿✿✿✿✿✿✿✿✿✿✿✿

SECONDE PARTIE.

LOrſque j'eus remercié de tout mon cœur, loué & exalté l'Eternel, ſeul Dieu Tout-Puiſſant, Créateur de toutes choſes, pour la grace qu'il m'avoit fait de la révélation ci-deſſus; je pris ma ſeconde matiere (la premiere matiere ſuivra ci-après ;) je la

baifai de joye comme une chofe après laquelle j'avois langui & foupiré de tous mes
fens., & au fujet de laquelle j'avois vêcu
tant d'années dans le doute, les miféres,
trifteffes & anxiété; je la confiderai bien
avec grand étonnement, furtout à caufe
qu'elle n'avoit aucune apparence extérieure,
& néanmoins elle devoit être capable d'accomplir & parfaire un fi haut, important
& furnaturel Ouvrage; il me fouvint en
ce même moment de ce que le Payfan
m'avoit dit, que Dieu en avoit ordonné
ainfi pour des raifons très-importantes, afin
que les pauvres pareillement, auffi-bien que
les riches en pûffent jouir, & qu'aucun n'eut
fujet de fe plaindre envers Dieu, qu'il ait en
cela préferé les riches aux pauvres;non véritablement, les riches ne s'en foucient point, &
encore moins croyent-ils qu'une telle vertu fe
trouve cachée dans une fi vile matiere, comme on le peut lire au vingt-huitiéme feuillet
du grand Rofaire; *fi nous nommions notre matiere de fon propre nom, les fols, les pauvres, & les riches ne croiroient point que ce
foit elle;* ainfi les pauvres la rencontrent
plutôt à la main que les riches.

Quand donc j'eus bien enveloppé & enclos ma matiere, je retournai au logis avec
joye, chantant le long du chemin le Cantique. Je ne fus pas long-tems au logis,
que je commençai à me fournir 1°. d'une

bonne partie des chofes néceffaires au Pat-
ticulier, que le bon Payfan m'avoit enfeigné, afin qu'avec plus de repos & de fermeté je pûffe vaquer à préparer l'univerfel ; ainfi je commençai au Nom de
Dieu, j'achetai une quantité confidérable
de eharbons, car cela en confomme beaucoup ; je bâtis à même fin des fourneaux
& fours, fort utils, & en peu de tems;
j'eus une provifion confidérable de charbon;
mais le Démon, ennemi du Chriftianifme,
ne pût fouftrir cela, il m'excita plufieurs
allarmes les unes fur les autres. Les voi-
fins m'accufoient que je mettrois leurs mai-
fons en flammes ; mes amis & autres perfonnes de connoiffance me repréfentoient
qu'il couroit un bruit de fauffes monnoyes,
& que je me déportaffe d'une entreprife fi
vaine, crainte de tomber dans le foupçon ;
que je devois plutôt m'occuper à l'exercice
de la Jurifprudence, me difant qu'avec
plus de raifon j'y trouverois plus de fuccès & de profit, parce que j'étois Docteur
en Droit, & qu'il n'y avoit que cet exercice feul qui fut capable de me fournir amplement ma fubfiftance.

Mais quoi qu'en bonne confcience je ne
pûs gagner mon pain par un tel moyen,
je ne laiffai pas de faire doubler grandement
le prix du charbon, de forte que les Forge-
rons & les Orfévres m'accufèrent en Juftice, comme étant la caufe de la chereté,
fe plaignans qu'ils ne pouvoient pas conti-

nuer leurs Métiers , & avoir comme auparavant leur nourriture néceſſaire ; conſéquemment qu'ils ne pouvoient à cauſe de cela continuer à la République le payement des impôts & contributions , car je payois le charbon plus chérement , afin d'être préféré aux autres ; ils traitérent ce ſujet tout au long , ſi bien que le Conſeil me fit faire la défenſe , & ſçavoir en même-tems que j'euſſe à me déſiſter de cet emploi du charbon , & vivre dans les Loix de ma vacation ; en ſomme le démélé fut ſi ample , qu'il me fallut abbattre mes fourneaux , partir de-là , & chercher un bon ami qui m'avança de l'argent , afin que je puſſe vaquer avec plus de repos à l'univerſel.

Toutefois je ne déclarai à perſonne le deſſein que j'avois ; les mêmes tribulations & incommodités durerent preſque juſqu'à la troiſiéme année; Dieu ſçai qu'elles peines cela me donnoit au cœur d'entendre mal parler de moi , ſans pouvoir avancer dans l'Oeuvre ; même je ſongeois que Dieu ne trouvât pas encore à propos de me le permettre : car il faut ſuivre le chemin où le deſtin nous méne & raméne. Le Comte Bernard de Tréviſan témoigne ſemblablement avoir eu toute la ſcience de l'univerſel parfaitement , deux ans auparavant qu'il l'eut pû mettre à effet à cauſe de pluſieurs empêchemens.

Durant mon voyage je conférai avec des

gens Doctes, j'en devins plus sçavant, &
nous nous donnâmes de mutuelles assistan-
ces par science & conférence, ainsi qu'on
a coutume de faire ; je fis aussi amas de
belle matiere, de toutes sortes de mines
& de pierres de travail ; mais je trouvai
fort peu, non pas même plus de trois personnes qui tinssent le droit sentier physique ; ils vouloient tous se servir du Mercure vulgaire, de l'Or, de l'Antimoine &
de la mine de Cinabre, & même des choses plus simples & moindres, en quoi ils
erroient tous tant qu'ils étoient, ne travaillant & ne suivant pas le naturel sentier
de la nature ; mais s'ils l'eussent suivi, ils
n'eussent pas erré si misérablement ; outre
cela un don de si grande excellence ne s'accorde pas a tous ; que chacun fasse son compte là-dessus, & s'éprouve bien avant que la
perte & le dommage viennent à l'abbattre
& surprendre ; remarque cela, celui qui en
est capable.

Comme donc j'eus fini le cours de mes
voyages, je revins joyeux au logis, alors me
vinrent bientôt revoir mes prétendus amis,
voulans sçavoir où j'avois été si longtems,
ce que j'avois fait, & ce que je voulois
faire : je leur fis une bréve réponse : le
monde n'est-il pas assez grand, vous pen-
sez peut-être que votre Ville soit tout le
monde, & que hors d'icelle on ne se puisse
nourrir ; mais si vous aviez tant soit peu
essayé

essayé, vous en jugeriez tout autrement. Il y a, Dieu merci, assez de gens qui reçoivent & reconnoissent avec grand remerciement ce que vous méprisez & rejettez avec mocquerie : & vous sçaurez avec cela que d'orénavant je ne vous causerai pas grande incommodité pour le charbon, car à présent je n'en ai pas besoin.

Ils s'étonnerent fort de ces paroles, & secouoient la tête pour sçavoir où gissoit le liévre, mais je me privai tout-à-fait de leur compagnie ; je louai une maison, où je ne pris qu'un garçon avec moi. Après les graces rendues à Dieu, par le grand désir que j'avois de l'Oeuvre, je me résolus de l'accomplir. La patience & la persévérance étant la principale partie de l'Oeuvre entier ; car tous les Philosophes l'écrivent, & c'est la clef de l'Art ; chacun peut facilement l'éprouver à sa confusion, en brûlant par le feu les fleurs, ou autrement brûlant la vertu croissante & la germinante nature ; c'est pourquoi il me falloit user de grande prudence. Je prenois bien garde aussi qu'il ne m'advint quelque accident par la tardivité, ou par manque de chaleur, comme en parle Theophraste en son Manuel, mais finalement par la bonté de Dieu, tout m'a bien réussi.

Or comme les vapeurs vénéneuses furent rétirées de la Pierre, nos deux fleurs paru-

rent, ainſi que notre Payſan l'avoit dit,
pouſſans belles , & doucement toutefois.
J'apperçûs plutôt la blanche que la rouge,
n'étant pas encore parvenue à ſon dégré.
Je pris une petite feuille de la blanche , la
goûtai , & y trouvai véritablement un goût
tout-à-fait doux, excellent & agréable , le
ſemblable duquel je n'avois jamais éprouvé , & au ſujet duquel je me réjouis lors
grandement , & de bon cœur. Le ſurplus
de cette petite feuille , je le mis ſur du fer
rouge de feu , elle y coula ſubitement, &
tourna en fumée au même inſtant, à quoi
je reconnus que c'étoit la fémelle , attendu
qu'elle étoit ſi volatille & légere , & par
ainſi j'uſai d'une grande prudence, ſi bien
qu'avec celle-là je me rendis maître de la
rouge , laquelle ne ſe ſoucioit en façon quelconque d'aucun travail , ni ne fuyoit point,
mais demeura conſtante & maîtreſſe du
feu.

Toutefois , avant que j'euſſe recouvré
ces deux lys , j'eus d'aſſez grandes traver-
ſes , dont je ne veux faire ici mention ,
mais cela fut bientôt oublié , quand j'eus
recouvert ces deux lys ; je penſai au Payſan,
& m'étonnai de ſon profond & ſublime jugement ; je ſuivis toujours l'inſtruction qu'il
m'avoit donnée , & joignis les deux lys enſemble , & en cette jonction j'apperçûs lors
des choſes remarquables , à cauſe de quoi

je les enfermai enfuite toutes deux en un
beau vaiffeau de criftal, que je pofai tout
doucement en un lieu qui donnoit une
grande chaleur.

Or comme le Soleil commença à luire, le lys
blanc vint à s'étendre, comme s'il eut été tout
eau, & tout ainfi qu'on voit la rofée du matin
fur l'herbe, ou comme une larme claire de Soleil reluifante comme la pure Lune, toutefois
avec une certaine réflection bleuâtre ; & y
portant l'œil de plus près, je vis qu'elle
avoit confommée en eau & avalée la fleur
rouge ; enforte que je n'en pûs pas voir la
moindre feuille, elle ne pouvoit pourtant
pas cacher tout le rouge, le rouge eft d'u-
ne complection plus ardente & plus féche,
& la blanche plus froide & plus humide ;
& comme la lueur du Soleil lui vint extérieurement en aide, elle tâcha de fe re-
montrer, mais elle ne le pût à caufe de
de la force de la blanche, le naturel
de laquelle prédominoit encore : toutefois
elles combattirent doucement, s'accordant
toutes deux également dans le Ciel, ou verre
du Ciel, mais elles en furent rabatues & re-
pouffées par les tourbillons des vents ; cela
dura jufqu'à ce que toutes deux liées enfemble, furent contraintes de demeurer en
bas, car la racine qui les avoit pû faire croître leur étoit retranchée.

Alors commence la premiere matiere de
la Pierre & des Métaux, après cela l'obf-

curité commença peu à peu à paroître, & le Soleil & la Lune furent de plus en plus couverts, cela dura un bon efpace de tems, ainfi qu'il fe peut lire au Traité du Comte Bernard de Trévifan; cependant parut le figne pacifique & gracieux de l'Arc-en-Ciel, avec toutes fortes de couleurs admirables, dont le Payfan dit que ce feroit un figne de réjouiffance, & une augure de bonne foi.

Or, comme la Lune vint à fe faire entrevoir, toutes fois pas bien claire, le Soleil commença de luire plus ardemment, jufqu'à ce que la Lune fut plaine, & que tranfparente elle porta une lueur claire, comme fi ç'eut été toutes perles, & des morceaux de diamans légérement pillés; de quoi fe réjouirent quatre Planettes: car par ce moyen elles peuvent être mués de leur naturel imparfait en la fplendeur de la Lune, & en fa nature, ce que ledit Comte Trévifan nomme en fa parabole, la chemife du Roi.

Donnant enfuite le troifiéme dégré de feu, toutes fortes de fruits excellens vinrent à croître & pouffer, comme des coings, des citrons, & des oranges agréables à voir, fortant d'un terroir tout de hyacinthe, lefquelles fe tranfmuérent en peu de tems en aimables pommes rouges, qu'on furnomme de Paradis, croiffant d'une terre de rubis, & enfin elles fe changerent & congelérent en un admirable, clair, pur, & toujours luifant Efcarboucle, lequel rend par fa propre lueur, toutes les Planettes obfcures, & de couleur fombre, & eft luifant, éclairant,& célefte ; & cela en fort peu de tems.

Après cela , comme j'eus fait quelques projections fur quantité de livres de Métaux épurés & purgés , que je me réjouiffois extrémement , & m'émerveillois de ce que fi peu de notre Pierre eut un fi grand pouvoir de pénétrer & changer en un moment toutes fortes de Métaux, c'eft à fçavoir une partie en mille autres , je me mis à bas , m'affoyant après ma Pierre faite ; puis mes actions de graces rendues à Dieu , j'eus la volonté de faire encore une projection, en intention & à deffein que je puffe approcher de plus près de la connoiffance du fondement de la projection.

Juftement comme je venois de m'y mettre, voici que ce bon homme de Payfan arrive, il me falue amiablement d'abord ; je fus fort furpris , parce que je ne le reconnus pas affez tôt, & qu'il entra fubitement, vêtu pour lors d'une robbe de diverfes couleurs ; je me laiffai aller fur le banc, car les jambes me trembloient. Il me dit d'une bouche riante, & avec des geftes agréables , ne crains point, mon cher frere , tu as un don gracieux & clément avec toi, & ce que ton cœur défire au monde. Je te reviens voir maintenant, comme je t'ai promis , pour t'informer davantage des fecrets

& d'autres chofes plus relevées & fublimes ;
car ceci n'eft que le commencement ; &
pour te les enfeigner fondamentalement ,
entends , que faire la Pierre, c'eft une chofe
de peu d'importance , fimple & légére , ainfi
que maintenant tu la dois avoüer toi-
même , & que Dieu éternel , pour des raifons très-importantes , l'a ainfi difpofé ;
mais pour ce qui eft de comprendre bien
& parfaitement , il faut que tous les Philofophes, Adam , Hermes , Moïfe, Salomon, &
Théophraftes fe courbent & s'abaiffent devant elle ; reconnoiffant publiquement , &
faifant connoître à tous leur impuiffance
en ce point. Comme auffi Zachaire (qui
a fouvent fait la Pierre) le témoigne ouvertement, fol. 39. difant : Notre Médecine
eft une Science autant divine que furnaturelle. En la feconde opération , ou conjonction , il eft , a été , & fera toujours impoffible à tous les hommes de la connoitre
& découvrir de foi-même , par telle étude
ou induftrie que ce foit , fuffent-ils les
plus grands & experts Philofophes qui jamais furent au monde , car toutes les raifons & expériences naturelles nous défail-
lent en cela.

Mais afin que , comme je t'ai promis , tu
puiffes être plus inftruit & informé , autant
qu'il eft permis , & libre d'en révéler & découvrir le fecret , je veux te faire entendre
la chofe fondamentalement.

Sois toujours affidu en prieres ferventes
auprès du Souverain ; tu peux fuivre la route
que je t'ai montré, car de Dieu viennent
tous les plus grands tréfors de fcience;alors tu
feras fans doute éclairé, illuminé & doué
d'une grande intelligence, de toute fcience
& connoiffance, fuivant le témoignage du
très-fage Roi Salomon, au Livre de la Sapience Ch. 7. ℣. 8. *Car l'Eternel Dieu, &*
avec raifon, demande d'en être prié, il la
donne auffi volontiers qu'il a fait autrefois
à d'autres, à ceux qui de cœur foupirent
après, avec deffein d'ufer d'un fi fouverain
don de Dieu, à fon honneur, à leur falut,
& au foulagement de leur prochain, & des
pauvres néceffiteux.

Or, parce que j'ai fçû que tu as déja procédé un peu imprudemment, à la projection & à l'établiffement de la teinture ; il
faut que tu fçaches que tu dois bien purger & nettoyer les Métaux de leurs accidens aduftibles, ou faletés fulphureufes,
avant que tu faffes les projections, autrement cela te tournera à perte, & la maniere
en laquelle on fait ce nétoyement, eft décrit aux Livres des Philofophes, & fe traite
ainfi.

Comme il difoit cela, il prit un morceau
de cuivre, le mit dans un creufet, jetta
une poudre purgative deffus pour le calciner, & avec un fil de fer courbé il en tira
ce qu'il y avoit de terre contraire, rouge

puante , qui ne se peut brûler , & empêche la teinture de pénétrer , & laquelle étoit en qualité comme fange , ou écume , tant & si long-tems , que la Venus devint nette & pure , & en fange blanche ; & comme je versai alors ma teinture dessus , elle traversa & pénétra subitement jusqu'au dedans , & le corps de Venus fut entiérement changé en un vrai Or excellent , & meilleur que l'Or naturel de Hongrie ; surquoi je me réjoüis lors de grand cœur , & je le remerciai humblement de l'avis si précieux qu'il m'avoit donné , car l'orgüeil ni l'amour-propre ne doivent jamais enfler de vanité le cœur d'un vrai Philosophe , qui en cette science universelle & immense , doit toujours se dire ignorant , malgré toutes les connoissances & les découvertes qu'il peut y avoir fait.

Ensuite ce petit Paysan me fit récit pareillement des purifications & nétoyemens des autres Métaux , dont l'essai fut un agréable plaisir & divertissement ; il me dit encore : tu dois sçavoir qu'avec cette Pierre blanche , fixe , tu feräs toutes sortes de pierres précieuses blanches , comme diamans , des saphirs blancs , des émeraudes , der perles semblables ; comme aussi avec la Pierre jaune , avant qu'elle soit en son haut rouge , tu peux faire toutes sortes de pierres jaunes , comme hyacinthes , diamans jaunes , topases ; & avec la rouge tu feras des escar-
boucles

boucles, rubis, grenats; lorſque les pierres
ſont préparées & apprêtées elles ſurpaſſent
de beaucoup les Orientales en nobleſſe,
vertu, & magnificence. Je te veux moi-
même dreſſer à cela & t'y donner la main,
car on y peut aiſément commettre quelque
faute.

Mais maintenant je te veux faire voir un
ſecret merveilleux & miraculeux; il faut
que tu fermes les fenêtres, & ne t'épouvante de rien, mais plutôt réjouis-toi des
hautes merveilles que Dieu a mis dans la Nature.

Je répondis, mon ami & très-cher frere,
je déſire de tout mon cœur, & veux volontiers apprendre cela & le voir, comme auſſi
en témoigner ma reconnoiſſance à mon Créateur; car cela même me fortifiera d'autant
plus dans ma foi, tout ignorant que je con-
feſſe être, je brûle d'ardeur d'être inſtruit
& de voir la lumiere: ſes rayons ne m'é-
blouïront pas, parce que je ſuis certain de
la vérité, & que ſes Phœnomenes excitent
ma curioſité d'en apprendre les reſſorts ſecrets & admirables; j'ai pour maxime de
me flater de trouver toujours un plus ſçavant que moi, & de m'humilier devant lui,
en recevant ſes inſtructions: plus je vis,
plus j'apprends & connois que j'ai été ignorant, ſans être aſſez préſomptueux pour penſer & pour dire que je ſçai tout, ce qui eſt
l'uſage aſſez ordinaire des ineptes, ignares

& non lettrés , & s'appelle mentir contre l'Efprit Saint, difpenfateur de toute fcience.

Affis-toi donc par terre , me dit le petit Payfan; après cela il prit les fept Métaux , & les tablant & difpofant felon le nombre des fept Planettes qui leur font attribuées , il forma fur chaque table ou métal le caractere ou figne de la Planette qui lui eft propre ; puis il les mit l'un après l'autre , ainfi que les chofes le requiérent dans un creufet fur le feu, les fit fluer & couler enfemble : enfuite il y ajoûta & fit dégouter une agréable vapeur luifante : le feu flamboyant fortant du creufet me caufa quelque épouvante & effroi , & je ne peux m'empêcher de dire que je vis véritablement pour lors des fecrets & arcanes très-merveilleux & très-curieux , avec l'apparition de toutes les Planettes & du Firmament , entr'elles tournans & roulans à l'entour de lui , en la même façon qu'elles vont & roulent au-deffus de nous. Il ne m'eft pas permis , en façon quelconque , de révéler ces chofes : je n'aurois jamais cru que telles merveilles euffent été cachées en notre Pierre, fi je ne les avois vû moi-même : l'homme peut néanmoins en acquérir l'intelligence célefte , puifque notre Pierre eft capable de faire des effets fi relevés en chofes mortelles.

Mon petit Payfan me conta encore de grands myftères en me révélant plufieurs chofes inoüies , m'enfeigna comment je

pourrois sçavoir combien il y avoit de
vrais Philosophes au monde, qui ont eu en
ce tems-ci la Pierre : il me montra le moyen
de les pouvoir tous connoître , & de me
faire connoître d'eux tous, afin qu'ils fis-
sent bientôt connoissance avec moi.

Il me dit encore que si, pendant neuf jours
consécutifs, j'usois de neuf gouttes, ou de
neuf grains de la Pierre, je serois doüé d'une
intelligence Angélique, qu'il me sembleroit
être dans le Paradis ; comme en effet je l'ai
entendu faire mention d'un nombre pres-
qu'infini d'effets surprenans de ce mystere,
& je ne les aurois jamais crû, s'il n'en eut
expérimenté mille en ma présence.

Or quoiqu'il en soit, dit-il, je te veux encore montrer une chose merveilleuse, grande & surnaturelle , puis te raconter divers
effets, opérations, vertus , & propriétés de
notre bénite Pierre ; finalement je veux te
dénoüer , éclaircir & résoudre tout au long
toutes les paroles douteuses, les énigmes &
façons de parler équivoques, dont les Philosophes se servent , par lesquelles tant de
personnes sont trompées, s'allambiquent la
cervelle & l'esprit , & ne viennent qu'à la
longue & à grande peine à la découverte &
intelligence du sens des Philosophes.

Enfin j'y ajoûterai aussi volontiers quelques procédures touchant le vrai fondement,
afin que tu puisses voir que si tu avois bien

premierément entendu les Philofophes , &
compris leurs fens , tu aurois pû en venir à
bout en fon tems bien plutôt, car le défaut
n'eft pas en la matiere , mais en l'intelligence du déliement , de la folution, & même de la droite voie & compofition, comme
tu vas entendre : en effet quelques Philofophes en font heureufement venus à bout , &
ont parfait notre Pierre en trois cens foi-
xante & dix-huit jours , & auffi en trente
jours , mais ce qui doit s'entendre à certain
égard ; car tout l'Oeuvre demande une fuite
de tems plus long.

Lorfqu'il m'eut dit cela , il ajoûta : aide-
moi à affembler un grand tonneau de pluie
ou eau célefte ; cela fait , nous la laiffâmes
putréfier le tems qu'il falloit. Enfuite nous
féparâmes par cohobation l'eau claire bleuâtre d'avec les fœces , & nous la mîmes en
un autre vaiffeau rond de bois , ouvert,
bien net, expofé au Soleil ; & auffitôt y
ayant fait dégoûter une goutte de notre
huile bénite & incombuftible, alors furvin-
rent fucceffivement les ténébres , qui cou-
vrirent la furface de tout l'abyfme , de même qu'il fut fait le premier jour de la création : enfuite il y jetta deux autres gouttes ;
à l'inftant les ténébres fe retirérent , & la
lumiere parut : finalement nous y mîmes à
loifir, & felon l'oportunité du tems , trois,
quatre, cinq , fix gouttes de notre même
huile : après tout cela apparut en un agréable

& merveilleux aspect, tout ce qui fut fait
& mis en être dans les six jours de la création du monde, accompagné de toutes ses
circonstances & magnificences incroyables,
pour le récit desquelles le sens & l'entendement me manquent, & il ne m'appartient
pas d'expliquer ces choses ; ce qui fait dire
bien à propos au très-sage Roi Hermes, en
sa Table d'Emeraude : ainsi le monde a été
créé & placé en ordre. Ah ! Seigneur Dieu,
dis-je, quels hauts mystères sont ceux-ci ;
j'en soupirai profondément, louant celui
qui est vivant ès siécles des siécles.

Il continua en disant : cher ami & cher
frere, contente-toi maintenant de ceci ; car
il m'est commandé de ne te découvrir de
plus haute science, ni révéler bien d'autres
sublimes secrets & arcanes ; aye bon cœur,
& sois fervent en prieres ; s'il m'est donné
commandement de t'en révéler davantage,
alors je t'éclaircirai & te rendrai intelligent
de beaucoup d'autres choses.

Or, passons à présent aux choses que nous
avons ci-dessus promises ; assis-toi & remarque bien, car cela t'importe beaucoup :
mais je veux 1°. parler un peu du fondement des trois principes. 2°. Je passerai au
capital de l'affaire ; partant prends-y garde
en cette sorte.

Comme il y a un Dieu, unique, éternel,
seul tout-puissant, par lequel toutes choses
ont été faites & subsistent ; il y a toutes

fois dans cet unique trois perſonnes diſ-
tinctes ; ainſi faut-il que tu ſçaches qu'il s'eſt
établi pour Patron & reſſemblance , afin
que toutes choſes en l'Univers ſubſiſtent auſſi
dans l'unité. Or cependant en cette unique
eſſence il y en a deux viſibles , l'un volatile ,
l'autre fixe & conſtant ; l'un l'ame , & l'autre corps , ou l'un blanc & l'autre rouge ,
mais le troiſiéme eſt caché.

D'où il s'enſuit que toutes choſes qui
ſont de durée doivent être & demeurer quelque choſe de bon ; il faut même que cela
découle d'un ſeul être à ſon image & a ſa
reſſemblance ; il faut , dis-je , que cet un
ſe puiſſe ſéparer en trois ; & que les trois
puiſſent être de rechef réunis pour en faire
l'un , dont ils ont été tirés : autrement c'eſt
agir contre la ſignification du Souverain ,
& il n'en peut provenir quoique ce ſoit qui
vaille : je vais t'expliquer le commencement
de l'Oeuvre , dont la voie eſt humide , car
la fin en eſt la voie ſéche.

Or ces trois ſont céleſtes , aqueux & terreſtres , ou bien Souffre , Mercure & Sel ;
tous trois ne laiſſent pas d'être un proprement , après que l'un & l'autre ſeront réunis & joints enſemble , ils ne feront qu'une
ſeule & même choſe , & un ſeul ſujet ;
comme en l'homme , l'ame , l'eſprit & le
corps ne font qu'un individu ; & ainſi qu'en
Dieu , Pere , Fils , & Saint-Eſprit ne ſont
qu'un : il en eſt tout de même auſſi dans

toutes les créatures : il y a pere, mere, & enfans.

Pour confirmation de cela, Dieu juste & fidéle voulant montrer sa volonté, régler comment tout devoit être, & aller en ordre, a créé Adam son premier fils à son image & ressemblance, & Adam cet unique & seul homme a été le fils & l'image de Dieu en la nature humaine : le soufle animant du Très-Haut y a imprimé son unité ternaire, c'est-à-dire le sceau de la sacrée triade en Monade, avec le caractere des vertus opérantes & efficientes de son Esprit éternel : note bien qu'Adam a été fait mâle & fémelle en un seul corps, de façon qu'à triple égard, il a été hypostatiquement divin, humain & terrestre. En son individu étoient tous ensemble l'Esprit de Dieu, Adam homme, & Eve sa femme ; son seul être étoit encore Adam, Eve, & toute la génération humaine, comme un gland de chêne est esprit mâle, esprit fémelle, coopérans, & la production de chênes & de glands à l'infini, parce que le gland est chaleur, humide & terre. Eve a été tirée d'Adam ; & la génération humaine en la personne d'Eve, n'a eu pour principe que Dieu & Adam : ainsi de ce seul & unique Adam fils de Dieu, sont provenus & ont existés trois choses, pere, mere & enfans : il en est ainsi de toutes les créatures.

T iiij

Réfléchis donc que le principe seminale, où la semence premiere de l'être adamique a été le soufle spirituel, animant & vivifiant de Dieu, l'esprit humide virginal de la Nature, & le limon ou la terre substantielle des quatre Elémens, laquelle, comme la matrice, a reçu l'émission & infusion de l'ame & de l'esprit ; la terre a été la mere de tous les animaux à quatre pieds, des plantes, des arbres, des feuillages & de la verdure ; toutefois il y a eu au commencement une seule chose, à sçavoir, la semence en la terre ; ainsi Dieu fit la séparation d'un seul en trois, quand il dit que la terre produise toutes sortes de plantes, feuillages, verdures, & arbres portant fruits qui ayent leurs semences, & engendrent du fruit selon leur espéce, pour s'en accroître dans leur même espéce par la vertu solaire. Ainsi maintenant trois choses sont provenues de la seule terre, sçavoir l'être, ou la terre, la semence & son fruit, lesquelles de rechef portent semence, revenans ainsi toutes en un ; elles sont devenues trois différentes choses en une telle séparation, & elles retournent aussi ensemble, en un, duquel elles sont issues ; car tous les fruits retournent en terre, & ainsi ils sont réunis en un seul ; comme aussi l'homme, qui selon le corps pris de la terre, doit retourner en terre, de l'expressif commandement de Dieu : tu es terre, & il faut que tu retournes en terre.

C'eſt ainſi que chaque choſe ou créature renaît & retourne en ce dont elle eſt iſſue ; à ſçavoir en ſa premiere mere qui eſt la terre, & finalement ſelon l'opération & l'opportunité de ſon tems, à Dieu qui en eſt le premier Auteur par ſon ſouffle ou ſa parole, c'eſt-à-dire que tout ſort de ce grand myſtere des ſecrets de la Nature, & que tout y rentre, afin que toutes choſes demeurent dans l'unite, ſubſiſtent, & ſoient maintenues & conſervées en l'Etre unique, qui eſt Dieu.

Mais celui qui s'en ſépare, & qui entreprend aude-là de cet ordre de Dieu, ou qui ſe détache de lui, eſt diabolique, ainſi que Lucifer par ſon orgüeil. L'homme par la tranſgreſſion du commandement de Dieu, & les créatures par la malédiction qui s'étendit ſur elles, à cauſe de la chûte de l'homme, ſont devenus malheureux, corruptibles & mortels : mais l'homme eſt ramené, régéneré & rétabli un autre Dieu, & Dieu même par la grace & la vertu de Dieu : & ainſi a été faite une teinture ou projection en Chriſt par l'effuſion de ſon Sang prétieux en la Nature humaine ; d'autant que cette effuſion étoit de Nature divine, & que Dieu a été de ſon être & eſſence vivifique, ſoufflé comme ame vivante au premier Adam, que Satan a ainſi ſéduit par le venin mortel de ſon ſouffle impur & corruptif : mais, comme j'ai dit,

cet Adam a été réparé par le moyen de
Jefus-Chrift, Dieu & Homme ; c'eft-à-dire
Fils de Dieu & Fils de l'Homme. Le même
bonheur n'a pû arriver au Diable, parce
qu'ayant péché volontairement contre Dieu,
& trompé pareillement l'Image de Dieu,
il eft refté de fa nature efprit infernal, damn-
né & maléficiant.

Tout cela a été ainfi permis de Dieu pour
démontrer fa toute-puiffance & fa miféricorde furabondante, en ce qu'il veut que
tout fubfifte en l'éternité fuivant fon ordination ; ce qui fait voir que ceux-là errent groffiérement, lefquels travaillent &
entreprennent quelque chofe en cette fainte
fcience contre le cours de nature, & l'ordination de Dieu le Souverain.

Il me dit enfuite, comprend bien ce que
je te dis ; la Nature peut être tranfmuée, en
forte que de la Lune, de l'Antimoine & autres Métaux, il en vienne & foit produit
de l'Or ou de l'Argent ; mais il faut qu'il
fe faffe une féparation & un déjet de ce qui
ne doit pas entrer avec le réfidu, parce
qu'il y feroit obftacle. Il eft donc néceffaire que ce qu'il y a d'immonde & d'em-
pêchant en foit rejetté, afin que le bon qui
y eft puiffe paroître ouvertement en fa lueur
& clarté ; car à caufe de la malédiction qui
paffa de la bouche de Dieu jufqu'à la nature,
lorfque l'homme broncha & tombadansle péché & la corruption par l'impureté qu'il con-

tracta, la nature eft devenue fort corrompue, fautive & défaillante. Or celui-là eft avec raifon & à jufte droit, un vrai Philofophe Expert, & Maître en l'Art, qui peut réparer & ôter ce défaut, & qui fçait fecourir à point la nature par fes propres moyens, convenables à fa Médecine, dont les Artiftes tirent la plus grande perfection, cachée particuliérement dans les fœces.

En effet, chaque chofe porte avec foi-même au col fa vie & fa mort, comme la fanté & la maladie, & chaque chofe eft rendue faine ou malade par cela même qui eft de l'efpéce, nature & propriété de fon femblable. En voici un exemple tiré de l'homme : Il eft extrait, quant à fon être extérieur, du limbe de la terre la plus fubtile, & eft un extrait de toutes les Créatures terreftres ; à caufe de quoi auffi eft-il nommé microcofme ou le petit monde ; & c'eft avec raifon.

Or ce que l'homme mange & boit prend fa forme de la terre, en plus grande partie : les fruits qu'elle engendre, produit & fournit pour fa nourriture, font les principaux moyens de maladie ou de fanté : plus font nobles les fruits ou créatures de la terre dont l'homme prend fa nutrition, plus il en eft fain. Au contraire, plus font ignobles & de mauvaife qualité, les alimens dont il fe nourrit ; plus auffi il en eft infirme & mal fain : les premiers fe rapportent

à la fanté & à la vie du corps , & les fe-
conds s'entendent relativement à fon indif-
pofition & à fa mort.

Nous fçavons qu'il n'y a chofe dans la
nature plus approchante & qui ait plus de
convenance au corps humain , que les métaux même , & principalement les très-pu-
res métaux , comme font l'Or folaire , & la
Lune argentine ; ce qui fe voit par leur
belle & brillante fplendeur , & par la conftance qu'ils ont à combattre contre le feu
& dans le feu. Ce que les autres métaux ne
font pas , car le fer fe rouille , le cuivre fe
change en vert de gris , ou vitriol , le plomb
& le vif-Argent font fuians , & tous s'exhalent en fumée quand ils font expofés au
feu ; il n'y a donc parmi les métaux que
l'Or & l'Argent qui fe maintiennent , en
réfiftant au feu.

Nous en pouvons conclure facilement
que leur teinture , où l'efprit enclos en eux
à cette fermeté & vertu en foi-même , &
l'opére dans les autres ; c'eft pourquoi les
deux nobles métaux qui de leur nature font
fi égaux & femblables au corps , (je dis qui
ont droit de convenance & d'analogie avec
le corps humain) peuvent infufer un état fi
fouverain de fanté à qui fçaura bien s'en
fervir , & en préparer l'arcane , que rien ne
le furpaffe , finon le feul point du fentier
univerfel ; mais les herbages & les fleurs des
plantes qui fe corrompent aifément , & des

viennent pouries & puantes , ne font pas à
mille dégrés près à comparer aux métaux. Or
tu dois fçavoir que tout ceci ne fe dois pas
entendre à la lettre , mais phyfiquement ,
ainfi que je t'ai informé & infruit au commencement.

Il s'enfuit donc conféquemment que ces
deux nobles métaux , le Soleil & la Lune ,
ou l'Or & l'Argent, en cas qu'ils foient mis
en bon état extérieurement & intérieurement par la préparation vraye , naturelle ,
convenable & phyfique , s'accommodent
bien aux Aftres céleftes , tels que le Soleil
& la Lune , qui par leur nette fplendeur
éclairent jour & nuit le Firmament fupérieur & inférieur , & toutes les Créatures ,
lefquelles perderoient leur lumiére , toute
leur apparence & fplendeur , & même fe
corrompent & meurent, par la privation de
la plus benigne influence de ces deux grands
luminaires ; car elles ne peuvent nullement
par le moyen des cinq autres Planettes ,
comme Mars , Mercure , Saturne , Jupiter ,
& Venus , ni par les autres fixes ou non
fixes , être confervez ni maintenus , quelque puiffance qui leur foit attribuée.

De-là tu peux aifément juger , que ces
cinq moindres métaux , comme le fer , le
plomb , l'étain , le cuivre , & le vif-Argent ,
ni tous leurs fuppôts , ou microcofmes , (excepté un , qui enclos en foi la propriété de
toutes chofes en efpéce & génération) fuf-

fent même toutes les femences, les genres, les efpéces, les formes & les vertus généra- tives, fous quelque nom que fe puiffe être, ou que l'invention la plus artificielle leur veuille donner, ne peuvent jamais rien opérer, ni faire quoi que ce foit qui appro- che de la puiffance, de la force & de la vertu de l'Or & de l'Argent préparés her- metiquement, pour la fanté des autres mé- taux, ou leur tranfmutation. L'on monte directement du plus bas dégré au plus haut; c'eft-à-dire que l'on paffe de l'imperfection à la perfection & à la pureté; la mort ou le néant phyfique eft le premier pas à la vie & à la régéneration : le plus élevé eft plus di- gne, puiffant, fort, & vertueux que l'infime: il faut donc qu'en tout tems la Médecine dont on veut fe fervir contre la maladie foit meilleure & plus noble que le vice, ou l'in- firmité, qui eft la fource & la caufe de l'hu- meur peccante.

C'eft pourquoi néceffairement, l'on ne doit chercher & trouver la cure ou tranf- mutation des métaux imparfaits en aucun autre métail,que dans les deux luminaires qui font l'homme rouge & la femme blanche, le Soufre folaire & l'humide lunaire, la ter- re rouge & la terre blanche ; c'eft-à-dire, l'Or rouge folaire, & l'Argent blanc lunai- re, qui font parfaits à certain égard, com- me dit très-bien l'excellent Roy Hermes; par exemple Adam, le premier homme, a

été créé de Dieu feul , un homme exempt
de tout péché ou maladie , & encore plus
de la mort de l'ame & du corps ; s'il eût
perfifté en l'ordination & au mandement de
Dieu , il le feroit perpétué en fon état &
qualité de pureté éminente , mais lorfqu'il
les a tranfgreffés , le péché qui y eft furve-
nu , eft devenu une maladie du corps & de
l'ame ; de forte que à préfent nous fommes
de pauvres & miférables hommes mortels ,
fujets à la mort , & inférieurs aux Créatures même , fur lefquelles auparavant nous
avions pouvoir , & dont nous étions établis maîtres & feigneurs , en telle maniere,
que nous fommes tuez , confommez , &
finalement dévorés entiérement par notre
propre mere la terre , & par fes enfans qui
font nos freres , d'une même nature , &
d'un être tel que nous.

Or néanmoins , nous fommes hommes
d'efpéce , nature & propriété comme auparavant , & demeurons toujours hommes ,
mais fujets à l'indigence & à la mort ; ayant
perdu plufieurs mille parties de la perfection , nous ne reffemblons prefque plus à
l'homme avant fa chûte , & à bien confi-
dérer l'état auquel vivoit Adam avant fa
dégradation , nous ne fommes prefque plus
lui , ou fes repréfentans ; c'eft pourquoi nos
premiers peres ou parens ont à force de
priéres , obtenu de Dieu très-Souverain , cet-

te haute Science de Médecine , comme la
teinture des Philofophes , le Catholicon Viatique pour l'entretien d'une longue vie , &
pour réfifter à toutes maladies.

Par le moyen de cette Médecine , l'on
peut découvrir & faire de belles chofes ; &
des fecrets tels que ceux dont je tai déja
donné l'intelligence en partie , je fuis obligé
de t'en celer & tenir cachée l'autre partie ,
jufques à ce qu'il plaife au Souverain Seigneur de te les manifefter , & faire connoître plus amplement.

Cependant quelque ignorant me pourroit venir objecter , & dire d'où vient que
les métaux auroient une telle fympathie,
correfpondance , amour & amitié avec les
hommes , les animaux & les plantes , d'autant que chair , Or , métaux & mineraux
font à fes yeux auffi éloignés les uns des autres., que le Ciel l'eft de la terre ; mais cet
argument eft facile à refuter , fi l'on con-
fidere par comparaifon & maniere de dire ,
la génération originelle de l'homme , avec
celle des métaux.

L'homme n'a point été créé & fait de
Dieu tout-puiffant , d'une fimple & commune pâte de terre , comme s'imaginent ces
ignorans & clabaudeurs Philofophes vulgaires , mais bien du meilleur & plus fubtil extrait qui fut dans tout le centre de la terre ;
& je crois que pour un tel ouvrage , dans
lequel

lequel auffi Dieu avoit mis, foufflé & planté une étincelle ou rayon de fon effence
éternelle & de fon être, il n'a point pris
de la terre commune, mais, comme j'ai
dit, il a pris la fubftance exaltée & élevée,
c'eft-à-dire la quinte effence, ou l'extraction de tout le quadruple élément ; & cela
fe trouve & vérifie ainfi ; lorfque l'homme
eft réfout, il retourne en ces trois principes dont j'ai parlé, la terre ou l'effence adamique fe manifefte en eux, d'autant qu'a-
lors, fur la fin, une terre luifante, rouge &
belle fe fait voir dans la conjonction & affemblage de ces mêmes principes, par la
raifon naturelle que tout fe réfout, retourne & termine à ce dont il eft créé &
conftitué.

Nota. *Ici manque la troifiéme & derniere Partie, qui a été promife par l'Auteur. & eft demeurée ès mains du Poffef-
feur de ce Traité ; il faudra s'en paffer, jufqu'à ce que quelqu'un la mette en lumiere ;
elle doit mériter de voir le jour, car les deux
premieres Parties de cet excellent Philofophe
font d'un prix infini pour les Sçavans en cet
Art, & font conjecturer de la valeur de la
derniere défirée.*

ABREGE'

DU TRAITÉ DU GRAND OEUVRE

DES PHILOSOPHES,

Par Philippe Rouillac, Piedmontois,
Cordelier.

Revû, & corrigé par Ph... Ur...

AU Nom de Dieu, nous commencerons le grand Oeuvre, ainſi nommé d'autant que les hommes ne ſçauroient faire en nature choſe plus grande que celle-ci, tant pour conſerver leur ſanté, force, & jeuneſſe, & la renouveller, retardant la vieilleſſe, ſe préſerver & guérir de toute maladie, que pour chaſſer toute pauvreté; ce qui n'eſt autre choſe qu'un Elixir & Médecine univerſelle métallique, compoſée de Souffre & de Mercure, unis inſéparablement par le moyen d'un feu proportionné : cette Médecine eſt tempérée au plus haut dégré de nature, corrigeant toute ſuperfluité des corps humains & métalliques, ſoit froide, ſoit chaude, ſéche ou humide, gardant & reſtaurant l'humide radical & la chaleur naturelle en ſon égale & dûe proportion, & qui eſt puiſſante en la fuſion des Métaux imparfaits pour en corriger & ſéparer tous les accidens ſuperflus & corrompus, &

y ajoûter tout ce qui est requis à leur perfection.

Cet Oeuvre se fait avec le Mercure vulgaire
philosophique, qui est la matiere de la Pierre;
cette voie semble la plus longue de toutes, à cause de la longue préparation qu'il y faut, pour
en ôter (avant que d'en user) les accidens
qui l'empêchent d'être préparée à cet œuvre; c'est néanmoins la voie la plus courte
de toutes; il faut remarquer qu'il y a du
Mercure philosophique vulgaire plus propre
l'un que l'autre, attendu qu'il faut plus ou
moins de coction ou de préparation à chacun, selon qu'il est plus chaud ou plus froid,
plus crud ou plus cuit, plus sec ou plus moi-
te, & qu'il a plus ou moins de soufre,
bref qu'il est plus ou moins parfait; & il y
a tel Mercure, que si on le pouvoit trouver
aisément, l'Oeuvre seroit bientôt accompli, à cause qu'il est tout préparé & prêt à
mettre en œuvre. Ce Mercure se doit tirer
du chef-régne minéral, & il y a du Mercure plus propre l'un que l'autre pour le
grand Oeuvre, dont l'un ne se peut fixer en
Or ni en Argent, parce qu'il est trop imparfait, trop crud, & qui aussi n'est pas si
bon pour l'élixir à cause de sa crudité, humidité & privation de soufre; il est donc
de la prudence de l'Artiste de choisir pour
son Oeuvre un Mercure bien préparé, &
ici est le travail d'Hercule.

Je t'avertis que dans cet Oeuvre, tu dois

imiter en tout la nature, laquelle étant aidée
de notre fimple labeur, & en lui adminif-
trant dûement & proportionnément les
chofes requifes à la génération, fait ce que
nous prétendons, ou tu dois feulement obferver les chofes égales en vertu de la matiere, proprès & non pas étrangéres,
mêler l'efpéce avec l'efpéce, le genre avec
le genre, & prendre les vaiffeaux commo-
des pour l'enfermer jufqu'à la fin de l'Oeuvre, fans l'en tirer ni laiffer refroidir, non
plus que l'enfant qui eft au ventre de fa mere;
il faut ufer du dégré de feu requis & proportionné à la tempérance du compofé; puis
laiffer faire à la Nature le refte, laquelle nous
produira ce que nous défirons; & fi nous
faifons toutes ces chofes elle engendrera
quelque nouveauté felon la matiere affem-
blée, felon le poids & le feu que nous ad-
miniftrerons; car elle ne laiffe rien fubfifter
fans ame, & elle anime tout.

Sçaches donc que congeler & fixer ne
font pas des chofes féparées de l'opération, & ne crois pas que cela fe faffe en
deux fois de diverfes drogues & de divers
vaiffeaux, tantôt les ôtant de deffus le feu,
& les refroidiffant, & tantôt les réchauf-
fant.

Quand les Philofophes ont ufé de ces trois
mots congeler, fixer & teindre, ils n'ont
pas voulu introduire trois dégrés ni trois
parties féparées, mais bien déclarer trois

actions par eux ingénieusement faites en
une pratique seule, à cause de trois divers
effets qui en proviennent successivement en
leur opération ; à sçavoir que le Mercure de
sa nature coulant comme l'eau, est incompatible au feu, volatil sur la chaleur, & blanc
en sa superficie ; par le moyen de cet Oeuvre il est arrêté & teint en rouge ou en couleur blanche permanente , parce que le souffre blanc ou rouge mêlé & incorporé inséparablement avec lui en ses petites parties sur
le feu proportionné, le dessèche entierement,
le fixe & le teint en blanc ou rouge selon
son naturel ; ce qui est facile à entendre par
la similitude du mortier des Maçons fait
d'eau, chaux & ciment arrosé & abreuvé
d'eau claire , s'éclaircissent, épaississent &
qui restraîgnent son corps : & aussi l'on voit
trois effets divers en une pratique, l'eau
claire, diaphane & coulante ou blanche qui
devient opaque, épaisse , arrêtée & teinte
en rouge par le ciment ; aussi le Mercure marié avec son souffre sur le premier dégré de
feu, se dissout & se mêle avec lui jusqu'aux
petites parties, & sur le second dégré le
souffre le desséchant dessèche avec lui le
Mercure & le congéle ; & sur le troisiéme
& sur le quatriéme il le fixe & le teint ; ce
que les Philosophes ont donné à entendre ,
disant la congélation de l'un est la dissolution de l'autre ; & au contraire, car iceux
joints ensemble inséparablement en leur pro-

fond, le souffre de sa nature ignée & permanente au feu, ne permet pas que le Mercure uni en lui s'en aille & s'envole, d'autant que les choses mêlées ensemble jusqu'à leur profond & en leurs petites parties, sont inséparables, tellement que si l'une s'en va, l'autre l'accompagne; ainsi le souffre mêlé avec le Mercure l'arrête si bien qu'il endure le feu, il le digére tellement qu'il le soutient, parce qu'il le teint de sa couleur, & le fait métal de son espéce; le Mercure donc qui étoit blanc auparavant, coulant & impatient de chaleur, devient dur, arrêté, rouge & permanent sur le feu, & après la fusion est métal parfait; ce qui se doit faire par une seule pratique & à une seule fois, sans lever la matiere de dessus le feu avant sa perfection depuis qu'elle aura été assise, ni sans la refroidir aucunement ni l'ôter de son vaisseau; que si une fois elle perd sa chaleur premiere qui réduit l'Or en sa premiere matiere, le dissolvant radicalement sous la conservation de son espéce, l'esprit en l'Or se refroidissant, perit sans espérance de lui pouvoir jamais rendre; & si l'Artiste refroidit la matiere étant congelée après la dissolution, & desséchée avant sa perfection en se refroidissant, elle s'endurcit, restreint & réserre ses pores, tellement qu'elle éteint & dissipe les esprits; & on ne peut à cause de sa dureté les lui restaurer, parce que la lenteur & douceur du dégré

de feu requife pour fa décoction, ne peut
pénétrer jufqu'au fonds de la maffe de la
matiere, & échauffer également le dehors
& le dedans, fans l'augmenter; ce que faifant on brûle ou on contraint le Mercure
de s'envoler, ne pouvant encore à caufe
de fon immaturité foutenir le feu fi âpre à
faute de décoction; ainfi l'Oeuvre périt,
auffi fait-il, s'il eft ôté de fon vaiffeau avant
qu'il foit cuit parfaitement, car l'air le corrompant le diffipe & fait évanouir les efprits,
fans qu'il refte aucun moyen à l'Arifte de
les y rappeller.

Il en eft de même que de l'Or de Riviere,
qui étant emporté en grains en forme de fa-
blon par quelque torrent paffant par la miniere, & brifant les vaiffeaux naturels avant
fa parfaite coction, ne peut pas après par
aucun feu artificiellement être parfait, ni
achever de cuire; ce que la nature eût pû faire, s'il eût demeuré dans fon vaiffeau naturel, & fur la chaleur continuelle qu'elle lui
adminiftroit par les mouvemens du premier
mobile, & des autres Spheres & Globes
ignés: ce que les ignorans n'entendans pas,
ils veulent incontinent accomplir ce que la
nature au ventre de la terre ne peut faire en
moins de fix ou fept cent ans; mais les Sages y vont d'une autre maniere, ils prennent
les chofes déja cuites par la nature, & les af-
femblent par dofe & poids proportionnés
en vertu & qualité, les cuifans fur le feu auffi

proportionné à la temperature de leur matiere, en imitant la nature, réduisans ses ans
en mois, ses mois en semaines, & ses semaines en jours; ainsi avec le tems ils jouissent de
leurs désirs, & cueillent le fruit de leur œuvre, non pas cependant sitôt que pensent
ceux qui n'y entendent rien : car quelque
diligence que sçauroit employer l'Artiste pour
observer, compasser & proportionner son
feu à la qualité de la matiere pour avoir
plutôt fait, il ne peut pourtant accomplir
son œuvre sans y employer quelques années, & ne peut l'avancer d'une seule heure;
d'autant qu'il faut si bien proportionner son
feu, & compasser sa chaleur au temperam-
ment de la matiere soûmise, que la qualité
de l'un n'excede l'autre, autrement tout deviendroit à rien; car si la chaleur du feu
excédoit la proportion de la ténuité & lé-
gereté de sa matiere, il la brûleroit, & la
feroit évanoüir; pareillement s'il étoit trop
foible, il retarderoit l'effet désiré en celui-
ci, il n'y a point de danger hors l'ennui du
retardement, mais en l'autre il y a perdition de tout l'œuvre : ce que les Philosophes experts crient sans cesse, disans que toute activité est mauvaise, vient de la part
du diable & de l'ennemi, éteint l'espérance
de la fin attendue ; & au contraire qu'il ne
faut point se fâcher, ni s'ennuyer si l'œuvre s'avance peu, d'autant que ce retardement le rendra plus parfait, par ce qu'il
sera

sera moins hâté, & qu'il aura plus de tems
à se cuire, à l'imitation de la nature qui ne
peut rien engendrer soudainement , quoique soudainement elle détruise toutes choses ; ainsi la promptitude tend plutôt à la
destruction qu'à la génération, mais la lenteur est la mine de notre pierre.

PREMIERE OPERATION.

Mon fils, prends donc, pour bien commencer ton œuvre, un Mercure composé d'une
eau plus parfaite, que celle qui se trouve
dans les Mercures des herbes, & des mineraux métaliques, & qui soit tiré d'une terre
où le souffre soit plus cuit, & digeré par
une grande longueur de tems compétente,
dans les minieres de la terre Vierge, au
ventre des montagnes où s'engendrent les
métaux fluides ; ce qui est cause qu'il approche bien près de leur naturel , & est semblable à celui du Levant, ou celui d'Espagne,
qui se font aux montagnes où sont les minieres d'Or & d'Argent vulgaires ; partant
il sera aisé d'en faire Or & Argent, tant
par la voye du grand œuvre, que par l'abre-
viation, pourvû qu'il soit bien choisi ; tu
connoîtras s'il est bon , si tu en animes
avec eau forte une lamine d'argent, & la
mets après sur le feu ardent pour faire
évaporer le Mercure, lequel en s'envolant
s'il ne laisse aucune apparence que l'on l'ait
animé, & qu'elle demeure noirâtre, ce Mer.

cure eſt de ceux qui ne ſont guere bons pour
l'œuvre ; mais ſi ſeulement il laiſſe la lamine jaune, il eſt fort propre & bon pour faire
l'élixir & pour l'abréviation, pourvû qu'il ſoit
bien conduit ; tout Mercure eſt la matiere de
la pierre, & pour bien entendre cela, il faut
remarquer que l'imparfait en eſt le menſtrue, & le parfait la forme ; il faut donc
conclure néceſſairement que pour faire la
pierre il eſt abſolument néceſſaire qu'il y
ait des deux enſemble, car l'imparfait eſt
froid & humide, il ne ſçauroit donc rien
faire tout ſeul, puiſqu'il attend à être parachevé ; & le parfait eſt chaud, ſec, & maſculin, qui ne cherche que ſa femelle pour
engendrer le Soleil & la Lune ; il ne peut
donc engendrer tout ſeul : en outre chacun
de ces mercures ne participe que des deux
élemens ; le premier, que de l'eau & de la
terre ; le ſecond, que de l'air & du feu, & il
faut qu'en toutes générations les quatre élemens ſoient proportionnés à la qualité &
matiere du compoſé.

SECONDE OPERATION.

Sois averti, mon fils, que notre œuvre
eſt un mariage philoſophique, qui doit être
compoſé de mâle & de femelle ; car ſi le mâle
agent eſt ſeul, de quoi ſera-t-il mâle ? Sur quoi
aura-t-il ſon action ? Il lui faut donc donner
une femelle ſur laquelle il étende ſon action,
& avec laquelle il ſe conjoigne pour engen-

drer leur semblable : que si aussi la femelle
étoit seule, que concevroit-elle, & de qui
souffriroit-elle l'action ? Il faut donc lui donner un mâle, duquel elle reçoive l'action ; la
semence de laquelle étant engrossée, elle produira un fruit agréable de son espéce ; sur-
tout que le mâle & la femelle soient tous deux
vigoureux ; car s'ils sont tels ils produiront
un enfant semblable à eux ; or maintenant
quel mâle donnerons-nous à cette femelle ?
& quelle femelle donnerons à ce mâle ? Tous
deux sont d'une espéce, & non pas d'autre, autrement ils n'engendreroient que des mons-
tres ; & parce qu'il n'y a point d'autre femelle de l'espéce du parfait que l'imparfait,
nous le lui donnerons pour femme ; & aussi
de l'espéce de l'imparfait, il n'y a point d'autre mâle que le parfait, nous le lui donnerons
pour mari, & les assemblerons tous deux
en poids proportionnés en qualité & non en
quantité ; & ainsi nous ferons un mariage
qui nous engendrera & enfantera l'élixir des
Philosophes.

Tout le secret de cet Art est de dissoudre,
qui n'est autre chose que réduire en mercure, & c'est la premiere action de nos matieres ; ceux-là se trompent grandement qui
veulent réduire l'Or en mercure, avant que
de le conjoindre en son menstrue : car si
tu mets l'Or en mercure, il n'y aura
point de coït, ni de dissolution ni d'impregnation, & partant l'œuvre ne vaudroit rien.

Ton Or donc en le mariant sera sa forme,
il suffit 'qu'il soit en chaux , & tu verras
que son menstrue le réduira en mercure ;
il faut que le menstrue soit crud , autrement
il ne pourroit dissoudre son souffre , car la
seule crudité est cause de la dissolution ; c'est
pourquoi tant plus un mercure est cuit , tant
moins il dissout ; & tant plus il est crud, plutôt il dissout, mais il se congele plutard, à
cause de sa froideur, & est plus long-tems à
s'en aller : la congelation ne provient que
de la chaleur radicale.

Il y a donc deux extrêmités dans le mercure ; la premiere , quand il est trop cuit, &
la seconde, quand il est trop crud , lesquels
ne servent de rien pour menstrue ; ils sont
utiles néanmoins comme je vais dire : le trop
cuit est celui de l'Or & celui de la Lune , &
pour cela il ne sçauroit servir de menstrue,
mais étant dissout par le menstrue , il lui
donne forme parfaite avec le tems & le feu
proportionné, & ainsi ils servent de souffre ;
le trop crud qui est l'autre extrême est le
Mercure vulgaire , par sa crudité extrême il
ne peut servir de meustrue ; c'est pourquoi le
médiocre est bon ; il n'est ni trop cuit ni trop
crud ; *mais proportionné à là qualité de son*
souffre, qui est celui des Métaux imparfaits,
& le Philosophique préparé qui est propor-
tionné à celui des imparfaits & aux qua-
lités de son souffre.

Parlons maintenant de la fixation qui se

fait par le souffre, lequel seul peut fixer
& arrêter le Mercure en Or & en Argent ;
le souffre donc est chaud, sec, agent, & le
masculin de la nature du mercure ; & partant
quand il est joint avec ce mercure qui est
froid, humide, feminin & le patient de la
nature des Métaux, & de leur souffre, désirant
sa perfection, ils s'embrassent incontinent
afin de parvenir à la perfection métallique ; & alors le souffre mêlé par ses petites
parties à cause de sa grande chaleur, doit des-
seicher l'humidité de ce Mercure qui est de
sa nature ; & selon la maxime des Philosophes, toutes les choses seiches boivent sub-
tilement l'humidité de leur espéce ; partant
notre souffre qui est de nature seiche boit
l'humidité de son Mercure, & le desseiche
à cause de sa grande chaleur ; il échaufe sa
grande frigidité, & l'échauffant & dessei-
chant il l'épaissit & appésantit ; l'épaississant & appesantissant, il le teint ; & en
le teignant, il lui donne sa forme, le
transmue, & arrete en métail de son espéce
soutenant les essais & les jugemens. Les
Sages ont bien rencontré lorsqu'ils ont dit
que l'Ame donne la forme, & le corps la
matiere, prenans le souffre pour l'Ame, &
le Mercure pour la matiere.

Congeler donc le Mercure & le fixer, n'est
autre chose que le transmuer en un corps
de l'espéce de la chose qui le congele, teint
& fixe par le moyen du feu supposé avec
proportion.   X iij

Ce que nous difons en une maniere *figni-
fiante ce que deffus, fçavoir que la teinture*
vraye, n'eft que *le fouffre* des Métaux, qui
donne fa forme à la matiere, & la rend &
fait de fa nature ; le fouffre donc eft la forme, & le Mercure eft la matiere, le recevant
avidement pour le défir qu'elle a de fa perfection; c'eft pourquoi nous voyons qu'il
faut qu'ils foient d'une même nature, &
que le Mercure foit de l'efpéce de la chofe
de quoi il eft fixé, autrement rien ne fe
feroit.

MARIAGE DE LA SECONDE
Opération.

Pour donc en faire Or & Argent, & la
grande pierre, il le faut fermenter d'Or pour
le rouge, & d'Argent pour le blanc ; & le
faire cuire fur le dégré de feu proportionné,
qui les liera enfemble, & les rendra tels que
nous les défirons.

Plufieurs croyent que cet Oeuvre foit difficile, rare & de grands frais, mais ils fe
trompent bien fort, parce que c'eft l'Oeuvre
de toutes les Oeuvres la plus aifée, qui fe peut
commencer & achever en tous temps & faifons, en tous Pays & Nations, avec un petit
vaiffeau, un petit feu & une grande patience, attendant que nature y ait mis fin, &
ait parfait la chofe tant défirée fans la hâter aucunement ; car celui qui voudra la hâter d'une feule heure perdra tout.

Mais pour revenir à la matiere, elle est
de deux, simples, homogênes & de même
nature, qui sont le souffre & le mercure,
& ne diffèrent aucunement, sinon que l'un
est masculin & l'autre féminin, lesquels as-
semblés selon l'intention des Philosophes,
& gouvernés par proportion & poids de feu,
ils engendrent un corps beaucoup plus parfait que celui duquel ils ont pris leur origine, tellement qu'ils peuvent départir aux
imparfaits cette abondance de perfection,
pour en faire autant de poids que leur vertu abondante surmonte la commune perfection.

Je veux déclarer ici ce que c'est que souffre
& mercure; le souffre donc parfait des Métaux désirés des Philosophes, & par lequel
nature accomplit l'Or & l'Argent, est une
vapeur métallique de la terre blanche, rouge
en son profond glutineuse & huilleuse, sans
mauvaise odeur, airée & ignée, active &
masculine, chaude & seiche en son intérieur, permanente sur le feu sans brûler à
cause de sa parfaite coction, puissante d'y
arrêter & conserver les esprits volatifs &
fugitifs de son espéce; notre souffre donc
est fixe & permanent sur le feu, & parfait;
je n'entends pourtant parler que de celui que
nature a enclos dans l'Or & l'Argent hermetiques, vrais spermes & matiere de notre pierre, car notre mercure Philosophique
est le germe métallique.

Mais le souffre des imparfaits est différent du premier, de coction, fixation & lé-
gereté, en ce qu'il ne sçauroit arrêter sur le
feu les esprits métalliques, & lui-même ne
peut endurer le feu, lesquelles qualités sont
requises en celui de notre Oeuvre, autrement nous ne ferions rien & nous travaille-
rons en vain; c'est pourquoi ce second ne
nous sçauroit servir de rien ; car il faut que
ce qui arrête une autre chose soit permanent & arrêté, d'autant que ce qui est fugitif emporte facilement avec soi ce qui lui
est attaché, & que le pesant arrête le léger,
si son poids proportionné en qualité & force surmonte le léger ; & le léger pareillement emporte le pesant qui lui est attaché,
si la qualité en son poids & vertu excede
celui du pesant ; ainsi ce qui est fixé sur le
feu, & qui incombustible est attaché inséparablement & proportionnément avec le
volatil de son espéce, le contraint de demeurer sur le feu, l'arrête & le conserve.

Le souffre donc parfait & celui des imparfaits ne différent que de la qualité accidentelle : à sçavoir de coction & non pas
d'essence, laquelle décoction par le moyen
de la projection par la chaleur de la poudre de
l'élixir, est incontinent accomplie sur le souffre des imparfaits, & s'accomplissant ils
prennent la couleur & les autres qualités
du parfait, duquel la Pierre est faite. Disons
donc pour conclusion, que le parfait des par-

faits eſt celui-là ſeul duquel nous pouvons
faire le Soleil & la Lune , & l'élixir , lequel
à cauſe de ſes effets admirables , a été caché
par les Sages Philoſophes , & cela pour al-
lecher les enfans de doctrine à la recherche
d'icelui , & pour rebuter les ignorans.

Parlons donc maintenant de la teinture , ainſi dire , teindre n'eſt autre choſe que
tranſmuer la choſe teinte en l'eſpéce de
la teinture , par la vertu d'icelle , car la
teinture n'eſt que l'Ame & la forme ; de
quoi il s'enſuit deux choſes , l'une que la matiere ſur quoi elle eſt jettée doit être de ſon
eſpéce , autrement la forme ne pourroit ſe
diſpoſer & animer , & la matiere qui ſeroit
incapable ne la recevroit pas ; ce que les
Philoſophes ne ceſſent de crier, diſans, qu'elle
entre ſoudaiment dans ſon corps , & n'approche jamais d'un étranger. Et en effet
nous ne ſçaurions ſi-tôt diſpoſer une matiere , que ſon ame ne ſoit prête d'y entrer
incontinent , tant nature eſt prompte à la
génération ; & ſi nous nous efforçons d'y
en faire entrer une d'autre eſpéce , nous
travaillons en vain , d'autant que nature en
infondra une autre propre ſelon que la matiere ſera diſpoſée , & non pas celle que
nous euſſions voulu , ce que tous les vrais
Philoſophes nous enſeignent, nous diſant que
nature contient nature , nature ſurmonte
nature , nature ſe joüit en ſa nature ; nulle
nature n'eſt amandée , ſinon en ſa propre
nature.

Il fenfuit fecondement que la forme, ou ame tranfmue en fon efpéce la matiere en laquelle elle entre, & qui y eft apte ; car la nature fans forme eft chofe imparfaite ; l'Ame donc & la forme donnent la perfection à toutes les chofes ; fi donc la perfection parfait une matiere imparfaite, la perfection la rendra en fon efpéce, & non pas en une autre, parce qu'elle ne fçauroit donner ce qu'elle n'a pas, & ne peut donner autre perfection que la fienne ; de-là les Philofophes ont conclut que la teinture qui peut donner perfection aux Métaux imparfaits, procede du Soleil & de la Lune.

Ceux qui ne font pas expérimentés croient que blanchir une chofe rouge, ou colorer en rouge une chofe blanche, c'eft lui donner une autre forme ; mais ils fe trompent grandement ; car former c'eft donner effence, animer, vivifier ; c'eft en un mot difpofer une matiere, qui fans forme ne pourroit être ni fubfifter en matiere, tellement que la forme eft la même effence de fa matiere, de laquelle retirée, la matiere perit, n'eft plus ce qu'elle étoit, & ne peut refter fans reprendre encore fa forme. De maniere qu'elle ne peut fubfifter fans fa forme en la nature, ni la forme auffi ne peut nous apparoître fans matiere ; enforte que les deux chofes ne font qu'une, & cette une font deux chofes ; à fçavoir, la matiere qui eft terreftre & corporelle, & la forme qui eft

spirituelle ; & quoique l'une ne peut paroître à nos yeux fans l'autre, & l'autre
fubfifter en la nature fans elle, ce n'eft
donc par là qu'une chofe.

Voilà pourquoi les Philofophes ont appellé la matiere de leur bénite Pierre *Rebis*,
qui eft un mot Latin compofé de *Res* & de
Bis, qui eft autant à dire une chofe deux,
nous voulant induire à chercher deux chofes, qui ne font pas deux, mais une feule
qu'ils ont nommés Soufre & Mercure.

De quoi il faut conclure qu'ils ont voulu
que nous priffions un Soufre non étrange,
mais de la nature de notre Mercure, autrement il ne lui pourroit donner fa forme ; &
pareillement que le Mercure que nous pren-
drons foit de la nature du Soufre, duquel
il défire la perfection & la forme ; autrement ce feroit peine & dépenfe perdue. Or
pour revenir à la vraie teinture blanche &
rouge, elle donne forme parfaite aux im-
parfaites en la fufion, les pénétrant jufqu'en leur profond, s'entrembraffant inféparablement, & leur donnant la forme de
fon efpéce, à fçavoir de Soleil & de Lune ;
de quoi il s'enfuit néceffairement que le Soleil & la Lune font le Mercure des Philofophes.

La premiere chofe requife à notre Soufre, c'eft la fixation qui provient d'une parfaite & mûre décoction, pour laquelle fixation faire, il n'eft que d'arrêter le foufre fur

le feu, ce qui ne se peut faire par une matiere qui ne peut endurcir. La seconde qualité requise à notre Souffre est la pureté,
netteté & mundicité; mais il faut prendre
garde qu'il est impossible à la Nature de
fixer les esprits fugitifs des Métaux imparfaits, qu'avec les esprits fixes des parfaits.

Nous avons dit ci-dessus que la bénite
Pierre étoit composée de Souffre & de Mercure; quant au premier j'ai déclaré suffi-
samment la forme en laquelle il le faut
prendre: & pour le dernier il ne reste qu'à
déclarer la premiere opération.

Fermentation de la Pierre parfaite sur Argent-vif vulgaire purifié.

Pour donc commencer, tu prendras du
Mercure vulgaire ou d'Espagne choisi, duquel la mortification consiste en trois choses; à sçavoir à le purger, animer & échauffer, lesquelles choses faisant & accomplissant, tu auras la vraie & parfaite mortification du Mercure vulgaire, & pour lors
il perd le nom & la qualité d'eau vulgaire,
en prenant celui & les qualités du Mercure
des Philosophes, parce qu'il est fait apte
pour le grand Oeuvre, & pour l'Elixir facile
à fixer en Soleil & en Lune par l'abbréviation de l'Oeuvre & à cause que la mortification ou obstruction de la terre superflue, noire & corrompue, adhérante à la
superficie, un peu mêlée avec son souffre pur

& net, & que cette terre noire empêchoit
la perfection. Plusieurs considérant cela
ils ont inventé trois maniéres de le purger,
desquelles la premiere est de peu de conséquence, qui se fait en le mettant au sel &
vinaigre.

Purgation de l'Argent-vif vulgaire.

Il y a une maniere de purger le Mercure,
très-excellente, qui se fait par amalgame,
comme font les Orfévres pour dorer; il
faut prendre de l'Or très-fin purgé par le
ciment royal ou passé par l'Antimoine, avec
quinze fois son poids de Mercure vulgaire
du Levant ou d'Espagne éprouvé sur la lamine d'Argent, puis lave ton amalgame
avec eau chaude & vinaigre distillé tiéde,
& le lave tant de fois que ton amalgame
soit clair & net, puis le séche avec une
éponge ou un gros linge blanc; puis mets-
le à distiller, le Mercure montera pur & net,
& laissera au fonds sa crasse avec l'Or, lequel tu refondras après, & amalgameras
huit ou dix fois avec le Mercure qui aura
monté, à chaque fois tu laveras l'a-
malgame & distilleras le Mercure, & refondras l'Or comme il a été dit ci-devant;
alors donc tu auras du Mercure bien purgé
& propre pour animer.

Animer, est incorporer inséparablement
avec un esprit métallique, qui le puisse rendre propre à recevoir l'ame & teinture du

Soleil ou de la Lune, selon qu'il aura été préparé.

L'ame, entre les Philosophes, est un simple
feu & une substance aérée, ou igneé, céleste
& divine, éloignée des substances terrestres, desquelles elle est la forme ; elle ne
la pourroit donner sans un moyen qu'ils
appellent esprit, participant de la matiere
terrestre & de la nature aérée & ignée, ou
divine.

Effet de la Fermentation.

· Le Mercure philosophique donc est un
corps féminin froid & humide, & le sperme du Soleil est un feu chaud & sec comparé au feu & ame divine, lequel est tout
contraire au Mercure vulgaire, sa forme
étant médecine moins parfaite sans un esprit participant de tous deux ; lequel esprit
n'est autre chose que l'Or subtilié & dissout en Mercure coulant avec le Mercure
vulgaire, en l'amalgame fait des deux cuits
sur le feu continu & propre à la parfaite
dissolution de l'Or, lequel alors est esprit
qui se conjoint en faisant l'amalgame auparavant la dissolution en Mercure, parce
qu'il est composé de Mercure ; & après que
par cette cuisson & continuelle chaleur de
feu ce Mercure l'a dissout parfaitement,
il est de la nature du Soufre d'Or & d'Argent, ainsi réduit & dissout en Mercure
avec le vulgaire, & entrés l'un dans l'autre

jusqu'à leur profondité , se mêlant par leurs
petites parties , & finalement ils s'embrassent inséparablement. Voilà comment des
deux il se fait une matiere & corps féminin , pour recevoir la forme masculine parfaite , qui n'est autre chose que l'Or plus
que parfait que nous appellons Souffre ,
ferment , levain , & teinture parfaite des
Philosophes , sans laquelle il est impossible
de faire les transmutations métalliques : autant s'en fait-il sur le blanc avec l'Argent.

Mais il ne faut pas s'émerveiller, si j'ai
dit que l'esprit & l'ame n'est que l'Or réduit
en Mercure, ce qu'il faut entendre en cette
façon, qu'au commencement de la préparation du Mercure vulgaire purgé, tu l'a-
malgameras pour l'animer, n'y mettant guére d'Or, que si peu que tu en mettes ne
le puisse congeler, que le feu aussi sur lequel le Mercure dissout l'Or en esprit, l'é-
chauffe jusqu'au dégré requis pour être
menstrué de l'Elixir & puissant de l'aider
à dissoudre , à l'échauffer un peu , &
n'y être pas congelé. Etant ainsi manié ,
il est propre à recevoir la teinture & ame
du grand Oeuvre , & le souffre d'Or &
d'Argent ; & quant à l'amalgame pour la
grande Pierre , après qu'elle est réchauffée
& animée, on lui donne tant d'Or, qu'après
qu'il est dissout, il se peut congeler & fixer ;
& en cet état il est le vrai souffre qui lui
donne sa vraie forme , & celle de la Mé-

decine parfaite, fe cuifant tous deux à un plus
haut dégré de perfection que l'Or; & pour
mieux entendre que cette définition eft
véritable, & aufli ce que j'ai dit de l'efprit
en l'ame, s'enfuit la pratique.

Purification de l'Or pour le mariage, & fuite
de la feconde Opération.

Paffe l'Or par le ciment royal ou par
l'Antimoine, & le mets en limaille ou en
feuilles fubtiles comme celles de quoi on
dore fur le fer avec la Pierre fanguine, &
le marmorife impalpablement avec du vinaigre diftillé, puis le deffèche : mets
de cette poudre impalpable le poids d'un
denier pefant fur une once de Mercure philofophique préparé comme fon bain, &
l'amalgame, ainfi que font les Orfévres
pour dorer, & furtout prends garde à cette
proportion. Sur une livre de Mercure il
faut une once d'Or mis en poudre impalpable comme deffus; s'il y a moins de Mercure, mets moins d'Or, proportion gardée; puis lave ton amalgame tant que
l'eau en forte claire, c'eft-à-dire qu'elle furnage fans autre leffive, le tout étant dans
un matras à long col, que tu figilleras
du fceau d'Hermes, & de telle grandeur
que ton amalgame ne paffe pas la troifiéme partie de ton matras de verre bien renforcé, qui puiffe foutenir le feu; cela fait tu
le mettras dans fon feu de digeftion fur le feu
d'Egypte, c'eft-à-dire de corruption; tu lui
en

en donneras le premier dégré un an, qui veut
dire un mois, & le second dégré un autre an,
sans que le feu s'éteigne, ou que la matiere
se refroidisse, sur peine de tout perdre;
ainsi ta matiere dissoudra en Mercure ton
Or, lequel se mêlant avec lui, lui ôtera sa
frigidité, l'échauffera & mortifiera, suivant
l'instruction des Philosophes. Sois donc
bien diligent à garder les choses susdites,
d'autant que si tu mets plus d'un denier d'Or sur une once de Mercure, il congelera le Mercure en son profond, avant
qu'être échauffé, & ne vaudra rien pour
ton Oeuvre; & si tu en mets moins,
il y en auroit trop peu pour l'échauffer &
ôter sa frigidité naturelle, laquelle perdue,
il est tout semblable au Mercure tiré des
corps imparfaits; il faut sçavoir que quand il a
été un an, c'est-à-dire un mois sur le premier
dégré du feu d'Egypte, & un autre sur le
deuxiéme, il est égal à celui de Saturne ou
plomb. Continue-lui encore le second dégré du feu d'Egypte demi-an; ainsi au bout
de deux ans & demi, ce sera le vrai Mercure de Jupiter, au moins il en aura toutes
les qualités; & si au bout de deux ans, tu
lui donnes le troisiéme dégré du feu d'E-
gypte, & lui continues encore un an au
bout de ces trois ans, il sera tempéré &
égal à celui de Venus; & si tu veux
avoir égard à celui des parfaits, il faut y
mettre plus d'Or, & le faire cuire davan-

tage : donc pour la Lune & pour le Soleil
tu mettras fur une once de Mercure philofophique préparé ; comme nous avons
dit , un denier & demi d'Or en poudre impalpable , & pour celui de la Lune quatre
deniers & demi d'Argent accouftré comme
l'Or , puis tu le mettras fur le premier dégré
du feu d'Egypte , un autre an , & deux ans
fur le troifiéme dégré pour la Lune , & trois
ans pour le Soleil ; tellement que pour le
tout il faut cinq ans , pour le moins fur le
feu : mais ce font ans philofophiques , &
non pas tels que le Lecteur entend un fur
le premier ; un fur le fecond , deux fur le
tiers ; & en ce faifant tu auras le Mercure de tous les corps , fans avoir la peine
de les tirer.

Obferve furtout le feu & fes dégrés ;
que le premier foit fébrile , c'eft-à-dire à la
température du feu du Soleil , au tems du
mois de Février.

Que fi tu manques au feu , tu perdras
tout , parce que fi tu donnes a ton Mercure en cuifant la chaleur du dernier dégré , dès le commencement il s'envolera &
ne l'endurera pas , à caufe de fon humidité
& froideur ; mais donne-lui au commencement le premier dégré fi petit , que les autres doublez & triplez ne le puiffent faire
évaporer ni deffécher fi vîte , pour qu'il foit
conjoint à la forme du Mercufe coulant ,
car il ne feroit plus fperme ni femence fé-

minine, & il ne vaudroit rien pour conjoindre la grande Pierre s'il étoit fec & altéré, il ne pourroit fondre ni fubtilier le premier dégré ; donc il fera fi petit qu'il le puiffe foutenir, & en le foutenant il l'échauffera & appéfantira, enforte qu'il endurera un plus grand feu ; & au bout de l'an tu lui doubleras & continueras encore un autre an. Ainfi petit à petit il s'accoûtumera au feu, & s'appefantira tellement qu'il endurera encore le troifiéme dégré, même deux ou trois mois, fans s'envoler ni altérer ou perdre fa forme. Voilà ce qui touche la proportion du feu du Mercure des Métaux imparfaits & parfaits, requis pour être menftrue de la grande Pierre, & la matiere propre pour la multiplier en quantité : & tout cela fe fait naturellement & par une conduite linéaire.

Mais s'il eft queftion de la décoction de la grande Médecine, quoique le premier, fecond & troifiéme dégré du feu d'icelle, & celui de l'animation & échauffement foient femblables & pareils en qualité, & proportionnés à notre Mercure qui s'altére en poudre noire, blanche & rouge, le fixe, & fait permanent fur le feu à caufe de l'abondance du foufre, ce qui eft défaillant en celui qu'on anime pour fervir au grand Oeuvre ; néanmoins il demeure, ainfi qu'il eft néceffaire, en la forme vulgaire de Mer-

cure coulant , fans fe fixer parfaitement ;
mais après la décoction du grand Oeuvre,
il s'échauffe , appéfantit & fixe petit à petit , tant qu'il endure le feu exceffif & les
jugemens, car le feu éprouve & juge tout.

Enfin les Philofophes nous avertiffent
d'ufer du feu d'Egypte , donnant à entendre par ce mot qu'il faut ufer d'un auffi
petit feu que celui d'Egypte pour le commencement de notre Pierre , comme fi nous
voulions faire éclore des poulets , en la génération defquels fi le feu étoit trop grand ,
il les cuiroit, là où il faut qu'il les corrompe
& putrifie fous la confervation de leur efpéce, avant qu'ils s'animent , parce qu'il eft
impoffible d'animer une matiere fans la corrompre,& de là putrifier fans l'animer, car toute putréfaction tend à nouvelle génération.

La putréfaction donc pour la génération
de notre Médecine parfaite, eft requife en
l'œuvre de notre Pierre ; cependant il faut
ufer de ce petit feu comme celui des Egyptiens , en efclofant les poulets , afin de corrompre & putrifier nos matieres fous la
confervation de leur efpéce , autrement il
les corromproit radicalement , chaffant &
faifant évanouir le Mercure en fumée , ou
en l'altérant avant le tems avec fon foufre
en une poudre inutile, ou les brûlant ; mais
s'il eft proportionné à la qualité de nos matieres, il les putrifiera, & en cette putréfac-

tion la fémelle diſſoudra le mâle en ſperme,
& ſemblable à elle; & la maſculine l'animera
de la forme & ame de ſon eſpéce; ainſi il
faut que toute putréfaction ſe faſſe avec
douce chaleur, lente, humide & requiſe
aux corruptions & générations.

Nous avons aſſez amplement diſcouru du
feu, par le moyen duquel notre Pierre eſt
faite, dont la pratique n'eſt que d'aſſembler
& cuire notre Souffre & Mercure enſemble,
leſquels les Philoſophes ont appellez de divers noms; entr'autres ils ont appellé le
Souffre *Roi*, pour ce qu'il eſt le plus excellent des Métaux, qu'il a une puiſſance occulte
de les enrichir & orner comme lui, en donnant aide à la nature par notre Art; ils l'ont
auſſi appellé *Lion* rougiſſant, parce qu'il eſt
le Roi des animaux, & qu'il a du rouge; &
de pluſieurs autres noms. Ils ont auſſi appellé leur Mercure de divers & étranges
noms pour obſcurcir & déguiſer leur Oeuvre, le nommant *Dragon volant*, & toujours veillant, à cauſe qu'il a un venin mortel, & ſi fort qu'il peut tuer le plus noble
métal en le mordant, c'eſt-à-dire l'Or en
le diſſolvant; *volant*, pour ce qu'il ne peut
endurer le feu, qu'il ne s'en aille & s'envole
en l'air & en fumée; & *pugil*, parce
qu'il eſt toujours flambant & éclairant, &
toujours mouvant, ſans aucun arrêt, & de
divers autres noms. Quelques Philoſophes
même les ont alliés enſemble, appellant le

Souffre *Gabricius*, & le Mercure *Beia*, le frere & la sœur, disant que pour venir à la Médecine parfaite, il falloit que la sœur tua son frere, & que le frere tua la sœur ; ce que vous verrez dans la dissolution, c'est-à-dire que la matiere agente & patiente soient de même espéce, différente seulement de sexe, vû que le frere & la sœur sont tout d'un sang ; aussi sont le Souffre & le Mercure de notre Pierre : qui plus est, cette consanguinité dénote que la semence féminine de notre Oeuvre approche si près de la masculine, que peu s'en faut que ce ne soit une même chose, & la différence n'est sinon de la chaleur de l'un, & de la froideur de l'autre.

Préparation de l'Or pour le mariage, en la seconde Opération.

Prends donc au Nom de Dieu, le Pere Tout-Puissant, le Soleil bien purgé au ment royal, ou passé par l'Antimoine, tant qu'il soit bien pur, puis battu en feuille, comme celle dont on dore le fer avec la Pierre sanguine, & le marmorise avec du vinaigre distillé, puis le desséche & remarmorise en poudre impalpable, lequel ainsi préparé est le vrai & vieux Roi des Philosophes, dépouillé de ses habits & ornemens royaux, dépecé par menues piéces, séant sur le bord de la fontaine pour être jetté dedans, afin de recouvrer la santé, & de reprendre un nouveau corps, en recouvrant

la fleur de fa jeuneffe , avec dix fois plus de
force & de beauté qu'il n'avoit , & fe revê-
tiffant de plus beaux & précieux ornemens
qu'il n'avoit oncques porté , par la vertu de
la fontaine fon amoureufe qui l'aura tiré à
elle. Le Soleil donc, Roi des Métaux, pulve-
rifé , comme j'ai dit , c'eft le Roi qui eft dépouillé de fa forme , à caufe qu'il eft tranché
& découpé , & eft dit pour ce fujet le Roi
dépouillé de fes vêtemens , & alors il eft
prêt d'être amalgamé avec fon Mercure ;
ils difent qu'il s'affit fur le bord de la fontaine, dans laquelle il fe jette & fe préci-
pite , quand on l'amalgame avec fon Mercure.

L'amalgame fe fait ainfi : prends une de-
mi-once du Soleil en poudre impalpable accouftré comme deffus , & l'amalgame avec
deux onces de Mercure , comme j'ai dit ci-
deffus , d'un poids de Soleil fur quatre de
Mercure , cuit deux ans par le feu d'Egypte ,
un an fur le premier degré , & l'autre fur le
fecond , puis fais laver ton amalgame
avec fon eau nette tant de fois , qu'elle en
forte claire fans aucune villenie ; & le def-
féche ; il ne faut que deux onces de Mercure & une demie de ferment ; cet amalgame ainfi fait , les Philofophes l'appellent
fermentation , parce que le Soleil eft vrai
levain de l'Elixir : tu prendras donc cette
amalgame , & tu la mettras dans un matras de verre, qui puiffe foutenir le feu, & du-

quel l'amalgame n'occupera que la troisiéme
partie ; la matiere étant dedans , il faudra
figiller du fceau d'Hermes , & note que
s'il n'eſt bien fort , tu es en danger de
tout perdre.

Les Philofophes l'ont figuré fous le nom
d'une chambre claire & diaphane , difant
que la fontaine dans laquelle le Roi s'étoit
baigné , ou le lit où il étoit couché avec fa
mie ou fa femme , étoit une chambre claire
& tranfparente , entendant par fa chambre
le matras , lequel il faut mettre dans le
four de digeſtion , pour le cuire à feu d'E-
gypte quatre mois ou plus , felon l'Almanac
philofophique, pour le blanc & le rouge, c'eſt-
à-dire autant de mois qu'il fera de befoin.

Ils ont caché le four fous le nom de
muraille de pierre , laquelle avoit ladite
chambre , fi bien clofe & fermée , qu'il n'y
avoit qu'une feule porte , par laquelle un
feul Valet de chambre , fans plus , entroit &
adminiſtroit au Roi ce qui lui étoit néceffaire ; voulant par cela nous faire entendre
que depuis que la matiere eſt dans le fourneau , il ne faut qu'un homme & qu'une
porte pour gouverner & entretenir le feu ,
le continuer également à chacun des dégrés
fans refroidir , s'augmentant de Saifon en
Saifon , en le continuant jufqu'à la fin de
l'Oeuvre , fans croître ou décroître la chaleur : & par ces dégrés également proportionnés , tout notre Oeuvre eſt parfait ; à

toutes ces choses l'Artiste sera attentif, & ainsi il n'aura pas grande peine.

Les Philosophes l'ont signifié, en disant que la pratique & façon de la Pierre des Philosophes est l'Oeuvre des femmes, pour qui la premiere occupation en leur ménage est d'attiser le feu, & de faire bouillir le pot; ce qui est plus difficile que d'entretenir notre feu, & le continuer proportionné par ses dégrés; tu allumeras donc le premier dégré du feu d'Egypte sous notre matiere un an, qui veut dire quarante jours sans l'éteindre, croître, ni diminuer, ni sans ôter la matiere de dessus le feu, en façon que ce soit, ni sans la refroidir pendant ce tems; à l'aide de ce feu linéaire la dissolution & putréfaction se font par une même action de feu intérieur, & de la matiere féminine agente sur la masculine; il est ici requis de sçavoir ce que c'est que putréfaction.

Putréfaction est une action tempérée de la chaleur extérieure sur l'humidité de la matiere, qui a pouvoir de corrompre & altérer sa forme, & lui induire une nouvelle; ce que nous voyons dans la premiere année par le premier dégré de feu d'Egypte, qui aide à l'humidité du menstrue, & corrompt la grosse & solide forme du Mercure, comme lui qui est la vraie solution de la matiere.

Cette solution est une réduction d'une

matiere, laquelle finit aussi-tôt que le Soleil est réduit en Mercure ; ainsi elle n'est qu'une espéce de putréfaction, & quoiqu'il ne se fasse point de dissolution sans putréfaction, cependant la putréfaction peut se faire sans dissolution ; la putréfaction donc dure jusqu'à ce que la matiere soit devenue blanchâtre.

Quand les Philosophes ont dit que le fixe fut fait volatil, & le volatil fut fait fixe, & que ce qui étoit en bas étoit comme ce qui est en haut, & que le haut est comme le bas, ils n'ont pas voulu inférer autre chose, sinon qu'il falloit que le Soleil qui est fixe, & corps terrestre, lequel pour sa pesanteur tombe toujours en bas, fut dissout en Mercure, à cause qu'il est esprit volatil & léger, & s'envole en fumée, cherchant son élément, ainsi que font toutes les choses aërées & ignées qui montent sans cesse, pourvû qu'elles ne soient renfermées : & encore quand elles sont encloses elles ne font que tournoyer & circuler dans leurs vaisseaux, cherchant leur issue pour monter à leur centre ; il faut donc fixer le volatil, c'est-à-dire faire ensorte que le Mercure soit fixé & arrêté de la nature du Soleil, ce qui se fait lorsque la dissolution se fait dûement, continuant le feu par les régles générales des Philosophes, qui disent que cette dissolution est le premier principe de la congélation, & que le ferment étant dissout, aussi-

tôt il congéle son menstrue, ce qui se fait,
en cuisant continuellement notre matiere par
les régles du feu, tant qu'elle soit fixe & arrêtée sur les jugemens & essais.

. Notre Soleil donc subtilisé & réduit en
sperme, est le vrai souffre & ferment de notre Pierre, lequel étant joint à notre Mercure, & émû par le feu extérieur, ils s'embrassent si amoureusement tous deux, qu'ils se
mêlent jusqu'à leurs petites parties en se
congelant, car le ferment chaud & sec en
son intérieur boit incontinent l'humidité de
son menstrue & le desséche, parce qu'il est
de son espéce, & le desséchant, il l'endurcit & appésantit, arrête, & fixe avec lui;
en telle sorte, qu'ils sont faits tous deux
d'une matiere seule & parfaite.

Parlons maintenant de la conversion des
élémens, fort nécessaire pour la confection de notre Oeuvre, c'est-à-dire de leur
séparation, ce qui est entendu de fort peu
de personnes; mais les Philosophes par ce
mot de séparation ont voulu dénoter qu'il
falloit que la matiere de notre Pierre reçoive de degré en degré la qualité des élémens,
avant que de venir à la maturité & perfection requise; & quand ils ont dit, qu'il falloit mettre l'eau à part, & chacun des quatre
élémens, ils ont voulu faire entendre que leur
matiere doit recevoir la qualité des quatre
élémens l'un après l'autre, depuis la plus
parfaite jusqu'à la plus imparfaite; parce que

l'on ne fçauroit paffer d'une extrémité à l'autre fans un milieu & moyen ; la féparation donc des élémens faite felon les Philofophes, il faut retourner à notre folution de la matiere, & déclarer fes effets & les énigmes des Philofophes, & puis nous déclarerons le refte de la putréfaction.

Quand les Philofophes ont dit qu'il falloit que la fœur tuât fon frere, parlant du Dragon volant, du Dragon fans aîles, & du Lion rugiffant, ils ont voulu fignifier que la menftrue, déguifée fous ces noms, diffolve fon fouffre & ferment, qui eft le Soleil, lequel ne fçauroit rien engendrer s'il n'eft réduit en fperme, fa premiere matiere ; cela arrivant en la diffolution, il eft propre à multiplier fon efpéce, ce que les Philofophes entendent fous ces paroles obfcures, appellant la diffolution coït, & affemblement naturel du mâle & de la fémelle ; après lequel coït s'enfuit la conception, parce que les deux femences qui font rencontrées demeurent enfermées dans le ventre de la fémelle, c'eft-à-dire dans le vaiffeau propre du naturel, fur le feu proportionné, lequel par fon acte acheve de putrifier les matieres, & en les putrifiant la nature les anime ; c'eft alors qu'elles perdent leur forme fpermatique, & qu'elles deviennent en boue & en fange noire, qui eft le principe de la congélation laquelle fe fait ainfi.

Congélation est la defficcation d'une matiere humide, & la reftriction d'une matiere coulante par la chaleur du feu exterieur & interieur, defféchant l'humidité de la matiere.

Au commencement de cette congélation le frere tue la fœur, & la fœur tue le frere, & incontinent venant à putrifier la nature convoiteufe de la génération, les unit & anime; ainfi les deux morts pourriffent enfemble & reprennent une forme plus excellente que n'étoit leur premiere; ce que les anciens Philofophes ont autrement figuré, difant : le Roi être forti de la fontaine dans laquelle il avoit été noyé, & fon corps coupé & defféché, être guéri & confolidé, ayant un corps plus jeune, plus beau, plus robufte, & plus excellent de la moitié que le premier.

Auffi-tôt que l'ame eft infufe dans la matiere, l'imprégnation fe fait par l'ame qui entre dans icelle, & n'eft autre chofe que l'entrée du fouffre dans le profond des petites parties de fon menftrue, lefquelles il fait végéter & croître en fon efpéce, defféchant leur humidité petit à petit, felon la proportion du feu à ce requife; que fi la congélation fe fait avant le tems, & fi la matiere paroît rougeâtre ou d'autre couleur que noire, l'Artifte fe doit déconforter; car le feu qui agit tempérément en la matiere onctueufe, la fait premierement noircir, de plus blan-

Z iij

chir, & alors il peut se réjoüir, & s'assurer
de la fin désirée ; & si au bout du tems com-
pétant il voit que sa matiere se congéle, &
se congelant demeure noire, c'est signe de
parfaite & mûre dissolution, & que la matiere est animée, de quoi la couleur noire
donne assûrance certaine, & réjoüit le Philosophe.

Les Philosophes ont appellé la tête du
Corbeau cette bienheureuse noirceur, parce
que tout ainsi que les petits des Corbeaux,
nouvellement nés, sont blancs huit ou dix
jours, & que leur pere & mere les aban-
donnent jusqu'à ce qu'ils soient vêtus de
plumages noires comme eux, alors ils les
reconnoissent pour leurs enfans, & les nour-
rissent en leurs nids ; notre pierre aussi avant
sa dissolution est blanche ; & quelque tems
après : ce qui nous empêche de pouvoir
juger si la dissolution requise est parfaite, jusqu'à ce qu'elle ait changé de couleur, laquelle si elle est autre que noire en son changement, elle n'engendrera rien au désir de
l'espérance ; & pour cela l'opérant la doit
abandonner comme font les Corbeaux envers leurs petits.

Mais si elle est noire, c'est signe de parfaite dissolution physique, précedant l'imprégnation, avec assurance de la naissance
de l'enfant désiré. Pourquoi l'Artiste doit
prendre courage, reconnoître son œuvre
légitime, & le noircir jusqu'à sa perfection

avec le feu d'Egypte, selon son exigence,
lui allumant son second dégré du feu d'E-
gypte pour lui ôter la noirceur; & à l'heure
que l'Artiste voit la couleur noire nager dessus la matiere, qui est la grossiere terre
puante, sulphurée, infecte, corrompante &
inutile, il la faut séparer d'avec le pur, en
lavant & relavant tant de fois avec eau nouvelle, qu'elle en devienne blanche; ce qui
se fait par la nature aidée de l'Art, & est
entendu de fort peu de gens, qui manquent
en ce seul point de lavement de la noirceur de la Pierre, faute d'entendre les
Philosophes, qui disent qu'il faut laver &
relaver leur matiere avec réitération d'eau
nouvelle, tant que la noirceur s'en soit al-
lée: toutefois ils n'entendent pas par ces
lavemens & relavemens qu'il faille ôter la
matiere de dessus le feu, & y ajoûter nouvelle eau, ni essuyer la taye noire qui nage
dessus; mais qu'il faut continuer le feu, en
l'augmentant par sa continuité, qui en ac-
croît la force d'un dégré, duquel la chaleur
humide & tournoyante échauffe & desséche
la matiere tellement, qu'elle blanchisse.

Que s'ils entendoient bien que le feu
purge & nettoye mieux que l'eau, & que
par le moyen d'icelui les Philosophes ont
signifiée la clarté luisante, continue & mon-
dificative des solutions & ordures de notre
Pierre, ils ne tomberoient pas dans l'inconvenient comme ils font, & ils parvien-

Z iiij

droient à leur deffein ; en quoi manquant,
ils tuent & privent leur matiere de fon efprit, en lui ajoutant de nouveau menftrue,
& en l'ôtant de deffus le feu, & de fon
vaiffeau ; par-là ils la refroidiffent, ce qu'on
ne peut faire fur peine de la rendre inutile ;
ils ne s'y tromperoient point, s'ils entendoient ce que c'eft que ablution.

Ablution n'eft autre chofe que l'abftrac-
tion de la noirceur, tache, fouillure & immondicité, laquelle fe fait par la continua-
tion du fecond dégré de feu d'Egypte qu'il
faut allumer & doubler fous la matiere auffi-
tôt qu'on la voit noire, le continuer un an
entier fans l'augmenter ni diminuer, ni lever la matiere de deffus le feu, ni la refroidir ; & cette augmentation de feu procede en ce tems de la continuité.

Le feu donc de notre Pierre par fa conti-
nuation & affiduité lavera, nettoyera &
purgera la noirceur, puanteur, venin &
poifon de notre matiere, que la putrefaction a engendré ; non pas en les féparant
d'icelle, mais en les devorant & attirant à
lui invifiblement, à caufe de la noirceur,
dont il donne la marque pour figne de fa
mundification, par les couleurs qui apparoiffent fur la matiere; à fçavoir la grife, puis
la noire, qui eft le commencement de la defficcation, devorement & purgation de l'im-
mundicité, & enfuite la blancheur, qui eft la
parfaite mundification ; puis après elle, ap-

paroît la couleur plus rouge qu'un rubis, qui est l'extrême defficcation, & la purgation la plus accomplie que l'on fçauroit trouver en ce monde. Lorfque la matiere commence à perdre fa blancheur & à rougir, il apparoît un nuage de toutes les couleurs dans le ventre du matras, comme la couleur d'Iris en la Mer, laquelle s'engendre des rayons du Soleil retenus & refléchis dans la concavité de la nuée humide ; ainfi notre matiere qui a un peu d'humidité, que le quatriéme dégré de feu éleve dans le matras en blanc & diaphane, rend une vapeur rutillante brûlante, qui fe reverbere dans le creux du vaiffeau, parce qu'elle ne peut fortir, où par le moyen rayon du feu extérieur, elle reçoit diverfes couleurs, changeant de tannée en jaune rouge & verte, qui apparoiffent dans le ventre & la concavité du matras, comme font les rayons du Soleil dans l'Arc en Ciel que nous appellons Iris.

On voit donc en notre Pierre toutes les couleurs, defquelles la premiere eft la noire, pendant laquelle il faut féparer le pur d'avec l'impur, le falubre d'avec le corruptible & venin mortel, que les Philofophes ont ainfi nommé, à caufe de la putrefaction qu'elle engendre, & pour fignifier l'action du Lion & du Dragon, & finallement à caufe des matieres qui étoient mortes ; ce qui n'arriveroit point, fi la nature & l'impregnation de notre Enfant Philofophique,

ou grand Elixir, ne les eût animés pour le
produire & enfanter à nos yeux, à quoi nous
ne pouvons parvenir sans le nourrir au ventre de sa mere, jusqu'au tems de son enfantement; qui n'est que le matras de verre
clair & blanc comme la Lune : ils usent de
ce nom, d'autant qu'il n'y a rien plus semblable à la Lune, que le verre; car il est
clair & pâle comme elle, & reçoit les couleurs des vapeurs auprès du feu, comme
elle fait celle du Soleil. Ils ont ainsi appellé
ce verre ou matras le ventre de la mere,
qui ne veut point d'autre matiere pour
nourrir son enfant, que le vrai souffre &
ferment parfait inclus en icelui; & il ne faut
que deux onces de menstrue, sur une demi-
once d'icelle, & toute la matiere ne doit
peser que deux onces & demie en tout ni plus
ni moins selon le poids Philosophique, auquel il faut avoir recours; & les Philosophes appellent le menstrue, la matiere de leur
Pierre, le Lion, l'Element de l'eau, le Dragon igné, l'Element terrestre imprigné d'un
feu de nature.

Tout ce qui paroît à nos yeux est composé de forme & de matiere; desquelles la
premiere est l'air & le feu, l'esprit, la vie,
l'Ame, l'essence, & la disposition qui donnent à leurs sujets action & être; la seconde est la terre & l'eau, la froideur, l'humidité, la matiere morte, indisposée, sans
mouvement, sans vie, vigueur, ou subsis-

tance : & c'eſt celle qui eſt le menſtrue de la Pierre ; c'eſt pourquoi elle retient le nom de matiere ; au contraire le ſouffre retient le nom de forme , parce que ſans lui le menſtrue ne ſçauroit ſpourvoir à la dignité de la Pierre.

Les Sages ont même dit comment le menſtrue eſt la matiere de la Pierre ; ſçavoir , parce qu'elle repréſente les deux Elemens l'eau & la terre , patientes féminines , leſquelles ne peuvent rien produire , s'ils ne ſont échauffés de l'air & du feu maſculins & agens , repréſentés en notre Pierre par le ſouffre & ferment Philoſophal ; & à cette occaſion ils en retiennent le nom , à l'exemple des animaux , & ainſi ils les ont nommés ſemences maſculines & féminines , deſquelles la premiere eſt l'ame qui forme & diſpoſe la féminine , qui eſt une matiere homogene : cela ſe connoît aux animaux , vû qu'il n'y entre qu'un peu de ſemence ſolaire & ignée du mâle & à une fois , laquelle la femelle conçoit en ſon ventre où elle anime , fomente & nourrit la ſemence par ſon ſperme lunaire & humide : ainſi en notre Oeuvre , l'enfant eſt conçû par l'opération du ſouffre ſpirituel , & après eſt nourri de ſa propre ſubſtance humide maternelle juſqu'à l'enfantement ; ainſi donc un peu de ſouffre eſt nourri d'une grande quantité de menſtrue , tous deux enclos dans un petit vaiſſeau , comme un petit germe de cocq dans un œuf, avec une grosse masse de matiere & semence feminine, laquelle il digere & amene à sa perfection, par le moyen de la chaleur continuée, jusqu'à tems que le poulet soit éclos.

Il n'y a génération au monde, qui approche tant de notre Pierre que celle des poulets, ce qui est cause que les Philosophes ont appellé leur matiere enclose dans le matras sigillé du sceau d'hermes, l'œuf des Philosophes; car si à l'un il n'y a qu'un peu de semence masculine sur une grosse masse feminine, ainsi est-il de l'autre; s'il ne faut qu'un petit feu pour amener l'un à sa perfection, l'autre n'en veut point de grand; & si le feu de l'un semble avoir de l'humidité avec sa sécheresse, celui de l'autre est fait des deux : de même, si le feu de l'un doit être continuel sans que sa matiere refroidisse, ou qu'il soit interrompu, ou sans qu'on la puisse cuire à deux fois, à peine de faire mourir le poulet sans jamais pouvoir ressusciter, aussi si le feu de l'autre est éteint, ou discontinué, ou que la matiere refroidisse, l'Oeuvre perira sans aucune espérance de lui pouvoir rendre les esprits vitaux. Ainsi tout ainsi qu'un œuf a tout ce qu'il lui est nécessaire pour la génération du poulet, qu'il n'y faut rien ajouter, & qu'il n'y a rien de superflus qu'il faille ôter, de même aussi il faut enclore en notre œuf tout ce qui est nécessaire à la génération de la Pierre, tout cela est contraire

aux lavemens, dont usent, plusieurs mal expérimentés pour ôter la noirceur de leur matiere. Aussi si l'on rompoit les œufs avant le
tems que les poulets doivent sortir, ils mour-
roient, & on ne pourroit trouver moyen de
les achever de couver ni éclore, parce que
l'esprit solaire seminal & agent, déconcerté
en son ouvrage, se dissipant, tourneroit à
autre Iliade ; d'ailleurs, l'eau élementaire &
extérieure les tueroit & humeroit les esprits
essentiels de vie, laquelle cesseroit faute d'ar-
cheémoteur ; ce qu'aussi feroit notre matiere si on débouchoit le matras, & si on en tiroit la matiere dehors ; car on dissiperoit &
éteindroit les esprits de notre Pierre, lesquels en font le mouvement & l'opération.

Pour conclusion, tu continueras ton
feu jusqu'à la fin de l'Oeuvre, lequel tu
nourriras de chaleur graduée, de laquelle
le second dégré sera doublé de moitié, &
continué depuis la noirceur jusqu'au commencement de la blancheur, ce qui doit être
40 jours pour le moins autant que le premier
dégré. Après les 40 jours & les deux premiers
dégrés de feu finis, tu tripleras ton feu,
& le continueras tant que la matiere passe
en blancheur toutes les neiges du monde ;
& pour le moins aussi long-tems qu'un chacun des premiers dégrés. Maintenant il faut
notter, que si la matiere est fermentée de
Soleil pour le rouge, elle est parfaite pour le
blanc sur le tiers dégré du feu, à l'heure qu'el-

le eft fur le plus haut point de fa blancheur,
fans que tu la lui puiffes cuire davantage
fur le blanc, à peine de perdre & gâter le
tout, pendant fa couleur blanche, parce
qu'elle rougira pour parvenir à fa perfection
rouge par l'action du feu, qui achevera de
deffécher fon fouffre & lui ôter fon humidité, caufée de fa blancheur en laquelle notre Médecine n'eft que le Soleil; ce que les
Philofophes ont montré, difans, qu'on ne
peut tranfmuer le Soleil en Lune que par la
voye de la Pierre, en les cuifant, & que celui qui fçait conduire jufqu'à ce point de
parfaite blancheur, fçait tout.

Mais fi la Pierre eft fermentée de Soleil &
Lune après le troifiéme dégré de feu d'E-
gypte, il lui faut encore donner un autre
feu pour la fixer, non pas d'Egypte, car il
finit en l'Ocuvre à la fin du troifiéme dégré;
mais le quatriéme dégré de feu à la mode de
Perfe, que tu continueras pour le moins
un an, ou même autant que chacun des autres : & finalement jufqu'à ce que la matiere
foit fixe fans s'envoler ni fumer fur la lamine de cuivre ardente; que fi elle fumoit, il
l'a faudroit encore continuer fur le quatriè-
me dégré de feu de Perfe, jufqu'à ce qu'elle
ne fume plus,& en cet endroit il faut remarquer que ce quatriéme dégré de feu de Perfe
fe doit donner & conduire auffi par dégrés;
le premier plus doux, le fecond plus fort,
le troifiéme encore redoublé, & le quatrié-

me renforcé de motié. Toutefois ces 4 dégrés ne doivent non plus durer qu'un des
autres dégrés qui est de 40 jours, à la fin
duquel tu laisseras mourir ton feu & refroidir ta matiere sur les cendres ; ce qui
étant fait , elle sera prête à recevoir l'inse-
ration, après laquelle elle sera parachevée :
ainsi est la Médecine rouge , après qu'elle
a été fixée sur le dernier dégré du feu de
Perse.

Les trois premiers dégrés de feu donc
cuisent la matiere , la purgent de toutes
mauvaises humeurs , & la mettent au plus
haut dégré de blancheur qui soit en la nature , par quoi elle est prête d'être tirée de son
vaisseau ; ce qu'étant fait , elle peut vivre ,
c'est-à-dire porter son exubérance, & donner perfection aux imparfaits par sa perfection, & les parfaire comme une Lune fixe ;
mais elle est parachevée de cuire, & digérée
par le cinquiéme dégré de feu de Perse ;
lorsque la Médecine ne fume plus, & qu'elle
prend la couleur rouge, tant qu'elle passe le
rubis en beauté & couleur rouge cramoisi,
enfin elle est permanente. Pour lors il est tems
de l'ôter de dessus le feu, parce qu'elle est parfaite & vivra, c'est-à-dire qu'elle donnera la
vie & transmuera les corps imparfaits en fin
Soleil, & même guérira toutes les infirmités
du corps humain par son extrême chaleur sans
excès ; néanmoins elle a acquise une grande vertu & force céleste en son temperam-

ment fur le cinquiéme & dernier dégré de feu de Perfe , que les Philofophes ont comparé aux Aftres du cinquiéme Ciel, lefquels par leur chaleur defféchent durant le cours de neuf mois , les humeurs nouvellement émûes & amaffées fur l'enfant par l'Etoile du huitiéme mois.

Lorfque ta matiere eft ainfi rouge, les Philofophes l'appellent chaux du Soleil calciné avec le mercure au four de reverbération , felon l'intention des Sages ; mais cette chaux Philofophique n'eft pas encore fufible; car elle eft comme morte, c'eft-à-dire fans affez de vigueur, fi elle n'a point encore été incerée ; & l'inceration eft prife par les Philofophes pour la fixation : il eft grandement requis, pour en faire la diftinction, de fçavoir ce que c'eft qu'inceration.

L'Inceration donc eft une fixation molle, ou l'adouciffement d'une matiere féche, aride & fans fufion ni ingrez, qui la rend fufible comme cire , aiglie , permanente dans les corps avec lefquels elle eft fondue. Il faut que cette Inceration fe faffe avec du mercure pareil , & de même matiere , que celui duquel la Pierre eft faite, & non autrement, ce que tu feras ainfi.

Prends une Médecine fixée comme deffus fans s'envoler fur la làmine ardente ; tu la réduiras en poudre implacable fur un porphire; puis faits en un amalgame , avec fix fois fon poids de mercure mortifié , comme
j'ai

J'ai dit ci-deſſus, & animé, qui ait été deux
ans ſur le feu, un ſur le premier dégré , &
l'autre ſur le deuxiéme ; & pour faire court,
il faut qu'il ſoit de celui la même de quoi
la Pierre eſt faite, que tu incereras & mol-
lifieras. Sur quoi tu dois notter que la Médecine blanche doit être néceſſairement
amollie, adoucie & incerée avec du mercure animé de la Lune pour le blanc , & du
Soleil pour le rouge, autrement tu ne feras rien qui vaille , & perdras ta Médecine.

Ton amalgame étant faite , tu la feras laver & relaver avec ſon eau tiéde &
claire, tant de fois qu'elle en ſorte claire &
nette , puis tu le feras deſſécher naturellement par le travail ; il ne reſtera d'humide
que ce qui ſuffira pour tenir la matiere un
peu plus molle en forme de pâte bien épaiſſe,
laquelle reſtant dans ſon matras bien lutté
de bon lut par le col , & ſcellé du ſçeau
d'hermes , ſe parfera au four d'athanor , ſur
le feu Philoſophique , que tu gouverneras
par dégrez ; le premier ſera petit & moderé ,
le ſecond plus fort de moitié , & le troiſiéme encore renforcé de moitié, & tu continueras chacun pour trois mois , ou comme
tu verras que les couleurs qui apparoîtront,
le requereront.

Si tu voꞮs que ton mercure s'envo-
le, & qu'il ne ſe puiſſe fixer ſi-tôt , ne t'é-
tonne pas pour cela, car il ſuffit que ſon

Tome IV. A a

odeur demeure, & qu'il mollifie la matiere
fans qu'il la fixe ; & s'il y demeure, c'eſt
tout un : & ſi pour une, deux ou trois fois
la matiere n'eſt pas fuſible comme ciré, tu
la repulveriſeras & l'amalgameras avec ſix
fois ſon poids du même mercure que tu as
fait ; & autant qu'il ſera requis, fais encore laver ton amalgame, deſſéche-le, &
après fais cuire comme deſſus : continues tant de fois cela que la matiere ſoit
fuſible comme cire, & alors elle ſera prête à
être jettée en projection ſur les imparfaits.
Elle n'eſt plus en cet état une matiere im-
puiſſante, mais elle méritera le nom de Roi
devenu plus beau, plus fort, plus parfait &
plus jeune qu'il n'étoit auvant que d'entrer
en la fontaine, & enrichi d'une couronne,
de vêtemens & ornemens plus précieux &
plus riches qu'il n'avoit jamais porté ; par-là
feront auſſi le frere & la ſœur, le Lion &
le Dragon, reſſuſcités plus jeunes & plus
beaux qu'ils n'avoient été.

Il nous faut maintenant venir à la projection & enſeigner le moyen de la faire ſur
les corps imparfaits, ou ſur le mercure mortifié ou animé, ce que nous enſeignerons
de dégré en dégré, ſuivant le diſcours de
cette pratique ſur le mercure vulgaire ou
argent vif.

Projection eſt une fuſion de la Médecine
parfaite ſur les corps imparfaits, ou moyens
minéraux, chauds & bouillans ; ce qui ſe
fait ainſi.

Fonds cent poids de lune pure, laisse-
là bien bouillir, & lorsqu'elle sera bien bouillir, fais des petites pelottes d'un poids
de la Medecine rouge, & en jette une sur
la lune fondue & bouillante, & quand elle
sera consommée, jettes-y en une autre : ce
que tu continueras tant que cent poids de
ta lune ayent consommé un poids de ta
Medecine rouge ; laisse-le tout en bonne
fonte, remuant depuis le commencement
jusqu'à la fin, avec une verge de coudre ou
autre bois ; afin que tout se mêle bien ensemble l'espace d'une heure ou de deux :
puis couvre le creuset de charbons, & étant
refroidi, romps-le, & en retire la matiere
que tu referas fondre & jetteras en lingot,
& tu auras Soleil à 24 karats, meilleur que
celui de la miniere terrestre.

Il ne faut pas s'étonner si j'ai dit qu'il
faut jetter ta médecine rouge sur la Lune, parce que la Lune est plus parfaite que
les autres imparfaits, ce qui est cause qu'elle se transmue plutôt, avec moins de peine, & moins de médecine, & plus parfaitement que les imparfaits ; ce que tu
peux reconnoître, parce qu'un poids de la
médecine rouge ne tombe que sur dix des
imparfaits, en ce qu'ils sont si cruds, froids
& pleins de villenie, de terre & souffre noir
& puant, qu'un si petit poids ne sçauroit
teindre, échauffer, cuire & digerer un plus
grand nombre, ni le purger de ses im-

perfections & infections, ce qu'il faut néanmoins que la médecine fasse, autrement elle
ne transmuera pas en Soleil; mais en transf-
muant la Lune, elle n'a pas beaucoup de
peine, car elle est pure & nette, presque
assez cuite, & est rouge en son intérieur,
tellement qu'il ne faut qu'un peu de médecine pour achever sa digestion, & pour parfaire la teinture occulte.

Si tu veux faire fin Soleil & Lune des
imparfaits, choisis celui qui d'entr'eux
est le plus parfait; sçavoir le cuivre, &
fais projection sur lui, blanche ou rouge,
selon que tu voudras transmuer & en
fondre, dix poids; & quand il sera bien
fondu, & si chaud qu'il commencera à tourner en fumée, jettes-y une dixiéme partie
de notre médecine, trois fois mise en
pelottes, & gouverne le feu comme j'ai
dit de la Lune; puis jette ta matiere en
lingot, & tu auras Soleil ou Lune, selon
que sera la médecine, meilleur que le naturel; les autres imparfaits se transmuent
aussi en Soleil & en Lune de cette façon,
mais ils ne sont pas ni si clairs ni si beaux,
que ceux qui sont faits de l'imparfait ci-dessus, parce qu'il est plus beau, plus clair,
& plus net que les autres imparfaits, & approche plus de la perfection.

Or si tu veux faire projection de cette
médecine sur le mercure vulgaire, tu le
peux faire, comme aussi sur le Mercure

des corps imparfaits, moyens & minéraux, sans aucune préparation, pourvû qu'en les transmuant, ils ayent été bien séparés & purgés de leur grosse terre, puante & infectée; car autrement la terre empêcheroit la perfection, & ne feroit rien qui vaille.

Notes en cet endroit, que le Mercure vulgaire, animé & réchauffé, se peut convertir en Soleil, quoiqu'il soit fermenté de Soleil ou de Lune, & non au contraire ; car le Mercure vulgaire, qui est seulement fermenté de l'Or, comme par exemple d'un poids & demi d'Or sur vingt-quatre poids dudit Mercure, qui par ce moyen est vrai Mercure d'Or, puisqu'il en a toutes les qualités, ne peut se transmuer en Lune, par la médecine blanche, parce qu'il est trop parfait, & qu'en se congelant & fixant avec elle, il tire toujours sur sa couleur d'Or, ou de Mercure ; & partant il faut conserver ce Mercure pour la multiplication, ou pour faire l'Or avec la médecine rouge, ou souffre du Soleil pour l'abbréviation.

Mais les autres Mercures que l'on peut tirer des imparfaits, & moyens minéraux, & tous autres Mercures vulgaires préparés, comme nous avons enseigné, excepté celui du Soleil, reçoivent la forme parfaite de la Lune par la médecine blanche, si tu les gouvernes comme s'ensuit.

Mets dans un creuset six poids de Mercure vulgaire, ou de quelqu'autre des im-

parfaits fur le feu de charbons ardens , &
l'y laisse tant qu'il commence à pétiller , &
s'envoler ; puis jette sur icelui un autre
poids de médecine , qui fondra incontinent , & en fondant elle congelera le Mercure : tous les deux se congeleront & fi-
xeront en une poudre grisâtre , qui ne fera
aucun signe de s'en aller ou s'envoler ; lorsque tu verras cela , tu approcheras &
accroîtras le feu autour du creuset , & le
soufleras doucement, puis continueras, tant
que la matiere commence à devenir fort
blanche , ou très-rouge ; ensuite couvre tout
ton creuset de charbons , & laisse mourir
le feu , & refroidir ta matiere ; après
quoi fonds-la , & tu auras bon Or ou
Argent , selon la nature de ta médecine.

Cette projection a été figurée par les Philosophes , disant que le Roi à l'issue de la
fontaine , amande tous ses sujets , & les a
fait Rois ; les a couronné de riches couron-
nes , voulant signifier par les sujets ces corps
imparfaits qui reçoivent la perfection par
la projection de la médecine ; ils ont aussi
figuré la fixation de tous les Mercures en
Or ou Lune , disant que les Oiseaux qui
passoient par dessus la chambre où étoit le
Roi , sarrêtoient & perdoient leurs aîles ,
appellans ainsi le Mercure du nom des Oiseaux ; ils ont même signifié cette projection , par les dents des Dragons résuscités ,

qu'ils difoient avoir tant de force, que leurs
dents jettées & femées en terre produifoient
des hommes, tant ils étoient vertueux ; fi-
gnifians par les dents la poudre de la médecine, & par les hommes, les Métaux imparfaits fondus en toutes fortes de Mercures ; ils ont auffi fignifié la projection, difans que leur Oeuvre étoit un jeu de petits
enfans, qui fe réjouiffent enfemble à faire
de petites chofes émerveillables, & qui font
bien aifées : voulans dire qu'après que la
médecine eft faite, ce n'eft qu'un petit
paffe-tems pour faire la projection, transmuer les corps imparfaits, & les rendre
parfaits.

Il eft tems maintenant de venir à la multiplication de la Pierre, qui eft de deux efpéces, l'une en vertu ou qualité, & l'autre
en quantité.

La multiplication en qualité eft une augmentation de vertu, tellement que la médecine qui n'a de vertu que fur dix poids,
fe multipliera en telle forte, qu'elle aura
force & puiffance fur cent, & celle de cent
étant multipliée ira fur mille, & ainfi de
fuite jufqu'à l'infini ; fi pourtant tu veux
que ta médecine tombe un poids fur cent
des Métaux imparfaits fondus, & fur autant de Mercure animé & échauffé, & fur
dix poids de Mercure vulgaire crud, & fans
être mortifié ni préparé, il faut commencer ton Oeuvre tout de nouveau en cette
façon.

2 3 4

Pagination incorrecte — date incorrecte

NF Z 43-120-12

Fais une Amalgame de quatre onces de
ta Médecine parfaite après la premiere
préparation ou façon, avec dix onces de
Mercure animé & cuit deux ans, pareil à
celui de quoi elle est faite, & te donne
de garde de prendre du Mercure animé de
Lune, pour amalgamer la Médecine rouge,
autrement tu gâteras tout ton Amalgame :
cela fait, lave & relave-la dans son eau,
tiéde & nette, en l'œuf philosophiphe, tant
qu'elle soit claire ; la matiere ne doit pas
passer la moitié dudit matras, lequel tu
sigilleras du sceau d'hermes, & le mettras
dans le fourneau sur le Feu philosophal.

Ce qu'étant fait, tu lui donneras le
premier dégré du Feu d'Egypte, jusqu'à ce
que la matiere soit dissoute, qu'elle commence à s'épaissir, & qu'elle soit noire ; puis
tu lui augmenteras le Feu d'Egypte d'un
dégré, & lui continueras tant qu'elle soit
plus blanche que neige ; & si c'est la Médecine blanche, pour lors le Feu d'Egypte est
fini, il faudra pourtant rallumer le Feu de
Perse pour le quatriéme dégré, lequel tu
lui donneras par quatre dégrés entiers, lesquels tu compasseras en longueur de tems
seulement, dans un des dégrés du Feu d'E-
gypte, & les départiras en quatre, donnant
à chacun dégré d'icelui Feu de Perse, une
quatriéme partie du tems du Feu d'Egypte ;
un de sept dégrés, comme j'ai dit, lui augmentant de moitié, & changeant l'un après

l'autre

L'ELUCIDATION
OU L'ECLAIRCISSEMENT
DU TESTAMENT
DE RAIMOND LULLE,
Par lui-même.

Uoique nous ayons composé plusieurs Livres des diverses opérations de notre Art philosophique, toutefois ce petit Traité, qui est notre dernier, est celui que nous préférons à tous les autres, parce qu'il mérite bien d'être intitulé de nous l'*Elucidation de notre Testament* ; d'autant que ce que nous avons véritablement caché en notre Testament, & en notre codicile, par de longs discours touchant les Ecrits des Philosophes, nous les éclaircissons ici fort nettement en très-peu de paroles : mais afin que je n'aye pas besoin de composer d'autres Livres, puisque la composition n'est rien autre chose, & ne consiste qu'en la subtilité d'un bel esprit à bien couvrir & cacher notre Art, ce qui a été démontré abondamment en nos Livres sort maintenant de son obscurité, & est conduit en une agréable lumiere ; d'autant que pas un des Philosophes n'a jamais osé faire cette entreprise,

Cependant nous divifons ce Livre en fix
Chapitres, dans lefquels tout le myftere de
cet Art eft éclairci par des paroles très-clai-
res, defquels Chapitres

Le premier traite de la matiere de la Pierre.

Le fecond traite du Vaiffeau.

Le troifiéme du Fourneau.

Le quatriéme du Feu.

Le cinquiéme de la Décoction.

Et le fixiéme de la Teinture, & de la multiplication de la Pierre.

CHAPITRE PREMIER.

De la matiere de la Pierre.

COmmençons donc premierement à faire connoître la matiere de notre Pierre;
car nous avons appliqué des chofes étrangéres à notre Magiftere par leurs fimilitudes;
toutefois notre Pierre eft compofée d'une
feule chofe, trine par rapport à fon effence
& à fon principe, à laquelle nous n'ajoûtons
aucune chofe étrange, ni ne la diminuons
pas; nous avons décrit auffi trois Pierres,
à fçavoir la minérale, l'animale & la végétale, quoiqu'il n'y ait feulement qu'une
pierre en notre Art; nous voulons, ô enfans de doctrine, vous fignifier que ce compofé contient trois chofes, à fçavoir ame,
efprit & corps. Il eft appellé minéral, parce
qu'il eft une miniere; animal, parce qu'il a

une ame ; végétal, parce qu'il croît & eſt multipliée, en quoi eſt caché tout le ſecret de notre Magiſtere, qui eſt le Soleil, la Lune, & l'Eau de-vie ; & cette Eau-de-vie eſt l'ame & la vie des corps, par laquelle notre Pierre eſt vivifiée ; pour cette raiſon nous la nommons Ciel, quinteſcence in-combuſtible, & autres noms infinis ; d'au-tant qu'elle eſt preſque incorruptible, com-me eſt le Ciel dans la circulation conti-nuelle de ſon mouvement ; ainſi par cette claire démonſtration vous avez la matiere de notre Pierre en toute ſon étendue,

CHAPITRE II,

Du Vaiſſeau.

NOus avons réſolu de parler à préſent de notre Vaiſſeau ; ô vous, enfans de doctrine, prêtez bien ici vos oreilles, afin que vous entendiez notre ſentiment & no-tre eſprit ; quoique nous vous ayons décou-verts plûſieurs genres de Vaiſſeaux qui ſont énigmatiquement décrits en nos Livres, toutefois notre opinion n'eſt pas de ſe ſer-vir de divers Vaiſſeaux, mais ſeulement d'un ſeul, lequel nous montrerons ici par des démonſtrations viſibles & ſenſibles, dans lequel Vaiſſeau notre Oeuvre eſt accomplie depuis le commencement juſqu'à la fin de tout le Magiſtere ; cependant notre Vaiſſeau

est composé ainsi ; il y a deux vaisseaux attachés à leurs alambics, de même grandeur,
quantité & forme en haut, où le nez de
l'un entre dans le ventre de l'autre, afin
que par l'action de la chaleur, ce qui est en
l'une & l'autre partie monte dans la tête du
vaisseau, & après par l'action de la froideur,
qu'il descende dans le ventre. O enfans de
doctrine, vous avez la connoissance de notre vaisseau, si vous n'êtes pas gens de dure
cervelle.

CHAPITRE III.

Du Fourneau.

NOus parlerons maintenant de notre
Fourneau, mais il nous sera fort fâcheux de rapporter ici le secret de notre
Fourneau, que les anciens Philosophes ont
tant caché ; car nous avons dépeint en nos
Livres divers Fourneaux : néanmoins je vous
déclare sincérement que nous ne nous servons
que d'un seul Fourneau, qui est appellé Athanor, duquel la signification est d'être un feu
immortel, parce qu'il donne toujours le
feu également & continuel dans un même
dégré, en vivifiant & nourrissant notre composé depuis le commencement jusqu'à la fin
de notre Pierre. O enfans de doctrine,
écoutez nos paroles, & entendez ; notre
Fourneau est composé de deux parties, ils
doit être bien bouché en toutes les jointures

de son enclos ; voilà comme est la nature de
ce Fourneau ; que le fourneau soit fait grand
ou petit, suivant la quantité de la matiere,
car la grande quantité de matiere demande
un grand Fourneau, la petite un petit ; il
faut qu'il soit fait à la maniere d'un Fourneau à distiller avec son couvercle, qu'il soit
bien clos & fermé ; ainsi quand le Fourneau
aura été composé avec son couvercle, faites
en sorte qu'il y ait un soupirail au fonds,
afin que la chaleur du feu allumé y puisse
respirer ; pour Fourneau. cette nature de
feu requiert & demande ce seul Fourneau,
& non pas un autre ; & la clôture des jointures de notre Fourneau est appellée le sceau
d'Hermes, d'autant qu'il n'a été connu seulement que des Sages, & n'est en aucun lieu
exprimé par aucun des Philosophes ; car il est
réservé en la Sapience, d'autant qu'elle le
garde par une puissance commune.

CHAPITRE IV.

Du Feu.

ENcore que nous ayons traité parfaitement en nos Livres de trois sortes de
feu, à sçavoir du naturel, du connaturel,
& du contre-nature, & de diverses autres
manieres de notre feu, néanmoins nous
voulons par-là vous signifier un feu composé de plusieurs choses, & c'est un très-
grand secret que de parvenir à la connois-

sance de ce feu, parce qu'il n'est pas humain, mais angélique; il faut vous révéler ce don céleste, mais de peur que la malédiction & exécration des Philosophes, qu'ils ont laissé à ceux qui viendront après eux, ne soit jettée sur nous; prions Dieu, afin que le trésor de notre Feu secret ne puisse passer & parvenir qu'entre les mains des Sages, & non pas en d'autres? O enfans de sagesse, prêtez vos oreilles pour bien entendre & appercevoir notre Feu composé, qui sera de deux choses; apprenez que le Créateur de toutes choses a créé deux choses propres entre les autres pour ce Feu, à sçavoir le fient de Cheval & la chaux vive, la composition desquels cause notre Feu, duquel la nature est telle : prenez le ventre du Cheval, c'est-à-dire du fumier de Cheval bien digeré une partie, de la chaux vive pure une partie; ces choses étant composées, pétries ensemble & mises en notre Fourneau, & notre Vaisseau étant placé dans le milieu contenant la matiere de notre Pierre, puis le Fourneau étant bien fermé de toutes parts; vous aurez alors le feu divin sans lumiere & sans charbon, qui est placé dans son Fourneau, & ne peut pas être autrement, ayant tout ce qui lui est nécessaire : mais ce fumier & cette chaux sont philosophiques, & s'entendent de notre matiere, qui a son feu interne & Divin; car notre feu artificiel est la foible chaleur que produit le feu de lampe.

CHAPITRE V.

De la Décoction.

IL y a auſſi pluſieurs manieres de préparations de notre Pierre en notre Teſta-
ment, qui ſont déclarées en nos autres
Traités ; à ſçavoir la ſolution, la coagulation, la ſublimation, la diſtillation, la calcination, la ſéparation, la fuſion, l'incération, l'imbibition & la fixation, &c. La ſignification de toutes ces opérations n'eſt que
la ſeule décoction ; cependant en notre ſeule
décoction, toutes ces manieres d'opérer ſont
accomplies, mais la nature de notre décoction eſt de mettre la matiere du compoſé
ſelon la meſure, dans ſon vaiſſeau, ſon fourneau, & ſon feu, en décuiſant continuellement ; c'eſt en quoi conſiſte tout notre Oeuvre, ſelon les Philoſophes ; par le moyen de
cette cuiſſon linéaire, douce dans l'abord, &
onctueuſe, la matiere parvient à ſa parfaite
maturité ; ce qui s'accomplira en dix mois
philoſophiques, depuis le commencement
juſqu'à la fin de tout le Magiſtere, ſans aucun travail de main ; mais nous voulons
par ces manieres & ces opérations ainſi décrites, vous faire connoître l'excellence &
la ſublimité de notre Art, & comment l'eſprit des Sages l'ont environné d'un voile té-

C c iiij.

nébreux, de peur que celui qui eſt indigne
de cet Art, n'atteigne juſqu'à la pointe de
la montagne de notre ſecret, mais plutôt
qu'il perſiſte dans ſon erreur, juſqu'à ce que
le Soleil & la Lune ſoient aſſemblés en un
globe, ce qui lui eſt impoſſible de faire ſinon
par le commandement de Dieu.

CHAPITRE VI.

De la Teinture & de la multiplication de notre Pierre.

NOus parlerons en dernier lieu de la
teinture & de la multiplication, qui
eſt la fin & l'accompliſſement de tout le Magiſtere ; car nous avons montré en nos autres Livres pluſieurs ſortes & manieres de
la projection de notre teinture ; toutefois
puiſque notre teinture n'eſt pas différente de
la multiplication, & que ni l'une ni l'autre
d'icelles ne ſe peut faire ſans l'autre, cependant il faut que notre Pierre ſoit auparavant teinte, & lorſqu'elle eſt teinte,
la quantité d'icelle eſt multipliée, & auſſi
par notre Pierre multipliée blanche ou rouge, el'e eſt teinte. O enfans de ſageſſe,
repouſſez les ténébres & les obſcurités de
votre eſprit, pour entendre le ſecret des ſecrets,qui eſt caché en nos Livres par une admirable induſtrie, lequel ſecret ſort ici d'un

abysme & apparoît au jour. Oyez & entendez,
d'autant que notre multiplication n'est autre
chose que la réiteration du composé de notre
Oeuvre primordiale composée; car en la premiere réiteration une partie de notre Pierre
teint trois parties du corps imparfait, & en
autant de parties il est multiplié & croît en
quantité; en la seconde réiteration une partie teint sept parties; en la troisiéme une
partie en teint quinze; en la quatriéme réiteration une partie en teint trente-une; en
la cinquiéme réiteration une partie en teint
soixante-trois; en la sixiéme réiteration, une
partie en teint cent vingt-sept, & toujours
elle est multipliée & augmentée en autant
de parties, en procédant ainsi jusqu'à l'infini.

Voilà, ô enfans de doctrine, comme
nos Ecrits qui avoient été cachés jusqu'à
présent sous des paraboles, sont découverts;
& nous les éclaircissons contre le pré-
cepte des Philosophes; mais nous voulons
bien nous excuser de leurs réprimandes &
de leurs reproches, de peur que nous ne
tombions par la permission divine dans leur
exécration & leur malédiction; cependant
nous mettons pour cela les paroles de ce petit Traité en la garde de Dieu Tout-puissant, lui qui donne toute science, & tout
don parfait à qui il veut, & l'ôte à qui il
lui plaît, afin qu'elles soient remises en la

puiſſance de ſa divinité ; & auſſi, afin qu'il ne permette pas qu'elles ſoient trouvées des impies & des méchans. O enfans de doctrine, rendez maintenant grace à Dieu, de ce que par ſa divine illuſtration, il ouvre & ferme l'entendement humain ; & que le ſaint Nom de Dieu ſoit béni en tous les ſiécles des ſiécles.

Ainſi ſoit-il.

ÉNIGMES

ET

HIEROGLIFS PHYSIQUES,

QUI SONT AU GRAND PORTAIL
de l'Eglise Cathédrale & Métropolitaine
de Notre-Dame de Paris.

AVEC

UNE INSTRUCTION TRÉS-CURIEUSE,
fur l'antique fituation & fondation de
cette Eglife, & fur l'état primitif de la
Cité.

Le tout recueilli des Ouvrages d'Efprit
Gobineau de Montluifant, Gentilhomme
Chartrain, Ami de la Philofophie naturelle & Alchimique, & d'autres Philofophes très-anciens.

Par un Amateur des Vérités Hermetiques,
dont le nom eft ici en Anagramme.

Philovita, ò, Uranifcus.

Dimitte Corticem, & recipe nucem ; tunc tibi fic
revelatur myfterium Sophorum, & intelligitur omnis Sa-
pientia.

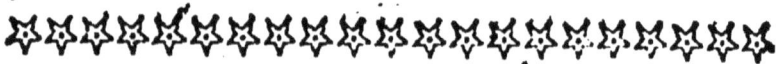

PRÉFACE PARABOLIQUE.

JE dis en vérité & équité, les vertus de l'Esprit Éternel de Vie, lesquelles Dieu a mises en ses Oeuvres dès le commencement du monde, & j'annonce sa Science. *Ecclésiastique*, c. 16. v. 25.

Le Sage qui écoutera, en sera plus sage, il entendra la Parabole, & l'interprétation du sens caché : il comprendra les paroles des Sages, leurs Enigmes, & leurs dits obscurs : parce que celui qui est instruit en la parole & en la connoissance du souffle animant & spirital de Vie, trouvera les biens, & le souverain bonheur. *Prov.* c. 1. v. 5, 6, 33. & c. 16. v. 20.

Car ceux qui trouvent ces choses, & leur révélation, ont la vie & la santé de toute chair, les maladies fuient loin d'eux. *Prov.* c. 4. v. 22.

Que celui qui a des oreilles pour entendre, entende. *Apocalypse.*

La lettre tue, le sens caché & spirituel vivifie. *S. Paul, Ep. 2. Corr.* c. 3. v. 6.

L'homme a sous ses yeux, & en sa disposition, la vie & la mort, le bien & le mal ; lui sera donné l'un des deux opposés, qu'il lui plaira choisir. *Ecclésiastique*, c. 15. v. 17. 18. & *Prov.* c. 4. v. 5. 6. 13. v. 14.

Le bien est dans le monde contre le mal, & la vie contre la mort : l'un est le remède de l'autre. *Ecclésiastique*, c. 33. v. 15. *Prov.* c. 3. v. 16. c. 12. v. 28. *Ecclésiastes* c. 3. v. 22. & c. 6. v. 8.

En effet, Dieu a fait toutes les Nations du Globe terrestre, capables de se guérir de leurs infirmités, & de se rendre la santé. *Sapience*, c. 1. v. 14. *Ezéchiel*, c. 18. v. 23. 32.

Dieu a créé de la terre une Médecine souveraine, que l'homme sage, sensé & prudent ne méprisera

point , pour la fanté & la confervation de fes jours,
Eccléfiaftique , *c.* 38. *v.* 4.

Quiconque en poſſéde la Science, a en main une
ſource certaine de vie & de fanté. *Prov. c.* 16.
v. 22.

La vie eſt dans l'unique voie & l'uſage de la fageſſe. *Prov. c.* 3. *v.* 22.

La fapience eſt la vie de l'ame. *Prov. c.* 12.
v. 28.

Qui conferve fon ame , conferve fa vie. *Prov.*
c. 16. *v.* 17.

La loi du Sage eſt une fontaine de vie , pour
éviter l'écueil, & la ruine de la mort. *Prov. c.* 13.
v. 14.

La fageſſe eſt la vie des chairs du corps , & la
fanté du cœur. *Prov. c.* 14. *v.* 30.

Celui qui la trouvera , trouvera la vie , & il
boira la potion falutaire envoyée du Seigneur. *Prov.*
c. 8. *v.* 35.

Ceux qui la poſſéderont auront le bois de vie ,
& feront heureux. *Prov. c.* 3. *v.* 18.

La fageſſe augmentera les forces du corps , &
les graces du viſage ; donnera au front une couronne brillante : fon fruit préfervera le Sage de
toutes maladies, & multipliera les années de fa
vie , parce qu'elle eſt fa propre vie. *Prov. c.* 4.
v. 9, 10, 11, 13.

INSTRUCTION

PRÉLIMINAIRE TRÉS-CURIEUSE,

SUR L'ANTIQUE SITUATION & fondation de l'Eglise de Notre-Dame , & sur l'etat primitif de la Cité de Paris.

L'ÉGLISE de Notre-Dame de Paris est située, placée & fondée à la pointe de l'Isle, où la Riviere de Seine se partageant & divisant en deux parties, semble embrasser le continent insulaire, & l'arroser de la fécondité vivifiante de ses eaux, causée par l'immersion en son sein, des rayons vivifiques du Soleil, venans de l'Orient ; ce qui rendoit le terroir gras & très-fertile, & faisoit regarder la Seine comme la mere Nourrice de tous les Habitans de cette Isle, & le Soleil comme leur pere ; c'étoit à cette idée que la Religion naturelle des premiers Citoyens devoit son origine & sa naissance ; & comme elle intéressoit essentiellement leur vie , ils n'avoient rien de plus précieux, pour quoi elle s'est long-tems perpétuée chez eux avec opiniâtreté.

L'on ne doit point s'étonner de l'étude profonde que leurs Philosophes faisoient de la Nature, pour découvrir les causes occultes, & en acquérir la connoissance & l'usa-

ge ; puifque c'étoit pour leur propre utilité
& le bonheur de leur vie. Ce défir & cette
occupation font naturels à l'homme ; auffi
faifoient-ils la mefure de toutes les actions
de ces Habitans : l'art de fe faire du bien
étoit donc un motif légitime que la nature
leur infpiroit , qu'elle leur dictoit , & gravoit
dans leurs cœurs. Ignorans alors la vraie
Divinité, & les préceptes de la Loi de grace
apportée au monde par Jefus-Chrift long-
tems après , pouvoient-ils fuivre un meilleur
guide que celui de la nature, qui leur pref-
crivoit les devoirs importans de leur confervation perfonnelle ? Le moyen artificiel de
fe faire & conferver la vie heureufe , a été
de tout tems l'objet premier & principal que
les hommes raifonnables & fenfés de toutes les Nations du monde , ont eu naturellement à cœur par-deffus tous leurs autres
devoirs humains ; ils y ont toujours dirigé
leurs vœux, leurs intentions, leurs recherches,
leurs peines, leurs travaux; la plûpart même en
ont fait l'objet , le fujet & l'acte de leur Religion ; ce qu'ils trouvoient de plus parfait &
vertueux dans la nature pour leur exiftence &
félicité , étoit ce qu'ils divinifoient ; ceux même qui , par leurs contemplations ou par révélation , ont été illuminés d'en-haut , véné-
roient les vertus Divines infufes en la nature , fous l'idée d'une premiere caufe préfi-
dant à tout , pour faire leur bonheur ; ce à
été de cette fource qu'eft fortie la Loi natu-

relle qui a fait la régle du Paganifme.

Selon l'opinion des anciens Philofophes naturaliftes, qui avoient communiqués leurs fentimens au Peuple de la Cité infulaire de Paris, la Seine étoit la caufe feconde de tous les bénéfices de la vie des Citoyens, en ce qu'elle leur tenoit lieu, & qu'elle faifoit l'office de la nature même, libérale pourvoyeufe à leurs befoins ; ils feignoient qu'elle les alimentoit d'un lait fucculent, vital & nourricier, repréfentant un humide radical de vie, impreigné d'un feu ou d'une chaleur célefte, fortant du fein des eaux, & du giron de l'humide radical univerfel & invifible, parce qu'il eft fpirituel, & produit par l'infufion amoureufe de l'Efprit univerfel de vie dans le plus pur & candide de la nature fublunaire, de laquelle il eft le Moteur, le premier Agent, & l'Artifte ; ils en inféroient que cet humide étoit la figure de la vraie mere Nourrice des Habitans, c'eft-à-dire, de leur premiere effence vitale, à laquelle il fe communiquoit par analogie : fuivant eux, cet humide y eft auffi attiré par l'Aimant fecret de leurs mixtes, qui fe le corporifient & identifient pour leur fubftance nourriciere, leur accroiffement, perfection & confervation : cette action réciproque, dite vertu magnetique, a fait appeller par les Sages, le fujet *vis duplex*, *telis*, *Virtia*, c'eft-à-dire double force, fubftance mâle & femelle, vertu d'en-haut & vertu d'en-bas

plus,

l'autre, tellement qu'au dernier, le feu soit bien fort & bien grand; puis laisse-le mourir, & refroidir la matiere sur les cendres. Mais si la matiere est fermentée de rouge, il faut que, lorsqu'elle aura acquis une couleur très-blanche, tu lui donnes après les trois dégrés encore un dégré de Feu d'Egypte, qui sera quadruple, & le continueras autant que l'un des autres, ou jusqu'à ce que la matiere soit bien rouge; lequel finit, le Feu d'Egypte finit pour la Médecine rouge; & alors il lui faut donner le Feu de Perse par quatre dégrés, ainsi que j'ai dit de la Lune; lequel étant fini, la matiere sera rouge comme un rubis, & fixe: tu la prendras & incéreras avec du Mercure, pareil à celui duquel elle a été faite, & la gouverneras ainsi que j'ai dit en l'incération; & tu réitéreras tant de fois qu'elle fonde comme cire, & alors elle aura dix fois plus de force & vertu qu'elle n'avoit; un poids tombera sur cent des imparfaits, moyens, & minéraux.

Si tu veux qu'un poids tombe sur mille, recommence l'œuvre tout de nouveau, prenant toujours la derniere Médecine. Fais donc ton Amalgame de deux onces avec dix onces de Mercure animé, & cuis ton œuvre tout du long, comme dessus; puis la commence encore, prenant de cette derniere Médecine, & fais l'amalgame d'une once d'icelle, avec cent de Mer-

cure ; augmentant toujours le poids du Mercure ou Menſtrue, dix fois autant que de la
Médecine ; c'eſt ainſi que la Médecine eſt
multipliée en vertu.

Il faut ici noter un très-grand ſecret tenu
fort caché par les Philoſophes , afin d'obſcurcir la multiplication en quantité ; car ſi
tu ne mets guére de Mercure , ſa froideur n'excéderoit pas l'extrême chaleur de la
Pierre, pour quoi il ne la pourroit diſſoudre ;
car elle ſe congéleroit en Soleil ou Lune incontinent, & cela avant qu'il eût le loiſir
de la réduire en Mercure comme lui ; ce
que ne faiſant point, la vertu de la Pierre
ne pourroit pas croître , ne pouvant recevoir de nouvelles décoctions.

Car tout ainſi que le Soleil n'engendre
rien, s'il n'eſt réduit en Mercure, & ſubti-
liſé en ſperme & ſémence de ſon eſpèce ;
ainſi ne fera la Pierre, ſi elle n'eſt miſe en
la premiere ſémence & ſperme du Mercure,
ce qu'une petite quantité de Mercure ne
ſçauroit faire ; car elle ſe congéleroit en Or,
avant qu'il eût diſſout la Médecine. Par-là
il eſt évident qu'il faut tant mettre de Mercure, qu'il ſurmonte la chaleur de la Médecine , & ainſi il ſe diſſoudra ; puis elle ſe con-
gélera ; & ſe congélant ſe fixera par la force
& continuité du feu , qui la décuira de nouveau ; & par ce moyen la vertu ſe décuplera
autant de fois , que la multiplication ſera
réitérée.

Nous avons affez parlé de la multiplication de qualité, il eft tems maintenant de
parler de celle de quantité, qui eft autant
éloignée de l'inftruction des Sophiftes, que
la précédente, tant en fubftance de matiere, que quantité & façon de faire; lefquelles les Sages ont inventé, afin que la poudre
de projection ne leur manquât, pendant qu'ils
refont l'œuvre de nouveau pour multiplier
la vertu de la Médecine; & auffi parce
que plufieurs ayant fait une fois la Pierre,
s'en contentent fans la refaire; & même parce que quelques autres l'ayant réitérée deux
ou trois fois, ne voulant plus s'y amufer,
défirent toutesfois que la matiere & poudre
ne leur manquent. C'eft donc pour ce fujet,
qu'ils fe font imaginés par raifons naturelles & véritables, d'augmenter leur poudre
de projection.

La multiplication donc en quantité eft
une augmentation d'un poids d'icelle, jufques à un poids infini, fans refaire de nouveau toute l'œuvre, & fans diminuer toutes les forces, vertus & qualités d'icelle;
mais en la conduifant en toutes les proportions de fa perfection, & en convertiffant
la matiere, c'eft-à-dire, en l'augmentant
& tranfmuant promptement en Médecine,
telle qu'eft celle à laquelle elle eft jointe,
felon la vraie méthode de notre Art.

Cette augmentation fe peut faire avec le
Mercure vulgaire du Soleil ou de la Lune, ou

bien ainsi qu'est mon intention avec le Mercure vulgaire proportionné en toutes ses qualités à celle du Soleil & de la Lune, ce que je t'ai enseigné ci-dessus ; mais il faut bien prendre garde de multiplier la Pierre blanche avec du Mercure animé du Soleil, ni la rouge avec celui qui est animé de Lune, car nous gâterions tout ; & au lieu de multiplier ta matiere, tu la perdrois, & éteindrois sa force & vertu.

Pour donc multiplier la Médecine rouge, prends deux onces de Mercure vulgaire, animé, d'un denier & demi sur une once, & cuis 'e tems requis ; puis le fais chauffer en un creuset ; lorsqu'il commencera à bouillir, jette sur ce Mercure, quatre onces de ta Médecine fusible sans l'ôter de dessus le feu, jusqu'à ce qu'elle ait congelé ledit Mercure en poudre, ce qu'elle fera bientôt ; puis tu l'ôteras, & mettras dans un matras bien lutté que tu boucheras bien ; après cela tu le laisseras sur un feu de charbon assez moderé & temperé, & l'y tiendras quatre jours entiers ; comme si tu voulois distiller ; puis augmente-lui le feu de moitié, & lui continue quatre jours entiers naturels ; finalement tu lui donneras encore huit jours entiers, beaucoup plus fort que les premiers.

A la fin desquels tu prendras ta matiere, & la mettras entre deux creusets luttés l'un sur l'autre, & la tiendras au feu

de reverbere par vingt-quatre heures pour l'a-
chever de fixer, lesquelles passées, tu laisseras refroidir la matiere, diminuant le feu
de six en six heures ; & au bout de dix-huit
heures, ta matiere n'étant pas refroidie,
tu entoureras le creuset de charbons ardens, & lui entretiendras encore six heures ; puis tu laisseras entiérement mourir
le feu, & refroidir la matiere ; lors tu auras deux onces d'augmentation de Médecine, qui aura autant de pouvoir que la premiere, & tu la pourras après multiplier
avec deux onces dudit Mercure, tu
ne la gouverneras ni plus ni moins que j'ai
dit, & tu auras quatre onces d'augmentation ; puis recommence le tout avec quatre onces de ton Mercure, réitérant ou-
jours avec nouveau Mercure, & tu multi-
plieras ta Médecine tant que tu voudras,
selon la projection requise, & tu auras de
meilleur Or que le naturel.

Et si tu veux multiplier ta Médecine
en poudre blanche, tu prendras deux onces de Mercure animé & fermenté de
Lune, cuit le tems requis, & quatre onces
de Médecine blanche, & en fais comme
de la rouge ; ainsi tu la pourras multiplier
jusqu'à l'infini, aussi-bien que la rouge ; partant si tu désires avoir grande quantité de
poudre de projection, il te faut animer
beaucoup de Mercure vulgaire, avec Or ou
Argent, & les cuire comme il a été dit ; &

quand il te manquera, tu en animeras derechef d'autre, & recuiras dans un ou plusieurs fourneaux, comme tu voudras; en faisant ton œuvre, tu la multipliéras en vertu, afin que quand elle sera faite, la matiere ne te manque point pour la multiplier en quantité.

Ces multiplications sont bien différentes de celles des Abuseurs & Sophistes, qui deshonorent la Science, laquelle les gens de bien, les Sages, Philosophes & Sçavans, honorent & reconnoissent véritable, confessant qu'un tel bien, ne vient point de nous, mais de la seule bonté de Dieu, pour en faire des aumônes, nourrir, entretenir, & revêtir les pauvres, femmes veuves, pupilles & orphelins, marier les pauvres filles délaissées, & nous entretenir à servir le Souverain Dieu le reste de notre vie. Ainsi soit-il à sa plus grande gloire, & à celle de la bienheureuse Vierge Marie, Mere de notre Divin Seigneur & Sauveur Jesus-Christ Fils de Dieu.

BIBLIOTHEQUE
DES PHILOSOPHES
ALCHIMIQUES,
OU HERMÉTIQUES,

TOME QUATRIE'ME.
SECONDE PARTIE.

Contenant des Ouvrages en ce genre,
très-curieux & utiles, qui n'ont
point encore parus.

*Spirat ubi vult & quando vult ; spirat autem omne verà
quod est bonum : de isursum est, & à Patre luminum.*

A PARIS,
Chez ANDRÉ-CHARLES CAILLEAU, Libraire,
Quay des Augustins, à l'Espérance & a Saint André.
M. DCC. LIV.

Avec Approbation & Privilege du Roy.

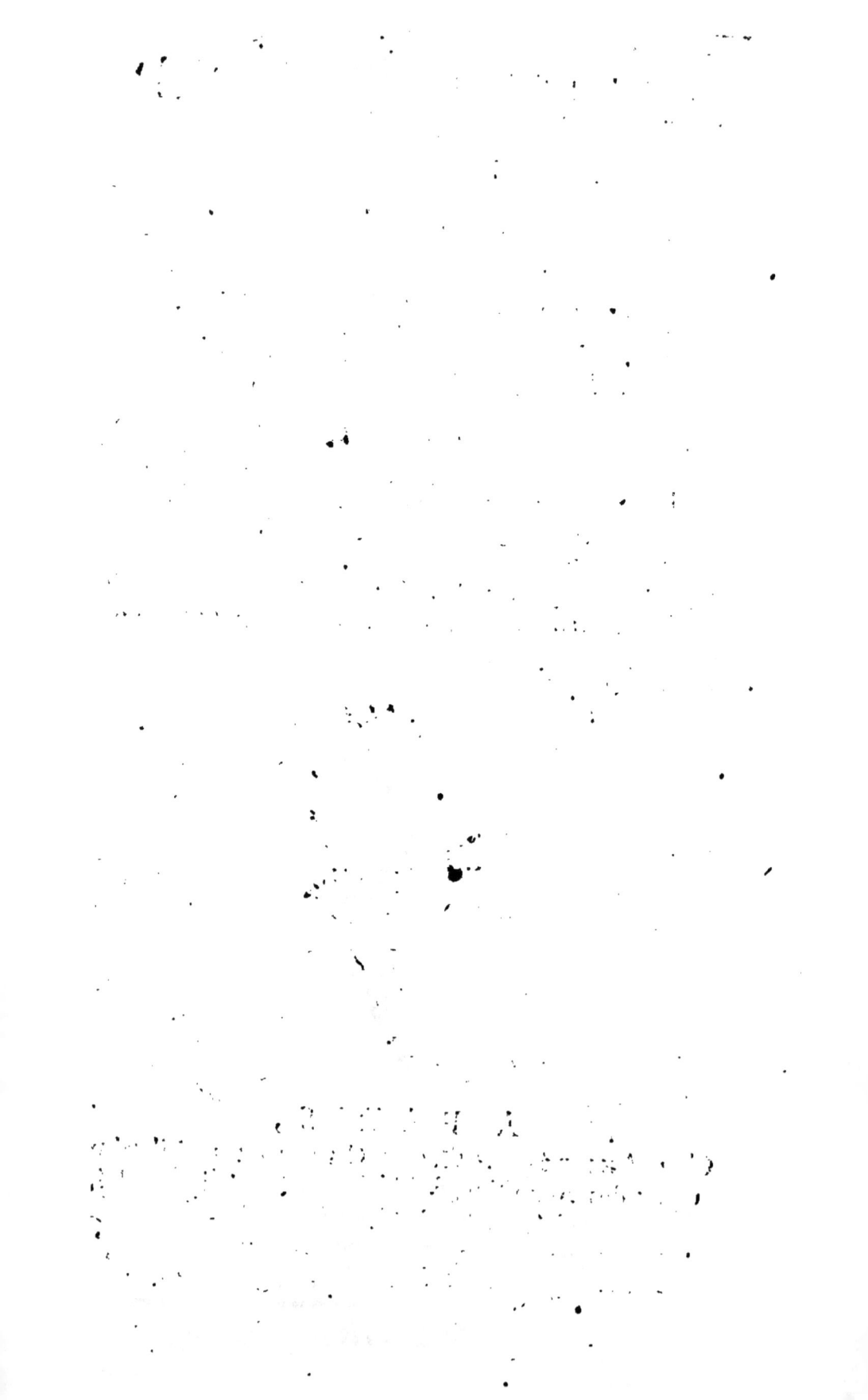

unïes, & sympathiques l'une de l'antre, pour opérer toutes les productions, selon le genre, l'espèce & la forme des sémences où elles s'insinuent & particularisent, en y donnant le mouvement & la vie.

Les lumiéres de la Religion Chrétienne ont évacués tous les phantômes ou les prestiges de celle naturelle, en nous révélant la vérité de Dieu, comme le seul Auteur & Conservateur de la Nature, & de toutes les Créatures qui sortent de son sein ; elles nous apprennent que ce même humide radical de vie, dans le sens mistique, représente simboliquement la Vierge sainte, Mere de Jesus-Christ, notre divin Sauveur, Réparateur & Conservateur, lequel a daigné habiter en elle, & se donner au monde pour son salut ; elle est la voïe par laquelle Dieu vient à nous, & par laquelle nous allons à lui ; en effet, par le Verbe Incarné dans ses flancs, il habite aussi en nous, en fait son séjour de délices & de plaisance pour notre conservation, tant que nous sçayons y maintenir son régne par la pureté qu'il aime ; car il est la pureté même, & il fust & abhorre toute impureté. c'est ainsi que les cœurs des fidéles Chrétiens sont les autels de la majesté Divine, & les habitacles des trésors & des graces, que le Seigneur Dieu en bon Pere, répand en eux, comme ses enfans chéris.

L'Incarnation du Verbe divin a été faite la voie de notre vie, & le moyen de notre salut ; elle nous a ouvert les portes du Ciel, & fermé celles de l'Enfer : notre ame & notre esprit y trouvent des armes victorieuses pour triompher de la mort par notre sanctification : le feu, la lumiére, & la chaleur de vie qui nous animent, & qui soutiennent notre foible & corruptible nature humaine, n'ont point d'autre principe ; nous en avons l'obligation à cette Épouse de Dieu, à cette Vierge sans tache, qui intercéde entre lui & nous, & auprès de lui en notre faveur, qui est encore notre Médiatrice, la Cité, la Maison de Dieu, & la Porte du Ciel ; enfin notre véritable Patrone, laquelle nous traduit tous les bénéfices célestes, & nous fait enfans de Dieu & d'elle.

Comme cette Vierge, Immaculée & incorruptible par l'opération de l'Esprit Saint en elle, a beaucoup d'amour pour Dieu, le Verbe sacré est aussi rempli d'amour & de grace pour elle ; pour quoi il l'a choisie pour être son saint Tabernacle, & le canal des graces célestes sur tous les humains, qui conservent le culte de son essence spirituelle par la pureté de leurs cœurs ; ces graces les assistent & les soutiennent, tant que l'offense & le péché n'irritent point sa bonté dans le séjour où il préside ; & les protége contre l'ennemi destructeur : & cette Vierge sainte qui nous communique ses faveurs, & ces bienfaits divins, s'y rend notre secours merveilleux ; par-là, elle fait notre

vie, notre ſalut , notre ame & notre eſprit
agréables à Dieu , pour notre propre bien &
bonheur : ce double amour d'union qu'elle
tranſmet en nous , pour nous attacher à notre Créateur & Conſervateur , & qui rend
notre nature ſi honorée & avantagée, a été
dit par S. Jean , *grace pour grace , que nous
recevons du Tout-puiſſant & d'elle* ; & il n'a
point fait les mêmes dons à toutes les Nations de la terre , autres familles de la Nature univerſelle ; car ſelon Salomon , *il a
préferé notre ſoufre à tout autre , par excellence* ; de tant & de ſi grands avantages nous
devons rendre à jamais les plus parfaites actions de graces , à Notre-Dame , Mere &
Tutrice.

Ces ſaintes vérités de notre Religion
avoient été entrevûes & même reconnues
dans la Phyſique de la Nature , laquelle eſt
le Livre de Dieu , & celui de ſa connoiſſance & de ſa ſcience, par certains Mages ,
Aréopagites , & Philoſophes plus illuminés
que les premiers , avant que la lumiere de
l'Evangile vint éclairer les eſprits ; ils y
avoient lûs & trouvés par leurs contemplations élevées , l'unique & véritable Divinité
ſuprême , & ſa vertu éternelle , comme la
ſource & la pierre ferme triangulaire de la
vie & du ſalut ; ils en avoient même répan-
dus dans les Gaules des idées miſtiques , que
les Peuples groſſiers de ces Contrées attri-
buérent au pur Naturaliſme , où ils puiſoient

toute leur Mithologie, quoique tous leurs anciens Simboles donnent bien à connoître le sens spirituel de la foi de nos Mistéres, & d'un *Souverain* être Créateur & Conservateur, auquel, en la personne de ses créatures, & en ses propriétés Divines, ils adressoient leur culte, sans connoître sa Divinité, parce que leurs cœurs & l'intelligence de leurs esprits étoient trop aveuglés sur les enseignemens qu'on leur en avoit donné ; & les Insulaires Parisiens, qui faisoient la plus petite partie des Gaules, eurent le malheur d'errer comme les autres dans cette ignorance, jusqu'à la révélation manifeste, qui leur fut apportée de la parole Evangélique.

» Dieu s'est communiqué particuliére-
» ment, dit l'Historien de l'Eglise de Char-
» tres, à trois sortes de Devins, avant l'In-
» carnation de son Verbe ; & l'on pourroit admettre une autre espèce de Prophétes plus anciens, qui en ont eu & donné des notions claires & positives avant tous les autres ; ce sont, comme les premiers, Hermes dit Mercure Trimegiste, & tous les Sages instruits de sa doctrine, lesquels avoient acquis dans l'étude de la Nature, & nous ont laissé par tradition la connoissance de nos Mistéres ; les autres ausquels la révélation en a été accordée, sont les Mages, les Sibilles, & les Drüides ; les Mages très-sçavans dans l'Astrologie, qui enseignent toutes les opérations & les événemens de ce bas mon-

de, dont les Aftres font les Tifferands, les
Gouverneurs & Annonciateurs par les vertus de leurs influences, ayant prévû que le
Dieu du Ciel devoit naître un jour fur la
terre, en attendoient l'avénement avec une
extrême impatience, & Dieu le leur mani-
fefta, tant par une révélation particuliere,
que par l'apparition d'un figne de fa fageffe,
c'eft-à-dire d'une étoile extraordinaire, qui
du Firmament s'étoit frayée une voie lac-
tée, blanche & fplendide jufqu'au berceau
de l'Enfant Divin, nouveau né à Bethléem en
Judée. Les Sibilles ont reçu le don de pro-
phétie en récompenfe de leur virginité,
comme étant le Simbole de la pureté, où
réfide & opére l'amour de Dieu; elles ont
été par lui infpirées, & ont auffi pénétré
dans les plus grands Miftéres de la Religion
Chrétienne; & les Drüides qui avoient eu
communication avec les Egyptiens, les Phéniciens, les Grecs, & les Juifs inftruits du
fens fpirituel de notre Religion, & qui même poffédoient leurs livres & leur cabale
miftérieufe, connurent par un efprit pro-
phétique, plutôt que par une prédiction fortuite, qu'une Vierge enfanteroit un jour
pour le falut & la félicité de l'Univers;
pourquoi ils lui éleverent des Autels en plufieurs endroits, avec cette infcription, *Vir-
gini paritura*, à la Vierge qui doit enfanter; mais par un efprit d'aveuglement ou
d'égarement, pervertiffant le fens miftique

& prenant le figne pour la chofe fignifiée,
ils inventerent à fon fujet mille imagina-
tions d'attributs naturels, quoiqu'infiniment
merveilleux, qu'ils donnerent à une Idole
par eux fabriquée, & qu'ils répandirent
dans les efprits des Parifiens, lorfqu'ils vinrent introduire leur Religion chez eux, ainfi
qu'on le verra dans la fuite.

Les Peuples des Gaules avoient leur origine plus ancienne que celle des Latins; l'é-
tabliffement de ces derniers dans le Pays
nommé *Latium*, étoit auffi beaucoup pof-
térieur à celui des Gaulois dans le leur. Lorfque Romulus commença à fonder Rome &
fon Empire, la Cité de Paris, dont le lieu
étoit enclavé dans les Gaules, n'exiftoit pas
encore, & ce lieu ne formoit qu'une Ifle
marécageufe prefque inhabitée, mais qui
par fa fituation fe défendoit naturellement
contre l'incurfion d'ennemis, comme retranchée par les bras de la Seine, lefquels
l'environnoient en fervant de Ramparts &
de Fortifications au peuple qui vint l'habiter.

Les premiers & très-anciens Habitans
de cette Ifle s'appelloient Luteciens, & le
nom leur en fut donné du mot *Lutum*, *à
Luto*, puifé chez les Latins qui s'étoient ré-
pandus dans les Gaules & en ce lieu : Ce
mot fignifie bouë, & leur fut appliqué, à
caufe que le lieu de leur Ifle & Habitation
étoit tout boueux ; c'eft-à-dire, que leur terrain détrempé & liquifié par le mélange de
l'eau ruiffelante à travers fes pores abon-

damment, & venante par la communication des deux bras de la Seine, formoit un limon de boüe ; relativement à quoi ils prirent pour armes de leur Cité, les crapeaux, dont le marécage de leur Iſle fourmilloit : il reſte même encore quelques veſtiges de ces Armories, ſur certaines Portes antiques de Villes qu'ils bâtirent, ou ſoumirent à leur obéïſſance dans la ſuite.

Dans ces tems de ténébres & d'ignorance, ce peuple ne connoiſſoit & n'adoroit encore que des Divinités du Paganiſme, auſquelles il avoit érigé pluſieurs Chapelles dans cette Iſle ; & comme l'écrit Céſar : « Mer- » cure étoit le principal Dieu que les Gau- » lois avoient en vénération très-miſtérieu- » ſe, & ils lui rendoient plus d'honneurs qu'à » tous les autres Dieux : pourquoi ils avoient » fabriqué beaucoup de ſes Simulacres & » Stâtuës, à côté deſquels étoit la figure du » Cocq, ſon attribut très-honoré » : la raiſon de cette prédilection étoit priſe dans l'opinion qu'ils avoient, que ce Mercure leur apportoit tous les biens du Ciel, avec lequel il entretenoit leur commerce & leur union ; qu'il préſidoit inceſſamment à leur conſervation, & qu'il étoit l'Inventeur de tous les Arts utiles à leur Patrie & à leur vie, dont il leur procuroit tous les moyens, ce qui avoit auſſi alluſion au Mercure philoſophique & à ſes grands talens ; car ils le prétendoient diſtributeur de tous biens dans le ſens hermétique : le

Cocq, dans leur façon de penfer, étoit le
figne de la vigilance & du foin qu'avec
chaleur ils devoient apporter à leur étude
& au travail pour leur avantage, comme
condition néceffaire au Culte de Mercure,
pour fe le rendre favorable, & obtenir à
leurs fins; ils fentoient le befoin qu'ils en
avoient alors pour fe polir, & rendre leur
vie plus gracieufe; car, quoique affez bons à
guerre, ils étoient fort ruftiques, peu en-
doctrinés & expérimentés dans les Arts:
leurs habitations même étoient fi groffiere-
ment bâties, qu'elles avoient la forme ron-
de & ruftique d'une glaciere, couverte de
chaume en pointe de clocher.

Le nom de Gaulois qui fut originaire-
ment donné à la Nation formée de divers
Peuples raffemblés, n'avoit fon Etimologie
allégorique qu'à ce Cocq, comme confacré
au Soleil, & à Mercure Divinité favorite:
les Lutéciens, ainfi que tout le général de
la Contrée, veneroient très-particuliere-
ment le Coq, enfigne & figure de la chaleur naturelle, que par l'entremife de Mercure meffager célefte, il fembloit tenir
du Soleil Levant, qu'il annonce par fon
chant matinal venir par les bénigues influences revivifier la Nature, comme pere
& auteur de toute vie & production. La
la Philofophie naturelle de ces Gaulois leur
enfeignoit que la lumiere & la chaleur du
feu Solaire, fous la fubftance d'un humide

radical qu'ils appelloient Mercure, se tradui-
sans sur leur Hemisphere, faisoient en cette union, par le séjour, la vie, la santé, la
réparation & conservation de leurs Etres ;
pourquoi ils témoignoient de si grandes reconnoissances au Cocq, en Latin dit *Gallus*,
qu'ils prirent & porterent son nom ; & sous
son Hyeroglif ils deïfierent ces vertus &
propriétés vitales, qu'ils jugeoient si nécessaires & bienfaisantes ; ils en ornoient même le faîte extérieur de leurs Temples, &
les pointes d'élevation en-dehors de leurs
Chaumieres ; car selon eux, le Cocq, le
Pigeon, l'Aigle, la Salamandre, ou l'Oiseau
du Paradis, étoient les symboles de cette
chaleur naturelle & de cet humide radical
unis ensemble, le premier pour la terre, le
second pour l'air, le troisiéme pour le Ciel
solaire & astral, & le quatriéme pour le
Ciel archetype.

Les anciens Gaulois, comme le Peuple
Latin à Rome, dont ils furent long-temps
les redoutables Emules, tantôt même les
Conquerans & Dominateurs, tantôt aussi
les Vasseaux & les Sujets, étoient dans l'usage de faire des Sacrifices, des Libations, &
autres Cérémonies superstitieuses : ils pra-
tiquoient l'aspersion de l'Eau lustrale sur les
biens de la terre en une procession qu'ils
faisoient dans les champs au mois de Mai,
pour obtenir du Ciel la prospérité & l'abondance des fruits nécessaires à la subsistance

de leur vie ; plusieurs autres excercices de leur Religion étoient observés fidélement chez eux par des Cultes, ou Féries solemnelles ; ils avoient des Fêtes publiques qu'ils célébroient avec beaucoup de pompe, souvent mêlées d'extravagances & de ridicule ; les plus recommandables parmi eux, étoient celles en l'honneur de Baccus & de Cerès, qui n'alloient point l'un sans l'autre, & souvent en la compagnie de Venus : ils les appelloient les petites & les grandes Orgies, suivies des Baccanales ; elles avoient leurs tems marqués, pendant lesquels les Arts & Métiers, & toute autre exercice ou service cessoient, pour s'y livrer librement : les petites Orgies commençoient le onze Novembre, que la moisson faite, les grains engrangés & battus, étoient bons à servir d'alimens ; & que la vendange aussi faite, le vin cuvé & antonné commençoit à se faire goûter, & devenir potable : ces réjouissances duroient plusieurs jours, souvent avec beaucoup de scandale.

Les grandes Orgies étoient le comble de tous les plaisirs, & commençoient à la fin Décembre : elles avoient plus longue durée que les premieres, & tenoient jusqu'à la Fête inclusivement du Roi en chaque famille, tiré au sort de la fève dans un gâteau : car ils usoient beaucoup de pâtisseries, de galettes, de fouces, de flans, & autres friandises : ces Fêtes étoient tant en l'honneur de Bacchus, que de

son pere Liber pour montrer qu'ils avoient
liberté entiere pour célébrer la Fête de celui
qu'ils imaginoient l'inventeur de l'usage du
vin, qu'ils trouvoient en ce tems très-fait,
de bon goût, & bien plus gracieux, les re-
pas, les danses, & les voluptés occupoient
tous leurs loisirs ; l'on peut bien juger des
autres excès & inconvéniens que cela produisoit. Il ne faut point omettre que les
Drüides en leur particulier célébroient ré-
ligieusement la Fête du Guy de Chêne le premier Mars ; ils alloient en procession en
chercher dans les bois & forêts, prétendans
que ce Guy avoit beaucoup de propriété
pour servir de remede à leurs maladies ; le
signal de leurs processions étoit de grands
cris & des acclamations qu'ils faisoient, en
disans, *au Guy, l'an neuf*; & en tenant une
branche à la main, ils buvoient en saluant
la santé les uns des autres.

Survenoient les Fêtes des baccanales, qui
commençoient à la fin de Février, & duroient pendant les premiers jours de Mars ;
c'étoit-là le tems des plus grandes joyes,
des banquets, des festins, de la bonne che-
re, des jeux, des farces, des mascarades,
& des extravagances de toutes sortes, qui
couronnoient les débordemens des précédentes ; toutes les folies y étoient permises,
& ces jours étoient ouverts à une entiere li-
cence, à beaucoup de dissolution & de désordre : c'étoit ainsi que se passoient les

grandes Fêtes de Baccus, & les superstitions de toute espéce, ce qui a regné long-tems: & il a été bien difficile de reformer ces abus chez ce peuple, qui s'en étoit fait une pratique & observation scrupuleuse pour servir & honorer ses faux Dieux, & leur témoigner ses reconnoissances des bienfaits utiles à sa subsistance, qu'il croiroit tenir d'eux: l'habitude en matiere de Religion est d'une force invincible, & passe au fanatisme.

Cependant survint la Secte des Drüides, peuple le plus fameux des Gaules, & dont la réputation faisoit très-grand bruit dans toutes les parties du monde; ils sacrifioient à Teutâtes, Hesus, Belenus, & Taramis, & principalement à Isis & à Osiris, à peu près dans le même sens de Religion Lutécienne: Les principaux Drüides passoient pour de grands Philosophes, Théologiens, & Astrologues; leurs Prêtres, qui avoient un Grand Prêtre & Sacrificateur à leur tête, observoient beaucoup de pureté dans leurs mœurs, & de gravité respectable dans leurs offices; au point qu'on les tenoit pour les Ministres des Dieux, & en si grande vénération, qu'ils étoient consultés par le Gouvernement temporel, pour tout ce qui intéressoit les affaires de la Nation; rien ne se faisoit à cet égard sans leurs avis qu'on trouvoit toujours très-judicieux: ils étoient aussi consultés par les autres Puissances & peuples de toute la terre, chez lesquels la renommée

avoit vanté leur ministere recommandable ;
les Oracles qu'ils rendoient, étoient repu-
tés de la bouche des Dieux, & avoient autant de force & d'effet que si le Ciel, &
tout le Conseil de l'Olympe eût parlé &
prononcé des Décrets ; ils tiroient leur science, leurs Idoles, & leur Religion, comme
j'en ai touché quelque chose, des anciens
Grecs, Juifs, Phéniciens, & Egyptiens, &
en tenoient des Ecoles publiques, où ils
professoient gratuitement ; souvent même
en place publique ils en haranguoient le peuple : cela a été long-tems en usage, & à la
mode. Le Sçavant Naturaliste Albert-le-
Grand haranguoit à la place Maubert, dite
de son nom. Delà est venue la coutume des
Opérateurs, qui vont dans les Places prôner
la bonté de leurs remedes sophistiques.

La croyance & le culte Religieux, propres aux Drüides, causoient chez les Étrangers & par-tout, trop d'admiration & d'estime, pour ne pas faire d'impression sur les
Insulaires Lutéciens, leurs voisins ; ils s'é-
tendirent & repandirent chez eux de bouche
en bouche, & sans contrainte ; & comme ils
avoient beaucoup de conformité à la Religion de la Cité, ils y furent reçus & adop-
tés avec confiance, & y prirent aisément racine & empire : on y fonda des Temples à
l'honneur des deux Divinités Payennes les
plus accréditées, & les Chapelles deja baties
sous la Dédicace d'autres Déités, furent

changées fous l'Invocation d'Ifis & d'Ofiris
fon mari, qu'on y fubftitua, en obfervant
les formalités de leur Culte.

Ce fut à cette occafion, que les habitans
de cette Ifle, qui formoit la Cité des Lutéciens, comme qui diroit des Boüeux,
changerent auffi de nom; & que de l'avis de
certains Philofophes Drüides & Payens, ils
en prirent un moins fale, & plus relevé dans
l'idée de leur Paganifme, comme propre &
fpécial à la Divinité principale qu'ils adoroient, en s'appellans Parifiens, du mot *Pa-
ra-Ifis*, qui veut dire felon Ifis, ou femblables à elle; pour faire entendre que cette
Ville fuivoit fon Culte, & que cette Idole
étoit leur Divinité tutélaire.

La Déeffe Ifis étoit lors fort en vogue
dans les Gaules, & les Parifiens agrandiffans
leur Cité au-delà de leur Ifle, fur les terri-
toires adjacens & limistrophes, lui avoient
édifiés des Temples, & dreffés des Autels en
divers lieux, & villages; entr'autres au lieu
dit aujourd'hui l'Abbaye Saint Germain des
Prez, attenant l'Eglife: l'on prétend même
que fa Chapelle fubfifte encore, & a été
confervée fous une autre Dédicace qui lui
a été donnée depuis: ils avoient femblable
Temple au village d'Ifly près Paris, & qui
porte encore le nom de l'Idole qui y re-
gnoit; ce Temple étoit fuccurfal de celui de
S. Germain des Prez, beaucoup plus fréquenté, & comme fondé fur fon Territoire. Ils

,en avoient établis plufieurs autres au même titre en divers endroits, dont on peut voir la Relation dans les Antiquités de la Ville de Paris.

Il n'eft pas indifférent pour les Curieux de fçavoir que les Gaulois avoient bâti & dédié en l'honneur du Dieu Mars, un Temple magnifique fur la plus haute montagne des environs de Paris, & qui commandoit à la Cité; cette montagne s'appelloit le Mont de Mars, aujourd'hui dite Montmartre. La raifon de cet Edifice en ce lieu, étoit, fuivant l'efprit des Fondateurs naturaliftes, que ce Mont fort élevé étoit le premier fufceptible de l'influence célefte qui defcend fur la terre revivifier la nature & les corps, à l'Equinoxe du mois de Mars, fous le figne du Belier, où commence la conception de la Séve de tous les Mineraux, les Végetaux, & animaux, pour produire leurs fruits, & qui eft un tems fort précieux & recommendable pour les vrais Philofophes Hermétiques : le fecret de la Nature avoit grande allufion, même un rapport particulier, à tous les Hyeroglifs Phifiques qu'on a attribués à Ifis; & ce Temple étoit une efpéce d'hommage que les Gaulois rendoient à cette influence, & au prétendu Dieu Mars en même tems car non-feulement ils adoroient les Planetes, mais encore leurs vertus & propriétés nominales ou configuratives dans les différens Etres naturels, comme émanés d'une Divinité suprême.

Suivant leur Mithologie, & la Doctrine des Drüides, la Déesse Isis étoit encore ce même humide radical universel, inflüé de la Lune qu'ils regardoient comme la mere originelle de toute génération & conserva- tion : Le Dieu Osiris époux d'Isis, étoit la chaleur naturelle inflüée du Soleil en cet humide Lunaire, & opérante en lui, com- me prétendans le Soleil le pere & l'Auteur de tout mouvement & de toute vie, par- conséquent de toute création & production; pourquoi Osiris étoit souvent pris pour le Soleil même, où l'esprit de son souffre igné : comme Isis étoit aussi prise pour la Lune même, ou l'esprit de son humide ra- dical : l'opinion qu'ils formoient & conce- voient de leur Philosophie, étoit fondé sur un principe de la nature, reconnu par tous les Phisiciens ; ils l'expliquoient, en disant que la chaleur naturelle & l'humide radical sa matrice, son enveloppe & son véhicule, appellés par d'autres souffre & mercure, feu & eau, faisoient une substance de ma- tiere premiere & hyleale, comme décoction des quatre Elemens, dans laquelle étoient encloses toutes les vertus & propriétés du Ciel & de la terre, non-seulement virtuel- lement, mais encore activement : que cette substance se filtrant & insinuant dans les se- mences & les mixtes, plus ou moins recti- fiée, y introduisoit la chaleur & l'humidité naturelles ;

naturelles, qui par leur union, séjour &
coopération, étoient la vie & la santé de
tous les corps; & que ces corps tiroient de
ce canal l'origine de l'esprit animé, ou
de l'ame spirituelle qui les faisoit agir & sub-
sister, qui même par art pouvoit les reparer,
régénérer, & conserver.

Ce peuple avoit pour sistême un antique
axiome des Sages de la Grece, que l'eau
étoit la matrice, la pepiniere, & la mere de
laquelle toutes choses dérivent, & par laquelle elles se font ce qu'elles sont ; *aqua*
est ea, âquâ omnia fiunt ; & sous l'idée
d'eau, il entendoit un certain humide Lunaire
qui en émane, sous la forme d'une essence
remplie du feu Solaire, donnant l'être, la
vie, l'action & la conservation à toutes les
générations ; & c'étoit cette même essence
qu'il entendoit représenter sous l'emblème
d'Isis, & l'idée allégorique qu'il s'en faisoit ;
pour expliquer l'Enigme en un seul mot,
Isis figuroit l'assemblage de toutes les vertus supérieurs & inférieures en unité dans
un seul sujet essentiel & primordial : enfin
cette Idole étoit l'image de toute la nature
en abrégé, le symbole de l'Epitome & du
Théleme de tout ; c'étoit sous cette allégorie que les Philosophes avoient donné leur
science à la Nation, & qu'ils avoient dépeint & assortis la nature même, ou la matiere premiere qui l'a contient, comme mere de tout ce qui existe, & qui donne la vie

à tout. Telle étoit la raison pour laquelle ils attribuoient tant de merveiles à la nature, en la personne de la fauſſe Divinité d'Iſis ; mais en ce ſens ils n'entendoient diviniſer & n'adorer que la Nature, & ſes propriétés inſignes : ils n'étoient point aſſez ſtupides & inſenſés pour adreſſer leur Culte à des figures inanimées, d'or, d'argent, de pierres, de bois, ou d'autre matiere impuiſſantes & incapables par elles-mêmes d'aucun effet ; les grandes connoiſſances qu'ils avoient foncierement acquiſes dans la nature, leur préſument trop de lumieres ſublimes, pour avoir donné dans cette groſſiere abſurdité, très-éloignée du ſens commun & de la raiſon, départis à tous les hommes dès la création du monde.

L'on peut même obſerver à la louange des Philoſophes Payens, que s'ils n'ont pas eu le bonheur de révéler & connoître le véritable & unique Dieu de l'Univers, l'Être ſuprême dont l'Eſprit éternel gouverne le Ciel, les Aſtres, la Terre & toutes les Créatures, au moins ils préſumoient la néceſſité de ſon éxiſtence & de ſa vérité immortelle ; & que leurs cœurs & leurs eſprits étoient portés en contemplation vers lui : la plûpart en leur vie & à la mort, en ont confeſſé la foi par des actes certains, dignes de mémoire ; les Fables même ingénieuſes qu'ils ont inventées pour caractériſer les vertus Divines de la nature, & l'art

fecret de fes opérations , font des fictions
fous lefquelles ils ont caché fes myfteres ,
comme ayant leur fource dans la Sageffe
d'un premier Moteur, dont la Majefté ref-
pectable exigeoit cette difcretion à l'égard
du peuple groffier & profane, qui tourne à
mépris & à mal les chofes les plus facrées ;
& c'étoit l'effet de leur prudence.

L'on doit donc fixer fon attention à con-
fidérer que les Parifiens , en adorant Ifis ,
à laquelle ils attribuoient principalement les
propriétés de la Lune, & celles du Soleil
unies à elle, adoroient précifement la Nature & fes vertus Divines ; par-là ils fe faifoient une Divinité, de laquelle ils fe difoient iffus , & qu'ils veneroient religieufe-
ment comme leur principe, pour leur confervation ; nous découvrons l'explication de
cette Divinité myftérieufe, dans les Tradi-
tions même des Auteurs de l'Antiquité : le
monument d'Arlus Balbinus portoit cette
Infcription : *Déeffe Ifis , qui eft une , &*
toutes chofes ; Plutarque parlant d'Ifis dit ,
qu'à Saïs dans le Temple de Minerve, qu'il
croit être la même qu'Ifis, on lifoit: *Je fuis*
tout ce qui a été, tout ce qui eft, & tout ce
qui fera : nul d'entre les Mortels n'a encore
levé mon voile parfaitement. Apulée , Mé-
tamorphofes , fait parler *Ifis* en ces termes
remarquables : *Je fuis la Nature , Mere*
de toutes chofes, Maîtreffe des Elemens , le
commencement des Siécles, la Souveraine des

Dieux, la Reine des Mânes, ... ma Divinité uniforme en elle-même, est honorée sous différens noms, & par différentes Cérémonies: les Phrigiens me nomment Pessimextienne, Mere des Dieux ; les Athéniens, Minerve, Cecropienne ; ceux de Cypre, Venus ; ceux de Crete, Diane, Dictinne ; les Siciliens, Proserpine ; les Eleusiens, l'ancienne Cérès ; d'autres Junon, Bellone, Hecate, Rhamnusie ; enfin les Egyptiens & leurs voisins, Isis, qui est mon véritable nom.

Il faut donc maintenant se départir de tous préjugés vulgaires sur le compte des Payens, & ne plus s'imaginer qu'ils ayent supposés Divinités les Statuts matérielles qu'ils veneroient, comme étant la représentation seulement des vertus Divines, qui faisoient l'objet de leur Culte dans la nature. Il faut aussi se rendre à la preuve évidente, que la Nature, servante de la Divinité, industrieuse & habile Artiste de sa propre matiere, a été sous le personnage d'Isis, le sujet essentiel de la Religion des Peuples anciens, qui ont passés pour les plus sensés ; & que la Statue materielle n'étoit aussi que l'image des attributs célestes, & des propriétés merveilleuses de la même nature ; mais il convient encore de reflêchir sur l'esprit dans lequel ils concevoient la Nature, où sa matiere sommaire : ils ne la regardoient point comme opérante par elle-même, sans Moteur, Adjuteur, & Agent ou

Archée, car ils étoient trop inſtruits des ſecrets de la Phiſique, qui établit la Loi certaine, que nul corps ne peut échauffer, mouvoir, animer, & vivifier ſa propre matiere : ils ſçavoient parfaitement que la Lune ne ſçauroit engendrer & produire ſes influences humides ignées, ſi le Soleil n'influe, n'agit, & n'opere en elle, pour la faire concevoir, & enfanter ſes productions bénéfiques à la température des corps ſublunaires; par la même raiſon, ils n'ignoroient pas que l'eſprit ne peut rien, ſi l'amene le meut, ne le gouverne & ne le fait opérer ; de la même façon que le corps ne peut agir, ſi l'eſprit animé ne l'actionne, vivifie : & gouverne : ils étoient plus verſés dans la connaiſſance de ces principes naturels, qu'on ne l'eſt de nos jours, où tout eſt pris au ſuperficiel, à la lettre de la Fable, & dans le goût de l'inſipide folie, toujours aveugle.

Or, conſidérans la nature & ſa matiere en racourci, par elles-mêmes inanimées & non mûes, ils étoient perſuadés qu'elles ne pouvoient agir aux effets deſtinés, que par le moyen de l'animation, action, coopération, & vivification d'un premier Moteur, qu'ils réputoient être un eſprit de feu inviſible infus en elles, & procédant de la racine ſolaire : ſelon leur interprétation, cet eſprit de feu étoit une certaine émanation vertueuſe d'un premier & ſouverain Etre, régiſſant le Soleil lui-mê-

même, & toutes les Créatures ; & ils croyoient adorer cet Etre suprême sans le connoître en rendant leurs hommages à la Nature, & à sa matiere principale en abré-gé, lesquelles le contenoient en leur sein, pour le traduire & tranlmettre au monde : car ils tenoient pour maxime & point de doctrine, que tout ce qui avoit vie, ne la possédoit que comme *origine céleste* : Ovide lui-même en a témoigné son sentiment, en disant que *Dieu est en nous* ; Ciceron & tous les grands personnages de l'Antiquité, ont parlé & pensé de même ; donc ils recon-noissoient un Dieu, Auteur de la Nature, & de toutes choses, comme intus par son Es-prit éternel opérant en elle, & leur conser-vateur.

Socrate & Platon, auxquels l'on n'a pû refuser le nom de divins, ont attesté à l'Univers entier la vérité du seul Dieu qui le gouverne ; eux & les grands hommes de l'Antiquité profane, ont toujours entendu sous le nom de Jupiter, » ce Dieu, Roi & » Seigneur du monde, en la puissance du-» quel tout étoit : » ce sont les termes de leurs expressions ; ils s'en sont expliquez clairement, » en le nommant aussi très-» bon, tres-grand, la source d'où vient la » vie de toutes choses, l'ame générale & » universelle de tous les corps & de toutes » les creatures, l'Esprit divin qui produit » & gouverne l'Univers ; & communément

» ils l'appellent *Dieu* ; le Philosophe Sénéque aux questions naturelles écrit, » Que
» les plus Sages anciens n'ont pas cru que
» Jupiter, ou le Dieu du Ciel & de la terre,
» fut tel qu'on le voyoit au Capitole, & es
» autres Temples avec le foudre à la main ;
» mais que par lui ils ont entendu une su-
» prême intelligence, un esprit gardien &
» recteur de l'immense Univers, un parfait
» Architecte qui a fait cette grande machi-
» ne du monde, & qui la gouverne à la vo-
» lonté, ainsi que toutes les créatures qui
» en sont engendrées & régénerees, comme
» étant l'Ouvrage de la Vertu & de la Scien-
» ce de son Esprit éternel de vie : de sorte
» qu'on le pouvoit appeller Destin, Provi-
» dence, Nature, Monde, Univers, & tout.»
Ce qui est assez conforme aux idées qu'en ont
conçues S. Basile, S. Thomas, S. Antoine,
& S. Augustin, qui disent : *Qu'est-ce que
la Nature, sinon Dieu !* Les sentimens des
autres Peres de l'Eglise s'y rapportent aussi.

Le même Sénéque a fort bien expliqué
le sens dans lequel il comprenoit Dieu comme la Nature même ; » La pure Nature,
» dit-il, n'est autre chose, que Dieu, Sa-
» gesse ; nous l'appellons Destin, parce que
» de lui toutes choses dépendent, ainsi que
» l'ordre des causes qui sont l'une par-dessus
» l'autre, c'est-à-dire subordonnées har mo-
» niquement, & tout procede de lui : nous
» le nommons Providence, parce qu'il pour-

» voit à ce que le monde aille continuelle-
» ment & perpétuellement à son cours dé-
» terminé & ordonné; nous le disons Nature,
» parce que de lui naissent toutes choses ,
» & par lui est, vit, agit & se soutient ce
» qui a vie : nous l'appellons encore Monde,
» parce qu'il est tout ce qu'on voit ; il se
» soutient de sa propre vertu : ainsi nous le
» croyons être en tous lieux , & remplir de
» soi toutes choses ; ce qu'à aussi exprimé
» Virgile , l'Univers est rempli du souverain
» Jupiter, qu'en plus d'un endroit il explique
» être Dieu ; Orphée disoit, qu'il est le pre-
» mier & le dernier de toutes choses, *Alpha*,
» *& Omega* ; qu'il fut devant tous les tems,
» qui à jamais ont été & seront après tous
» ceux qui viendront; qu'il tient la plus haute
» partie du monde , & touche aussi la plus
» basse ; enfin qu'il est tout en tous lieux. »
Ces autorités de la bouche des Payens même, ne nous laissent point douter des notions qu'ils avoient de la Divinité suprême :
S'ils ont abusé de leurs connoissances, il
faut l'imputer à la dépravation de l'esprit
humain, qui se laisse aisément séduire par
l'illusion des apparences trompeuses : Salomon lui-même, que Dieu avoit comblé des
dons de la Sagesse, n'a-t-il pas eu la foi-
blesse de donner dans cet égarement, par
son culte envers les Idoles ? Il est vrai qu'il
eut le bonheur de reconnoître & de détester
son erreur.

L'on

L'on remarque que toutes les idées de Religion des Payens avoient leur source & leurs
principes en la Région céleste ; car , selon
certaine Tradition , Horus , qu'ils faisoient
le Dieu des heures du jour & de la vie , étoit
par eux reputé l'enfant d'Isis & d'Orisis ,
c'est-à-dire de la nature & de la chaleur du
feu Solaire , que nous appellons humide radical & chaleur naturelle , qui nous sont envoyés du plus haut des Cieux , par l'Esprit
éternel de vie : on a même vû il y a peu
d'années quelques antiques Statues placées
sur d'anciens Temples , lesquelles représen-
toient Isis , tenant entre ses bras Horus
ayant une longue barbe au manton , pour
montrer sa vieillesse , quoi qu'il parût renouvellé , jeune & merveil chaque jour de
l'année , pourquoi on lui faisoit la face blanche , & les joües dorées. Son visage étoit
plus quarré que rond , pour marquer que
les heures étoient prescrites aux quatre Élemens & aux corps , pour les travaux de leurs
Spheres, & qu'il les y circuloit incessamment
avec le jour , selon l'ordre établi dans
la Monarchie universelle ; comme Horus
passoit même pour la lumiere , & le Dieu du
jour , en qualité de fils d'Osiris représen-
tant le Soleil , il portoit quelques attributs
d'Apollon aussi fils du Soleil , & le Dieu de
la lumiere, suivant la Fable ; pourquoi étoient
portairilés à ses côtés, derriere lui & à sa suite,
vingt-quatre petits vieillards, qui signifioient

les vingt-quatre heures, lefquelles d'origine
ancienne divifoient le jour & la nuit en
vingt-quatre parties ; tout cela formoit bien
la defcription des opérations de la Nature,
produites par celles du Ciel, en fuppofant
que tout ce qu'ils ont de vertueux étoit paflé
en la perfonne d'Horus, fans en fouftrir
altération.

Les Statuës d'Ifis avoient tous les fymbo-
les de la Lune, même ceux du Ciel aftral,
& de la Région terreftre, à laquelle elle étoit
cenfée faire tant de bien ; on a trouvé plufieurs Idoles de cette Divinité du Paganifme, fur lefquelles l'on voyoit les marques
de fes dignités & propriétés, comme fi l'on
eût voulu perfonnifier en elle la Nature univerfelle, mere de toutes productions, laquelle
les payens concevoient pour objet de la figure repréfentative : tantôt elle étoit vêtue
de noir, pour marquer la voie de la corruption & de la mort, commencement de toute
génération naturelle, comme elles en font le
terme & la fin, où tendent toutes les créatures vivantes dans la roüe de la Nature,
pour fe régénérer, & renouveller, ainfi qu'il
plaît au Créateur ; la robe noire qu'on donnoit à Ifis, montre encore que la Lune, ou
la Nature, ou bien encore le Mercure philofophique. qui eft leur diminutif, & leur
fubftance opérative de toutes les générations, n'a point de lumiere de foi, étant un
corps opaque ; mais que ce corps effentiel

l'a reçoit d'autrui, c'eſt-à-dire du Soleil,
& de ſon eſprit vivifiant, qui y eſt infus &
en eſt l'agent : tantôt elle avoit une robe
noire, blanche, jaune, & rouge pour ſignifier les quatre principales couleurs, ou les
dégrés pour la perfection de la génération,
ou de l'œuvre ſecret des Sages, dont elle
étoit auſſi le ſujet, l'objet, & l'image.

Les autres hyeroglifs qu'on lui donnoit,
ne ſont pas moins curieux, & ils contiennent des ſens cachés fort ingénieux, encore
pris dans la nature ; on lui mettoit ſur la
tête un chapeau d'auronne, ou cyprès ſau-
vage, pour déſigner le deuil de la mort
phiſique d'où elle ſortoit, & faiſoit ſortir tous les êtres mortels, pour revenir à
la vie naturelle & nouvelle, par le chaṅge-
ment de forme, & les gradations à la perfection des compoſés naturels. Son front
étoit orné d'une Couronne d'or, ou guir-
lande d'olivier, comme marques inſignes
de ſa ſouveraineté, en qualité de Reine du
grand monde, & de tous les petits mondes,
pour ſignifier l'octuoſité auriſique ou ſulfu-
reuſe du feu ſolaire & vital, qu'elle portoit &
répandoit dans tous les individus par une circulation univerſelle ; & en même tems pour
montrer qu'elle avoit la vertu de pacifier les
qualités contraires des Elemens qui faiſoient
leurs conſtitutions & temperamens, en leur
rendant & entretenant ainſi la ſanté. La figure d'un Serpent entrelaſſé dans cette Cou-

ronne, & dévorant sa queue, lui environ-
noit la tête, pour noter que cette oléagino-
sité n'étoit point sans un venin de la corruption terrestre, qui l'enveloppoit & entouroit orbiculairement, & qui devoit être
mortifiée & purifiée par sept circulations
planetaires, ou aigles volantes, pour la santé
des corps ; de cette Couronne, sortoient trois
cornes d'abondance, pour annoncer sa fécondité de tous biens, sortans de trois principes antés sur son chef, comme procedans
d'une seule & même racine, qui n'avoit que
les Cieux pour origine.

Il semble que les Naturalistes Payens
ayent pris plaisir à rassembler en cette Idole
toutes les vertus vitales des trois regnes
& familles de la Nature sublunaire, laquelle ils entendoient encore représenter,
comme étant leur mere originelle, le sujet
essentiel, & en même tems l'Artiste ; l'on
remarquoit à son oreille droite l'image du
Croissant de la Lune, & à sa gauche la figure du Soleil, pour enseigner qu'ils étoient
les pere & mere, les Seigneur & Dame de
tous les êtres naturels, & qu'elle avoit en
elle ces deux flambeaux ou luminaires, pour
communiquer leurs vertus, donner la lumiere & l'intelligence au monde, & commander à tout l'empire des animaux, végétaux, & minéraux : sur le haut du col au
derriere de la tête, étoient marqués les ca-
racteres des Planettes, & les signes du Zo-

diaque qui les affiftoient en leurs offices &
fonctions , pour faire connoître qu'elle les
portoit & diftribuoit aux principes & femences des chofes, comme étant par leurs influences & propriétés les gouverneurs de tous
les corps de l'univers, defquels corps elle
faifoit ainfi des petits mondes.

Cette Déeffe profane , ou plutôt cette
Statue de la nature idéale & imaginaire,
tenoit en fa main droite un petit Navire,
ayant pour mât un fufeau , & duquel fortoit
une éguerre dont l'anfe figuroit un ferpent en-
flé de venin; pour faire comprendre qu'elle
conduifoit la barque de la vie fur la Saturnie,
c'eft-à-dire fur la Mer orageufe du tems;
qu'elle filoit les jours, & en ourdiffoit la tra-
me: elle démontroit encore par-là, qu'elle
abondoit en humide fortant du fein des
eaux, pour alaiter, nourrir & temperer les
corps, même pour les préferver & garantir
de la trop grande aduftion du feu folaire,
en leur verfant copieufement de fon giron
l'humidité nourriciere, qui étoit la caufe de
végétation, & à laquelle adheroit toujours
quelque venin de la corruption terreftre,
que le feu de nature devoit encore mortifier, cuire , diriger, meurir, aftralifer, &
perfectionner, pour fervir de reméde univerfel à toutes maladies, & renouveller les
corps; d'autant que le Serpent fe dépouil-
lant de fa vieille peau, fe renouvelle, &
eft le figne de la guérifon & de la fanté : ce

qu'il ne fait au Printems, au retour de l'efprit vivifiant du Soleil, qu'après avoir passé
par la mortification & corruption hyverna-
le de la nature : cette Statue avoit en sa
main gauche une cimbale, & une branche
d'auronne, pour marquer l'harmonie qu'elle entretenoit ainsi dans le monde, & en
ses générations & régénérations, par la voie
de la mort & de la corruption, qui faisoient
la vie d'autres êtres sous diverses formes,
par une vicissitude perpétuelle : cette cimbale ètoit à quatre faces, pour signifier que
toutes choses, ainsi que le Mercure philosophique, changent & se transmuent selon le
mouvement harmonieux des quatre Elemens, causé par la motion & opération perpétuelle de l'esprit fermentateur, qui les
convertit l'un & l'autre, jusqu'à ce qu'ils
ayent acquis sa perfection.

De la mamelle droite du sein de cette
Déesse imaginaire, ou nature universelle
simulée, sortoit une grape de raisin, &
de la mamelle gauche naissoit un épic de
bled, dont le haut étoit d'or & reluisant,
pour montrer qu'elle les engendroit, produisoit & nourrissoit de son lait, pour servir
de principaux alimens à la vie des hommes,
& leur reparer par la nutrition les sucs &
principes animaux & spiritaux de leur exis-
tence ; la couleur aurifique qui dominoit sur
la tête de l'épic, faisoit entendre que l'or
même y avoit sa semence premiere, régé-

nérative, prolifique & multiplicative ; & que
cette femence cachée portoit la livrée de fa
teinture , extraite du mélange de celles du
Soleil & de la Lune , qui y avoient influé
leurs qualités & propriétés.

La ceinture , qui entouroit le corps de
la Statue, fembloit toute merveilleufe , &
couverte de Miftéres profanes ; elle étoit
attachée par quatre agraphes pofées en forme de quadrangle , pour faire voir qu'Ifis ,
ou la Nature, ou bien ancore fa matiere premiere , étoit la quinte-effence des quatre
Elémens qui fe croifoient par leurs contraires , en formant les corps ; qu'ainfi la chofe
fignifiée & entendue étoit une , & tout,
c'eft-à-dire, un abregé du grand monde,
que l'on appelle un petit monde ; un très-
grand nombre d'étoiles étoit parfemé en
cette ceinture , pour dire que ces flambeaux
de la nuit l'environnoient pour éclairer au
défaut de la lumiere du jour , & que ces
Elémens n'étoient point fans leurs luminaires , non plus que les corps élementés , qui
tous les tenoient d'elle : plufieurs autres par-
ticularités curieufes y étoient marquées ;
certaines même font à taire.

L'on voyoit fous les pieds de cette Idole
une multitude de ferpens , & d'autres bêtes
venimeufes qu'elle terraffoit , pour indiquer
que la Nature avoit la vertu de vaincre &
furmonter les efprits impurs de la malignité
terreftre & corruptrice , d'exterminer leurs

F f iiij

forces , & évacuer jufqu'au fond de l'abîme leurs fcories & terre damnée ; ce qui exprimoit par conféquent que fa même vertu en cela étoit de faire du bien , & d'écarter le mal ; de guérir les maladies , & rendre la fanté ; de conferver la vie , & de préferver d'infirmités mortiferes ; enfin d'entretenir les corps en vigueur & bon état , & d'éviter l'écueil & la ruine de la mort , en renvoyant les impuretés des qualités groffiérement élementées & corruptibles , ou corrompues , dans les bas lieux de leur fpere , pour les empêcher de nuire aux êtres qu'elle confervoit fur la furface de la terre. En ce fens eft bien vérifié l'Axiome des Sages , *nature contient nature ; nature s'éjouit en nature ; nature furmonte nature ; nulle nature n'eft amandée , finon en fa propre nature :* pour quoi en envifageant la Statuë , il ne faut pas perdre de vûe le fens caché de l'allégorie , qu'elle préfentoit à l'efprit , pour pouvoir être comprife ; car fans cela elle étoit un Sphinx , dont l'énigme étoit inexplicable , & un nœud-gordien impoffible à réfoudre.

L'on obfervoit encore un petit cordon defcendant du bras gauche de la Statuë , auquel étoit attachée & fufpendue jufqu'à l'endroit du pied du même côté , une boête oblonque , ayant fon couvercle , & entrouverte , de laquelle fortoient des langues de feu repréfentées ; ce qui démontroit que

Isis, ou la Nature personnifiée, portoit le Feu sacré & inextingible, gardé religieusement à Rome par les Vestales, lequel étoit le vrai feu de nature, éthéré, essentiel, & de vie, ou l'huile incombustible si vantée par les Sages ; c'est-à-dire, selon eux, le Nectar, ou l'Ambroisie céleste, le baume vital-radical, & l'Antidote souverain de toutes infirmités naturelles ; l'extrémité du lieu où se portoit la boëte, faisoit entendre que les humeurs peccantes de la terrestreïté, par la force & la vertu du Catholicon philosophique, se précipitoient jusqu'en terre, pour le fuir & s'en éloigner : la boëte figuroit la phiole, le vase, ou l'ampoulle contenant ce Baume aromatique, ou onguent de parfums très-odoriferans, exquis & salutaires ; le cordon de couleur aurée, en forme de filet d'or, faisoit connoître que ce prétieux Restaurant tiroit son origine, du côté d'Aquilon, de cette Déesse fictive. Je ne parlerai point d'un petit ruban rouge en feston, qui ornoit le cordon, parce qu'il est hors d'œuvre, & seulement pour enseigner que la Nature n'a pas simplement ses fleurs, mais aussi l'ornement de sa parure, & de ses fruits, qui étant meuris par l'ardeur du Soleil, & ayant acquis sa couleur de feu, n'ont plus besoin de culture.

Du bras droit d'Isis descendoit aussi le cordonnet de fil d'or d'une balance marquée, pour simbole de la Justice que la Na-

ture obfervoit , & des poids , nombre , &
mefure qu'elle mettoit en tout ; la qualité
& la couleur du fil difent affez ce qui lui eft
propre , ou plus prochain , femblable , analogue , ou homogene ; quant à fon poids
ordinaire & ftrictement néceffaire , je ne
l'ai pu apprendre que dans le Colloque , où
l'efprit le déclare à Albert ; par rapport au
poids de l'anneau conjugal à elle deftiné , &
qu'on voyoit dans la balance, je n'en fçaurois
rien , fi Morien ne me l'eût dit à l'oreille
fecrétement.

Au furplus cette Déité payenne , où la
Nature fignifiée fous fon perfonnage , avoit
la figure humaine, la forme du corps , &
les traits d'une femme en embonpoint , &
d'une bonne nourrice ; comme fi l'on eût
voulu manifefter qu'elle étoit corporifiée
perfonnellement en cette nature , & famille
privilégiée des trois régnes , en faveur de
laquelle elle difpofoit le plus abondamment
de toutes fes grandes propriétés , fécondes
& fouveraines pour l'alaiter , nourrir , &
entretenir. Quelques Hiftoriens d'antiquai-
res , & d'images des faux Dieux ont ajouté
que la couleur naturelle de fon tein , étoit
d'un jaune brun , diaphane & brillant ;
que fon vifage fembloit fe découvrir d'un
voile de drap écarlate tirant fur le noir ;
que fes cheveux étoient teints d'un foufre
aurifique ; que fes yeux paroiffoient acres &
étincellans d'une couleur olivâtre ; & qu'el-

le avoit plusieurs autres signes , mistérieux
dans le Paganisme ; tout cela en effet annonce bien de l'extraordinaire & du merveilleux , dont les Sçavans de notre siécle
ne sont point en état d'expliquer le sens spirituel , parce qu'ils ne veulent point lever
le bandeau qui leur couvre les yeux de l'efprit , ni faire tomber les écailles qui les ostuf-
quent.

Certains Naturalistes ont prétendu donner l'explication Physique de ces Enigmes ,
en disant que la couleur du tein de la Nature figurée par cette Idole , la faisoit reconnoître aisément dans la Physique de la Nature par les véritables Philosophes ; elle le-
voit , ajoutent-ils , son voile pour se montrer naturellement aux vrais Sages investigateurs , tandis qu'elle étoit masquée & cachée pour les insensés & le vulgaire , sous
les yeux desquels elle étoit sans être recon-
nue ; la teinture de ses cheveux aurifiques
découvroit , que toute lunaire qu'elle étoit,
sa cime & son élévation étoient arborés des
rayons solaires , qui faisoient sa motion &
sa perfection , aussi-bien que son prétieux
vermeil ; la couleur aurée qu'elle portoit
ainsi sur sa tête , apprenoit que la nature la
produisoit , parce qu'elle avoit en elle-même
le germe , la semence , & le soufre de l'Or ,
qui étant exalté par son propre principe ,
donnoit sa teinture végétable & multiplicative à l'infini ; ses yeux dépeints ainsi qu'il

est dit ; prouvoient ses qualités , ses caractères , son état naturel , & manifestoient
que malgré le brillant de sa lumiere , elle
avoit quelque crudité, acre & indigeste des
bas élémens , & qui demandoit à être purifiée & perfectionnée , pour voir en elle la
pureté du luminaire blanc , & successivement celle du luminaire rouge, qui sont en
elle virtuellement & en acte.

Enfin, continuoient ces Interprétes de la
Nature , il en est ainsi des autres Hyeroglifs
qu'on lui donnoit, lesquels avoient rapport
au secret de la Nature & de la Science ; car
toutes les fictions à elle allégoriques , ne faisoient sous-entendre figurativement d'autres
sens , que celui de l'art de ses opérations en
l'Ouvrage économique & universel du grand
monde , & en l'œuvre secret du petit monde des Sages , lequel se fait à l'*instar* , par
le même sujet & les mêmes ressorts : Apul-
lée dit que » dormant lui sembla voir la
» Déesse Isis , laquelle avec un visage véné-
» rable sortoit de la Mer » ; sa vision donne
encore à entendre l'antique opinion que les
anciens Naturalistes , & les premiers Luteciens en conformité , avoient de la Nature,
ou de sa premiere semence virginale de chaleur naturelle & d'humide radical unis , comme principes de leurs êtres ; leur sentiment
étoit que cette semence universelle procédoit d'une candide vapeur humide ignée , ou
Isienne & philosophique, sortant de la Mer, ou

des Eaux ; parce que le Soleil , la Lune & les Etoiles s'y plongeans par leurs influences immersives , en faisoient exhaler cette benite vapeur , qui se filtroit dans tous les corps , en quantité de matiere premiere , de seive vierge , & de substance nourriciere : raison pour laquelle elle étoit dite & réputée vénérable , d'autant qu'elle est respectée & prisée par les Sages , & qu'il n'y a que le vulgaire insensé qui la méprise & la dissipe imprudemment à son Damne.

Souvent Isis étoit accompagnée d'un grand bœuf noir & blanc , pour marquer le travail assidu , avec lequel son culte philosophique doit être observé & suivi dans l'opération du noir & du blanc parfait , qui en est engendré , pour la Médecine universelle Lunaire hermétique. Harpocrates , Dieu du Silence , mettant les doigts sur sa bouche , cottoyoit toujours Isis , pour apprendre qu'il falloit taire les mistéres philosophiques du sujet , pour quoi souvent cette Déesse Enigmatique étoit estimée être le Sphinx » pour » montrer , suivant l'expression même des » Anciens , que les choses de la Religion » doivent demeurer cachées sous les Mistéres sacrés ; en sorte qu'elles ne soient entendues par le commun Peuple , non plus » que furent entendues les Enigmes du » Sphinx «.

Suivant Apulée , Isis parle ainsi de sa Fête ; » Ma Religion commencera demain ,

» pour durer après «ternellement ». C'eſt-à-
dire que la Science religieuſe de la Nature,
& l'Oeuvre de ſa ſemence premiere, origine de toute production & des merveilles
du monde, eſt d'autant de durée que l'Univers, & s'y obſerve & pratique chaque jour.
Il ajoute que » lorſque les tempêtes de l'Hy-
» ver ſeront appaiſées, que la Mer émûe,
» troublée & tempêtueuſe ſera faite calme,
» paiſible & navigeable, mes Prêtres m'offri-
» ront une nacelle, en démonſtration de mon
» paſſage par Mer en Egypte, ſous la con-
» duite de Mercure, commandé par Jupiter.
Ceci eſt la clef du grand Secret philoſophique pour l'extraction de la matiere des Sages, & l'œuf dans lequel ils la doivent enclore & œuvrer en l'Athanor à tour, en
commençant le Regime de la Saturnie Eyp-
tiehne, qui eſt la corruption de bon Augure, pour la génération de l'Enfant royal philoſophique, qui en doit naître à la fin des
ſiécles ou circulations requiſes. Peu de perſonnes en feront la découverte, parce que
les gens du monde ſont trop préſomptueux
de leur ignorance, qu'ils croyent ſcience,
pour ſe dépouiller de leurs vains préjugés, &
s'attacher à ſcruter la ſcience véritable de la
Nature univerſelle.

Les Druides étoient fort initiés & doctes
dans ces connoiſſances ; mais dans l'opinion
qu'ils avoient pour objet de leur Religion
d'une Divinité à eux prédite, comblée de

perfections & de vertus, c'est-à-dire, d'*une Vierge qui devoit enfanter* miraculeusement, à eux jusqu'alors inconnue, ils puiserent à la source de la Nature pour la trouver, & reconnoissant tout ce qu'elle cachoit de plus puissant, parfait & merveilleux, ils s'imaginerent avoir découvert cette Divinité en la personne même de la Nature, que par cette raison & erreur, ils prirent pour elle. Ce fut pour l'honorer par un culte dirigé vers elle, qu'ils la représenterent en Statuës, suivant les idées avantageuses qu'ils s'en étoient formés, en leur appliquant & cumulant tous les Simboles des vertus & propriétés qu'ils attribuoient à la Nature même; en effet, ils lui ont départi toutes celles merveilleuses que l'esprit humain pouvoit s'efforcer d'imaginer dans le monde : & il faut confesser qu'ils connoissoient bien parfaitement la Nature, pour la dépeindre & signaler aussi expressément ; mais en lui adressant leurs vœux & leurs priéres, ils entendoient aussi les faire à l'Etre des êtres, qu'ils en croyoient l'Auteur, y présider & opérer nécessairement, en le regardant comme cause premiere, & la Nature comme cause seconde, pour tous les bénéfices de la vie ; ce fut donc ainsi qu'ils personnaliserent la Nature en une Idole, pour inspirer sa vénération, conformément à l'idée des plus anciens Payens qui l'avoient nommée Isis.

Comme la Religion d'Isis avoit en quelque façon le même fondement que la premiere introduite dans les Gaules, & chez les Luteciens, elle y eut grand crédit, & y fut pratiquée dévotieulement pendant grand nombre de siécles. Dans la suite leurs cérémonies reçûrent des réformes, des extensions & des modes de toutes les espèces, suivant les idées spirituelles ou les systêmes que la piété faisoit inventer; chacun successivement à sa dévotion, & dans sa façon de penser, dogmatisant, y mit du sien; & les Prêtres d'Isis profitant de la crédulité du Peuple, par des vûes particulieres à leur Jurisdiction religieuse, & à leurs propres intérêts, lui imposerent différentes formes scrupuleuses & de rigueur, sous des peines effrayantes qu'ils lui inspiroient; de sorte qu'on crut avoir beaucoup rafiné le culte, & que la Religion Isienne dégénérant de la primitive Loi naturelle, devint enfin chargée de pratiques superstitieuses, très-onéreuses pour ceux de sa Secte: l'on perdit même l'esprit du sens Secret philosophique qu'elle renfermoit pour l'œuvre de la Médecine salutaire des corps, laquelle en étoit la principale intention mistérieuse: à peine resta-t'il quelque Sage qui en conservàt le prétieux dépôt.

Cependant les Parisiens se polirent beaucoup, & devinrent fort civilisés & policés: ils faisoient même de grands progres dans les Arts & Métiers; leur Cité, purgée de crapeaux,

peaux, & quittant son antique rudesse, s'embellissoit ; enfin le bon ordre en fit le Gouvernement : de façon qu'ils se fortifierent, étendirent leur puissance sur leurs voisins, rendirent leur ville la Capitale des Gaules, & s'affranchirent des dominations étrangéres : ce qui leur fit donner le surnom de *Crapeaux Francos*, c'est-à-dire Francs, libres de leurs anciens assujetissemens ; & dans la suite on leur substitua simplement celui de Francs ; puis celui de *François*, aujourd'hui d'usage commun, & qui en dérive, comme signifiant Peuple libre.

Plusieurs siecles après la manifestation du Verbe divin incarné, pour la bienheureuse rédemption du genre humain; c'est-à-dire, après la naissance de Jesus-Christ, Fils unique de Dieu & de la Vierge Marie, lequel a apporté au monde la Loi de grace & de salut, les Disciples de ses Apôtres, suivant leurs Missions évangéliques, venus de la Judée ; ayant percés dans les Gaules, y semèrent les principes, & établirent les fondemens de la seule vraie Religion Chrétienne ; & comme dit fort bien l'Historien de l'Eglise de Chartres, Ville qui après celle de Dreux, étoit le principal Siége de la Religion des Drüides. » Ceux qui furent envoyés » dans ce pays pour y annoncer l'Evangile, » y firent beaucoup de progrès, parce qu'ils » y trouverent des dispositions merveilleu- » ses pour la conversion des Peuples, par le

» rapport des Cérémonies des Drüides à nos
» Miſtéres.

Cependant la perſécution des tirans Romains s'éleva, & déploya ſa rage & ſes barbares cruautés ſur les Chrétiens : ces Apôtres des Gaules fermes & courageux dans le miniſtere de leur vocation, après avoir eſſuyé bien des travaux & des martyrs pour l'établiſſement & la propagation de la Foi Catholique & du Culte divin, pouſſerent & étendirent le progrès de la Parole évangélique juſques dans le cœur des Gaules, c'eſt-à-dire en la Ville de Paris, devenue leur Capitale : ce ne fut qu'au prix de l'effuſion de leur ſang qu'ils détruiſirent les Temples & les Autels qu'ils purent trouver, conſacrés au Culte des faux Dieux ; ils renverſerent en leur paſſage le Temple fameux de Mars érigé ſur la Montagne, dite Montmartre, près Paris, celui célébré d'Iſis & d'Oſiris établi à Iſſy, qui eſt un Village auſſi proche Paris ; peu à peu gagnant du terrain, & de l'empire ſur les eſprits, ils vinrent en Circuit, au lieu dit S. Germain des Prez, qui étoit alors un terrain planté en Bois, du ſurplus Marais & Prairie aſſez vaque, ayant auſſi un Temple voüé aux fauſſes Divinités, & entr'autres à Iſis, qu'ils renverſerent auſſi, & dont il n'eſt reſté que peu de veſtiges : enfin s'étant introduits dans la Cité, ou l'Iſle des Pariſiens, ville Capitale des François, & déja-renommée, ils détruiſirent encore toutes les

Chapelles qui y étoient dédiées aux Dieux &
Déelles du Paganisme, telles que celles où
sont aujourd'hui les Eglises de S. Denis de
la Charte, Sainte Marine, & quelqu'autres, qu'ils mirent sous d'autres invocations
Divines, en donnant à quelques unes le titre
& le nom de leur pieux Réparateur & Insti-
tuteur.

Ce fut ainsi que ces zélés Missionnaires
parvinrent à ruiner & abolir tous les Temples, & toutes les faulles Divinités du vil
Paganisme, qui régnoient dans les Gaules,
& à y substituer l'adoration du vrai Dieu;
toutes les Idoles furent brisées, le véritable
Culte divin établi, cimenté & pratiqué : il
ne subsista plus chez les Parisiens que quelques anciennes Fêtes & Cérémonies superfti-
tieuses, qu'on fut obligé de tolérer, en les
convertissant dans la suite autant que l'on
pût, au sens & au rit Catholique. Comme
presque toute Religion a ses Fanatiques,
quelques uns enfouirent dans le Territoire de
S. Germain des Prez une Statue d'or mas-
sif, Image d'Isis de grandeur humaine, pour
la préserver & garantir de sa destruction
dans le désastre général du Paganisme, &
que l'on prétend n'avoir jamais été retrou-
vée.

Alors la Ville de Paris, auparavant si su-
perftitieuse, & même toute la France, com-
mencerent à voir clairement la lumiere de la
vérité ; si le Peuple ne se défit pas entiére-

Gg ij

ment de ſes préjugés de Religion , au moins
fut-il obligé de les cacher & tenir ſecrets ,
ce qui avec le tems en fit perdre l'idée & le
ſouvenir : le général , la plus forte & ſaine
partie embraſſa uniformement le Chriſtia-
niſme , & y entraîna par ſon exemple les
adverſaires les plus entêtés & opiniâtres dans
leurs ſentimens erronés : quelques héréſies
cauſées par des façons diverſes de penſer ,
qui n'effleuroient point le fond de la Doctrine , furent étouffées auſſi-tôt qu'enfan-
tées ; les mœurs devinrent meilleures ; les
beaux Arts & les Sciences accrurent ; enfin
les Dogmes de notre Foi , enſeignés charita-
blement par de grands Docteurs de notre
ſainte Religion , furent des armes plus puiſ-
ſantes & victorieuſes , que ne l'auroient été
celles de la guerre , pour gagner les cœurs &
les eſprits généralement , & les tirer de l'eſclavage de l'idolâtrie.

Cependant il reſtoit encore à ces religieux
Miſſionnaires & à leurs Succeſſeurs , à couronner leurs travaux Apoſtoliques par l'érection d'une Egliſe Cathédrale & Métropolitaine , où la Fille de Dieu , Mere de Jeſus-
Chriſt ſon Fils unique , & la Patrone des
Chrétiens , fût reconnuë & invoquée ſuivant le rit du Culte Catholique ; au dixiéme
ſiécle ou environ , la foi du Peuple , ſon
amour , ſon attachement pour la Religion
s'augmentant , leur en fournirent heureuſe-
ment les moyens ; il fût élû un Evêque de

la Ville , chargé de l'administration spirituelle , & qui tenoit même beaucoup du
gouvernement temporel , & de la distribu-
tion de la Justice : son zéle lui inspira l'entreprise , & le porta à élever ce magnifique
Monument de l'Eglise de Notre-Dame , en
le fondant & consacrant sous sa Dédicace,
comme Mere de la Ville , & la principale
des autres Eglises ou Chapelles édifiées dans
la Cité.

Cet Evêque , qui avoit été choisi pour
remplir cette Dignité , à cause de sa profonde connoissance dans la Philosophie naturelle , & en la Théologie , jugea ne point
trouver de place plus convenable pour la
fondation & l'érection de cette Eglise , à
l'honneur de la Mere de Jesus-Christ , & des
fideles Chrétiens , que le lieu situé à la tête
du continent Insulaire & de la Cité , c'est-
à-dire à l'ouverture du giron de la Seine,
qui se séparant en deux bras , semble prendre tous les Habitans sous sa protection , &
les favoriser des rayons du Soleil levant ,
que l'Esprit éternel du Soleil de Justice leur
traduit & communique : le sens spirituel est
très-mistique , & le naturel fort ingénieux.

L'on institua & régla les Cérémonies propres au Culte de la Vierge sainte , nouvellement établi ; mais il fallut encore accorder
quelque chose à cet égard au génie du Peuple , qui conservoit quelque reste de superstĩ-
tion touchant les formalités de la Religion

d'Ifis, ou de la Nature entendue par elle ;
cette Indulgence parut néceffaire quant à la
forme, puifqu'elle ne changeoit point, &
ne faifoit pas varier la vérité fonciere, qui
eft une, inaltérable & immuable ; il auroit
été même dangereux de prétendre fuppri-
mer tout à coup, tout le cérémonial popu-
laire, dont la fauffe Religion d'Ifis avoit depuis nombre de fiécles jetté des impreffions
& des racines fi profondes dans les efprits
fcrupuleux, qui éxigeoient quelque ménage-
ment & douceur, pour être rappellez avec
fuccès à la droite & pure voie : on eût befoin de beaucoup de prudence en cette occafion, & cette politique fçut parvenir à fes
fins, mieux & plus fûrement, que ne l'auroit fait la force ouverte, pour la réforme
générale ; pourquoi certaines anciennes-Cé-
rémonies tolérées par néceffité, eurent encore lieu long-tems, avant de pouvoir être
abolies entiérement : il en étoit refté une
pratiquée jufqu'à notre fiécle, & qui a été
retranchée il y a quelques années ; c'étoit
la figure d'un Dragon aîlé, qu'on portoit
tous les ans dans une Proceffion à l'Eglife
de Montmartre : ce Dragon étoit un ancien Simbole miftérieux de la Philofophie
naturelle, & de la Religion des Drüides,
des Gimnofophiftes, & des Mages Egyptiens, quoiqu'on l'ait attribué à un autre
événement, fuivant la chronique vulgaire,

Le fens Phyfique que les Parifiens avoient
conçus de la Nature repréfentée par Ifis ,
étoit , felon eux , affez allégorique au fens
miftique qu'ils reçurent de la Mere de Dieu ,
& de leur propre Mere Chrétienne ; car ils
feignoient trouver quelque idée de rapport
de l'une à l'autre ; ce fut un grand moyen
d'opérer leur converfion , & d'achever l'œuvre de leur fanctification : En effet la révélation qu'on leur annonça de la véritable
Vierge Mere prédite , qui avoit enfanté le
Sauveur du monde , & leur bienfaictrice à
eux inconnue jufqu'alors , fut un argument
très-puiffant pour leur perfuader les vérités
de la Foi , & les faire aifément revenir de
leur erreur , ignorance , & méprife ; pour
quoi ils eurent moins de peine à répudier
leur Idole , abjurer fon culte , & profeffer
celui du Chriftianifme ; dans cet efprit ils
reconhurent & venererent par des honneurs
légitimes , leur Dame & la nôtre , Mere de
Jefus-Chrift , comme l'accompliffement des
prédictions faites aux Druides & à eux.

Cependant il ne fut pas poffible de les
obliger à changer le nom de leur Cité ; &
quoique l'idée & l'efprit du Paganifme en
foient l'étimologie , ils l'ont confervé jufqu'à préfent , comme fi l'illufion d'Ifis , ou
la Nature venerée comme Divinité , ou bien
auffi fa femence premiere , univerfelle , philofophique , fi vantée , avoient encore place

à la tête d'une Ville éclairée de la Vérité divine, & où régne la Mere de Dieu & des Chrétiens, de laquelle les Habitans de Paris devroient porter le Nom saint & respectable, en abandonnant jusqu'au souvenir de l'idolâtrie ; & cet abus vient encore de ce qu'il a fallu s'accommoder, & sympatiser en quelque façon aux idées & aux mœurs anciennes de la Nation, sans cependant perdre de vûe le sens sacré de la vraie Religion, devenue dominante, & qui s'est soutenue par elle-même depuis avec honneur & admiration, à la gloire de Dieu, un en trois Personnes, & de la bienheureuse Vierge Marie.

Le superbe Temple de Notre-Dame est aujourd'hui le Chef-d'œuvre de l'Art, le séjour de la sainteté & de la grace à la vénération des Peuples Chrétiens, la terreur & le fléau de l'idolâtrie ; nos Rois Très-Chrétiens, nos Reines, nos Princes & nos Princesses dans le même esprit, y ont toujours voüés & signalés admirablement leur piété & leurs actions de graces. Les Evêques & Archevêques, qui en ont remplis la Chaire, avec toute la dignité du ministere & de la charité Apostolique, ont aussi toujours été des exemples édifians pour la dévotion des Fideles ; & tous les Ecclésiastiques attachés à son Culte, par leurs saints Offices & la pureté de leurs cœurs à louer Dieu & honorer la Sainte Vierge, y attirent la bénédiction

du

du Ciel fur tous les Citoyens , que leur dévotion fait accourir en foule à ce faint Lieu ,
avec le refpect qui lui eft dû, adorer le Souverain Créateur & Confervateur , & lui
adreffer leurs hommages & leurs priéres par
l'interceffion de leur bonne Mere & Patrone, invoquée par eux , avec la plus pieufe &
fervente vénération.

Lors de la fondation de cette Eglife, tous
les Officiers occupés à fon Culte , qu'on appelle aujourd'hui Chanoines, étoient les feuls
Médecins de profeffion & d'effet dans leur
Ville ; & ils tenoient cet Office de charité
& d'humanité , par Tradition des Philofophes & des Prêtres Drüides , qui , à l'exemple des Egyptiens , des Prêtres & des Levites
chez les Juifs , l'avoient enfeigné , exercé
& profeffé dans les Gaules ; & l'ufage s'en
étoit fort fidélement confervé chez les Luteciens ou Parifiens , qui s'en faifoient même un devoir principal de Religion , ayant
rapport à la Divinité & à leur prochain ,
& étant la bafe de la Loi naturelle ; parce
que Dieu , Auteur de la nature , donnant &
confervant la vie à tout , étoit le premier &
le feul fouverain Médecin, dont ils jugeoient
devoir fuivre l'exemple , en faifant part de
fes bienfaits à leurs femblables , pour les
foulager en leurs afflictions & les guérir de
leurs maladies.

L'origine de la profeffion & adminiftra-
tion de la Médecine en la perfonne de ces

Officiers Ecclefiaftiques, avoit encore pour fondement la charge & commiffion Apoftolique, c'eſt-à-dire la vocation expreſſe des Apôtres, qui tous, ſuivant leurs Actes, étoient Médecins des ames & des corps, à l'imitation de Jeſus-Chriſt leur Chef, qui avoit opéré toutes ſortes de guériſons miraculeuſes; leurs Diſciples même, en établiſſant la Réligion Chrétiènne dans la Cité des Pariſiens, en avoient eux-mêmes auſſi donné l'exemple, & fort recommandé le Service, en prenant occaſion d'en montrer le devoir d'humanité, par l'exercice que les Druides Payens mêmes en avoient fait.

Ces Chanoines furent dits de ce nom, à cauſe qu'ils récitoient en chantant les points & articles fondamentaux preſcrits dans leur Rituel, qui enſeignoient l'eſprit de la Réligion & les devoirs de ſon Culte; ces articles ou verſets chantés étoient nommés Canons, du mot Latin Cano, je chante, d'où eſt tiré celui de Chanoine & de Chantre; ils enſuivoient la regle preſcrite, en ſoignant les malades & les traitant avec beaucoup de charité; ce qui eſt admirable, c'eſt qu'ils les guériſſoient de toutes leurs maladies & infirmités, (ſi la volonté de Dieu n'en avoit autrement ordonné,) par de vrais remédes naturels, dont ils acquéroient la connoiſſance & l'uſage dans l'étude de la nature, qui les fournit, ſans qu'il ſoit beſoin d'avoir recours à des moyens

étrangers, impuiffans, ou deftructeurs; pourquoi ils avoient leur Ecole de Médecine tout
attenant la rive du bras de riviere, où eft
aujourd'hui l'Ecole fameufe des Docteurs de
cette Faculté, rue du Foüar & de la Bucherie,
& ils y communiquoient par un petit Pont
de bois, qu'ils avoient fait jetter fur le bras
de riviere, & qui a encore le nom de petit
Pont.

Cette digne occupation, & ce fervice
édifiant & charitable pour des miniftres de
la mere & fille de Dieu, mere fpirituelle des
habitans, n'eut plus d'autre objet de leur
piété: & dans leurs bonnes œuvres, l'amour
de Dieu & du prochain faifoit tout leur devoir & leur mérite; ce qui leur fit obtenir
la conftruction près d'eux, attenant l'Eglife, d'un Hôpital, ou Hôtel de Charité, où
l'on apportoit, recevoit & traitoit les infirmes & malades avec tous les foins & les fecours, dont par efprit d'inftitution & d'état
ils étoient capables, & fe faifoient un point
effentiel de Religion: ils étoient devenus de
grands Médecins pour le fpirituel & le temporel; par la grace de Jefus-Chrift Fils de
Dieu, & de la Vierge Marie, qui les affiftoint,
ils opéroient des cures & guérifons miracu-
leufes, fi furprenantes, que cet Hôpital d'In-
firmerie fut alors appellé Hôtel-de-Dieu.

Les remédes dont ils faifoient ufage n'é-
toient puifés qu'en la nature, & leur vertu
& efficacité fanative & falutaire procédoit

de la bénédiction que Dieu y répandoit ; mais il ne faut pas s'imaginer que ce fussent des remédes vulgaires, ni des compofés de la main des hommes, tirés de chofes inanimées & fans vie ; ils trouvoient la réparation de la vie & de la fanté par leur propre principe, dans une quinteffence de la nature, exaltée & aftralifée, qui contenoit, & réintroduifoit aux corps l'ame, l'efprit & la vie dont ils fouffroient altération, & qui les leur reparoit en qualité de Médecine univerfelle, en détruifant tout levain ou ferment d'impureté, de corruption, & d'humeur peccante. L'œuvre fecrette de la confection ne leur étoit point inconnue, & les opérations leurs étoient familiaires, parce qu'ils connoiffoient la fcience de Dieu & de la nature, & les vertus de l'Efprit éternel de vie, lefquelles le même Dieu de bonté a mifes en fes œuvres dès le commencement du monde, pour la fanté des peuples de la terre, fes créatures. Ils poffédoient parfaitement l'art de l'ufage de ce médicament divin & de fapience, fouverainement falutaire pour remédier à toutes maladies ; & ils l'appliquoient toujours avec fuccès & efficacement à l'honneur du Très-Haut, qui en eft l'auteur & difpenfateur.

Le Fondateur de cette Eglife leur en avoit laiffé la tradition fecrette : mais depuis ces hautes & fublimes connoiffances des vertus occultes de la nature, en laquelle l'Efprit univerfel de vie eft infus & ope-

rant, se sont perdues faute d'esprit intelligent en l'art de la vraie Médecine, &
capables du secret important qui lui est
dû; il prévit même bien ce malheur dans
l'avenir, & pour en laisser des monumens
de vérité dans la postérité, pour les Sçavans
& véritables Médecins, il avoit fait faire
aux portails de cette Eglise, toutes les figures hyeroglifiques de cette science, & de
l'œuvre de cette bénite Médecine, lesquelles
l'on voit encore aujourd'hui, & que tout
homme sage & intelligent, ne doit jamais
révéler vulgairement, si Dieu lui fait la grace d'illuminer son esprit du don de ce merveilleux arcane céleste : Gobineau de Montluisant a expliqué plusieurs de ces Hyeroglifs, mais il en a omis beaucoup, à cause
du silence harpocratique & recommandé &
imposé au secret.

L'on voit encore à l'entrée de l'Eglise, la
figure hyeroglifique du bienheureux Chrysto-
phe, *Christum ferens*, très-significative, curieuse, &instructive pour les vrais enfans
de cette Science divine.

Les sages investigateurs remarqueront
aussi sur le colosse, nombre de symboles,
habitations, tours & autres enseignemens
philosophiques, importans & nécessaires, autant que mystérieux, pour les conduire heu-
reusement dans la voie étroite & escarpée
de la sagesse, & les faire arriver à sa possel-
sion, qui est le comble de toute félicité sur

terre, & feule capable de remplir dignement & fouverainement le cœur de l'homme fage & fenfé, pour fa fanté, fon falut, & la vie éternelle au fein de la Divinité.

Dieu foit loué éternellement au très-faint Sacrement de l'Autel, & que fa Cité chez tous les Fidéles retentiffe à jamais d'actions de graces de fes bienfaits. Ainfi foit-il.

✱✱✱✱✱✱✱✱✱✱✱✱✱✱✱✱✱✱✱✱✱✱✱✱✱

EXPLICATION
TRE'S-CURIEUSE,
DES ÉNIGMES ET FIGURES

Hierogliphiques, Phyfiques, qui font au grand Portail de l'Eglife Cathédrale & Métropolitaine de Notre-Dame de Paris.

Par le Sieur Efprit Gobineau de Montlui-fant, Gentilhomme Chartrain, Ami de la Philofophie naturelle & Alchimique.

LE Mercredi 20 de May 1640. veille de la glorieufe Afcenfion de notre Sauveur Jefus-Chrift, après avoir prié Dieu, & fa très-fainte Mere Vierge, en l'Eglife Cathédrale & Métropolitaine de Notre-Dame de Paris, je fortis de cette belle & grande Eglife, & confidérant attentivement fon riche & magnifique Portail, dont la ftructure eft très-exquife, depuis le fondement jufqu'à la fommité de fes deux hautes & admirables Tours, je fis les remarques que je vais expliquer.

Je commence par obferver que ce Portail
eft triple, pour former trois principales entrées dans ce fuperbe Temple, feul corps de
bâtiment, & annoncer la Trinité de Perfonnes en un feul Dieu ; fous lefquelles par l'opération de fon Efprit Saint, fon Verbe s'eft
incarné pour le falut du monde dans les
flancs de la Vierge fainte ; Simbole des trois
principes céleftes en unité, qui font les trois
principales clefs ouvrantes les principes, &
toutes les portes, les avenues, & les entrées
de la nature fublunaire ; c'eft-à-dire, de la
feive univerfelle, & de tous les corps qu'elle
forme & produit, conferve, ou régénere.

1°. La figure pofée au premier cercle du
Portail, vis-à-vis l'Hôtel-Dieu, repréfente
au plus haut, Dieu le Pere, Créateur de
l'Univers, étendant fes bras, & tenant en
chacune de fes mains une figure d'homme,
en forme d'Ange.

Cela repréfente, que Dieu Tout-puiffant,
au moment de la création de toutes chofes
qu'il fit de rien, féparant la lumiere des ténébres, en fit ces nobles Créatures, que les Sages
appellent Ame Catholique, Efprit univerfel,
ou Souffre vital incombuftible, & Mercure de
vie ; c'eft-à-dire, l'humide radical général,
lefquels deux principes font figurés par ces
deux Anges.

Dieu le Pere, les tient en fes deux mains,
pour faire la diftinction du fouffre vital, ou
huile de vie, qu'on appelle Ame, & du Mer-

cure de vie, ou humide premier né, qu'on nomme Efprit, quoique ce foit termes fynonimes, mais feulement pour faire concevoir que cette Ame & cet Efprit tirent leur principe & leur origine du monde furcélefte, & Archetypique, où eft le Siége & le Throne plein de gloire du Très-haut, d'où il émane furnaturellement & imperceptiblement pour fe communiquer, comme la premiere racine, la premiere Ame mouvante, & la fource de vie de tous les Etres en général, & de toutes les Créatures fublunaires, dont l'homme eft le chef de prédilection.

2°. Dans le cercle au-deffous du monde furcélefte, & Archetypique, eft le Ciel firmamental, ou aftral, dans lequel paroiffent deux Anges la tête penchée, mais couverte & enveloppée.

L'inclination de ces deux Anges, la tête en bas, nous donne à entendre, que l'Ame univerfelle, ou l'Efprit Catholique, ou pour mieux dire le foufle de la vertu de Dieu, c'eft-à-dire, les influences fpirituelles du Ciel archetypique, defcendent de lui, auCiel aftral, qui eft le fecond monde, également célefte, dit étipique, où habitent & régnent les planettes & les étoiles, qui ont leur cours, leurs forces & vertus, pour l'accompliffement de leur deftination & de leurs devoirs, felon les decrets de la Providence, qui les a ainfi ordonnés & fubordonnés, afin d'opérer

par leur miniſtere & leurs influences ; la naiſſance & génération de tous les Etres ſpirituels
& de toutes choſes ſublunaires, participans de
l'Ame, & de l'Eſprit univerſel ; & par les deux
Anges la tête en bas , & qui ſont vêtus , nous
eſt déſigné , que la ſemence univerſelle &
ſpirituelle Catholique ne monte point , mais
deſcend toujours ; & l'enveloppe dont elle
eſt voilée dans les corps , nous enſeigne, que
cette ſemence céleſte eſt couverte , qu'elle ne
ſe montre point nue , mais qu'elle ſe cache
avec ſoin aux yeux des ignorans & des Sophiſtes ; & n'eſt point connue du vulgaire.

30. Au-deſſous du Firmament eſt le troiſiéme Ciel , ou l'élément de l'air , dans lequel paroiſſent trois enfans environnés de
nuages.

Ces trois enfans ſignifient les trois premiers principes de toutes choſes , appellez
par les ſages principes principians , dont les
trois principes inférieurs , ſel , ſouffre &
mercure , tirent leur origine , & qu'on nomme principes principiés , pour les diſtinguer
des premiers , quoique tous enſemble ils deſcendent du Ciel archétypique, & partent des
mains de Dieu , qui de ſa fécondité , remplit toute la nature ; mais toutes les influences ſpirituelles & céleſtes ſemblent être éma-
nées des deux premiers Cieux , avant de
s'unir à aucun corps ſenſible ; ce qui fait que
toute émannation ſpirituelle du premier Ciel,
ou de l'Archétypique , eſt appellée Ame , &

celle du second Ciel , ou Firmament , eft
nommée Efprit.

Ce font donc cette Ame & cet Efprit,
invifibles , & purement fpirituels, qui rempliffent de leurs vertus actives & vivantes le
troifiéme Ciel, appellé Elémentaire , ou le
Ciel typique , parce que c'eft le féjour des
Elémens , qui mus , ordonnés , & fubordonnés par les deux mondes fupérieurs , agiffent à leur tour , par commotion & mouvement, defcendant , afcendant , progrédiant ,
& circulaire , fur tous les Etres inférieurs &
fur toutes les Créatures fublunaires , compofés de leurs qualités mixtes , qu'on nomme les quatre tempéramens.

Or cette Ame émanée dans le monde Elémentaire , qu'elle remplit de fa lumiere vivifiante , eft appellée foufre ; & l'efprit émané
du monde , ou Ciel firmamental , qui eft en
principe l'humide radical de toutes chofes,
auquel ce foufre ou la chaleur lumineufe ,
eft attaché & adhérant , comme à fon premier & dernier aliment , eft appellé Mercure , ou l'humide premier né , qui eft l'humide radical de toutes chofes ; & par conféquent
quent indivifible du foufre ou ame éthérée , laquelle étant un feu célefte lumineux
& chaud , ne peut fubfifter fans fon union
intime & indiffoluble avec cet efprit , fon
humide radical ; mais cela eft au-deffus de
la portée des infenfés.

Cette Ame & cet Efprit unis , comme une

feule & même effence , partant du même
principe, & ne faifant pour ainfi dire qu'une
même chofe , puifqu'ils ne font divifibles
que par l'efprit , ne peuvent être vus ni tou-
chez , mais feulement conçus & compris par
les fages Inveftigateurs de la Science de Dieu,
& de la Nature ; cette Ame & cet Efprit ne
nous deviennent fenfibles , que par le lien
indivifible qui les attache l'un à l'autre : or
ce lien , qu'on nomme fel , eft l'effet de leur
union & amour mutuel, & un corps fpirituel qui nous les cache, & les enveloppe dans
fon fein , comme ne faifant qu'une feule &
même chofe de trois ; ce que les gens paitris de préjugés n'entendront & comprendront point.

Ce Sel , eft celui de la Sapience , c'eft-à-
dire la copule & le ligament du feu & de
l'eau, du chaud & de l'humide en parfaite
Homogeneite , & qui eft le troifiéme principe ; il ne fe rend point vifible ni tangible
dans l'air que nous refpirons , où il eft fubtil & fluide ; & il ne manifefte fon corps
vifible , que par fon féjour & dépôt en réfidu
dans les mixtes , ou compofés d'élémens ,
qu'il fixe & encloüe , en fe mêlant intimement au foufre, Mercure, & Sel, qui font
des principes naturels à lui fort analogues ,
& Conftiteurs des Créatures fublunaires.

Le Sel célefte eft le principe principiant,
qui procéde de l'Ame & de l'Efprit , c'eft-
à-dire de leur action , ou pour mieux dire ,

du fouffre & du Mercure étherés ; il eft le
moyen & le milieu, qui les unit dans leur
action, pour fe traduire en fluide dans le
fouffre, le Mercure & le Sel de nature fous
un corps vifible & tangible, lors appellé par
les Sages de toutes fortes de noms, tantôt
Sel Alkali, Sel Armoniac, Salpêtre des Philofophes, & tantôt de mille autres furnoms
fimboliques, ou à fon origine, ou à fa def-
cenfion, ou bien à fon effence corporelle,
pour prouver qu'étant l'Ame, l'Efprit & le
Corps univerfel de la Nature, il eft fufceptible de toutes fortes de détermination, qu'il
plaira à la Nature, ou à l'Artifte de lui donner, felon l'Art de la Sageffe.

Mais il ne faut point perdre de vûe, que
c'eft du monde furcélefte, que la fource de
la vie de toutes chofes tire fon origine, &
que cette vie eft appellée Ame, ou Soulfre ;
que du monde célefte ou firmamental procéde la lumiere, qu'on appelle Efprit ; autrement humide, ou Mercure ; & que cette
Ame & cet Efprit rempliffant de leur fécondité vivifique le troifiéme monde, appellé
Elémentaire, leur action énergique & élaf-
tique perpétuellement circulaire, y porte &
produit le Feu tout divin, analogique de
chaleur & d'humide radicaux, mais qui eft
imperceptible & invifible, non vulgaire ni
groffier ; & par lequel, comme Feu de vie
par effence nourriffant, Réparateur, Confervateur & non Deftructeur, les chofes

deviennent palpables & de solidité corporelle. D'où il faut conclure que ces trois
substances, Souffre, Mercure,& Sel universel, célestes, sont les vrais principes principians de la génération de toutes choses, &
que ces trois substances natureiles & sublunaires, dans lesquelles les trois premieres se
rendent infuses & corporifiées, sont les véritables principes principiés, constituteurs de
la génération des Corps, par l'encloument
& la fixation qu'ils font des qualités élémentées propres à la température des individus,
selon les Decrets de la Providence.

C'est ce qui a fait dire aux Sages que le
Sel spirituel, qui sert d'enveloppe & de lien
au Souffre & au Mercure célestes, étoit la
seule & unique matiere dont se fait la Pierre
des Philosophes; & que comme ces trois
substances identifiées par leur union, n'en
faisoient qu'une, la Pierre n'étoit point faite
de plusieurs choses, mais d'une seule chose
composée, trine en essence, unique de principe, & quadrangulaire de quatre qualités
élémentées; cependant cela se doit entendre
à certains égards, qui puissent tomber sous
l'intelligence de l'esprit, & des sens en même tems; c'est-à-dire, qu'il ne faut pas s'imaginer que la matiere de la Pierre triangulaire
& quadrangulaire des Sages se doive ni puisse prendre en son état de fluide aerien invisible; mais il faut entendre qu'il est nécef-
saire de chercher & trouver cette même ma-

tiere de fluide aerien , infuſe & corporifiée
en une terre Vierge des enfans de la Nature,
qui en ſont les mieux partagés , les plus hautement & copieuſement favoriſés , & en qui
les premiers & les ſeconds Agens unis , ont
plus de dignité, d'excellence & de vertu. Car
la racine du Souſfre des Sages , de leur Mercure,& de leur Sel, eſt un Eſprit céleſte, ſpirituel & ſurnaturel , qui par le vehicule de
l'air ſubtil ſe porte & ſe condenſe en air, ou
vapeur épaiſſie , & fait une matiere univerſelle , & l'unique de toute procréation. ·

4°. Au-deſſous de ces trois enfans placés
dans l'élement de l'Air, eſt le Globe de l'Eau
& de la Terre, ſur laquelle paiſſent des animaux, comme un mouton , un taureau, &c.

Le Globe de l'Eau & de la Terre nous déſignent les Elémens inférieurs, tels que l'Eau
& la Terre , dans leſquels le Feu céleſte &
l'humide radical très-ſubtil , par le moyen
de l'air , s'inſinuent juſqu'au profond , & y
circulent inceſſamment par leur propre vertu, ſous la forme inviſible d'un Eſprit ſur-
céleſte & de vie, qui , ſelon David Pſeaume
18. v. 6 , 7 , 8. a ſon Tabernacle dans le Soleil, d'où par ſa vertu énergique, comme un
Epoux, qui ſe léve de ſa couche nuptiale , il
s'élance pour parcourir la voie des Elémens,
ainſi qu'un ſuperbe Géant qui meſure ſon
élan & ſes forces dans la vaſte étendue de
l'air ; ſa ſortie eſt du plus profond des Cieux ;
de-là il procéde , pénétre par-tout , & ne

laiſſe rien privé de la chaleur de ſa préſence
vivifiante; de l'expreſſion même de Salomon
en ſon Eccléſiaſtes, c. 1. v. 5. 6. C'eſt ce même Eſprit divin qui éclaire l'immenſité de
l'Univers, qui ſe pouſſant & repouſſant par
vertu énergique & élaſtique en circuit du
centre à l'excentre & en la capacité de tout,
retourne ſans ceſſe & perpétuellement dans
les cercles qu'il décrit par ſon mouvement &
ſon cours éternels & univerſels.

C'eſt ainſi que cet Eſprit univerſel, par le
feu & l'humide, nourrit les poiſſons dans
l'eau, les animaux ſur la terre, & les inſectes
en terre; qu'il fait végéter les Plantes, &
produit les Minéraux & Métaux au centre,
& dans les entrailles de la Terre; pourquoi
ſon influence circulante, comme Feu vital
uni à l'humide radical par le Sel de Sapience, eſt la ſemence univerſelle, qui ſe congele, & dont la vapeur s'épaiſſit au centre
de toutes choſes : cette ſemence ſpirituelle
opére dans les différentes matrices, ſelon
leurs diſpoſitions, leur nature, leur genre,
leur eſpéce & leur forme particuliere, pour
produire toutes les générations, en y mettant le mouvement & la vie.

Quant aux deux animaux paiſſans, qui
ſont le mouton & le taureau, c'eſt pour nous
dire qu'au retour du Printems, & dans les
deux premiers mois, qui ſont Mars & Avril,
auſquels ces deux animaux dominent en
qualité de Signes du Zodiaque, la matiere

universelle, créative & récréative, étant plus
amoureuse de la Vertu céleste qui y infuse
ses propriétés vitales copieusement, est plus
abondante, vertueuse & exaltée, par conséquent aussi plus qualifiée qu'en un autre
tems.

5°. Au-dessous de ces deux animaux, on
voit un corps comme endormi, & couché
sur son dos, sur lequel descendent de l'air
deux ampoules, le col en bas, l'une adres-
sante vers le cerveau, & l'autre vers le cœur
de cet homme endormi.

Ce corps ainsi figuré, n'est autre chose
que le sel radical & séminal de toutes choses, lequel par sa vertu magnetique attire à
soi l'ame & l'esprit Catholiques, qui lui sont
homogénes, & qui sans celle s'insinuent &
se corporifient dans le sel, ce qui est représenté par les deux ampoules, ou phioles,
contenans la chaleur, & l'humidité naturelle & radicale; & ce sel ayant ainsi attiré &
corporifié ces deux substances en lui, leur
union spirituelle lui ayant acquis de prodi-
gieux dégrés de force, il se pousse & pénè-
tre dans le point central des individus; &
d'universel, que ce sel étoit, il se particula-
rise, se corporifie, se détermine, & devient
rose dans le rosier, or dans l'argent vif mineral, or dans l'or, plante dans le végetal,
rosée dans la rosée, homme dans l'homme,
dont le cerveau représente l'humide radical
lunaire, & le cœur signifie la chaleur naturelle

relle folaire , véhiculée dans le premier ;
comme fa matrice.

6°. Au côté droit des mêmes trois enfans , un peu plus bas que l'air , eft un efcalier , par lequel monte à genoux un homme ayant les mains jointes , & élevées en
l'air , duquel element il defcend une ampoule , ou phiole ; & au haut de l'efcalier , il y
a une table couverte d'un tapis , avec une
coupe deffus.

L'efcalier nous apprend qu'il faut s'élever à Dieu, le prier à genouil, de cœur, d'efprit, & d'ame, pour avoir ce don , qui eft
le Magiftere des Sages, & vraiment un très-
grand don de Dieu, une grace finguliere de
fa bonté ; & qu'il ne faut pas être en des
lieux bas, pour prendre la premiere matiere univerfelle, qui contient la forme végétale & générale du monde ; l'ampoule qui
defcend de l'air , fignifie la liqueur, ou rofée célefte, qui découle premierement de
l'influence furcélefte, fe mêle enfuite avec
la propriété des aftres, & d'icelles mêlées
enfemble, il fe forme comme un tiers entre terreftre & celefte ; voilà comme fe forme la femence & le principe de toutes chofes.

Pour la coupe, qui eft fur la table , elle
repréfente le vafe, avec lequel, on doit recevoir la liqueur célefte.

7° Au côté gauche de cette même Porte
de ce grand Portail , font quatre grandes

figures de grandeur humaine, qui chacune ont un symbole sous leurs pieds.

La premiere, la plus proche de la porte, a sous ses pieds, un dragon volant, qui dévore sa queue.

La deuxiéme, a sous ses pieds un lion, dont la tête est contournée vers le Ciel, ce qui lui fait faire un effort de contorsion de col.

La troisiéme, a sous ses pieds la figure d'un ridiculé qui se rit & se mocque des figures qu'il regarde, & qui semblent se présenter à lui.

Et la quatriéme foule aux pieds un chien, & une chienne, qui tous s'entremordent vigoureusement, & semblent vouloir se dévorer l'un & l'autre.

Par le dragon volant, qui dévore sa queue, est représenté la Pierre des Philosophes, composée de deux substances, ou mercure d'une même racine, & extraite d'une même matiere; l'une desquelles substances est l'esprit éthérée, humide & volatil, & l'autre est le souffre, ou sel de nature, corporel, sec, & fixe; lequel par sa nature, & siccité interne, dévore sa queue glissante de dragon, c'est-à-dire desséche l'humidité, & la convertit en Pierre, aidé par le feu constant dans la concavité de l'esprit éthéré humide, siége de l'ame Catholique.

Le lion courbé qui regarde vers le Ciel, de note le corps, ou sel animé, qui désire reprendre avec avidité son ame & son esprit.

La figure du ridicul représente les faux Philosophes & Sophistes ignorans, qui s'amusent a travailler sur des matieres hétérogenes, & ne rencontrent rien de bon, se moquent de la Science hermetique, & disent qu'elle n'est pas vraie, mais purement illusoire, en quoi ils offensent la vérité Divine qui a mis ses plus riches trésors dans le sujet.

Le chien & la chienne, qui s'entredevorent, que les Sages appellent chien d'Armenie, & chienne de Corascene, ne signifient que le combat des deux substances de la Pierre, d'un seule racine; car l'humide agissant contre le sec, se dissout, & ensuite le sec, agissant contre l'humide, qui auparavant avoit dévoré le sec, est englouti par le même sec, & réduit en eau séche; & cela s'appelle prendre dissolution de corps, & congellation de l'esprit; ce qui est tout le travail de l'Oeuvre hermétique.

8°. Au-dessous de ces grandes figures, dans un pilier proche le Portail, est la figure d'un Evêque, chargé de sa Mitre, & de sa Crosse, en posture méditative.

Cet Evêque représente, *Guillemus Parisiensis*, ou bien celui qui a fait construire ce magnifique Portail, & qui y a fait mettre les Enigmes.

9° Au pilier, qui est au milieu, & qui sépare les deux portes de ce Portail, est en-

core la figure d'un Evêque, lequel met sa
Crosse dans la gueule d'un dragon, qui est
sous ses pieds, & qui semble sortir d'un bain
ondoyant, dans lesquels les ondes paroît la
tête d'un Roi à triple Couronne, qui semble se noyer dans les ondes, puis en sortir
derechef.

Cet Evêque représente le sage Artiste Chimique, lequel fait par son art congeler
la substance volatile du dragon mercuriel,
qui veut s'élancer & sortir du vase qui le
contient, sous la forme d'eau ondoyante,
c'est-à-dire qu'il est excité à ce mouvement
interne par une douce chaleur externe : &
ce Roi couronné est le souffre de nature,
qui est fait par l'union phisique & excentri-
que des trois substances homogenes, mais
séparées par l'Artiste de la premiere matiere
Catholique, lesquelles trois substances sont
l'esprit éthéré mercuriel, le sel sutureux, ou
nitreux, & le sel alkali, ou fixe, & qui conserve son nom de sel entre les trois principes
principians & les trois principes principiés,
qui tous trois étoient contenus dans le cahos
humide, dans lequel ce Roi se noye, & semble demander du secours, qu'il n'obtient de
l'Artiste alchimique, qu'après s'être dissout
dans le dissolvant de sa propre substance,
qui lui est semblable, après quoi il aura mé-
rité d'être satisfait en sa demande, c'est-à-dire
qu'après qu'il a été englouti, & fait eau par
son eau, il se congele par sa chaleur inter-

ne, excitée par son sel, ou sa propre terre;
par laquelle opération simple, naturelle, &
sans mêlange, se fait le Magistere des Sages, qui n'est autre chose que dissoudre le
corps, & congeler l'esprit, après avoir mis
dans l'œuf cristalin le poids convenable de
l'une & l'autre substance, qui sont triple,
& une; car tout le travail de l'Oeuvre est
de monter & descendre successivement,
qu'on appelle ascension & descension, jusqu'à ce que de quatre qualités élémentées
contraires, homogeneisées, l'on fasse trois
principes constitutifs & ordonnateurs; que
des trois l'on fasse apparoir le feu & l'eau, le
sec & l'humide, que de ces deux l'on fasse
un seul parfait, pétréifié en sel, qui contient
tout; le Ciel & la terre, en épuration & cuisson des hétérgénes.

10. Au Portail à main droite, l'on voit
les douze signes du Zodiaque, divisés en
deux parties, en ordre, selon la science de
Dieu & de la nature.

En la premiere partie du côté droit, sont
les signes du Verseur d'eau, & des Poissons,
qui sont hors d'œuvre; ce qu'il faut remarquer & noter.

Puis en œuvre sont le Belier, le Taureau,
& les Jumeaux, au-dessus l'un de l'autre.

Et au-dessus des Jumeaux est le signe du
Lion, quoique ce ne soit pas son rang, car
il appartient à l'Ecrevisse, mais il faut considérer cela comme mistérieux.

Les signes du Verseau & des Poissons sont mis hors d'œuvre ; c'est expressément pour faire connoître qu'aux deux mois de Janvier & Février, on ne peut avoir, ni recueillir la matiere universelle.

Pour le Belier & le Taureau, ainsi que les Jumeaux qui sont en œuvre, l'un au-dessus de l'autre, & qui regnent au mois de Mars, d'Avril & de Mai, ils apprennent que c'est dans ce tems-là, que le sage Alchimique, doit aller au-devant de la matiere, & la prendre à l'instant qu'elle descend du Ciel, & du fluide aërien, où elle ne fait que baiser les levres des mixtes, & passer par-dessus le ventre des Bourgeons & des feuilles Végétables qui lui sont sujettes, pour entrer triomphante sous ses trois principes universels dans les corps, par leurs portes dorées, & y devenir la semence de la rose céleste ; ce qui s'entend par simbole.

Alors son amour lui fait jetter des larmes, qui ne sont rien plus que lumiere, de laquelle le Soleil est le pere, revêtu d'une humidité de laquelle la Lune est la mere, & que le vent de l'Orient apporte dans son ventre ; dans cet état vous l'avez universelle & non déterminée, d'autant que vous l'aurez prise auparavant qu'elle soit attirée par les aimans des individus spécifiques, & qu'elle soit spécifiée en iceux.

Au regard du signe du Lion, qui est posé au-dessus de Jumeaux, où devroit être placée l'Ecreviſſe, c'eſt pour faire entendre qu'il y a quelque changement , & une altération des Saiſons, contenue dans le travail manuel & phyſique de la Pierre , & qui n'eſt pas ſi propre pour recevoir & prendre la matiere, qu'au tems où regnent le Belier , le Taureau, & les Jumeaux; car en Eté pendant les grandes chaleurs , par l'ardeur & la pompe du Soleil qui exhaurie beaucoup d'humide radical pour ſa ſubſtance, ſon entretien & ſa nourriture , il ſe fait une grande diſſipation & de perdition des eſprits , & la plus grande partie de la matiere incrementale & nouriciere des corps eſt convertie dans la ſpiritualité aërienne , dont on ne peut la retirer , que par le moyen de l'aimant phyſique & phyloſophique qui lui eſt homogene , c'eſt-à-dire par une temperature aſſaiſonnée d'humide, qui eſt ſon aimant & ſon envelope.

11°. Au bas , un peu au-deſſus du Verſeau, & vis-à-vis des Poiſſons , l'on voit un Dragon volant , qui ſemble regarder ſeulement & fixement , *Aries , Taurus , & Gemini ,* c'eſt-à-dire les trois ſignes du Printemps, qui ſont le Belier, le Taureau, & les Jumeaux.

Ce Dragon volant qui repréſente l'eſprit univerſel,& qui regarde fixement les trois figures, ſemble nous dire affirmativement que ces trois mois , ſont les ſeuls dans le cours deſquels l'on peut recueillir fructueuſement cette matiere céleſte , que l'on appelle lumiere de vie, laquelle se tire des rayons du Soleil & de la Lune, par la coopération de la nature, un moyen admirable, & un art industrieux, mais simple & naturel.

12° Proche & derriere ce Dragon volant, est figuré un Ridicul; & derriere ce Ridicul est un chien assis sur le dos, sur lequel chien est posé un oiseau.

Ce Ridicul est un moqueur de la science hermetique en question, un rieur méprisant des opérations des vrais Sages & Philosophes, & de tous leurs Partisans qu'il estime insensez, tout aveuglé qu'il est dans l'erreur vulgaire.

La figure de ce Chien posé sur le dos, sur lequel est un oiseau, nous fait entendre que ce chien est le corps, ou le sol de la matiere universelle, fidéle à l'Artiste qui sçait la travailler, & l'oiseau représente l'esprit de la même matiere, lequel y est posé; cette matiere est connue communément sous les noms de soufre & de mercure, le sel pour tiers & copule ou liaison y étant compris, comme indivisible des deux, qui sont le corps & l'esprit.

13°. En la seconde partie de ce Portail, au côté gauche, & tout en-haut, est le signe de l'Ecrevisse, à la place du Lion, qui est de l'autre côté du même Portail.

Sur la même ligne de l'Ecrevisse, sont la Vierge, la Balance, & le Scorpion, tout quatre en œuvre.

Et

Et enfuite le *Sagittaire* & le *Capricorne* qui font hors d'œuvre.

Par l'Ecreviffe ainfi placée en haut, eft témoigné que la matiere Lunaire a été bien abondante, mais que l'abondance n'en eft plus fi grande, à caufe que les *Pleyades*, qui font des conftellations humides, s'en retournent.

La *Vierge*, la *Balance*, & le *Scorpion*, font les derniers dégrés de chaleur pour la coction de l'Œuvre Phylofophique ; car en ce tems Automnal, la maturité des fruits fe parfait par le *Sagittaire* & le *Scorpion*, qui font hors d'œuvre ; ce qui démontre leur frigidité & ficcité, & que ces qualités, conçues par l'efprit intelligent, font néanmoins invifibles extérieurement en la matiere de notre Magiftere.

14° A droite & à gauche de ces douze Signes du Zodiaque, qui repréfente le cours de l'année, font quatre figures repréfentant les quatre Saifons, qui font l'Hiver, le Printems, l'Eté, & l'Automne.

Par ces quatre Saifons, il eft donné à entendre que le Compofé phylofophique doit être entretenu en l'athanor, ou fourneau de cuiffon pendant un an & plus, ce qui fait dix mois hermétiques, par les dégrés d'une chaleur, qui foit douce, & proportionnée au commencement, & puis un peu plus forte fur la fin, & cependant lineaire, comme pour faire colorer & mûrir les fruits qui fe recueillent pendant trois de ces Saifons, à fçavoir, le Printems, l'Eté, l'Automne ; moyennant quoi l'Artifte acquiert la Médecine au blanc, Simbole de la Vierge mere & Pafcale, qu'il peut arrêter & prendre au cercle citrin, comme Médecine lunaire univerfelle parfaite, ou bien continuer fans interruption de travail, & pouffer jufqu'au rouge parfait, qui en eft produit comme Médecine folaire, univerfelle & fouveraine, accomplie au tems de fa naiffance, marquée folemnellement par les Sages.

15°. Au-deffous de huit grandes Figures du même Portail, dont il y en a quatre de chaque côté, & tout en bas, font démontrées les vraies opérations, pour faire & parfaire la Médecine univerfelle, que le Curieux Apprentif de cette Oeuvre divine pourra expliquer, ou fe les faire expliquer, mais jamais ne les expliquer par écrit.

PORTAIL DU MILIEU.

16o. L'on voit fix Figures au Portail du milieu ; au côté droit.

La premiere eft un Aigle, la feconde un Caducée entortillé de deux ferpens, la troifiéme un Phenix qui fe brûle, la quatriéme un Bélier, la cinquiéme un Homme qui tient un Calice, dans lequel il reçoit quelque chofe de l'air ; & la fixiéme, eft une Croix ou trait quarré, où il fe voit d'un côté fur la ligne tranfverfale une larme, & fur la même ligne de l'autre côté, un Calice en cette forme.

THESAURUS   DESIDERABILIS.

Salomon. *Prov. c. 20. v. 21.*

Ces six Figures ne sont pour ainsi dire, que la répétition de ce qui a déja été dit tant de fois sous différentes figures & différens termes, qui sont inépuisables, par le peu de travail & la simplicité de la matiere, qui ne se fait néanmoins connoître qu'aux vrais Philosophes, & non pas aux Sophistes ignorans, quelques recherches qu'ils en fassent, parce que leur intention est mauvaise & orgueilleuse, & que ce Don divin n'est accordé qu'aux simples & humbles de cœur, méprisés du reste du monde insensé, & assez malheureux en son aveuglément, pour ne se repaître que de fables transitoires.

1°. L'Aigle, par exemple, ne signifie autre chose que l'Esprit universel du monde; & c'est l'Oiseau d'Hermes, & le mouvement perpétuel des Sages.

2°. Le Caducée entortillé de deux serpens, enseigne que la Pierre est composée de deux substances, quoique tirée du même corps, & extraite de la même racine; ces deux substances néanmoins semblent être contraires en apparence, l'une étant humi-

K k ij

de & l'autre feiche, l'une volatille & l'autre fixe ; mais elles font femblables en effence & en effet, parce qu'elles font deux de nature, venantes d'un feul principe, quoiqu'elles ne foient réellement qu'une.

3°. Le Phenix qui fe brûle, & renaît de fes propres cendres, nous apprend que ces deux fubftances, une, après avoir été mifes dans l'œuf philofophique en l'Athenor, agiffent long-tems & naturellement l'une contre l'autre, qu'elles fe livrent de furieux combats avant de s'embraffer & de s'unir ; que la guerre eft longue avant de recevoir le baifer de paix ; que les flots de la Mer philofophique font longuement agités par le flux & reflus, avant que la bonace & le calme puiffent fuccéder & régner ; enfin que les travaux font biens grands auparavant que ces deux fubftances fe réduifent finalement en poudre, ou foufre incombuftible : car cela ne fe peut faire qu'après que l'humide Mercuriel a été confommé, ou plutôt defféché par la grande activité du chaud & fec interne de la fubftance corporelle du Sel de nature, & que tout le compot eft fait femblable.

C'eft après ces brûlemens, ou calcinations philofophiques, que cette poudre, le vrai Phenix des Sages, car il n'y a point dans le monde d'autre Phenix que celui-là, étant diffout derechef dans fon lait virginal, retourne à reprendre naiffance par foi-même, & de fes propres cendres, & continue ainfi à renaître & mourir, tout autant de fois, qu'il plaît à l'Artifte bien expérimenté.

4°. Le Bélier fignifie toujours le commencement de la Saifon, en laquelle il faut prendre la matiere, d'autant qu'en ce tems d'effervefcence l'humide igné de l'Efprit univerfel commence à monter de la Terre au Ciel, & à defcendre du Ciel en terre, bien plus copieufement qu'en toute autre Saifon, & avec plus de vertu ; furtout dans les minieres, où le Soleil a fait au moins trente révoltions, & non plus de trente-cinq, où la Nature minérale commence à retrograder, pour tendre à fa dépravation & à fon déclin.

5°. L'Homme qui tient un Calice, dans lequel il reçoit quelque chofe de l'air, nous démontre qu'il faut fçavoir ce que c'eft que l'Aymant fait par l'homme, qui a la puiffance d'attirer du Ciel, du Soleil & de la Lune, par fa vertu magnetique, l'Efprit Catholique invifible, revêtu de la pure fubftance humide étherée, influence qu'inteffencifiée, pour de ces deux en faire une troifiéme fubftance participante des deux autres individuellement, & qui chacune contienne en foi indivifiblement le Sel, le Souffre, & le Mercure univerfels, lefquels tous trois fe congelent & s'uniffent au centre de toutes chofes.

6°. Quand à la Croix, où fur les lignes tranfverfales, par les côtés d'icelle, font pofés une larme & un Calice, c'eft pour nous faire entendre, que ce n'eft que la Nature élémentaire, c'eft-à-dire les quatre Elémens croiſés, figurés par les quatre lignes de la Croix : en effet, c'eſt par le moyen des quatre Elémens que les vertus & les énergies céleſtes deſcendent & s'inſinuent inceſſamment ſur tous les Corps viſibles & ſublunaires.

Les deux lignes, haute & baſſe, repréſentent le Feu céleſte, & les deux autres lignes tranſverſantes ſignifient l'air & l'eau.

La larme, qui ſignifie l'humide de l'air, pleine de feu vital, & poſée ſur la ligne de l'air & de l'eau, doit être reçûe dans le Calice, qui ſignifie le récipient, & non pas dans les baſſes vallées, quoi qu'elle ſoit par-tout, mais ſur des lieux qui s'avancent dans l'air, où elle ne ſera pas priſe en quantité par ceux qui n'ont pas la connoiſſance de l'aimant Phyſique & philoſophique.

7°. Proche de la Porte à droite, il y a d'un côté cinq Vierges ſages, qui tendent leur Calice, ou coupe vers le Ciel, & reçoivent ce qui leur eſt verſé d'en-haut par une main qui ſort d'une nuée ; & au-deſſous s'y voient & s'y remarquent les vraies opérations Alchimiques & Philoſophiques.

Ces cinq Vierges repréſentent les vrais Philoſophes Hermétiques amis de la nature, & qui ayant connoiſſance de l'unique matiere, dont elle ſe ſert, pour travailler dans la magneſie des trois régnes, animal, minéral, végétal, reçoivent du Ciel cette même & unique matiere dans des vaſes convenables ; & ſuivant les opérations de la même natu-

re,ils travaillent phyſiquement, & après avoir
fait le Mercure,ou diſſolvant Catholique,ou le
Sel de nature , qui contient ſon Souſtre , les
uniſſent au poids requis,les cuiſent en l'Athanor , & finalement en font l'Elixir Arabique.
¶ 8°. De l'autre côté dudit Portail gauche , on voit cinq autres Vierges, mais ſol-
les , en ce qu'elles tiennent leur Coupe ren-
verſée contre terre , ainſi elles ne peuvent ,
ni ne veulent y recevoir la Lunaire que la
nature leur préſente , & qui eſt ſi copieuſe,
qu'après avoir largement ſatisfait à tout l'U-
nivers , il y en a encore plus de reſte , que
d'employé : & cela ſe fait en tout & ſe dif-
tribue en tous tems , & inceſſamment , parce qu'ainſi l'a ordonné , l'a voulu & le veut
le Très Haut , auquel gloire immortelle,
ineffable,ſoit rendue ſur la terre & aux Cieux.

Par les Vierges folles , la Coupe renver-
ſée , ſont repréſentées une infinité , & preſque innombrables d'opérations fauſſes des
Sophiſtes , des Chimiſtes , des ignorans &
déſeſpérés , ainſi que des impitoyables Sou-
fleurs & Charlatans.

Ces cinq Vierges folles ſignifient ces faux
Philoſophes , qui ne demandent que herce-
lets Sophiſtiques , comme rubifications, deal-
bations , cohobations , amalgammations ,
&c. qui mépriſent la lecture des bons Auteurs , & qui par cette raiſon ne peuvent
avoir connoiſſance de la vraie matiere , quoiqu'il eſt vrai de dire , qu'ils la portent tou-

jours avec eux jusque dans leur sein , sur
eux , alentour d'eux , sous leurs pieds , &
qu'ils la respirent continuellement ; mais
leur orgueil trop présomptueux leur fait en
mépriser la méditation & la recherche , s'ima-
ginans stupidement dans leurs grossieres So-
phistications & leurs faux préjugés , la trouver sans la connoissance de la belle & pure
nature interpréte des Mistéres divins.

En effet , cette matiere est si commune , &
d'un si vil prix , que le plus pauvre en a autant que le riche , & elle est néanmoins si
précieuse , que chacun en a besoin , & ne
peut s'en passer ; car l'on ne peut être , vivre
& agir sans elle.

Tout ce que j'ai remarqué en ce triple
Portail est à la vérité , beau & ravissant , mais
ce sont lettres closes , Enigmes & Hieroglifs
pleins de mistéres pour les ignorans , & choses mistiques pour les Sçavans , pour lesquels j'ai donné cette Explication , qu'ils
doivent comme Curieux , considérer exactement , en levant les voiles qui leurs cachent
l'entrée aux secrets Cabinets de la chaste
Diane Hermétique.

Je n'ai point lû dans les Cartes antiques
de Paris, ni de cette Cathédrale, pour sçavoir
le nom de celui , qui a été le Fondateur de ce
Portail merveilleux; mais je crois néanmoins,
que celui qui a fourni ces Enigmes Hermétiques, ces Simboles & ces Hieroglifs mistiques
de notre Religion, a été ce grand Docte & pieux

Perſonnage Guilleaume Evêque de Paris, la profonde Science duquel a toujours été admirée avec raiſon des plus Sçavans Philoſophes Hermétiques de l'Antiquité, & particuliérement du bon Bernard Comte de Treviſan, Sçavant adepte Philoſophe Hermétique ; car il eſt certain, que cet Evêque a fait & parfait le magiſtere des Sages.

Or, comme il a plu à la divine Providence de me faire la grace de me donner quelque lumiere & connoiſſance de la Philoſophie, Phyſique & Hermétique, j'y ai tellement travaillé qu'après un long tems, beaucoup de ſoins, de lecture des bons Livres, & avoir fait quantité de belles & bonnes opérations, j'ai enfin trouvé la triple clef par ſon eſſence, pour ouvrir le ſanctuaire des Sages, ou plutôt de la ſage Nature ; de ſorte que je peux fidélement expliquer les Ecrits paraboliques & énigmatiques des Philoſophes anciens & modernes, ainſi que j'ai expliqué aſſez clairement les Enigmes, Paraboles & Hieroglifs de ce triple Portail ; ce que je fais très-volontiers, pour donner contentement aux Sçavans amateurs de cet Art divin, & exciter la curioſité des nouveaux Candidats, qui aſpirent à la connoiſſance de la Science naturelle & hermétique ; dont Dieu ſoit loué & exalté à jamais. Ainſi ſoit-il.

LE PSEAUTIER
D'HERMOPHILE,
ENVOYE' A PHILALETHE.

I. TOus les Philosophes sont d'accord, que l'Oeuvre des Sages,qui est la composition de la Pierre, peut être comparé à la création de l'Univers ; en effet, cet Ouvrage de l'esprit & de la sagesse humaine, représente fort bien l'Ouvrage de l'Esprit & de la Sagesse divine, qui a créé le monde ; mais il y a cette différence, que Dieu créa toutes choses, sans avoir besoin d'aucun sujet, qui servit de matiere, ou d'instrumens à son opération, au lieu que le Philosophe a besoin d'une matiere sur laquelle il travaille, & du feu comme l'instrument & le conducteur de son Ouvrage.

II. L'Art, qui est le Singe de la nature, comme la nature est le Singe du Créateur, travaille sur un certain cahos, ou corps ténébreux, & sépare d'abord la lumiere des ténèbres ; & comme il ne peut pas créer cette matiere, il l'a reçoit des mains de la nature & de son Auteur, & de cette seule matiere, il en compose son grand Ouvrage ;

dès le commencement le *Sage Artiste* n'a d'autre soin que de la préparer avec industrie, de séparer le subtil de l'épais, & le feu de la terre, & de tirer de ce cahos, une certaine humidité mercurielle, brillante & lumineuse, qui contient tout ce qu'il cherche.

III. Les élémens de la Pierre, qui sont l'eau & le feu, sont contenus dans ce cahos; le feu & cette eau sont le Souffre & le Mercure, qui sont les deux pièces & matériaux nécessaires, pour composer la Pierre Physique. Ces deux matieres sont en toutes choses, sont par tout & en tout tems; mais il ne faut pas les chercher indifféremment par tout, ni en toute sorte de sujet, à cause que la nature les a merveilleusement enveloppés. Ce qui a obligé tous les Philosophes à dire & enseigner, qu'il faut quitter toutes sortes de nature étrangére, & prendre la nature métallique minérale, & ce au mâle & à la fémelle.

IV. Ce mâle & cette fémelle, sont le Souffre & le Mercure, l'Agent & le Patient, le Soleil & la Lune, le fixe & le volatil, la terre & l'eau; où le Ciel & la terre, contenus dans le cahos des Sages, qui est leur sujet primitif, & dans lequel ils sont conjoints ensemble naturellement, avant que l'Artiste y ait mis les mains; mais s'il en veut faire quelque chose, il est nécessaire qu'il les sépare, qu'il les purifie; & qu'ensuite, il les réunisse d'un lien plus fort, que celui que la nature

leur avoit donné ; & ainſi d'un, il fait deux,
& de deux un ; & par ce moyen, il compoſe
un cahos artificiel, d'où ſortent de ſuite les
miracles du monde, ou de l'art.

V. Du premier cahos, ou ſujet primitif,
créé des mains de la nature, l'art ſépare &
purifie la matiere, & ôte par ce moyen toutes les impuretés qui ſont les obſtacles ténébreux, oppoſés aux opérations lumineuſes
de la nature, & ainſi engendre & fait ſortir
de ce cahos Diane & Apollon, ou bien la
Lune & le Soleil qui naiſſent en delos, c'eſt-
à-dire, dans la manifeſtation des choſes cachées ; c'eſt la premiere opération, où l'Artiſte compoſe l'Or vif, où le Soufre des Sages, & leur Mercure & leur Argent-vif : &
les ayant unis tous deux, il en fait le Mercure des Sages, dont le pere & la mere ſont
le Soleil & la Lune.

VI. Le Mercure des Philoſophes, eſt l'enfant du Soufre & de l'Argent-vif, ſuivant
la doctrine du Coſmopolite, & de tous les
Sages : c'eſt ce Mercure, ou Argent-vif des
Philoſophes, qui ſuffit à l'Artiſte avec le feu,
& de ce Mercure ſeul, on peut faire un Or
de véritable, & bon à toute épreuve ; & cet
Or tout de feu, & plein de vie, le faiſant
rentrer par une ſolution nouvelle dans ſon
cahos, & l'en faiſant ſortir derechef, on en
compoſe un Agent qui triomphe de toutes
impuretés métalliques : & l'on le peut multiplier à l'infini, diſent les Sages.

VII. Les Philofophes parlent fouvent de leur cahos, auquel ils donnent divers noms, fuivant leur deffein, qui eft de cacher leurs grands miftéres, à ceux qui en font indignes; on appelle ce cahos, dit Philalethe, notre Arfenic, notre Air, notre Lune, notre Aimant, notre Acier, fous diverfes confidérations; il dit auffi que c'eft un efprit tout volatil, & un corps admirable, formé du fang du Dragon Igné, & du fuc de la Saturnie végétable, & ce Cahos eft comme la mere des Métaux, & un principe fécond, dont on peut tirer tout ce que les Sages recherchent, & même le Soleil & la Lune fans elixir.

VIII. Le Cahos eft le compofé des Sages, Philalethe l'appelle Eau, Air, Feu & Terre minérale, à caufe qu'il contient en foi tous les Elémens, qui en doivent tous fortir à leur rang, quoi qu'on n'en voit que deux, à fçavoir la Terre & l'Eau, dit le Cofmopholite: & que tous enfin fe doivent terminer en terre, dit hermes; c'eft cet admirable compofé dont parle Armand de Villeneuve, dans fa lettre au Roi de Naples, & qu'il appelle le Feu & l'Air des Philofophes, ou plutôt de la Pierre, qui eft la matiere prochaine de cet air & de ce feu, & qui contient une humidité, qui court dans le feu, & qui eft pierre & non pierre.

IX. Ce compofé felon Artephius, & dans la vérité, eft corporel & fpirituel, à caufe

qu'il participe du corps & de l'esprit, c'est-
à-dire de la portion la plus subtile & la
plus moëlleuse du corps & de l'esprit, ou de
l'eau ; cet Auteur & Flamel après lui, appellent ce composé, Corsuffle, Cambar, Due-
nech ; mais Artephius ajoute, que son propre nom, est Eau permanente, à cause qu'elle ne fuit point dans le feu, ne se sépare
point des corps qu'elle embrasse, & demeure
inséparablement avec eux ; & ces corps, dit-
il, sont le Soleil & la Lune, qui sont changés en une quinte-essence spirituelle.

X. Les Philosophes parlent diversement
de ce composé : les uns disent qu'il est fait
de deux choses, comme Bazile Valantin ;
les autres veulent qu'il soit fait de trois,
comme Philalethe, qui enseigne que c'est un
assemblage de trois natures différentes, mais
d'une même origine : d'autres écrivent que
le Cahos dont nous parlons, est semblable
à l'ancien Cahos, qui est composé de quatre
Elémens, qui commencent, dit Flamel, à
déposer l'inimitié de l'ancien Cahos, pour
faire leur paix & leur réconciliation ; c'est la
pensée d'Artephius, & tous ont dit la vérité
sur cela.

XI. Le terme de cahos, est fort équivoque, du moins il se peut prendre en divers
sens ; car il y a un cahos général créé de
Dieu, & dont il a tiré toutes les créatures,
c'est-à-dire, les trois régnes de la nature,
animal, végétal, minéral ; & chaque régne

a fon cahos particulier & naturel, qui eſt le ſperme de chaque choſe : ainſi nous avons un Cahos minéral , produit des mains de la nature, qui contient les deux ſpermes maſculin & féminin , Souffre & Mercure, leſquels unis naturellement dans un même ſujet , ſont la premiere matiere ſur laquelle l'Artiſte doit travailler.

XII. Les Sages ont un autre Cahos, qu'ils tirent dès le commencement, & qu'ils compoſent du ſujet que la nature leur préſente, diſent tous les Philoſophes , après Morien ; ne pouvant rien par de-là ; dès le commencement du Magiſtere , dit Bazile Valantin ; ils ont appellé cette ſubſtance ſenſible, mercuriale, ſulphureuſe & ſaline, fàite de l'union des trois principes , leſquels on y a mis proportionnément, en diſſolvant & coagulant, ſelon les diverſes opérations de la nature, que l'art doit imiter, & ſelon la diſpoſition de la ſemence ordonnée de Dieu.

XIII. Paracelfe s'accorde avec tous les Philoſophes ſur ce ſujet , qui eſt la matiere de l'art, & leur fameux Cahos , lorſqu'il dit que la matiere de la teinture Phyſique , eſt une certaine choſe, qui ſe compoſe de trois ſubſtances, par le miniſtere de Vulcain ; & il ajoute à cela fort à propos , que ce compoſé peut être tranſmué en Aigle blanc, par le ſecours de la nature & par l'aide de l'art : Raimond Lulle , parle dans ce ſens , lorſqu'il dit , que l'herbe blanche aſſembloit deux fumées , & croiſſoit au milieu des deux.

XIV. L'Abbé Syneſius, le Coſmopolite & Philalethe, s'accordent avec tous les autres au ſujet de cette matiere , lorſqu'ils la placent au milieu du Métail & du Mercure; car elle n'eſt en effet ni l'un ni l'autre, & participe de tous les deux, c'eſt un cahos, ou un compoſé fixe & volatil tout enſemble, c'eſt ce que les Philoſophes ont appellé Hylé, ou la premiere eau, & la premiere humidité radicale qu'ils tirent & compoſent du premier Hylé naturel & minéral , que la nature avoit compoſé des élémens.

XV. Un Anonime ſuivant cette penſée, qui eſt celle de tous les Philoſophes , dit fort à propos que cet admirable compoſé ſe fait par la deſtruction des corps , ce que Artephius avoit dit long-tems auparavant : & l'Anonime fort éclairé dans la doctrine de cet ancien Philoſophe , remarque que comme ce compoſé ſe fait par la deſtruction des corps , de même l'eau qui eſt l'ame, l'eſprit & l'eſſence du compoſé , ne ſe peut faire que par la deſtruction du compoſé , dans lequel les ames du corps ſont liées , dit Artephius.

XVI. Nous n'avons beſoin,dit Artephius, que de cette ame , ou moyenne ſubſtance des corps diſſous,qui eſt ſubtile & délicate, & qui eſt le commencement, le milieu & la fin de l'œuvre,de laquelle notre Or & ſa femme ſont produits;

produits ; c'eſt un ſubtil & pénétrant eſprit,
une ame délicate, nette & pure ; un ſel &
beaume des Aſtres, dit Bazile Valantin ; c'eſt
dit le même, une ſubſtance métallique &
minérale, provenante du ſel & du ſouffre,
& deux fois né du Mercure ; c'eſt le haut &
le bas, qui ne ſont qu'une même choſe,
comme enſeigne Hermes, c'eſt le tout dans
toutes choſes, dit Bazile Valentin ; c'eſt enfin l'air de l'air d'Ariſtée.

XVII. Notre cahos eſt encore appellé
Magneſie, par le Coſmopolite, après Artephius, qui eſt compoſé diſent les Philoſophes, de corps, d'ame & d'eſprit ; ſon corps
eſt une terre fixe & très-ſubtile, ſon ame eſt
la teinture du Soleil & de la Lune, & l'eſprit eſt la vertu minérale de ces deux corps ;
& cet eſprit mercuriel, eſt le lien de l'Ame
ſolaire, & le Corps ſolaire eſt ce qui donne
la fixion, qui avec la Lune retient l'ame &
l'eſprit ; & de ces trois bien unis, c'eſt à
ſçavoir du Soleil & de la Lune, & du Mercure, ſe fait notre Pierre ; mais auparavant
ce compoſé doit être purifié dans notre
eau.

XVIII. La purification de ce Cahos eſt
très-néceſſaire, dit Artephius ; elle ſe doit
faire dans notre Feu humide, par le moyen
duquel on ouvre les Portes de juſtice, &
l'on tire le Mercure des Philoſophes de ſes
cavernes vitrioliques, comme par Artephius ; ou bien l'on en tire ce te vapeur mer-

curielle très-subtile & très-spirituelle, qui se revêt de la forme d'eau, pour pénétrer les Corps terrestres, & les empêcher de combustion; c'est le dissolvant de la nature qui réveille ce feu interne assoupi, menstrue très-acide, fort propre à dissoudre le Corps, d'où lui-même a été tiré, avec la doctrine de tous les Sages.

XIX. Tous les Philosophes disent que leur Mercure est enfermé & emprisonné dans le cahos du premier Cahos minéral que la nature leur présente, & qu'il en est tiré & mis en liberté par le secours de l'art, qui vient aider la nature, & qui commence où elle a fini; elle-même lui donne la main, & l'accompagne par tout à mesure que les esprits se tirent de l'esclavage du corps, & se séparent des parties les plus grossiéres de la matiere, qui demeurent au fond du vaisseau, comme dit Artephius, & qui sont incapables de solution, & tout-à-fait inutiles, dit ce même Philosophe.

Ce Mercure ainsi dégagé des liens de sa premiere coagulation, contient en soi une double nature, sçavoir une ignée & fixe, & l'autre humide & volatile; la premiere qui lui est intérieure, est le cœur fixe de toutes choses, permanent au feu & très-pur fils du Soleil; lui-même feu essentiel, feu de la nature, véritable véhicule de la lumiére, & le vrai souffre des Philosophes; la seconde nature qui lui est antérieure, est le plus pur & le plus subtil de tous les esprits, la quinte-essence de tous les Elémens, la premiere matiere de toutes choses métalliques, & le véritable Mercure des Sages.

XXI. On peut distinguer quatre Mercures différens, contenus dans notre Cahos ; le premier peut être appellé le Mercure des Corps, c'est le plus noble & le plus actif de tous, c'est la semence prétieuse dont se fait la teinture des Philosophes, & sans ce Mercure que Dieu a créé, notre science & toute philosophie, selon le Cosmopolite, sont vaines ; le second est le Bain & le Mercure de la nature, le vase des Philosophes, l'Eau philosophique, le sperme des Métaux, dans lequel réside le point seminal ; le troisiéme est le Mercure des Philosophes, qui se fait des deux précédens, c'est Diane & le sel des Métaux ; le quatriéme est le Mercure commun, non vulgaire, l'air d'Aristée, ce feu secret, moyenne substance de l'Eau commune à toutes les minieres.

XXII. Dans notre cahos tiré de la nature, & composé des choses naturelles, ce Philosophe remarque un point fixe, duquel par dilatation se font toutes choses, & puis par concentration, il raméne toutes ces lignes à leur centre, où toutes choses trouvent leur repos, & une fixite permanente ; c'est ce qui est arrivé dans le premier Cahos du monde, dont le Verbe de Dieu a été la base, & comme le point fixe & indivisible, dont toutes les créatures sont sorties, & où elles doivent retourner, comme à leur centre : il y a auſſi un point fixe dans le Cahos minéral, créé par la nature, & dans celui que l'art compoſe.

XXIII. C'eſt de ce point fixe, d'où ſont ſortis tous les Métaux, leur éclat & une émanation, ou écoulement viſible de cette lumiere qui demeure cachée ſous l'écorce de leur corps terreſtre, qui fait ombre à la nature, dit le Coſmopolite ; ce point fixe reſte toujours dans le centre de leur ſemence, qui eſt la même en tous, comme l'enſeigne Philalethe, après le Coſmopolite ; mais il eſt inviſible, à cauſe que c'eſt un pur eſprit engagé dans l'obſcure priſon des Métaux, & que dans un corps métallique congelé, les eſprits ne paroiſſent point & n'opérent point que le corps ne ſoit ouvert.

XXIV. Les ſemences de toutes choſes étoient contenues dans l'ancien cahos que Dieu a créé, mais elles étoient en confuſion, en repos, & ſans mouvement ; & quoique les contraires fuſſent enſemble, ils ne ſe faiſoient point la guerre ; les ſemences métalliques qui ſont dans notre cahos y ſont confuſes à la vérité, mais elles ſont en paix, & attendent les ordres d'un Artiſte habile, qui diſe *fiat lux*, & qui ſéparant la lumière des ténébres, faſſe paroître la profondeur cachée, & développant le point fixe ſéminal, réduiſe les ſemences métalliques de puiſſance en acte,

& rende l'invifible vifible, dit Valantin.

XXV. L'ancien cahos étoit toutes chofes, & n'étoit rien du tout en particulier ;
le cahos métallique produit des mains de
la Nature, contient en foi tous les Métaux, & n'eft point métal; il contient l'Or,
l'Argent & le Mercure ; il n'eft pourtant ni
Or, ni Argent ni Mercure ; la Nature a
commencé les opérations en lui, la fin a été
d'en faire un métal, mais elle a été empê-
chée en fon cours, comme par fois elle s'arrête en chemin, lorfque tâchant de faire un
métal parfait, elle en fait un imparfait,
auffi fouvent elle n'en fait point du tout, &
fe contente de nous donner un cahos.

XXVI. Dans ce cahos métallique naturel font contenus le Ciel & la Terre des
Philofophes, mais ils n'y font point diftin-
gués ni féparés ; le haut y eft comme le
bas, & le bas comme le haut, afin que l'Artifte faffe les miracles d'une feule chofe, dit
Hermes, les Elémens fe trouvant tous enfe-
velis & confus, fans diftinction, fans action
& fans ordre, tout y eft dans un profond filence, & dans certaines ténébres qui régnent dans le limbe des Sages, & qui forment une véritable image de la mort, fans
aucune marque de vie & de fécondité ; ce
qui n'empêche pas que cette terre catholique ne foit animée, & qu'elle n'ait une vie
cachée, dit Bazile Valentin.

XXVII. Le cahos général de la Nature

étoit un corps humide, obscur & ténébreux,
le cahos minéral, qui contient les semences
métalliques, est un corps opaque, terrestre
& ténébreux, plein de feu, duquel le Philosophe par une dûe séparation & purification, tire les matériaux, dont il compose un cahos artificiel, duquel il tire toutes choses, & même la lumiere & les luminaires métalliques ; & d'iceux dissous par
leur propre menstrue, il fait un autre composé, séparant toujours la lumiere des ténèbres par l'esprit dissolu du Ciel, dit Basile
Valentin ; il accomplit la création philosophique du Mercure & de la Pierre des Sages, dit Phisalethe.

XXVIII. Le cahos minéral étant ouvert,
le Philosophe ayant séparé les Elémens, les
ayant purifiés, & réunis ensuite en forme
d'une eau visqueuse, qui est le cahos, ou
composé philosophique, il a le bonheur de
voir naître le Soleil sortant du sein de Thetis, de le toucher, de le laver, le nourrir, & le mener à un âge de maturité ; le
Sage voit des ténébres avant la lumiere, il
en voit après la lumiere, il en découvre
encore qui sont avec la lumiere ; il marie
dans cette opération, dit Philalethe, le
Ciel & la Terre, & unit les eaux supérieures aux inférieures.

XXIX. De ce cahos, qui est notre premiere matiere, le Sage sçait bien tirer un
esprit visible, qui soit néanmoins incom-

préhensible , dit Basile Valentin ; cet esprit
est la racine de vie de nos corps , & le
Mercure des Philosophes , duquel on prépare industrieusement la liqueur par notre
Art , qu'on doit rendre de rechef maté-
rielle , & la conduire par certains moyens
d'un dégré très-bas , à un dégré de souveraine & parfaite médecine ; car dit cet Auteur , d'un corps bien lié & solide au commencement , on en fait un esprit fuyant ,
& de cet esprit fuyant à la fin une médecine fixe.

XXX. Le corps dont nous parlons, & dont
on tire cet esprit , que Basile Valentin appelle
une Eau d'or sans corrosion , est si informe,
qu'il ressemble à un véritable cahos , un
avorton & un ouvrage du hazard ; en lui
est antée & gravée l'essence de l'esprit dont
il s'agit , quoique les traits en soient mé-
prisables , ce qui fait que cette matiere catholique est méprisée & payée à vil prix
par ceux qui n'en connoissent pas la valeur ; mais si les ignorans la regardent avec
mépris , les Sages & les Sçavans l'estiment
uniquement , & la considérent comme le
berceau & le tombeau de leur Roi, dit Philalethe.

XXXI. L'esprit ou Mercure des Philosophes qui se tire du corps dont il s'agit ,
se trouve dans le Mercure vulgaire & dans
tous les autres Métaux ; mais c'est un égarement de l'y chercher , puisqu'il est

plus proche & plus facile dans notre sujet, où le Mercure & le Soufire se trouvent avec leur feu & leur poids &&, dans lequel les deux serpens ne s'embrasent que très-foiblement; mais on ne peut rien faire sans un agent, capable de dissoudre & vivifier le corps, manifester la profondeur cachée, débrouiller le premier cahos, & faire sortir la lumiere.

XXXII. Cette lumiere sort du cahos avec le feu dont elle est revêtue; ce feu extrêmement subtile s'attache à l'air dont il se nourrit : cet air embrasse l'eau, l'eau s'unit à la terre, & tout cela donne un nouveau composé, lequel étant corrompu de nouveau dans la seconde opération, l'eau sort de la terre, l'air sort de l'eau, & le feu ou le souftre des Philosophes sort de l'air : & ce feu fixe, qui paroît en forme de terre, étant purifié sept fois, devient un être qui a plus de force que la Nature même n'en a; cet esprit est l'air de l'air d'Aristée, c'est l'eau, le feu & la terre du cahos des vrais Philosophes.

XXXIII. Ces quatre natures élémentaires ne font qu'une même chose tirée du premier composé où elles étoient dans al confusion; elles ne font après cette extraction qu'un être tiré des rayons du Soleil & de la Lune; & c'est le second composé, dont la fécondité dépend des deux principes actifs, sçavoir le chaud & l'humide; ce

compofé

tmposé est appellé air, à cause qu'il est
tout volatil, & c'est le vrai Mercure des
Sages ; c'est un feu dévorant, & le plus actif de tous les agens ; c'est un air épaissi,
dont non-seulement tous les Métaux, mais
tous les Mercures des Métaux, sont engendrés.

XXXIV. Cet être, unique composé de
quatre substances, de trois ou de deux, es-
quels la troisiéme est cachée, dit Basile Valentin, est le vaisseau d'Hermes, du Cosmopolite, ou les Colombes de Diane de
Philalethe ; c'est l'air qu'il faut pêcher, selon Aristée, qu'il faut ensuite cuire, dit le
Cosmopolite ; c'est une seule essence qui accomplit d'elle-même le grand Oeuvre, par
l'aide d'un feu gradué, qui en est la nourriture, & un composé qui tient le milieu
entre le Métal & le Mercure, dit Philalethe ; c'est l'enfant philosophique, né de l'ac-
couplement du mâle vif & la fémelle Vive,
qui doit être nourri d'un lait propre.

XXXV. Cet enfant des Philosophes est
au commencement plein de flegmes, dont
il doit être purifié, comme dit Flamel,
après Latourbe ; il doit être ramené à sept
diverses fois à sa mere, qui est la Lune
blanche, dit Hermes ; il doit être lavé,
nourri & allaité du lait de ses mammelles,
& recevoir son accroissement & sa force
par les imbibitions dit Flamel, & être perfectionné par les aigles volantes de Phila-

the ; ces aigles , comme dit le même , se font par la sublimation & par l'addition du véritable soufre , qui aiguise cet enfant, ou Mercure , d'un dégré de vertu à chaque sublimation.

XXXVI. Cette sublimation philosophique renferme toutes les opérations des Sages , & cette sublimation dans le sentiment de Geber , Dartephius, de Flamel & de Philalethe , n'est autre chose que l'exaltation ou dégnification d'une substance, ce qui se fait , lorsque d'un état vil & abjet elle est élevée à l'état d'une plus haute perfection; ce qui n'empêche pas qu'on ne reconnoisse en notre Mercure un mouvement d'ascension & de descension dans le premier Ouvrage , qui est la préparation du Mercure, en quoi git toute la difficulté , le reste est un jeu d'enfant , & œuvre de femme.

XXXVI. La sublimation est , selon Geber , l'élévation d'une chose séche , avec adhérence au vaisseau par le moyen du feu: peu de gens ont compris cette définition , à cause qu'il faut connoître la chose séche , le vaisseau & le feu ; l'Auteur du Commentaire des Vers Italiens de Francmarc Antonio Chinois , paroît embarrassé sur ce sujet , voici quel est le vrai sentiment de tous les Philosophes : la chose séche est notre aimant , qui attire naturellement son vaisseau, qui est l'humide , car le sec attire l'humide , & l'humide tempére le sec &

s'unit à lui par le moyen du feu, qui participe de la nature de l'un & de l'autre.

XXXVIII. Le vase & la chose séche s'embrassent avec adhérence, parce que nature embrasse nature, comme il est dit dans Latourbe & Chezartophius, & parce que le vaisseau tient lieu de fémelle, & la chose séche lieu de mâle; l'un est le Soleil, & l'autre est la Lune, l'un est l'Or vif des Sages, & l'Argent vif des Sages, qui sont unis par le feu, qui leur est propre, qui est de leur nature, & qui est tiré d'ailleurs que de notre matiere; ce feu, ce vase & cette chose séche sont trois, & ne sont qu'un, ils sont tous trois Mercure, Souffre & Sel, & tous trois dans un même sujet métallique.

XXXIX. Ce Sel, ce Souffre & ce Mercure, qui sont le corps, l'ame & l'esprit, sortent tous trois du cahos, d'où ils étoient en confusion, ou plutôt de la mer des Philosophes; & c'est là le trident de Neptune, qui ne sortiroit pourtant point de ses profonde abysmes, si Eole ne faisoit par ses vents exciter des tempêtes sur la mer; c'est par le moyen de ces vents mercuriels, sulfureux & salins qu'on émeut la mer des Philosophes jusques dans le centre, & qu'enfin après que les parties sont d'accord, on marie Eole à la Belle Dejopée.

XL. Neptune n'est pas plutôt sorti du centre de la mer, qu'il appaise tous les vents,

& fait un calme général avec son trident,
& puis rentre dans ses abysmes humides;
c'est ce que Flamel a voulu dire dans sa
sixiéme Figure, où il dit que dans cette
occasion notre Pierre est si triomphante en
Siccité, que d'abord que Mercure la touche,
nature se jouissant de sa nature se joint à
elle, & attrire son humide pour le joindre
à soi, par l'apposition du lait virginal, dont
il parle dans la quatriéme Figure.

XLI. Ce Trident neptunien ne seroit jamais sorti de la Mer philosophique, si un
trident venteux & vaporeux n'avoit pénétré
la Mer pour tirer ce Roi à triple couronne,
nageant dans les eaux; c'est dans cette occasion où le Philosophe aiguise & excite le
passif par l'actif, que par les principes vivans il ressuscite les morts, comme dit Philalethe, & qu'un principe donne la main à
l'autre, comme dit le Cosmopolite; après
quoi les principes mariés & élevés sont
nourris de leur chair, & sang propre, dit
Basile Valantin.

XLII. Le sec embrassant le vaisseau qui
le contient, étant monté au Ciel par la
sublimation philosophique, & le sel terrestre
étant devenu céleste, le céleste descend en
terre pour aller sucer le lait des mammelles de sa mere, qui est la terre, ou de sa
nourrice, qui est une terre, qui prend soin
de nourrir l'enfant philosophique, lequel
ayant pris sa nourriture, & engraissé de ce

lait-succulent remonte au Ciel, & par ce
moyen montant à diverses reprises, & descendant, il prend la vertu des choses supérieures & inférieures.

XLIII. C'est ici le Ciel terrestre de Lavinius, qui se perfectionne par ses ascentions
& descentions ; c'est le mariage du Ciel &
de la terre, sur le lit d'amitié, selon Philalethe ; c'est la ce Palais Royal, qu'on bâtit &
qu'on enrichit par le flux & le reflux de la
mer de verre, pour y loger le Roi, comme
parle Bazile Valantin ; ce sont les imbibitions de Flamel, le sceau de l'enfant dans
le ventre de sa mere, & de la mere dans le
ventre de son enfant, selon Démagoras,
Senior, & Haly ; la mere nourrit son enfant, & l'enfant nourrit sa mere, ainsi ils
s'aident l'un l'autre, s'augmentent, & multiplient, comme dit Parménides.

XLIV. Cette mere est la Lune ; l'enfant
est le Mercure des Sages, que l'on appelle
crachat de la Lune, en la tourbe ; c'est cette
Lune, qu'il faut faire descendre du Ciel en
terre, comme dit Paracelse : cette Lune étant
pleine ressemble au Soleil, & porte le Soleil
dans son sein ; ce Mercure se charge de porter la teinture de son pere & de sa mere, &
lors ayant perdu toutes ses plumes, il tombe
dans la Mer, & puis les eaux se retirant, dit
Bazile Valantin, il se change en terre, où sa
force est entiere, dit Hermes ; ce qui comprend
trois tours de roue de riplée, & les tours de

main de Bafile Valantin dans le premier, & deuiémex ouvrage de tout le Magiftere.

XLV. Ce Mercure phylofophique n'eft autre chofe que les dents du Serpent, que le vaillant Thefée, dit Flamel, femera dans la même terre, d'où naîtront des Soldats, qui fe détruiront enfin. Eux-mêmes fe faifant par appofition refoudre en la même terre, laifferont emporter les conquêtes méritées. Cette appofition enferme toutes les opérations, que les Philofophes renomment en tant de fortes; & l'on voit dans cette occafion la vérité de ce qu'enfeigne Flamel, que notre Pierre fe diffout, fe congele, fe nourrit, blanchit, fe tue, & fe vivifie fol-même; c'eft le fang du Lion, & la glue de l'Aigle de paracelfe.

XLVI. Ce fang du Lion fe trouve avec la glue de l'Aigle, profondément caché dans notre fujet, qui eft l'Ifle de Colcos; ils y font naturellement comme dans leur propre fel, qui leur fert de matrice, & de minière, comme dit le Cofmopolite; ils font la véritable toifon d'or, gardée par des tauraux, jettant feu & flame par les narines, fur lefquels la t elle médée doit verfer fa prétieufe liqueur, ui les abreuve & endort; & par cette prétie f liqueur, les taureaux font affoupis, la toifo n enlévée par Jafon; ou plutôt par ce menft re philofophique, le corps eft diffout, & l'ame eft délivrée des liens du corps, & eft changée en quinteffence.

XLVII. Cette Toifon eft la fémence mé-

tallique, que Dieu a créé, & que l'hommene
doit pas préfumer de faire, mais qu'il doit
tirer du fujet où elle eft; Bafile Valantin la
décrit en ces termes: premierement, dit-il ,
l'influence célefte, par la volonté & le commandement de Dieu, defcend d'en haut, &
fe mêle avec les vertus & propriétés des
Aftres; d'icelles mêlées enfemble, il fe forme comme un tiers, entre terreftre & célefte : ainfi eft fait le principe de notre fémence; de ces trois fe font l'eau, l'air, la
terre, lefquels par le moyen du feu bien appliqué , engendrent une ame de moyenne
nature , un efprit incompréhenfible, & un
corps vifible; dit Bafile Valantin.

XLVIII. Cette fémence métallique eft le
grain qui nous eft néceffaire , & qu'il faut
chercher dans un fujet , où la nature la mife
fort près de nous; ce fujet dans le fentiment de tous les Philofophes, eft notre airain , notre or , notre pierre , dont parle
Sindivogius, Philalethe, Pitagore; & nous
obtiendrons cette prétieufe fémence, dit
Bafile Valantin, fi nous rectifions tellement
le Mercure, le fouffre & le fel, que l'ame,
l'efprit, & le corps foient unis inféparablement; & tout cela n'eft autre chofe que la
clef de la vraie Philofophie , & l'eau féche conjointe avec une fubftance terreftre,
faite de trois, de deux, & d'un.

XLIX. Cette fémence, ou ce grain, ne
fe tire pas d'aucun autre fujet, que de celui,

que nous venons de nommer notre or, fans
hiperbolle : & de ce même fujet on ne peut
le tirer, que par diffolution, & cette diffolution fe fait par foi-même, ou par le fujet
qui lui eft femblable, ou plus proche; la nature auffi lui a pourvû d'une aide, qui eft de
fa chaire, & de fon fang; ainfi que nous en-
feignons que le fperme mafculin mis dans fa
matrice, y trouve un diffolvant de fa nature
qui a la façon d'un Aimant, attire la femence
du fperme, qui eft de fa nature & effence.

L. La diffolution, qui nous eft néceffaire,
pour avoir ce bon grain, ou femence, eft
très-difficile à faire; car elle ne fe peut faire,
que par le moyen d'une liqueur précieufe qui
eft une Eau d'or, & un menftrue philofophique; & cette liqueur n'eft pas facile à trouver, ou à tirer du fujet où elle eft; il faut
un Aimant philofophique, qui eft de la nature du grain qu'on veut tirer de notre fujet par ce diffolvant, & de la nature même du diffolvant qu'on demande, & qu'on
veut acquérir pour tirer ce grain, où l'on
peut voir comme notre art fuit, & imite la
nature.

LI. On peut remarquer, que dans notre
Ouvrage il n'y entre rien d'étranger, car
ce grain ou femence métallique, eft de la
nature du diffolvant qu'un Anonime appelle
effenciel, & ce diffolvant effenciel, eft de la
nature de cet aimant métallique, qu'un Anonime appelle menftrue minéral, uni au végé-

table, & tiré par lui, comme Ganimede par
Jupiter ; & ces deux unis à celui qu'il appelle
essenciel , servent pour dissoudre radicalement un corps qui est l'or , sans ambiguïté,
& d'icelui dissout il apparoît qu'on tire un
esprit mûr , par un esprit crud.

LII. Ce sujet , où nous cherchons la semence , est un Or philosophique , & non pas
l'Or vulgaire , & cela pour deux raisons ; la
premiere est que l'Or vulgaire n'a point d'ordure qu'il soit besoin d'ôter ; pour trouver
ce grain , ou cette semence métallique : puisqu'il est tout pur , & sans aucun mélange
d'impureté ; sa seconde raison est que l'Or
vulgaire est tout semence , & si on se ser-
voit de lui , il n'y auroit qu'à le réincruder ,
volatiliser, & spiritualiser, de maniere qu'il
peut pénétrer les corps & se joindre à eux
par ses moindres parties : si l'Or avoit cela ,
il seroit la Pierre.

LIII. Ceux qui ont dit , qu'il falloit chercher la semence métallique, ou le grain fixe ,
dans l'Or vulgaire, ne sont pourtant pas élol-
gnés de la vérité, pourvû qu'on les entende
avec un grain de sel , puisqu'il y est effectivement & qu'on peut l'y trouver par le
moyen d'une eau philosophique , dans laquelle il se fond comme la glace dans l'eau
chaude, & dans laquelle il perd sa forme naturelle , pour en prendre une nouvelle , plus
noble & plus excellente : & c'est alors que le
trésor caché , est découvert, c'est le centre
velé.

LIV. La femence métallique que nous cherchons dans l'Or des Sages, eſt un eſprit ſubtil & pénétrant, c'eſt une ame pure, nette, & délicate réduite en eau, & un ſel & baume des Aſtres, leſquels étant unis ne font qu'une eau mercurielle : or cette eau doit être amenée au Dieu Mercure qui eſt ſon pere, pour être examinée, & alors le pere épouſe ſa fille ; & par ce mariage ils ne font plus deux, mais une ſeule choſe, qu'on appelle huile vitale, ou incombuſtible, & à la fin Mercure jette les aîles d'Aigle, & déclare la guerre au Dieu Mars.

LV. Le Mercure, qui eſt pere de cette eau, qu'on lui amene pour être ſon épouſe, l'embraſſe dans cette qualité, à cauſe que cette eau eſt encore un Mercure, & de cette maniere il paroît qu'on amene Mercure à Mercure avec cette différence, que le Mercure qui eſt amené comme épouſe, eſt le Mercure des Sages, qui eſt la mere de tout le theleſme : & celui à qui on l'amene, eſt le Mercure des corps, pere de tout le theleſme, pere, enfant, frere, époux du Mercure des Sages : ainſi les natures ſe pourſuivent, & les parens ſe marient enſemble.

LVI. Dans ce mariage philoſophique, on conjoint Mercure à Mercure, & on amene auſſi le feu au feu, auſſi-bien que Mercure à Mercure ; on marie le feu au feu, car le Mercure des Sages porte ce feu, ou le ſouffre dans ſon ſein : & le Mercure des corps eſt encore tout plein de ce feu ſulphu-

feux, qui brûle dans l'eau; & dans cette rencontre, une nature apprend à l'autre à ne
point craindre le feu, & à se familiariser
avec lui; ainsi l'eau qui craignoit le feu,
apprend à rester avec lui, & le Mercure qui
le fuyoit devient son ami.

LVII. L'eau, dont nous parlons ici, est
l'Azoth, qui sert à laver le laiton, & le laiton
que nous devons laver est notre sujet, ou notre airain, ou Or rouge, qu'il faut blanchir, en
rompant les livres; cette eau céleste est tirée
des montagnes du Mercure, & de Venus, par
adhérence du sec à l'humide, par le moyen
de la chaleur; & la chaleur unie à l'humide fait couler un ruisseau d'eau chaude séche
& humide; & cette eau est la grande ou-
vrière en notre art, elle dissout les corps
durs, subtilise l'épais, & purifie les impurs,
comme la terre.

LVIII. J'ai dit Laton ou laiton, car les Philosophes ont leur Latone aussi-bien que leur
laton, l'un dit qu'il faut blanchir le laton
qui est immonde; l'autre dit qu'il faut laver
Latone qui est obscure; & ceux qui ont
confondus ces deux choses, contenües en
Rebis, n'ont pas moins été, que ceux qui
ont cru que c'étoient deux choses, qui étoient
d'une nature différente; car quoiqu'elle se
trouve dans le sujet, qui est le cahos de l'art,
& qu'ils y soient comme mâle & femelle, &
que de leur semence doive sortir le fils du
Soleil & de la Lune, par leur union parfaite,
ils ne sont qu'un en Essence.

LIX. Ce *Rebis*, où cahos de l'Art, ou Ciel terrifié, ne peut servir de rien, sans le secours du feu & de l'Azot, mais ces deux laqul composent la liqueur de notre Art, & qui font l'huile vitale, lui suffisent tant pour le laver & le purifier, que pour le rendre fécond par la séparation des deux sexes, & par leur réunion entiere ; car il en sort un fort bel enfant, après en avoir ôté les ordures, & cet enfant doit être nourri du sang de son pere, & du lait de sa mere, & lors ce sang & ce lait mêlés, ensemble, prendront la couleur d'une quinteessence dorée.

LX. Nous avons, dit un Philosophe, dans ce Laton, deux natures mariées ensemble, dont l'une a conçûe de l'autre, & par cette conception, elle s'est convertie en corps de mâle, & l'autre en celui de femelle ; de sorte qu'on ne sçauroit distinguer l'une de l'autre, par leurs vêtemens extérieurs, quoiqu'on doive les séparer, pour les reconnoître, & les réunir, pour n'être plus qu'un inséparable, après les avoir dépouillés de tous leurs vêtemens, & les avoir réduits à la nudité naturelle ; c'étoit auparavant deux corps en un, où l'Androgin des Sages, & après c'est Diane toute nüe.

LXI. Lorsque Diane est toute nue, & Apollon de même, on les distingue facilement, & rien n'empêche leur légitime conjonction pour la procréation du Soleil, qui

eſt leur enfant ; mais pour réveiller leur ſé-
condité, & les rendre propres à la génération, il a fallu les animer, en les purifiant
avec l'huile vitale, qui eſt l'eau de la Pierre,
dit un Philoſophe ; il a fallu diviſer le corps
coagulé en deux parties pour en tirer cette
huile vitale, ou ce lait deſtiné à la nourriture de l'enfant nouveau né, qui contient
en ſoi les deux ſexes, & les aſſemble en unité
de nature & d'eſſence.

LXII. Notre Laton eſt rouge dans ſon
commencement, mais il nous eſt inutile, ſi
la rougeur ne ſe change pour faire place à
la blancheur : mais ſi une fois il en blanchi,
il eſt de très-grand prix, enſeigne d'Aſtin :
mais comme dit ce Philoſophe, avec tous
les autres, la première couleur qui paroît
dans la corruption de notre ſujet, eſt la
noirceur, après laquelle vient la blancheur,
& enſuite ſe fait voir la rougeur claire &
brillante, & pour lors dit la ſçavante Marie,
ſon obſcurité s'étant retirée, ce laton ſe
change en pur or, & ce qui lui procure cette blancheur, & ſplendeur eſt notre azoth.

LXIII. L'azoth, qui a été formé du limon
reſté après la retraite des eaux du déluge,
comme le Serpent Pithon, eſt vaincu par
les fléches d'Apollon, qui ſont les rayons de
notre Soleil, ou par la force de notre airain,
qui enfin devient le maître, & ſe faiſant juſtice, le rend ſec de première couleur orangée
rouge ; il ôte même la robe blanche à l'A-

zoth, qui en devient si changé qu'il prend la
couleur & la nature de notre airain, & tout
se fait rouge, dit le docte Parmenides; &
c'est signe que le Seigneur a fait son tems,
& qu'après le tems, suit l'éternité fixe &
incorruptible.

LXIV. Apprenons ici de Morien, qu'il
faut bien laver ce corps immonde, qui est
le Laton, qu'il doit être desséché & blanchi
parfaitement, & l'on doit lui infuser une
ame, & lui ôter toute son ordure, afin qu'a-
près la mondification, la teinture blanche
entre en lui ; car ce corps étant bien purifié
l'ame entre d'abord dans ce corps, & il ne
s'unit jamais à un corps étranger, ni même
au sien propre s'il n'est pur & net ; car les
superfluites, qui se trouvent dans nos corps,
quoiqu'elles ne soient pas en grande quantité, empêchent leur union parfaite.

LXV. On ne lave le Laton, que pour le
rendre propre à embrasser sa Latone, &
s'unir avec elle d'une union indissoluble;
mais comme l'un porte le feu, & l'autre contient l'eau, on doit bien purifier l'un & l'autre de leurs immondices naturelles ; il est
vrai qu'ils se trouvent tous dans notre androgin, mais comme c'est un cahos, où
les élemens sont plutôt confondus, qu'ils ne
sont unis, on ne sçauroit les unir fortement
sans les purifier, ni les purifier sans les séparer, ni les séparer sans détruire le composé ; il faut le diviser en partie, & séparer ainsi les élemens.

LXVI. Comme notre Pierre doit naître de ce cahos, ou maſſe confuſe, dans laquelle tous les élemens ſont confus, il eſt néceſſaire de ſéparer la terre du feu, & le ſubtil de l'épais, comme dit notre pere hermes, le ſubtil monté en haut avec l'air, & l'épais demeure aufond avec le ſel ; mais la terre contient le feu avec le ſel de gloire, & l'air ſe trouve avec l'eau ; on ne voit pourtant que la terre & l'eau ; ôtez donc le flegme de l'eau, & la peſanteur de la terre, les élemens ſeront purs & bien unis.

LXVII. Cette union, ou conjonction des élemens purifiés, eſt la ſeconde opértion de la Pierre, qui ſe trouve après la mondification, & la Pierre ſe trouve parfaite, ſi l'ame eſt fixée dans le corps ; mais comme ce n'eſt que le terme du premier Ouvrage, la matiere eſt bien parfaite, & on a l'Or vif, & le ſouffre incombuſtible ; mais il n'eſt pas teingent, & l'on doit tourner la roue pour la ſeconde & troiſiéme fois, avec le même ſouffre, qui ſert de ferment, mais le premier Ouvrage fini, commence le ſecond, ou la ſublimation philoſophique eſt néceſſaire, afin que le fixe ſoit fait volatil, & le corps eſprit.

LXVIII. Dans le premier Ouvrage, qui comprend pluſieurs opérations, on ne travaille qu'à volatiliſer le fixe, & à fixer le volatil, reſſuſciter le mort, & tuer le vif ; & ſon terme eſt lorſque le tout eſt réduit en

poudre fixe, qui eſt Or pur, meilleur que
celui des minieres ; ſans lui, on ne ſçauroit
avoir la Pierre, quoiqu'il ne ſoit pas la Pierre ; la Pierre eſt pourtant en lui, comme dans
ſon berçeau : il n'eſt pas Or vulgaire ; car il
eſt plus pur, & n'eſt qu'un pur feu en Mercure ; on peut néanmoins le fondre & le débiter pour Or vulgaire, car il eſt Or à toute
épreuve.

LXIX. Dans le ſecond Ouvrage, qui eſt
la multiplication de cet Or, l'Or eſt augmenté en quantité par addition de nouvelle
matiere; & l'Or ſert de levain à ſa propre multiplication, par une ſimple digeſtion de ce
levain avec la farine & l'eau métallique, on
fait de l'Or, & le levain ſert toujours de miniere ; les Philoſophes procédent encore autrement ; ils élévent leur Or ou levain en
dégrés, & l'augmentent ſi bien en qualité,
qu'il ſurpaſſe l'Or, & dévient teingant &
fondant ; & c'eſt ce qu'on appelle Pierre, qui
ſe multiplie à l'infini.

LXX. L'eau métallique qui revivifie l'Or
fixé, à la fin du premier ouvrage, eſt cette
huile vitale, dont parle un Anonime, &
qui eſt uni a l'eſſenciel, au minéral & au
végétable ; pour être comme il eſt, le diſſolvant radical de l'Or ; c'eſt cette huile dont
les Philoſophes font bonne proviſion, afin
qu'il ne le manque pas au beſoin : comme elle
fît aux Vierges folles ; cette huile eſt l'eau
de la Pierre, tirée d'elle en la premiere opération,

ration, dit le Sage Jardinier : fans cette eau
rien ne fe fait dans le fecond Ouvrage, &
le premier ne fe fait pas fans elle ; cette eau
eft un feu, car elle le porte, & fur elle eft
porté l'Efprit du Seigneur.

LXXI. En cette eau confifte le plus grand
fecret des Sages, nous avons dit que c'étoit
l'eau de la Pierre, quoiqu'il foit vrai, qu'elle n'eft pas dans un fens l'eau de la Pierre,
c'eft une eau mercurielle ; mais ce n'eft pas
le Mercure des Philofophes ; c'eft plûtôt le
Mercure du Mercure de la nature ; le bain
marie des Sages, le feu humide & fecret
d'Artephius, le vafe des Philofophes, auquel la chofe feiche adhére dans la fublimation ; c'eft le fperme des Métaux, l'humide
radical, l'Eau philofophique d'Hermes, qui
fuffit avec une feule chofe ; cette eau lave
le laton, & diffout l'Or parfaitement.

LXXII. La chofe unique qui fuffit avec
notre eau hermétique, eft la terre Vierge,
qui contient les quatre Elémens, c'eft notre premiere matiere ; fçavoir, un Corps
folide, & le commencement de l'Oeuvre,
comme dit Bazile Valentin ; c'eft de cette
chofe fi cachée & fi prétieufe, dont fe fait
uniquement tout notre ouvrage, & laquelle
fe perfectionne en elle-même ; n'ayant befoin que de la diffolution, fans addition
d'aucune chofe étrangére : cette chofe eft
notre pierre, qui n'a befoin que du fecours
de l'Artifte ; c'eft cet airain, que Dieu nous

à créé, qu'on peut aider, détruisant son corps crud, & tirant le bon noyau.

LXXIII. Si la dissolution de notre corps, qui est l'airain susdit est nécessaire, la congelation de l'eau mercurielle resserrée dans les liens de la pierre Saturnienne, ne l'est pas moins, & pour toutes les différentes opérations, la putréfaction est absolument nécessaire; cette putréfaction se fait par le moyen d'une petite chaleur, afin que la pierre se putréfie en soi-même, & se résolve en sa premiere humidité; que son esprit invisible & teingeant, où le pur feu de l'Or, enclos dans le profond d'un sel congelé, soit mis au-dehors, & que son corps grossier étant subtilisé, soit uni indivisiblement avec son esprit.

LXXIV. Il n'y a aucune autre eau sous le Ciel qui soit capable de dissoudre notre airain, excepté une eau très-pure & très-claire, laquelle dissout sans corrosion; cette eau s'échauffe elle-même à la rencontre du feu, qui lui est homogene; c'est l'eau dissolutive & permanente, & la fontaine du rocher, dont les Philosophes ont parlé diversement; il ne faut pas s'étonner, si cette eau dissout l'airain, à cause qu'elle est de sa nature: car l'airain est l'Or sans ambiguité, & cette eau est une eau d'Or, laquelle transmue le corps en soi; ensorte que tout devient eau, & puis transmué en corps, est corps.

LXXV. Il fort une eau de notre airain, qu'Arifleus appelle eau permanente ; c'eft elle qui gouverne 'n corps, & qui pourtant eft gouvernée par lui ; car elle le rompt, elle le brife, & le corps la tuë & la fait mourir ; elle le réduit en eau, & lui la réduit en terre ; mais il faut qu'elles foient mêlées enfemble par le feu d'amitié. Il faut continuer ce procédé jufqu'à ce que tout fait rouge ; c'eft ici l'airain brûlé & la ..., ou levain de l'Or ; & par un prodige étonnant, cet airain eft brûlé par l'eau & lavé par le feu, & on voit en tout cela, l'accord des Elémens, & l'accord de tous les Philofophes.

LXXVI. Les Philofophes ont appellé l'eau, dont nous venons de parler, un ferpent qui mort fa queue ; mais les envieux, dit Parmenides, ont parlé de plufieurs manieres d'eaux, de bouillons, de pierres & de Métaux, pour détourner les ignorans, quoiqu'il foit vrai, dans un fens, qu'en tout ceci, il y a eau, bouillon gras, pierres & Métaux ; & qui entend cette doctrine, entend ce qu'il y a de plus fin dans notre art ; & de plus difficile dans notre ouvrage & dans nos matieres ; mais laiffez tout cela, & prenez l'eau vive, puis l'a congelez dans fon corps & fon fouffre qui ne brûle point, tout fera blanc ?

LXXVII. Tout fera blanc, dit Parmenides, & vous ferez nature blanche ; fçachez dit Arifleus, que tout le fecret eft l'art de blanchir ; or ce blanchiment eſt un pas fort difficile , dit Flamel , il ne ſe peut faire ſans eau , dit Artephius : car c'eſt elle qui lave le laton , c'eſt cette eau qui fût montrée à Sictus , & que ce Philoſophe aſſure être pur vinaigre , très-aigre , qui a le pouvoir de donner la couleur blanche & rouge au corps noir , & le revêt de toutes les couleurs qu'on peut imaginer, qui convertit le corps en eſprit ; c'eſt le vinaigre des Montagnes , qui défend le corps de combuſtion , car ſur le feu il ſe brûle ſans ce vinaigre.

LXXVIII. Ce vinaigre très-aigre eſt notre eau premiere , & le vinaigre des Montagnes du Soleil & de la Lune , ou plutôt de Mercure & de Venus ; c'eſt une eau permanente , à cauſe qu'elle demeure conſtamment unie à notre corps , ou à nos corps de Soleil & Lune , lorſqu'elle les a diſſous radicalement ; & notre corps reçoit de cette eau , une teinture de blancheur ſi ſpéciale & ſi éclatante , qu'elle jette ceux qui la contemplent en admiration : cette eau ſi blanche , tient du Mercure & du Souffre ; elle eſt Soleil & Lune en-dedans , comme le corps eſt en dehors , elle blanchit notre airain , te diſſout le corps fort amiablement.

LXXIX. L'eau qui diſſout notre corps ſi amiablement , eſt une eau qu'on peut appeller la premiere , quoiqu'il y en ait de pluſieurs ſortes qui l'ayent précédée , mais elles ſont heterogenes , & ne ſont point comp-

tées dans notre ouvrage; elles ne font pas du
nombre de nos menftrues homogènes, comme eft notre eau blanche première, diffolutive qui eft Métallique, Mercurielle, Saturnienne, Antimoniale, ainfi qu'en parle
Artephius : cette eau blanchit l'Or, c'eft-à-
dire notre laiton, & le réduit en fa premiere matiere, qui eft le Souftre & le Mer-
eure, qui brillent comme un miroîr.

LXXX. Ce Souftre & ce Mercure qui
réftent après la diffolution du corps crud, &
qui brillent comme une Glace de Criftal bien
polie, font tirés de ce corps crud, par le
moyen d'une eau, ou fumée blanche intérieurement, mais qui eft dans fon commen-
ment couverte des ténébres de l'abîme ; &
ces ténébres font chaffés par l'Efprit du Seigneur, qui fe meut fur les eaux, qui ont
étés créés avant l'arrangement des parties du
Cahos, lorfque le Ciel & la terre furent
faits; cette eau premiere diffolutive du corps,
eft une eau claire & feiche, c'eft un Mercure de la nature, qui, diffoluâut, tire le
Mercure du corps.

LXXXI. Ce Mercure tiré du corps crud,
eft groffier ; mêlé avec ce mercure ou eau
diffolvante & premiere, il compofe & fait le
double Mercure, du Trevifan, l'Or compofé de Philalethe, ou le rebis des Philofophes, ou le poulet d'Etmogene, ou le Mercure des corps, qui fe difpofe par ce dégré
à devenir Mercure des Philofophes, par le

moyen du feu, ou du Mercure commun à
toutes les minieres : or ce Mercure double
& blanc, d'une blancheur étincelante, tiré
par l'eau premiere, devient rouge, s'il eſt
mêlé ſimplement avec l'eau ſeconde, qui eſt
fort blanche au-dehors, & rouge au-dedans.

LXXXII. Cette eau ſeconde étoit ci-devant dans la premiere, mais elle n'étoit pas
impregnée d'un feu céleſte, comme elle eſt
dans la ſuite ; ainſi ces deux eaux ne différent qu'autant que la premiere diſſout le
corps crud, lave le laton, & volatiliſe une
maſſe peſante de ſa nature ; & qui mêlée
avec la premiere eau, ou feu humide devient volatile ; & l'eau premiere mêlée avec
une eau ſeiche, ſe réduit en fumée, en eau
limpide & en chaux vive, laquelle chaux
vive eſt pleine d'un feu & d'un ſouffre philoſophique, & ainſi c'eſt l'eau ſeconde tirée
de la premiere par le moyen du feu.

LXXXIII. Le feu fait, que dans la ſublimation philoſophique, le ſec monte & ſe
perfectionne par ſon adhérence au vaſe ; cette adhérence rend le ſec inſéparable de l'humide, & le feu inſéparable de l'eau ; ainſi ſe
forme notre eau ſeconde des vertus ſupérieures & inférieures ; & c'eſt cette eau qui
eſt le Mercure des Sages, le Mercure animé, que l'Artiſte peut élever en dégrés, & le
pouſſer juſqu'à la plus haute perfection ; &
pour cet effet, on n'a qu'à le nourrir du

lait des mammelles de la terre, qui est sa mere, & faire tetter souvent ce fils d'Hermogenes, le ramenant à sa mere.

LXXXIV. On ramene aussi la mere à l'enfant, lorsque le corps composé du Soleil & de la Lune, du pere & de la mere, du coq & de la poule, du souffre & du Mercure, par notre eau premiere, est amené au Mercure des Philosophes, qui est l'œuf de ce coq & de cette poule, le fils de ce Soleil & de cette Lune, & le Mercure de ce Souffre & de ce Mercure ; car dans leur intime communication, le pere & la mere font élevés & sublimes en gloire, par la vertu de leur enfant, le laton est blanchi, fixe, & rendu fusible ; ensorte que l'enfant engendre son pere & sa mere, & est plus vieux qu'eux.

LXXXV. Le Mercure des Philosophes a engendré son pere & sa mere, & lui est engendré & tiré des choses où il est par le moyen d'un autre Mercure élevé en dégrés, & d'une eau qui est pur vinaigre, lequel communique sa qualité aceteuse à son enfant ; & cet enfant rentrant dans le ventre de sa mere, lui déchire les entrailles, comme un vipereau ; & enfin après avoir sucé de son lait virginal, il l'adoucit, comme nous voyons que le vinaigre commun distillé, dissout l'acier & le plomb ; & par ce mélange & vinaigre il devient si doux, qu'on l'appelle lait virginal.

LXXXVI. Tout le secret de ce vinaigre, qu'Artephius appelle Antimonial, & que l'on peut appeller Saturnien à raison de son origine, ou Mercuriel à cause de son esprit congelé, plus prétieux que tout l'Or du monde, dit le Cosmopolite, consiste à sçavoir tirer par son moyen, l'Argent vif, doux & incomburant du corps de la Magnesse, c'est-à-dire, par cette eau premiere, une eau seconde, eau vive & incombustible, & sçavoir la congeler ensuite avec le corps parfait du Soleil, qui se dissout dans cette eau seconde, en façon d'une substance blanche & épaisse, & congelée comme de la crême de lait.

LXXXVII. Ce Mercure philosophique, ou eau seconde blanche & congelée, comme la crême de lait, est tirée par le moyen d'une eau premiere, ou vinaigre acre, & par le moyen d'une eau douce, ou vinaigre doux ; le premier est mâle, & tient de feu qui domine à l'eau, le second est femelle & passif, & tient de l'eau oppressée du feu étranger ; ce mâle est actif, cette femelle passive, ils se joignent & embrassent tous deux pour produire l'eau seconde, qui dissout l'Or composé, qui a été produit par l'union des deux ; c'est-à-dire, par notre double eau premiere, au sens d'Artephius.

LXXXVIII. Ce corps qui a été produit, ou composé par notre eau premiere, doit être ressout, ou dissout dans l'eau seconde,

composée

composée de ces deux , aussi-bien que le
corps susdit , qui ne s'y resoudroit point ,
s'il n'étoit de la nature du dissolvant ; mais
si au lieu du composé , on ne met dans notre eau dissolutive seconde , que le corps de
l'Or simple , elle le réduit bien en état d'a-
méliorer les Métaux , en quelque maniere ,
comme dit Sendivogius , après l'auteur du
duel Chimique ; mais si on joint le mâle &
la femelle , & que notre eau soit le Dieu
aidant, on trouve tout le secret des Sages.

LXXXIX. Tout le secret des Sages consiste en cet Ouvrage , qu'Artephius appelle
blanchir le laton , ou l'Or des Philosophes ,
& le réduire en sa premiere matiere , c'est-
à-dire en souffre blanc & incombustible , &
en Argent-vif fixe; c'est ainsi que l'humide se
termine (c'est-à-dire notre corps qui est l'Or
se change) dans cette eau premiere dissolvan-
te , ou Souffre & Argent-vif fixe ; desorte
que cet Or qui est un corps parfait , se change en réitérant cette liquefaction , & se réduit en Souffre & Argent-vif fixe , reçoit
la vie , & se multiplie en son espece , comme il arrive dans les autres choses.

XC. Cet Or se multiplie donc par le
moyen de notre eau ; car le corps qui est
composé de deux corps , qui sont le Soleil
& la Lune , ou Apollon & Diane , s'enfle
dans cette eau , grossit , s'éleve , croit &
reçoit de cette eau premiere , sa teinture
d'une blancheur surprenante ; & celui qui

connoît notre eau Hermétique, & la source d'où elle sort, connoît la fontaine du Trevisan, & la Pierre d'où Moyse tira l'eau, & qui suivoit le Peuple ; il sçait changer le corps en Argent blanc Médecinal, qui peut perfectionner les autres Métaux imparfaits, car notre eau porte une grande teinture.

XCI. La teinture qui est cachée dans notre eau, est blanche & rouge , quoiqu'elle ne donne d'abord qu'une teinture de blancheur ; mais comme c'est une eau qui dissout & rompt le corps, la premiere qui paroît dans cette dissolution est la noirceur, signe de putréfaction ; en effet il faut que le corps se pourrisse dans notre Eau, & qu'ayant passé par toutes les couleurs , qui marquent son infirmité , elle prenne la couleur blanche fixe , & puis la rouge de pourpre , qui sont les marques essentielles d'une véritable résurrection , dans laquelle triomphe la vertu & le germe de notre levain.

XCII. Notre levain contient un esprit ignée, comme la chaux vive, d'où vient qu'il pénétre le corps par sa subtilité, qu'il l'échauffe par sa chaleur , & qu'il fait lever le germe , qui n'étoit dans le corps qu'en puissance, & ne seroit jamais venu en acte sans l'addition de notre levain, dont la vertu se peut multiplier à l'infini , en lui apposant une nouvelle matiere , qui prend la vertu du levain , & devient aussi aigre que lui, & encore davantage : & à la fin , s'en fait ane puiſſante Médecine, qui tombe ſur les imparfaits, qui ſont de ſa nature, & les délivre de toutes leurs impuretés.

XCIII. La pureté de notre levain l'empêche de ſe mêler à aucune choſe, qui ne ſoit pure, & qui ne ſoit de ſa nature mercurielle; & ſa ſubtilité lui donne la clef pour entrer dans l'obſcure priſon des Métaux, & la force de retirer ſes freres de l'obſcurité & de l'eſclavage; pour cet effet, il ſe transforme auparavant en pluſieurs différentes manieres, comme un Protée, il monte au Ciel, comme s'il vouloit l'eſcalader, comme un autre Encelade; il deſcend en terre, comme s'il vouloit pénétrer les abîmes, & enlever Proſerpine ſur ſon chariot de feu, & s'enrichir des richeſſes de Pluton.

XCIV. On pourroit dire que ce levain eſt ſemblable à Vulcain, qui ayant épouſé Venus, s'étoit embraſé du feu de ſon amour, & ne reſpiroit que ſes embraſſemens; mais Jupiter, le trouvant trop imparfait, lui donna un coup de pied, & le jetta du Ciel en terre; en tombant, il ſe caſſa une jambe, & a demeuré boîteux, depuis cette chûte; c'eſt lui qui a compoſé ce rêt admirable, par lequel Mars & Venus furent attrapés & ſurpris ſur le lit d'amitié; c'eſt ce Vulcain que Philalethe appelle brûlant, ſans lequel le Dragon igné & notre Aimant ne peuvent jamais être bien unis enſemble.

XCV. Le feu dont notre Vulcain eſt embrafé fut autrefois dérobé par Prométhée, & porté fur la terre , ce qui fut caufe que pour punition de ce vol , Prométhée fut enchaîné par Vulcain même fur le Mont Caucafe ; & Jupiter a ordonné à un Vautour de lui ronger le foie & le cœur , qui renaiffent toujours , & pullulent par la vertu du Vautour même , qui leur laiffe la facilité de germer & renaître après leur mort , pour vivre d'une nouvelle vie ; de maniere, que le Vautour qui fe repaît du foie & du cœur de Prométhée , ne le dévore que pour le multiplier inceffamment.

XCVI. Cette renaiffance, ou revivification , nous repréfente celle du Phœnix , qui trouve la vie dans fa mort , fe vivifie par foi-même , & fort plus glorieux de fes cendres ; l'Agent dont il eft ici queftion , & qui eft d'une merveilleufe origine dans le régne Métallique , fuivant la penfée de Philalethe , porte & allume le feu fur le bucher , femblable à celui duquel il eft forti ci-devant ; ce bucher & le phenix s'embrafent enfemble , & fe réduifent en cendres , defquels fort un oifeau , femblable au premier , de même nature , mais plus noble que lui , & qui croît de jour en jour en vertu , jufqu'à ce qu'il foit devenu immortel.

XCVII. Ce Phenix , qui renaît de fes cendres , eft le fel des Sages , & par ce moyen leur Mercure , dit Philalethe ; c'eft le fel de gloire de Bazile Valentin ; le fel albrot d'Ar-

tephius , le Mercure double de Trevifan , lequel eft cet embrion philofophique , & l'oifeau né d'Hermogene ; c'eft l'eau feche ,
l'eau ignée , & le Menftrue univerfel , ou
l'efprit de l'Univers ; la Pierre des Sages eft
raffafiée de cette eau , qui ne mouille point ;
elle en eft formée , afin de produire le lait
de la Vierge , qui fort de fon fein ; elle-
même eft le fuc de la Lunaire , c'eft l'efprit
& l'ame du Soleil , le bain marie , où le Roi
& la Reine fe doivent baigner.

XCVIII. Ce fel eft l'agent de la nature ,
qui renverfe le compofé , le détruit , le mor-
tifie & le réengendre fouventes fois : il
contient en foi le feu contre nature , le feu
humide , le feu fecret , occulte & invifible ;
il eft principe de mouvement , & caufe de
putréfaction ; c'eft par ce diffolvant qu'on
réduit l'Or à fa premiere matiere ; or tous
les Philofophes font d'accord , que le Menftrue qui diffout radicalement le Soleil & la
Lune , doit conferver leur efpéce , & refter
avec eux après la diffolution , & par conféquent être de leur nature , & fe coaguler
foi-même avec les corps qui ont été diffous , & par leur vertu.

XCIX. Dans cette diffolution du corps
par l'efprit , fe fait la congelation de l'efprit par le corps , & l'efprit & le corps s'aident l'un & l'autre , dit Lucas , dans la tourbe ; l'efprit , dit-il , rompt premiérement le
corps , afin qu'il lui aide par après ; quand

O o iij

le corps est mort, abreuvez-le de son lait, qui est en lui, & vous verrez que le corps congelera l'esprit, & qu'il se fera un de deux, de trois & de quatre; c'est alors que le mort est vivifié, que le vif meurt dans cette solution & congellation : ainsi les Philosophes commandent de tuer le vivant & vivifier le mort, & avant cela, le corps & l'esprit se pourrissent & corrompent ensemble.

C. Il n'y a point de parfait levain, ou l'esprit & le corps ne se fermentent, ne s'aigrissent & ne s'échauffent ensemble, par le moyen du feu interne, & corrompant, & d'une eau chaude, qui aide & anime la chaleur du levain; c'est ce qui arrive au sujet de notre levain, de notre eau, de notre corps & de notre esprit; l'eau dont il est question, est la premiere, ou même la seconde; Artephius dit, le levain est tiré de l'Or, qui est le corps, & le levain porte l'esprit, corrompant; ainsi l'eau, l'esprit & le corps composent, ou fournissent la matiere du levain.

CI. Comme nous avons plusieurs levains, suivant les dégrés de perfection, où ils sont élevez par notre art, car la nature ne nous en donne point d'elle-même, aussi avons-nous plusieurs eaux, plusieurs corps & plusieurs Mercures; il n'y a pourtant qu'un levain parfait, qu'un seul corps & qu'une seule eau véritable, qui est le Mercure des Sages

Philofophes, qui eſt un vrai feu, felon Artephius ; ce feu eſt un ſouffre, & le Mercure eſt le ſouffre, l'eau, & le feu ; ce Mercure eſt donc l'eau tirée des rayons du Soleil & de la Lune, dit Sendivogius.

CII. Ce Mercure ne ſçauroit être tiré des
rayons du Soleil & de la Lune, qu'il ne ſoit
double: & il ne ſçauroit être tiré de ſes cavernes vitrioliques, ſans tenir lieu de levain ;
il ne ſçauroit tenir du feu & de l'eau, du
Soleil & de la Lune, du corps & de l'eſprit,
ſans être l'ame qui joint le corps & l'eſprit, le
médiateur du feu & de l'eau ; & ce feroit
à tort que les Philoſophes lui donneroient
tant de louanges, ſi ce Mercure n'étoit l'argent dans notre Art, & le diſſolvant univerſel des corps.

CIII. Nous avons beſoin de ce Levain,
ou Mercure, pour les trois diſſolutions néceſſaires à l'Oeuvre des Philoſophes ; la premiere regarde le corps cru, pour en tirer
l'eſprit ſéparé de ſon corps, qui nous eſt
néceſſaire pour donner la vie aux morts, &
pour guérir les maladies ; la ſeconde eſt la
ſolution de l'Or & de l'Argent, qui compoſent par leur union la terre minérale ; la
troiſiéme diſſolution eſt ce qu'on appelle
emploi pour la multiplication : la premiere
qui eſt ſpirituelle, ſert pour la fermentation
du corps impur, la deuxiéme radicale du
pur, & la troiſiéme multiplicative du très-
pur.

CIV. On diſſout le corps impur, pour avoir l'eſprit caché en lui, & le Mercure qui le diſſout, eſt la premiere clef qui ouvre la porte à la Pierre ; c'eſt ce Mercure, qui eſt préparé par notre Art, & qui eſt compoſé de matiere vile, & de peu de prix : elle eſt ſulphureuſe & mercuriele, chaude & froide, ſéche & humide, elle contient la vertu ſtyptique & aſtringeante des métaux, dont parle Baſile Valentin, deux fois née de Mercure ; ce Mercure contient un grand tréſor, ſçavoir l'eſprit de Mercure, & du Souffre : la fleur, & l'eſprit de l'Or ; il ouvre la porte de la maiſon de ſon pere & de ſa mere, & ouvre l'entrée du Palais du Roi.

CV. De la matiere de cette premiere clef, l'art en forme une ſeconde par adaptation ; la premiere eſt de toutes couleurs, mais la ſeconde eſt blanche, comme la Lune, & peſe beaucoup plus que la premiere : c'eſt elle qui ouvre la ſeconde porte, & diſſout la terre minérale, dans laquelle eſt caché l'Or des Philoſophes, le véritable Soleil ; elle le fait paroître au jour ſous pluſieurs formes différentes, tantôt en terre, tantôt en eau, & ouvre ſi bien toutes les ſerrures de ce Palais Royal, qu'après l'avoir ouvert & fermé à diverſes repriſes, elle rencontre la Pierre & l'Elixir des Philoſophes.

CVI. La troiſiéme clef ſe forme de la matiere de la premiere, & de la ſeconde ; c'eſt elle qui eſt la clef d'Or qui ouvre non ſeulement le Cabinet où ſe trouve la Pierre, mais encore la Caſſette de la Pierre, & la Pierre même, afin qu'elle croiſſe & ſe multiplie en qualité & en quantité; mais à chaque fois que la Pierre eſt ouverte par cette clef rouge, il s'y fait une nouvelle diſſolution ; la terrre devient eau, ou bouillon gras, & poreux, & l'eau devient terre ; il ſe fait corruption, & à chaque fois nouvelle génération; & la Pierre multiplie de dix dégrés de qualité à chaque fois, & cela juſques à ſept fois.

CVII. Cette multiplication eſt la derniere parole des Sages, comme la diſſolution eſt la premiere, dit Flamel. La diſſolution eſt le premier fondement, ou le premier pas de la Philoſophie, & la multiplication en eſt la fin : ſi on excepte la projection, dans laquelle il ſe fait encore une diſſolution radicale, par la ſéparation & excluſion de l'impur, & par la congelation du grain pur ; ainſi la diſſolution eſt néceſſaire au commencement de l'Oeuvre, au milieu, & à la fin : & après l'accompliſſement de l'Oeuvre, par la premiere, les corps durs deviennent mols, comme de la crême, ou comme de la gomme peſante, dit Morien.

CVIII. Les autres diſent, que par la diſſolution les corps ſecs ſont réduits en eau ſéche, qui ne mouille point les mains, c'eſt-à-dire en Mercure, puis en ſemence, enſuite en eſprit fixe, & enfin en terre; laquelle eſt ſouvent réduite en eau par diſſolution, & retourne en terre par congelation ;

monte & defcend ; & de clarté, en clarté,
eft élevé au dernier periode de fixité, & de
fufibilité ; & comme il faut pour toutes les
opérations avoir une eau féche & diffolvante, comme la clef néceffaire préfentée &
préparée des mains de la Nature à l'Artifte,
plufieurs ont cru que ce diffolvant, ou cette
clef, étoit le Mercure vulgaire.

CIX. Tous les Auteurs s'accordent en ce
point, que le Mercure vulgaire, n'eft point
notre eau diffolvante, ni notre véritable Mercure ; la raifon eft prife du côté de fon impureté, qui ne lui permet pas de fe mêler
intimément & par les plus petites parties avec les corps purs, qui doivent être
diffous, ni par conféquent de demeurer avec
eux inféparablement : après leur diffolution
cette même impureté, qui lui eft naturelle,
ne lui donne pas le pouvoir de purifier les
impurs, que nous devons purifier dans leur
diffolution, car celui qui doit purifier les autres, doit être pur, dit Philalethe.

CX. Outre la pureté qui manque au Mercure, il lui manque une chaleur naturelle,
qu'il n'a pas, pour être le Mercure des Philofophes, qui diffout radicalement l'Or, qui
fe change en Or, après avoir changé l'Or en
foi par la diffolution : ce défaut de chaleur
vient, de ce que c'eft un fruit cru, tombé de
fon arbre avant le tems, & auquel la Nature
n'a pû adjoindre fon propre agent ; mais
comme il eft demeuté impur, froid & indigefte, il a befoin d'un foufre lavé, & in-

comburant, que l'Art lui ajoute pour le mûrir, l'échauffer & le purger ; & sans ce souffre, l'art ne sçauroit perfectionner le Mercure.

CXI. Ce Souffre pur & fixe, qui perfectionne le Mercure vulgaire, dans la projection où il est transmué en Or, doit être tiré des choses qui sont de la nature du Mercure ; autrement, il n'auroit pas le pouvoir de le pénétrer, & s'unir à lui intimément ; car la Nature ne s'unit qu'à sa Nature, & repousse tout ce qui est étranger : or le Mercure des Philosophes contient ce souffre lavé & incomburant ; par lequel il est peu à peu digeré, & changé en Or ; & puis par une nouvelle régénération, changé & élevé en Pierre fixe & fondante, qui change le Mercure vulgaire en Or dans un moment.

CXII. On peut voir, de ce que nous venons de dire, que Philalethe a dit la vérité, lorsqu'il nous assure dans sa métamorphose, que le Mercure vulgaire & celui des Sages ne sont point différens matériellement & fondamentalement l'un de l'autre ; car l'un & l'autre sont une eau séche & minérale. Que les enfans de la science sçachent donc, dit ce Philosophe, que la matiere du Mercure vulgaire peut & doit entrer en partie dans la matiere du Mercure des Philosophes ; de sorte que leur matiere est homogène : & qu'elles ne différent ensemble, que selon le plus ou le moins de pureté & de chaleur.

CXIII. Il eſt donc certain, pour parler de bonne foi, & ſuivant la doctrine de ce grand Philoſophe, que ſi l'on pouvoit ôter au Mercure vulgaire ce qu'il a de ſuperfluités ſulphureuſes, aduſtib es, d'aquoſités, & de terreſtreites corrompantes, & ſi on pouvoit lui donner la chaleur du Souffre incomburant, c'eſt-à-dire une vertu ſpirituelle & ignée, les ténébres de Saturne étant diſſipées, on verroit ſortir le Mercure tout brillant de lumiere, & ce Mercure ne ſeroit plus vulgaire, ce ſeroit celui des Philoſophes, qui diſent tous qu'étant déterminé, comme il eſt, il ne peut être notre Mercure ſans perdre ſa forme.

CXIV. Le Mercure vulgaire eſt un corps, celui des Philoſophes eſt un eſprit; du moins le Mercure vulgaire eſt corporel & mort, & celui des Sages eſt ſpirituel & vivant; le vulgaire eſt mâle, le nôtre eſt fémelle, ou du moins hermaphrodite; c'eſt une eau, le Mercure vulgaire la contient; mais elle eſt trop enveloppée dans ſon corps; le Mercure des Philoſophes eſt notre bénite ſemence; le vulgaire n'en eſt que le ſperme qui la contient; mais on ne l'en peut tirer que par la diſſolution, qui ſe fait par notre Mercure, & dans lequel il perd ſa premiere forme, pour prendre une forme plus noble & plus excellente.

CXV. Je ſçai bien que le Mercure vulgaire, conſervant ſa forme dont il eſt ſpécifié, n'eſt pas la matiere immédiate de la

Pierre ; & quand même il seroit dépoüillé de sa forme , il ne peut être changé en Pierre qu'il ne soit fait Mercure des Sages ; ni Mercure des Sages sans avoir été mortifié & revifié , ou engendré ; il n'est pas aussi le dissolvant de l'Or & des autres Métaux, qu'il n'ait dépoüillé tout ce qu'il a d'étranger, non métallique & corporel ; mais on peut dire dans la vérité , quel est la plus aisée & la plus prochaine matiere , ou sujet de la projection philosophique.

CXVI. On peut dire aussi , en faveur du Mercure vulgaire , qu'il est la molle montagne, dont parle Sendivogius , dans laquelle on peut foüire facilement avec l'Agent des Philosophes, & y trouver l'eau vive & ignée, ou le feu humide que nous cherchons , & l'ayant trouvé , en faire des merveilles ; on peut dire encore en sa faveur qu'il peut être utile à l'Oeuvre , si on peut lui ôter ce qu'il a d'impureté , & supléer à ce qu'il lui manque de vertu ignée ; il dit de lui-même dans un Dialogue qu'il est Mercure , mais qu'il y en a un autre qui ouvre les portes de la justice , dont il est Précurseur symbole admirable d'un grand Mystère.

CXVII. C'est un grand avantage au Mercure vulgaire d'être la voie de son Maître , & le Précurseur du Mercure des Sages , qui d'après le grand Philalethe, vient délivrer les fretes les minéraux, métaux, végétaux, animaux, & tous les corps naturels, de toutes leurs soüillures originelles ; nous parlons toujours par paraboles & comparaisons, parce que la Nature & sa science sont le pentacle de tous les Mystères, & le symbole des plus hautes vérités : par elles on trouve l'explication, la prédiction & manifestation de tout ce qui est occulte: tel est l'effet de la sçavante Sagesse, artiste de toutes choses, & qui enseigne parfaitement la racine secrette des opérations merveilleuses, selon l'expression du Roi Salomon; lui-même, ainsi qu'il le dit, a décrit la Sagesse triplement, car elle reçoit trois sens, mutuellement & également représentatifs l'un de l'autre; & nous écrivons comme ce Sage a écrit.

CXVIII. Les Philosophes ont sans doute été dans cette pensée, lorsqu'ils ont dit qu'on doit tirer un air par un autre air, un esprit par un esprit, prendre ou attraper un oiseau par un oiseau, comme parle Aristée : les autres ont dit que par un esprit cru, on devoit en extraire un qui fut digeste & cuit; les autres ont dit qu'un menstrue végétal uni au minéral, & à un troisième menstrue essenciel, étoient nécessaires pour avoir le dissolvant universel, ou Mercure des Philosophes, c'est-à-dire que ce fameux Mercure a besoin d'un Précurseur, comme un Elie.

CXIX. Ce fameux Mercure, auquel les Philosophes ont donné tant de louanges, mérite bien d'avoir symboliquement un Précurseur qui ait l'esprit d'Elie, & qui prépare les voies de ſon Seigneur ; le Précurſeur eſt de même Nature que le Seigneur , mais celui-ci eſt infiniment plus noble , car il eſt né d'une terre Vierge , & conçû d'un Eſprit céleſte , au lieu que le Précurſeur a été conçû en iniquité comme les autres corps métalliques , quoiqu'il ait été purifié dans la ſuite , & lavé dans le ventre de ſa mere pour être rendu digne de préparer les voies du Roi philoſophique.

CXX. Ce diſcours allégorique eſt tiré de la doctrine du ſçavant Philalethe , notre Contemporain , & du fameux Sendivogius , qui enſeignent que tous les corps métalliques ſont tous conçûs en iniquité & malédiction dans le ſein d'une terre corrompue , & que l'Or même , tout pur qu'il eſt , auſſi-bien que le Précurſeur dont nous parlons , ont beſoin du Mercure des Philoſophes , qui eſt conçû d'une terre Vierge , & formé de ſon ſang très-pur , par un eſprit céleſte ; ſource de beauté , de pureté & de lumiere ; & ainſi quoiqu'il ſoit ſelon la nature corporelle de la nature des autres , il les purifie par ſa vertu.

CXXI. Le Mercure des Sages eſt , à la vérité , compoſé de corps , d'ame & d'eſprit ; mais ſon corps après avoir paſſé par toutes les opérations de l'Art , comme par des tortures & des ſouffrances, ſon corps, dis-je, matériel eſt tout ſpiritualiſé , & ayant été élevé en gloire , il eſt d'une ſi grande ver-

tu, fublimité, lumiere & fixité, qu'il peut
être tout, fixe, illumine tout, & triomphe
de tout ce qui eft dans le régne métallique,
il fépare la lumiere des ténébres, qui obf-
curcirent fes freres, efclaves de l'impureté; & enfin, c'eft un pur efprit, qui attire
à foi tout ce qui eft pur.

CXXII. Quelque nobleffe que nous trouvions dans notre Mercure, la femence dont
il eft fait & compofé par notre Art, n'eft
pas différente de celle dont tous les Métaux
font compofés : & ces corps métalliques ne
différent l'un de l'autre que par le plus ou
le moins de décoction & de pureté, car
leur femence eft la même, & ces fuper-
fluités introduites ou reftées dans leur congelation, ne font pas naturelles aux Métaux,
& n'ont pas corrompu leur femence, qui
eft une portion de lumiere célefte & incorruptible, qui luit dans les ténébres, & pure
dans les ordures.

CXXIII. L'Or a l'éclat, il a la femence,
& même il eft toute femence métallique;
mais il n'eft ni le Mercure des Sages, ni la
Pierre; car quoiqu'il foit auffi pur que l'un
ou l'autre, il n'a pas la fubtilité de l'un, ni
la fufibilité de l'autre; l'Or eft mort, mais
il ne peut reffufciter que par la vertu du
Mercure des Sages, qui eft fon propre diffolvant, & l'auteur de fa mort & de fa vie,
qui le fait defcendre dans les enfers, & qui
l'en retire, pour l'en faire monter jufqu'aux
Cieux,

Cieux, & lui procurer cette subtile fixité, qu'il n'a pas de sa propre nature.

CXXIV. Il y a cette différence entre l'Or & le Mercure des Sages, que le premier est un ouvrage de la Nature, qui le fait dans les mines sans le secours de l'Art; & le second est l'ouvrage de l'Art & de la Nature; car il ne se trouve ni sur la terre ni dessous; c'est un enfant que nous pouvons produire par extraction, c'est-à-dire en le tirant des choses où il est; or il se tire par artifice du Souffre & du Mercure de la Nature, conjoints ensemble par l'entremise d'un tiers de même nature, & étant tiré il est la matiere prochaine de notre Pierre.

CXXV. Dans une semaine, dit Philalethe, ce Mercure par simple digestion devient Or philosophique, qui est la matiere la plus proche de la Pierre; c'est ce Mercure qui suffit tout seul avec e feu; voir il est le feu lui-même: s'il y a quelqu'un, dit-il dans son Dialogue, qui ait vû le feu caché dans mon cœur, il a connu que le feu est ma véritable nourriture, & plus l'esprit de mon cœur mange long-tems du feu, plus il devient gras; ainsi le Serpent dévore sa queüe & se mange lui-même; & le feu & lui sont deux, & un seul.

CXXVI. La miniere de notre Mercure n'est donc autre que le Souffre & le Mercure joints ensemble, dit le Cosmopolite; car de deux se fait un, qui est le fait virgi-

nal, dit Arnaud de Villeneuve; ce lait eſt notre
Mercure ou Aigle blanc, compoſé du compoſé, l'air de l'air, l'Argent-vif de l'Argent-
vif, l'eau tirée d'une roche, où l'on voit
une mine d'Or & d'Acier; l'on remarque
donc ici les deux principes du Mercure des
Philoſophes; ſon pere eſt le Soleil, élevé
en dégrés par notre Art, & ſa mere la
Lune blanche, qui s'éclipſe avec le Soleil, à
la conception de ce fils.

CXXVII. L'Or & le Mercure coulant
ſont la matiere de notre Oeuvre, dit Philalethe; ſi ce Philoſophe parloit autrement
il trahiroit ſa penſée & ſon nom; mais on
peut ajoûter à ſa penſée que la matiere de
l'Oeuvre eſt le Mercure ſeul, & qu'on fait
ce grand Chef-d'Oeuvre de la Nature & de
l'Art, & tous les miracles qui l'accompa-
gnent, d'une ſeule choſe, comme dit Hermes, c'eſt-à-dire du Mercure des Philoſophes, qui eſt l'Or-vif, ou l'Or embrionné
& volatil, qui ſe change en Or par une petite chaleur, mais non pas en pierre immédiatement; mais enfin tout ce qui la compoſe tire ſon origine de notre Mercure.

CXXVIII. L'Or ſortant de notre Mercure, comme le Soleil du ſein de Thetis
tout éclatant de lumiere, eſt appellé Or
vif, autant de tems qu'il n'a pas paſſé par le
feu de fuſion, qui eſt la mort de nos Métaux,
dit Baſile Valentin: cet Or vif eſt tout feu,
ou le vrai feu de l'Or très-fixe & très-pur

Or balſamique, ennemi de corruption: il contient en ſoi le Sel, le Souſtre & le Mercure; ou plutôt il eſt tout ſel, tout ſouffre, & tout Mercure; mais en ces trois principes il eſt tellement en unité & homogenéité, qu'il eſt inaltérable & incorruptible, & ne peut être décompoſé que par les rayons du Soleil, qui eſt ſon pere.

CXXIX. L'Or vif eſt ſouvent appellé Souffre vif; c'eſt ce ſouffre, dit Sendivogius, à qui les Philoſophes ont donné le premier rang, comme au principal des principes; c'eſt ce premier agent qui eſt tenu fort caché; il eſt pourtant fort commun; il eſt par tout, diſent-ils, & en toutes choſes; il eſt végétal, animal & mineral; il eſt la vie de toutes choſes, & une portion de cette lumiere, qui fut faite au commencement du monde; il eſt le principe de toutes les couleurs, de toutes les congélations, & de toute maturité; & ſans ce ſouffre vif l'humide radical dans les végetaux, animaux & mineraux, ſeroit tout-à-fait inutile.

CXXX. Ce Souffre, ou Or vif peut être conſideré en trois états; dans le premier, c'eſt un pur eſprit qui ſe trouve en toutes choſes, qui eſt leur ame, leur vie & leur lumiere; il eſt comme un Ciel terrifié & enveloppé dans tous les corps; dans le ſecond état il eſt minéral, par conſéquent ſpécifié dans les minéraux, & enclos dans leur

humide radical ; & parce que c'est un feu,
il agit sans cesse sur cet humide quand il est
en liberté d'agir ; & comme cet humide est
un air , ce feu s'en nourrit ; dans le troisiéme état il est foudroyant, victorieux, &
triomphant de tout ce qui lui résiste.

CXXXI. On peut encore, en accordant
les Philosophes, dire que l'Or vif des Sages peut être considéré comme agent &
comme patient ; comme agent, c'est un esprit qui est toujours en action , qui donne
le mouvement à toutes choses, & qui est le
principe & promoteur de la corruption &
de la génération des composés ; c'est un
esprit de lumiere , toujours occupé à chasser
les ténébres , & à séparer le pur de l'impur ;
dans cet état il est dans le Mercure des Sages , comme dans le lieu de sa domination,
& où il commence à exercer les actes de
Roi.

CXXXII. Ce feu , ou ce Souffre cesse
d'agir , quand il a consommé son propre
humide, si on ne lui en fournit point de nouveau , mais si on lui en donne , il recommence son mouvement , & convertit encore cet humide en sa substance ; tout autant qu'il le peut ; la premiere fois, soit ache-
vant son mouvement dans l'œuf , & sur
l'œuf des Sages , il convertit tout son humide radical en pur Or , qui est Or vif,
mais patient ; ainsi l'agent devient patient,
la premiere matiere devient la deuxiéme,

mais la seconde devient la premiere ; ce
Mercure qui étoit patient devient agent, &
redonne leur mouvement à notre Or vif.

CXXX. Si l'Or vif recommence son mouvement, il travaille avec plus de vigueur
que la premiere fois , son terme se trouve
plus noble, car à cette seconde fois l'ouvrage se termine à un Or plus excellent
que n'est son grand-pere, & que n'est son
pere & sa mere ; car l'Elixir, qui est le Ciel
en Terre, & le Souffre incombustible , &
teingent à toute épreuve, se trouve parfait à la fin de ce mouvement ; ainsi l'Or
produit l'Or du Mercure ; & l'Or & le Mercure, le Soleil & la Lune, produisent la Pierre , & en sont faits : & l'on voit que les
choses finissent par où elles ont commencé.

CXXXIV. Les Philosophes , d'un commun accord , ont dit avec raison , que leur
Or vif n'est autre chose que le pur feu du
Mercure , c'est-à-dire la plus parfaite portion de la noble & pure vapeur des Elémens,
ou bien ce feu inné & intrinséque au Mercure ; sçavoir passivement & en puissance
dans le Mercure vulgaire , activement &
en acte dans le Mercure des Sages ; cet Or
vif est comme une exhalaison , & le Mercure
est la vapeur qui contient cette exhalaison.
Or la vapeur étant consommée par la chaleur de l'exhalaison, se change en une pou-

dre qui imite la foudre, tombant fur les
Métaux imparfaits.

CXXXV. Cette noble vapeur des Elémens, eſt l'humide radical de la Nature, qui
eſt par tout & en toutes choſes, & qui ſe
trouve ſpécifié en chacune, & particuliérement dans le Mercure vulgaire, où cet humide radical ſpécifié & déterminé à la nature métallique en ſort fort abondant ; &
ſans doute que ſi la Nature toute ſeule, ou
aidée de l'Art, lui avoit adjoint le feu inné,
ou agent intrinſéque, ou cette exhalaiſon
qui tient lieu de mâle, le Mercure vulgaire
ſeroit le Mercure des Philoſophes, & ainſi
pourroit devenir Or, & par dégrés médecine aurifique.

CXXXVI. Ce Souffre fixe, ou feu métallique, qui eſt en puiſſance dans le Mercure vulgaire, eſt bien actuellement dans
l'Or, mais il n'y eſt en acte ou en action, à
cauſe qu'il s'eſt placé ſous de fortes barriéres qui le mettent à couvert de la violence
du feu élémentaire, & rien ne peut rompre
ces barriéres que notre feu humide ; mais
pour trouver cet Or vif, il faut le trouver
dans ſa propre maiſon, qui eſt le ventre d'A-
riés ; ce Souffre ou Or vif, eſt le ſeul agent
capable de dépouiller le Mercure vulgaire de
toutes ſes impuretés, & de digérer ce qui
eſt indigeſte, & unir à ſoi ce qu'il a de pur.

CXXXVII. Lorſque le Mercure, c'eſt-à-
dire l'humidité & la froideur dominent à la

chaleur & la féchereffe, qui font le fouffre,
c'eft ce qu'on appelle le Mercure des Sages,
qui eft froid & humide au dehors, & qui
porte le chaud & le fec, c'eft-à-dire le fouffre dans fon ventre; & lorfque le chaud &
le fec dominent au froid & à l'humide, c'eft
l'Or qui tient le Mercure dans fes liens fous
la domination du fouffre, lequel ayant confommé tout fon humide radical le change
en foi, fçavoir en Or; ainfi l'Or eft tout
fouffre & tout efprit; il eft auffi tout corps
& tout mercure.

CXXXVIII. Les Philofophes ont tous
reconnu deux fortes de fouffres ou d'agens
naturels, l'un eft externe & fert de caufe
efficiente & mouvante au dehors; & l'autre
eft caufe interne, & comme forme infor-
mante; la premiere ayant fait fon opération fe retire, difent Bonus & Zachaire, &
pour lors c'eft la perfection du métal; le fecond eft une portion ineffable de cet efprit
lumineux contenu dans la femence, qui eft
l'humide radical métallique, & ce fouffre eft
inféparable de fon fujet, qui eft cette même
femence ou humide radical qui a le fperme
pour envelope.

CXXXIX. Cet efprit lumineux contenu
dans la femence métallique, qui eft l'humide radical des métaux, n'eft autre chofe,
que ce qu'on appelle dans la nouvelle lumiere, l'air des Philofophes; c'eft ce même
air dont parle Ariftée, écrivant à fon fils;

cet air, dit-il, eft le principe de chaque chofe en fon regne ; & par cette raifon, cet air eft la vie & la nourriture des chofes, dont il eft le principe ; ce qu'a fait dire à tous les Philofophes, que l'air nourrit le feu inné ; ainfi l'air métallique infpire la vie au feu métallique, & lui fournit l'aliment, à caufe qu'il en eft le principe.

CXL. L'air des Sages, n'eft pas l'air commun, qui eft la nourriture du feu inné dans toutes fortes d'êtres ; mais c'eft un air métallique qui eft la nourriture du feu, ou foufre minéral, lequel feu, ou foufre eft contenu dans le Mercure des Sages ; cet air métallique eft une effence très-fubftile, qui prend le corps d'une vapeur, & fe condenfe avec l'humide métallique, pour fervir de nourriture au feu minéral, contenu dans cette vapeur graffe, qui eft une effence aërienne qu'on peut appeller efprit, ou air, & qui eft la vie de chaque chofe, & néceffaire pour l'Oeuvre.

CXLI. Cette vapeur fi néceffaire à l'Oeuvre des Sages, fe doit chercher dans ces corps métalliques, mais il faut une clef d'or, dit Ariftée, pour ouvrir les portes de la Juftice ; cet air dont nous avons befoin eft enfermé, on ne peut le tirer de prifon que par le moyen d'un autre air homogêne qui fert de clef ; fur quoi on peut dire, avec Philalethe, que cette clef dorée, qui ouvre la porte du Palais fermé du Roi, eft notre

acier,

acier, qui eſt, dit ce Philoſophe, la véritable clef de l'Oeuvre, ſans laquelle le feu
de la lampe ne peut être allumé.

CXLII. Notre Acier eſt la miniere de
l'Or, un eſprit très-pur, un feu infernal
& ſecret, & le miracle du monde; le ſiſtê-
me des Vertus ſupérieures dans les inférieures, dit Philalethe; cet Acier eſt la lumiere
de l'Or, & l'aimant d'où il vient eſt la lumiere de l'Acier: mais il eſt certain, dit le
Coſmopolite, que notre air engendre notre
Aimant, ou du moins contribue à la ge-
nération, & que notre Aimant engendre,
ou fait paroître notre Acier; ou diſons avec
moins d'envie, que notre air & notre Aimant ſont les deux principes de notre Acier,
de notre miniere, de l'or, & de leur lumiere.

CXLIII. Cet Aimant & cet air, ſont les
deux premiers Agens, & les deux Dragons
dont parle Flamel, qui gardent la Toiſon d'Or, & l'entrée du Jardin des Vierges Herpérides; ils les appelle Soleil &
Lune, de ſource mercurielle & d'origine ſulphureuſe: leſquels par feu continuel s'or-
nént d'habillemens Royaux, pour vaincre
toutes choſes métalliques, ſolides, compac-
tes, dures & fortes, lorſqu'ils ſeront unis enſemble, & puis ſont changés en quinte-eſſence, qui eſt un extrait de l'eau, de la terre
& du feu; & c'eſt notre Acier, ou notre,
Mercure double du bon treviſan.

CXLIV. Cette Quinte-eſſence eſt avec le

feu du fouffre minéral, le fuc de la faturnie, & le lien du Mercure ; & pour la faire,
il faut faire dès le commencement prendre
deux Serpens, les tuer ; corrompre, & engendrer, dit Flamel ; elle eſt l'eau féche, qui
ne mouille point les mains ; ou bien c'eſt ce
lait virginal d'Arnaud de Villeneuve, qui contient en foi les deux Spermes maſculin & feminin, préparésdans les reins de nos élémens;
c'eſt l'humide radical des métaux, le fouffre &
l'argent vif des Philofophes, le double Mercure, tiré de la corruption du Soleil, & de
la Lune.

CXLV. Cet admirable Compofé renferme
en foi l'eau, & le Mercure des Philofophes,
c'eſt-à-dire les quatre élémens : il n'eſt même
lait, ni Mercure, dit l'Abbé Syneſius ; c'eſt
une chofe imparfaite, dit Philalethe ; c'eſt
le Soleil & la Lune des Sages, dit le Cofmopolite ; le fils de notre aimant, & du Dragon
igné, qui a dévoré le Serpent ; feu fecret,
fourneau invifible ; premiere humidité des
Sages, qui réfulte de la déſtruction des
corps ; car en effet l'eau feconde & dorée
d'Artephius fe fait de la deſtruction du compofé, comme le compofé fe fait de la deſtruction des corps très-chers.

CXLVI. La deſtruction de ce compofé, dit
l'Anonime, eſt la feconde clef de l'Oeuvre ;
le miſtere des miſteres, & le point effentiel
de notre Science ; c'eſt ce qui ouvre les portes de la Juſtice, & les Prifons de l'Enfer,
dit le Cofmofpolite ; c'eſt alors qu'on voit

couler du pied du Rosier fleuri, cette eau si fameuse chez les Philosophes, laquelle se fait, dit Basile Valantin, par le combat de deux Champions, qui se donnent le défi ; car l'Aigle seul ne doit pas faire son nid au sommet des Alpes, mais on doit lui joindre un Dragon froid, dont l'esprit volatil brûle les aîles de l'Aigle.

CXLVII. La chaleur ignée de l'esprit du Dragon, faisant fondre la neige des montagnes, nous donne l'eau céleste dont il s'agit, & dans laquelle le Roi & la Reine se vont baigner, dit Artephius ; mais il faut que la terre reçoive son humidité perdue dont elle se nourrit ; il est donc nécessaire de réitérer ces préparations d'eaux par plusieurs distillations, afin que la terre soit souvent imbue de son humeur, & cette humeur autant de fois tirée, à l'imitation de l'Euripe, par un flux & reflux admirable ; mais sans feu, il ne se fait aucune eau.

CXLVIII. Comme on ne sçauroit tirer notre eau aërienne, ou air aquatique sans feu, aussi ne sçauroit on le digerer, ou le perfectionner sans feu ; ce qui a fait dire à Hermes, que le feu est le pilote du grand Oeuvre ; & à Artephius que le feu est nécessaire, au commencement, au milieu, & à la fin de notre Ouvrage : ce qui se doit entendre du feu de putrefaction, qui est nécessaire pour la génération, comme dit Morien : c'est ce feu putrefiant, que le Comte

Bernard appelle chaleur de fumier : & qui connoît bien ce feu, dit-il, il a la conclusion de notre Saturne, qui est la blancheur.

CXLIX. Cette conclusion de notre Saturne, qui se fait par dégrés, est la lumiere sortant des ténébres ; & cette lumiere , ou blancheur ne sort que par ce feu , qui cause putréfaction , & qui est le feu contre nature , comme l'enseigne Artephius , si néceilaire à la composition du Magistere , dit Parmenides, à cause qu'il faut rompre, & corrompre ce corps pour en tirer l'ame & l'esprit : & de cette maniere, la mondification & ablution de la matiere se fait par le feu, dit Calid ; par ce même feu , se fait l'éjection des ordures du composé.

CL. Le Magistere des Sages commence par le feu, se continue par le feu, & s'acheve par le feu ; ce feu est quelquefois humide, & c'est le feu du bain ; ou du fumier chaud ; quelquefois, c'est un feu chaud , humide, & froid , & c'est le feu de la lampe ; enfin il est sec, chaud , & humide, & c'est le feu de cendres blanches , ou de sable rouge ; notre feu échauffe la Fontaine des Sages : pour conclusion , ce feu est chaud, froid, humide, & sec ; ou plutôt, c'est un esprit, ou une quinte-essence, qui n'est ni chaude, ni séche, ni froide, ni humide en soi : Dieu le donne aux Sages ; qu'il en soit loué à jamais.

Fin du Pseautier d'Hermophile.

TRAITÉ

D'UN PHILOSOPHE INCONNU,

SUR L'ŒUVRE HERMÉTIQUE;

Revû & élucidé par le Disciple So-
phisée, sous les auspices des Coher-
méites, Philovites & Chrisophiles.

TOus les Philosophes ont écrit fort obs-
curément ; & quoique les Modernes
doivent avoir écrit plus clairement que les
Anciens, puisqu'ils n'ont fait, ou que dire
les mêmes choses en d'autres termes, ce
qui les doit rendre plus connues, ou expliquer ce qui leur a paru plus obscur dans les
Anciens, ou enfin dire ce que les autres
avoient celé ; cependant on trouve encore
tant d'obscurités dans les Livres de ces Ecri-
vains énigmatiques, qu'il y a moins de sujet de s'étonner que personne n'en pénétre
le vrai sens, que de ce que quelqu'un l'a pû
faire. Néanmoins la vérité & l'erreur ont
leurs caractéres qui les distinguent, & quelques confondus qu'ils puissent être, un esprit
attentif est capable de les débrouiller. On ne
voit pas que pour faire cela, on puisse se servir d'un moyen plus commode & plus génér-
tal, que de la voie analitique, ou plutôt c'est

Qq iij

la feule voie par laquelle nous devons efpérer de réfoudre une infinité de queftions
embrouillées, & dans lefquelles, comme dans
cette Philofophie, la vérité eft cachée fous mille autres chofes inconnues, fous un amas de
paroles inutiles, & quelquefois même fous
des contradictions apparentes.

Tous ceux qui ont quelque connoiffance
de l'Analyfe, fçavent le fecours que l'on en
peut tirer pour la découverte de ces vérités.
L'ufage de cette méthode eft extrémement
vafte, & elle conduit à la connoiffance des
vérités par différentes voies ; mais quoiqu'on puiffe bien affûrer, fans fe tromper,
que les Philofophes des fiécles précédens
l'ayent ignorée, quelques-uns d'entre eux,
comme Arnauld, le Trévifan & Zachaire nous
ont cependant laiffé comme des effais de
cette recherche, qui imitent en quelque
chofe une des manieres de la voie analitique. Ils nous affûrent qu'il faut expliquer
les Philofophes par l'œuvre ou le procedé,
& le procedé par les Philofophes ; qu'il faut
faire une telle conciliation de tous les Paffa-
ges, que non-feulement on accorde un Philofophe avec lui-même, mais encore avec
tous les autres, que l'on ne voye plus rien
d'obfcur dans leurs Ecrits ; que toutes leurs
équivoques foient levées, & leurs énigmes
expliquées. Mais avec cette précaution, que
le fyftême qu'on fe formera fur leurs Ecrits

s'accorde avec les opérations ordinaires de la Nature.

Lorſqu'on a découvert cela , on peut probablement aſſûrer qu'on a découvert leur ſecret. Car ſi on regarde tous ces Auteurs comme l'on fait une lettre chiffrée , on pourroit vraiſemblablement aſſûrer qu'un alphabet qu'on auroit trouvé ſeroit le véritable dont on ſe ſeroit ſervi pour chiffrer cette lettre , ſi avec cet alphabet on n'obmettoit pas un mot de cette lettre ſans le lire , & donner un ſens raiſonnable à toute la lettre ; de même on pourra penſer qu'un ſyſtême qu'on ſe fera formé ſur quelques Paſſages des Philoſophes , ſera celui dont ils auront voulu parler , ſi par ce ſyſtême on explique les Philoſophes. Mais ſi avec l'alphabet de cette lettre chiffrée, l'on n'en pouvoit lire que quelques mots , ou que la lettre ne fît pas un ſens raiſonnable , il y auroit grand ſujet de penſer que cet Alphabet ne ſeroit pas le véritable , ou comme on appelle ne ſeroit pas la clef ; de même auſſi on pourroit bien ſe former un ſyſtême, comme pluſieurs font tous les jours, par lequel on expliquera quantité de Paſſages de quelques Philoſophes , mais cela n'eſt pas ſuffiſant, il les faut expliquer tous , au moins ceux qui paroiſſent eſſentiels , & qui ſe trouvent dans les véritables Philoſophes.

Il ne faut que faire l'application de cette régle à toutes les opinions qu'on propoſe ;

pour en·faire voir le peu de folidité ; mais parce que dans cette recherche par la voie analitique, il eſt permis de faire des ſuppoſitions comme véritables , quoiqu'après on puiſſe les rejetter ou les changer , alors la ſuite du raiſonnement en démontre ou la fauſſeté ou la vérité. Nous ſuppoſerons donc le procedé que vous demandez comme véritable dans l'eſſence, & enſuite nous eſſayerons d'en prouver chaque partie par l'autorité des Philoſophes ; & puis de deſcendre au détail du même procedé, ſuppoſé que nous n'y trouvions pas de contradiction dans l'examen que nous en ferons. Mais comme pour concilier ſeulement les Philoſophes ſur ce procedé, il faudroit plus de loiſir que je n'en ai , de même que pour faire voir la maniere de faire cette recherche par la voie dont je me ſers , je me contenterai de vous expoſer ſimplement, comme je croi que la choſe va , & de l'aſſermir de quelques autorités ; voici l'une des manieres de faire la Pierre.

Prenez une partie d'Or vulgaire , amalgamez-le avec trois parties de Mercure philoſophique ; mettez-le dans un matras dont les deux tiers ſoient vuides , & les mettez au bain de cendres avec un feu moderé, & environ en ſix mois de tems le tout ſe coagulera en une poudre rouge-brune. Premierement l'Or ſe diſſoudra & volatiliſera , puis commençant à ſe coaguler, toute la diſſolution deviendra noire, & peu à peu elle blanchira, & enfin elle rougira ; alors le second Oeuvre est fait, mais on n'a pas encore la Pierre, on a l'Or ou le Souffre des Philosophes.

Il faut donc prendre cet Or, le mêler avec du Mercure philosophique, selon la proportion de neuf à un, ou de dix à un, ou de sept à deux, comme on voudra, l'enfermer dans le matras, & le mettre sur les cendres à un feu très-doux, & en dix mois le tout se coagulera en une poudre rouge impalpale, qui est la Pierre. Premierement l'Or des Philosophes se dissoudra, & toute la composition deviendra noire au bout de quarante jours ou environ, & parfaitement blanche après cinq mois, & cuisant toujours elle rougira comme du sang, & alors la Pierre est faite, que l'on peut fermenter & multiplier en vertu & en quantité.

Voilà tout le mystere, ou proprement il n'y en a point, car tout le mystere est dans la composition du Mercure philosophique ; il faut donc maintenant prouver par l'autorité chaque partie de ce procedé.

Mais auparavant, il faut remarquer que la Pierre ne se fait pas immédiatement de l'Or philosophique & du Mercure. Le premier œuvre, ou la premiere opération sert à faire l'Or philosophique, que l'on appelle encore souffre philosophique ; le second œuvre, ou la seconde opération sert à faire la Pierre avec cet Or philofophique, & le vulgaire.

Ces deux opérations paroiffent à peu près fémblables, cependant elles font bien différentes, car elles fe font avec différens dégrés de feu; les trois couleurs effentielles de la Pierre paroiffent dans ces deux Oeuvres, qui font le noir, le blanc & le rouge, néanmoins dans le fecond Oeuvre ces couleurs font parfaites, c'eft-à-dire un noir très-noir, un blanc très-blanc, & un rouge très-rouge; au lieu que dans le premier Oeuvre c'eft feulement un noir commencé, un blanc fale, & un rouge obfcur.

Voilà la maniere que les Philofophes enfeignent de faire leur Pierre, & quoique ce ne foit pas là un fecret, ils ont pourtant embrouillé & mêlé ces deux opérations, & n'ont pas voulu diftinctement marquer les régimes de l'un & de l'autre.

Mais il y a encore une autre voie extrémement fecrette, & dont les Philofophes n'ont parlé qu'avec bien de la retenue, laquelle fe peut faire avec le feul Mercure des Philofophes, fans y ajoûter de l'Or vulgaire. Il y a en celle-là deux opérations comme dans l'autre; la premiere eft pour faire le Soûfre ou l'Or des Philofophes, & la feconde pour faire leur Pierre; car comme j'ai dit, la Pierre ne fe fait immédiatement que de l'Or philofophique & du Mercure mêlés enfemble. La premiere opération, qui eft pour faire le Soûfre philofophique, fe

fait avec le feul Mercure philofophique,
fans y ajoûter aucune chofe, ce qui fe fait
en feize mois philofophiques; & la feconde
opération, qui eft avec cet Or ou Souffre,
& l'Or vulgaire, d'en faire la Pierre, elle
fe fait en dix mois ou environ, comme
nous avons dit ci-devant.

Ce procedé avec le feul Mercure eft le
plus rare, le plus excellent & le plus court.
Celui avec l'Or vulgaire eft plus long, plus
pénible & moins excellent; ces deux procedés pour le tems ne différent point dans
le fecond Oeuvre, pour les fignes qui s'y
voyent également, mais ils font extrémement différens dans le premier Oeuvre. A
l'égard de l'excellence, l'on peut en réitérant toute fon opération, rendre la Pierre
produite par l'Or vulgaire, aufli excellente
que celle produite du feul Mercure; ce qui
fe fait en prenant la Pierre & la mêlant
avec trois ou quatre parties de Mercure philofophique, & la faifant cuire à petit & lent
feu, & en trois mois ou environ elle fera
parfaite, paffant dans l'efpace de ce tems
par toutes les couleurs comme au premier &
fecond Oeuvre: & c'eft là ce qu'on appelle
la multiplication que l'on peut réitérer tant
de fois qu'on voudra, & à chaque multiplication la Pierre s'augmente de dix, à la feconde de cent, à la troifiéme de mille, &c.
outre que les dernieres multiplications fe

font toujours en moins de tems que les premieres.

Il y a encore la fermentation de la Pierre,
qui se fait avant que de la multiplier, & qui
se réitere aussi si on veut, elle peut être faite
en diverses manieres, en voici une. On prend
quatre parties d'Or vulgaire, une partie de
la Pierre ; on fait fondre ces deux en une
masse friable, dont il faut prendre une partie & trois parties de Mercure philosophique, & cuire le tout pendant le tems nécessaire, pour coaguler la Pierre en une poudre rouge, propre alors à faire projection sur
tous les Métaux ; cette coction ne durera
que deux mois.

Si on ne veut faire que de l'Argent, il
ne faut pas faire rougir l'Elixir par la coction, mais quand on voit sa matiere blanche, il la faut alors tirer du feu & la fermenter avec de l'Argent.

Tous les Philosophes ont assez clairement
parlé de ces opérations, mais ils ont merveilleusement enveloppé de figures leur Mercure, qui est la clef de l'Oeuvre ; & pour
commencer à donner les preuves de ce petit
système, & l'examiner par la régle même
que je me suis prescrite, je dirai que
les Philosophes nous ont décrit leur Mercure, ensorte que nous pouvons juger qu'il
est à peu près pour sa forme extérieure comme le Mercure vulgaire ; ainsi il faut rejet-

ter d'abord toutes les eaux tranfparentes, les rofées de Mai, les efprits acides, &c.

Notre eau ne mouille point les mains, c'eft ce que dit le Cofmopolite, Chap. X, Epilogue, parabole, &c.

Elle ne mouille & ne s'attache qu'à ce qui eft de fa nature, cela ne convient qu'au Mercure felon le même.

Dans la différence que le Cofmopolite*fait du Mercure philofophique d'avec le Mercure vulgaire, il ne les diftingue point par des qualités fenfibles & apparentes, comme de la pefanteur, de la diaphanité, de la blancheur & autres, mais il s'arrête feulement à les diftinguer par certaines qualités intérieures & infenfibles, ce qu'affurément il n'auroit pas fait fi le Mercure philofophique, ne reffembloit au Mercure vulgaire; quoique cette preuve foit négative, elle ne laiffe pas d'être concluante; il ne faut que lire le Paffage cité de Philalethe Chap. II. le Mercure des Philofophes reffemble à du métal fondu dans le feu; donc il eft femblable au Mercure vulgaire.

Le Mercure philofophique * garde & conferve toutes les proportions & les formes du Mercure.

Le fujet matériel* de la Pierre eft l'Or vul-

* Chap. VI. des trois principes.
* Philalethe, Ch. X.
* Philalethe, Ch. XIII. & XVII.

gaire & le Mercure coulant. Dans le Chapitre XV & XVIII de Philalethe, on peut voir que ce Mercure doit être semblable extérieurement au Mercure vulgaire, puisqu'on peut comme le Mercure vulgaire l'amalgamer avec l'Or ; qu'on peut laver cet amalgame, qu'on peut même sublimer & revivifier ce Mercure comme le vulgaire. Je m'imagine que cela suffit sans en chercher des preuves ailleurs, comme je le pourrois faire ; mais si ce Mercure est semblable au vulgaire extérieurement, il est bien différent intérieurement : on en peut voir les différences dans le Cosmopolite Chap. VI. des trois principes, & dans Artephius, qui appelle inïque le Mercure vulgaire.

Si je m'arrêtois à prouver tout, il me faudroit plus de tems que je n'ai résolu d'y en employer, il m'ennuye même déja d'en tant écrire, & peut-être me suis-je arrêté sur des choses qui ne le méritent pas. Je choisirai seulement quelques endroits que je crois qui sont les plus difficiles à entendre, & si il me reste du loisir j'acheverai d'autoriser les autres, qui peut-être n'en ont pas besoin, comme par exemple que ce soit l'Or & le Mercure qui soient les principes de la Pierre, & autres semblables.

J'ai dit que la Pierre se faisoit par deux diverses voies, l'une avec le Mercure seul, qui est la voie la plus excellente & la plus courte ; & qu'elle se faisoit encore avec l'Or

& le Mercure philofophique, & que cette
voie eft plus longue & moins excellente ;
que la différence qui fe trouve en ces deux
voies eft dans leur premiere opération, c'eft-
à-dire dans la production du Souffre ou de
l'Or philofophique avec lequel on fait immédiatement la Pierre en le mêlant avec le
Mercure : voici fur quelles autorités je
me fonde, pour faire voir que la Pierre, ou
le Souffre ou Or philofophique fe produit
du feul Mercure. Geber Livre II. Chap. 9.
Philalethe Chap. 19. difent : *Si vous pouvez le faire avec du Mercure feul , vous
ferez une belle découverte du très-grand Oeuvre, & un ouvrage plus admirable que celui
que produit la Nature.*

Geber Livre II. Chap. 24. de la Médecine, qui coagule le vif-Argent , dit parlant de cette Médecine (qui eft ce fouffre
philofophique) *on le tire tant des corps que
du vif-Argent même, parce qu'on les trouve
de même nature, mais on le tire plus difficilement des corps, & plus facilement du
vif-Argent ; de quelqu'efpéce que foit la
Médecine, tant dans les corps que dans la
fubftance du Mercure même, vous ferez une
découverte.*

Geber Livre I, Chap. 52. dit : *La Médecine qui coagule le vif-Argent, peut être
tirée des corps métalliques, mais on la tire
plus facilement & prochainement du vif-
Argent feul.* Le même Chapitre 54. dit :
L'humidité cérative fe trouve plus facile-

ment, mieux & plus prochainement dans le Mercure que dans les autres. Le même Gèber Livre II. Chap. XXIV. dit : *La Médecine qui coagule le Mercure y est renfermé &c. c'est le régime, &c.*

Aristeus en la tourbe dit, que Gabertin, où l'Or des Philosophes, est de même matiere substantielle que Beia, ou que le Mercure.

Cosmopolite au Dialogue du Souffre dit : le Souffre des Philosophes est très-parfait en l'Or & en l'Argent, mais il est très-facile en l'Argent-vif.

Cosmopolite, au Chapitre 5. des trois principes, dit l'Art n'est qu'une conjonction de l'humide radical des Métaux & du feu, c'est-à-dire d'une femelle & d'un mâle, lequel cette femelle a engendré ; car le Mercure philosophe a un souffre ; c'est l'Or philosophique, qui est d'autant meilleur, parce que la Nature l'a digeré, & on peut tout faire du Mercure seul ; il a une vertu si efficace qu'il suffit & pour toi & pour lui, c'est-à-dire que tu n'as besoin que de lui seul sans addition, tu pourras parfaire toutes choses du Mercure; Hermes dit : *dans le Mercure est tout ce que cherchent les Sages.*

Au Traité du Sel Chap. 2. il dit, le Mercure philosophique est un Or en puissance, & peut être digeré en Or philosophique ou en rougeur, & il se coagule ainsi ; & si cet Or est de nouveau dissout par un nouveau menstrue,

menſtrue, il s'en fera la Pierre, &c. Il n'eſt pas de beſoin donc de réduire le corps parfait, parce que nous ne trouverions que le même ſperme que la Nature nous offre, & auquel elle a donné une forme de métal, mais elle l'a laiſſé cru & imparfait, mais nous le pouvons cuire & digérer, & le mener à maturité.

Philalethe Chap. 18. dit : notre Mercure donne de l'Or de lui-même, qui eſt le principe de nos ſecrets.

Philalethe Chap. 18. & 19. dit, on trouve notre Soleil dans le Soleil & la Lune vulgaire, mais il y a plus de peine à trouver dans l'Or vulgaire la matiere la plus proche de la Pierre, qu'à faire la Pierre. L'Or vulgaire eſt la matiere prochaine de la Pierre, l'Or philoſophique en eſt la matiere la plus prochaine.

L'Or vulgaire mêlé avec notre Mercure, & cuit, ſe convertira tout en notre Soleil, mais ce n'eſt pas encore la Pierre ; mais ſi cet Or eſt cuit une ſeconde fois avec notre Mercure, il donnera la Pierre, cela eſt clair.

Notre Or eſt de notre Mercure, & il eſt auſſi dans l'Or vulgaire.

Enfin pour connoître que le Mercure ſeul peut donner l'Or philoſophique en peu de tems, & pour voir auſſi que le Mercure & l'Or vulgaire mêlez donnent ce même Or philoſophique, mais avec plus de peine ; & pour voir encore que cet Or n'eſt pas la

Pierre, mais qu'il n'en eft qu'un des principes immédiats avec le Mercure, il ne faut que lire Philalethe aux Chapitres X, XI, XVIII, XIX & XX; car il faudroit tout copier tant il y parle expreffément, & lire auffi le Traité du Sel Chap. 2. &c.

Et pour connoître encore que l'Or vulgaire doit avec le Mercure fe convertir en Or ou Souffre philofophique, & que ce fouffre étant dans la feconde opération mêlé avec notre Mercure, donnera la Pierre, ce qui fait les deux opérations, je vais en rapporter quelques autorités.

Premierement Philalethe, Chap. XIX. & XX, dit que ces deux Oeuvres ont une repréfentation emblématique l'une de l'autre, fçavoir que dans la premiere du feul Mercure, qui eft pour faire dans la feconde l'Or philofophique avec l'Or vulgaire, on voit une noirceur, une blancheur & une rougeur; mais que dans la feconde Oeuvre on voit une noirceur parfaite, une blancheur parfaite, & une rougeur parfaite.

Le Cofmopolite Chap. XI, dit que le feu du fecond Oeuvre, n'eft pas tel que celui du premier.

Pour le tems de ces deux œuvres, Philalethe les marque aux Chapitres XVIII, XIX, & XXXI. le Cofmopolite au Chap. X. en fa Parabole. Le Traité du Sel au Chap. VI, que je ne rapporte point, parce qu'il me faudroit trop écrire; Defpagnet, Canon

137. dit que le premier Oeuvre pour le rouge est fait dans la seconde maison de Mercure ; & que le second Oeuvre se fait dans la seconde maison de Jupiter ; ce qui convient pour les tems avec ceux ci-dessus : & parce qu'il faut sçavoir quelques principes d'Astrologie pour expliquer cela , je dirai que les Astronomes commencent leur année par le signe du Bélier , c'est-à-dire quand le Soleil y entre , qui est environ le 11 Mars. La seconde maison de Mercure est la Vierge , qui comprend le mois de Septembre ou environ, quand le Soleil y est ; la seconde maison de Jupiter c'est les Poissons , qui comprend une partie de Février, lorsque le Soleil est dans ce Signe ; commençant donc par Mars , le premier Oeuvre doit durer six mois , c'est-à-dire finir en Septembre.

Ces deux Oeuvres se voient absolument requis dans ce dernier Auteur.

Canon 121. *La pratique de notre Pierre se parfait par deux opérations ; la premiere en créant le Souffre , l'autre en faisant l'Elixir.*

Canon 123. *Que ceux qui s'appliquent à la Philosophie ,sçachent que du premier Souffre on en peut tirer un second & le multiplier. Le Souffre se multiplie de la même matiere, dont il est engendré, en ajoutant une petite portion du premier.*

Canon, 124. *Car l'Elixir est composé d'une eau métallique , ou du Mercure, de ce second Souffre & ferment.*   R r ij

Mais quand on ajoute le ferment, la Pierre est faite, si on ajoute le ferment à ce second soufre; on ajoute le ferment à la Pierre, donc ce second soufre est la Pierre produite par le second soufre : or suivant cet Auteur, ce premier soufre a été fait du Mercure, & de l'Or vulgaire; il restoit à faire voir que le ferment ne se doit adjouter que quand la Pierre est faite; ce qu'on pourra voir au Traité du Sel, chap. 8. Philalethe chap. 19. & 31. Cosmopolite au Traité du Soufre, pour faire voir encore par le Cosmopolite la nécessité & ressemblance des deux opérations, en travaillant avec le mercure conjoint avec l'Or vulgaire, & passant sur ce que Morien en dit qui est assez remarquable, nous considererons quelques passages de ce Philosophe, que l'on verra être la même chose exprimée diversement.

Chap. 9. dit, * il y a un métail qui est un Acier philosophique, qui se joint avec le vulgaire; l'Acier conçoit & engendre un fils plus clair que son pere; puis si la semence de ce fils qui vient de naître est mise en sa matrice, elle la purge, & la rend mille fois plus propre à porter de très-bons fruits. Voilà un abregé du premier & second Oeuvre, ce qui va encore mieux paroître par la conformité des autres passages suivans.

Chap. 10. dit, il faut que les pores du corps s'ouvrent en notre eau, que sa semence soit poussée dehors cuite & digeste;

* Le Cosmopolite.

& puis qu'elle foit mife en fa matrice ; le corps c'est l'Or, notre eau ne mouille point les mains & est liquide ; la matrice c'est notre Lune, & non l'Argent vulgaire, & ainfi est engendré l'Enfant de la feconde génération ; voilà encore les deux procédés ; ce qui est affez défigné par cet Enfant de la feconde génération, car il y en doit avoir un de la premiere, qui est l'Or des Philofophes, qui est la femence cuite de cet Enfant de la premiere génération, qui est plus claire que fon pere.

Chap. 11. La terre fe doit réfoudre en une eau qui est le Mercure des Philofophes, & cet eau réfout le Soleil & la Lune, en forte que il n'en demeure que la dixiéme partie avec une partie, & on appelle cela humide radical des métaux: puis prends de l'eau de notre terre, qui foit claire , & dans cette eau mets-y cet humide radical métalique, & gouverne tout par un feu non tel qu'en la premiere opération ; alors tu verras toutes les vrayes couleurs &c. Je t'ai tout révélé au premier & fecond Oeuvre.

En l'Epilogue il dit diffous l'Air congelé, ou cuit-le de maniere qu'il devienne eau. Dans cet Air tu diffoudras la dixiéme partie d'Or, fcelle cela, & cuits jufqu'à ce que l'Air fe change en poudre, qui est l'Or Philofophique ; puis après ayant le Sel du monde, les diverfes couleurs apparoîtront.

* Cofmopolite.

Les diverſes couleurs n'apparoiſſent ainſi
que j'ai dit, que dans le ſecond Oeuvre. Le
Sel du monde, ou le Sel ſimplement eſt le
nom que donne le Coſmopolite au Mercure
des Philoſophes ; cela ſe peut prouver par
le chap. 3. 10. & à la fin de l'Epilogue. Philalethe auſſi l'appelle Sel chap. 1. Le Traité
du Sel ne l'appelle jamais preſque autrement.

La Parabole dit, l'Arbre Solaire, c'eſt l'Or
vulgaire ; le fruit de l'Arbre Solaire, c'eſt
l'Or Philoſophique, que l'on doit mettre
dans notre Mercure, d'où ſe doit former
la Pierre. Ce qui ſe peut prouver par ce qui
eſt dit à la fin de cette Parabole. Une ſeule
choſe mêlée avec une eau philoſophique,
&c. ou par cette choſe il entend l'Or philoſophique, comme on peut faire voir qu'eſt
expliqué ce paſſage au Traité du Sel chap. 6.

Ce ſeroit trop entreprendre que de vouloir prouver tout, faites-moi ſeulement ſçavoir ce que vous trouverez ici à redire, & je
tâcherai de vous ſatisfaire, de même qu'à
vous expliquer tous les paſſages que vous
déſirerez dans le ſens que je les entends ;
mais pour répondre en peu de mots à ce que
vous dites, ſçavoir ſi (comme eſtiment
quelques-uns) le Salpêtre, l'Antimoine &
le Fer peuvent être la premiere matiere des
Philoſophes, je vous dirai que je ne crois
pas que cette opinion puiſſe raiſonnablement
ſe ſoutenir, ſoit qu'on prenne ſéparément

ces trois matieres, soit conjointement. Premirement à l'égard du Salpêtre, il n'y a pas d'apparence, en ce que ce n'est pas une chose minérale ; or tous les Philosophes tombent d'accord que la miniere d'où ils tirent leur Mercure est une chose minérale. Secondement ces mêmes Auteurs disent que le sujet des Philosophes est le même que celui dont la Nature se sert pour former l'Or & l'Argent, & les autres Métaux dans les mines, comme assurent, le Trevisan, Zacaire, le Traité du Sel, le Cosmopolite &c. Or jamais aucun Philosophe n'a dit que les métaux fussent formés de Sel nitre, à moins que de prendre ce mot en un sens figuré. En troisiéme lieu l'eau que l'on peut faire du Sel nitre, est comme l'eau commune, & l'eau des Philosophes ne mouille point. En quatriéme lieu, le Traité du Sel au Dialogue qui est à la fin, traite de vision cette opinion, & traite de ridicule un Alchimiste qui se persuadoit que ce Sel étoit le sujet des Philosophes.

Quant à ce que vous dites que l'Antimoine & le Fer sont la matiere du Mercure, & du Souffre des Philosophes, j'aurois souhaité deux choses ; l'une que vous vous fussiez plus expliqué, sçavoir si vous entendez que l'Antimoine soit la matiere d'où on doit extraire le Mercure des Philosophes , & le Fer, celle où l'on doive extraire leur Souffre pour le mêler avec ce Mercure ; ou si vous eſtimez que l'Antimoine avec le Fer doivent enſemble compoſer la miniere, d'où avec artiſice on doive extraire ce Mercure philoſophique. L'autre choſe que j'aurois ſouhaité, eſt que vous m'euſſiez voulu citer quelques principales autorités, ſur leſquelles vous vous fondez; car en tous ces cas il me ſemble qu'il ne me feroit pas difficile de les expliquer en leur vrai ſens, & montrer ce qui peut être la cauſe que toutes ces ſuppoſitions ne s'accordent, ni avec la Nature, ni avec les Philoſophes. Au lieu que dans l'état où je ſuis, il faut deviner votre ſuppoſition, & la preuve que vous en avez.

Le nombre des Métaux n'eſt pas le même chez tous les Auteurs; cela dépend de la déſinition que l'on voudra donner au métail; ainſi ce n'eſt plus qu'une queſtion de nom. Chez Geber il n'y a que ſix métaux: il n'y comprend pas le Mercure; Paracelſe & Glaubert en comptent neuf ou dix, ils comprennent le Mercure, l'Antimoine & le Biſmuth; mais ſans nous embaraſſer dans cette chicane, nous pouvons aſſûrer avec Richard Anglois dont il eſt tant fait mention dans le grand Roſaire, que les Minéraux tels que l'Antimoine, le Zink, le Biſmuth, & les autres Métaux ſont compoſés des mêmes principes, ſçavoir de Souſfre, & de Mercure; c'eſt auſſi ce qu'aſſûrent le Trévitan & Zacaire.

Mais les Philoſophes nous aſſûrent encore
que

que leur sujet est celui dont la Nature se
sert pour la production des Métaux vulgaires ; & par conséquent ce ne peut être un
métail, ni une chose composée de ces principes , & altérée en une forme métalique. De
sorte que le sujet des Philosophes doit être
la chose dont l'Antimoine même a été formé , & qui est encore plus crue que ce minéral , & plus proche du principe de la Nature.

Il n'y a pas de raison , pour laquelle on
voulût que le mercure de l'Antimoine fût
plutôt le Mercure philosophique , que le
Mercure du plomb ou de l'estain. Car quand
le Mercure pourroit être tiré de l'Antimoine , ce que je n'accorderois pas volontiers,
quoiqu'on fasse bien des histoires pour le
prouver , il ne différeroit que très-peu du
Mercure du plomb ; & selon Geber & tous
les Philosophes , le Mercure de l'estain seroit
encore plus pur. Aussi le Traité du Sel au
chap. 2. faisant une innumération des diverses teintures particulieres que l'on peut
faire , à l'imitation de la Pierre des Philosophes , qui est la racine de ces teintures , dit,
que la teinture de l'Antimoine, du Fer, du
Soleil, de la Lune, du Vitriol, du Mercure,
du Venus , &c. ne teignent point universellement comme fait la Pierre des Philosophes , qui est le principe par lequel on tire
toutes ces autres teintures particulieres ;
que cette Pierre des Philosophes est la pre-

miere de toutes : qu'il faut s'appliquer à
ce premier sujet métalique. Ce qu'il emprunte de Basile Valentin, & ce qui est conforme à ce que dit le Cosmopolite sur la fin
du sixiéme chap. des trois Principes, qu'après
qu'on a l'arbre qui est l'Oeuvre universel, on
peut faire venir les rameaux qui sont ces
teintures particulieres. Philalethe chap. 13.
& 17. désigne assez que ce n'est point un
Mercure Extrait des Métaux & Minéraux,
& ce qu'il dit en ces deux chap. suffit à faire
voir que le Mercure des Philosophes est le
Mercure non vulgaire, qu'il faut animer, ou
lui donner un certain Souffre métalique qu'il
n'a pas ; & que leur Souffre c'est l'Or sans
équivoque, comme j'ai dit ci-dessus, & auquel a été marié le mercure philosophique.

Laissez tous Minéraux, & laissez tous Métaux seuls, Trevisan pag. 117. Zachaire confirme cette opinion en plusieurs endroits.

Suite du précédent Traité.

Ce que vous demandez à présent de moi,
après que vous m'avez un peu plus particulierement exposé votre sentiment, ne m'em-
barasse pas moins que quand je l'ignorois
davantage. Car vous m'en dites peu ; je ne
sçaurois encore appercevoir sur quels passages plus formels, & sur quelles autorités vous
fondez vos conjectures ; il s'agit de sçavoir
quel est le sujet, ou quels sont les sujets (si
on veut) dont les Philosophes composent
leur Oeuvre, pour éviter les équivoques, il

faut un peu s'expliquer ; l'Oeuvre des Philosophes est de faire la Pierre avec le Mercure
seul, ou avec le Mercure & l'Or vulgaire ;
on fait par l'une ou l'autre de ces deux voies,
premierement l'Or des Philosophes : puis de
cet Or avec le Mercure, on en compose la
Pierre dont on trouve le procédé dans Raimond Lulle, Arnaud de Villeneuve &c. & il est
indubitable que les principes immédiats de la
Pierre sont le Mercure des Philosophes, &
l'Or des mêmes Philosophes ; il est encore
très-clair ce me semble, chez tous les Auteurs, que l'Or des Philosophes est produit de
l'Or vulgaire & du Mercure mêlés ensemble.
j'en ai rapporté assez d'autorités, il n'est pas
besoin de les répéter ; & cet Or philosophique,
peut être aussi produit du Mercure philosophique tout seul, comme l'assurent Geber
le Cosmopolite, Philalethe, &c. tout cela
doit passer sans contestation, & il me seroit très-facile de le prouver par les autorités. Mais la principale difficulté dans l'Oeuvre philosophique, est d'avoir le Mercure, ou
cette liqueur dont parle le Cosmopolite,
qui dissout l'Or comme l'eau chaude fond
la glace ; & trouver cette liqueur, est tout
l'Oeuvre, dit Philalethe chap. 17.

Mais parce que ce Mercure selon Geber,
Philalethe & le Cosmopolite, ne se trouve
pas sur la terre, il faut selon eux le faire ;
non pas en le créant, mais en le tirant des
choses où il est enfermé ; ce Mercure a donc

une miniere, soit que le Philosophe la doive composer, soit que la Nature lui offre toute prête, d'où l'industrie de l'Artiste doit le tirer, en l'extraiant du corps minéral.

Mais comme tous les Livres des Philosophes sont pleins de recipés énigmatiques, & qu'ils déclarent ailleurs assez clairement tout le procédé, on a raison de croire que tous ces récipés ne regardent que la composition du Mercure des Philosophes. Ainsi le Cosmopolite au chap. 11. l'enseigne en ces termes que j'écris, parce qu'il n'y a que deux mots. ℞ de notre terre par onze dégrés onze grains, de notre Or un grain, de notre Lune deux grains; mettez tout cela dans notre feu, & il s'en fera une liqueur séche. Premierement la terre se resoudra en une eau, qui est le Mercure des Philosophes, & voilà tout ce qu'il en dit, qu'il repete à la fin de ce chap. sous une énigme, disant, cela se fera, si tu donnes à dévorer à notre vieillard l'Or & l'Argent, afin qu'il les consume, &c.

Philalethe au chap. 7. l'enseigne de même; ℞ de notre Dragon ignée qui recele en soi l'Acier mystérieux, quatre parties, de notre Aimant neuf parties: mêlez cela par un feu brûlant, &c Geber en cent endroits cache sous des procédés sophistiques toute la composition du Mercure, & le procédé de l'Oeuvre, comme il en avertit. On a donc quelque raison de penser qu'il faut plusieurs matieres pour composer cette miniere; je

ne cherche pas si ces matieres entrent essentiellement dans la composition du Mercure,
ou si elles ne servent qu'à sa purification,
je les envisage seulement comme absolument requises pour faire ce Mercure Philosophique.

Mais je trouve dans Despagnet, Canon
46. que le mercure a un soufre, qui a été
multiplié par artifice ; Canon 30. que le
mercure doit être impregné d'un soufre invisible, pour devenir mercure philosophique ; & au Canon 51. chap. 11. Philalethe,
que ce n'est pas assez d'ôter au mercure toutes les impuretés, mais qu'il lui faut ajouter un soufre naturel qu'il n'a point, &
dont il n'a que le ferment. Et au Canon 58.
qu'il faut que la Vierge mercurielle ailée soit
impregnée de la semence invisible du premier mâle.

Je trouve encore dans le Cosmopolite
chap. 6. des trois principes, que le mercure est une quinte-essence créée du soufre &
du mercure, que le mercure se tire du souffre & du mercure conjoints. Enfin je trouve en Philalethe au chap. 11. qu'il faut introduire un soufre dans le mercure, qui le
rend philosophique ; au chap. 10. que dans
notre mercure il y a un soufre actuel &
actif, qui par la préparation y a été ajouté.
Au chap. 1. qu'en notre eau il y a un feu du
feu du soufre, & une autre matiere. Au chap.
14. que cette addition du véritable soufre

se fait par dégrés, selon le nombre des aigles ou des sublimations philosophiques ; au chap. 17. que notre eau le compose, & que notre mercure se doit animer d'un soufre qui se trouve en une matiere vile, non pas en elle-même, mais aux yeux du vulgaire, outre une infinité d'autorités que je pourrois rapporter. Je suis porté à croire qu'il faut pour composer la miniere du mercure mêler plusieurs choses, dont la principale chose qui s'y trouve, est un mercure & un soufre. Tout cela étant donc entendu, je dis que le fer commun n'est point le sujet, d'où on doit tirer le soufre ou l'or philosophique, qui se doit mêler avec le mercure philosophique, pour faire la Pierre immédiatement; & qu'il n'est point non plus le sujet qui fournit au mercure le soufre invisible & intérieur, dont il a besoin pour devenir mercure philosophique, ou ce qui est la même chose, qu'il n'entre point en la composition de la miniere des Philosophes; & j'ajoute que l'antimoine n'est pas non plus la matiere d'où le mercure philosophique s'extrait; car *il se tire d'un minéral quasi métallique, impératif à tous minéraux, métaux, végétaux, & animaux.*

Comme il semble que l'on ne va qu'à tâtons en l'étude de cette Science, on y reçoit aussi toutes sortes de preuves ; elle n'est pas du nombre de celles qui se démontrent métaphisiquement ; elle n'établit pas ses principes pour en tirer des conclusions

par ordre , il faut deviner tout cela ; mais
quoiqu'il y ait à deviner , on ne doit rien
fuppofer qu'on trouve chez quelqu'Auteur ;
or je ne penfe pas , qu'il y en ait un feul
qui ait parlé du fer & de l'antimoine pour
les principes matériels de l'Oeuvre ; je fçai
que cette preuve eft négative , & qu'on n'a
pas droit d'en rien conclure en rigueur ,
mais fi on fe donne la peine de l'examiner,
elle ne laiffera pas d'avoir quelque poids ,
en confiderant que les Philofophes n'ont
écrit que pour enfeigner leur Science. Il y
auroit auffi quelque fujet de s'étonner que
les Philofophes n'euffent pas écrit plus clairement de ces deux matieres ; il eft vrai
qu'ils tiennent leur Science fecrete , mais
elle n'auroit pas couru de rifque , parce que
je ne crois pas , nonobftant tout ce qu'on
dit , qu'on puiffe tirer ni fouffre du fer ,
ni mercure de l'antimoine ; & je peux affûrer que la Pierre eft plus aifée à faire que
cela , après les Auteurs qui en ont parlé.

Ils nous difent enfin que qui connoît la
matiere, peut aifément venir à bout de tout
le refte ; & ils nous avertiffent que ce premier travail, qui eft de produire le mercure,
eft fi fimple, fi aifé & fi naturel , que c'eft
pour cela qu'ils en parlent avec tant de retenue , parce qu'ils n'en pourroient rien dire
qui ne le fift connoître : d'ou vient que le
Cofmopolite prend pour devife : *La fimplicité eft le fceau de la Vérité*, & qu'il dit

par-tout que la Pierre eft très-facile. Les travaux d'une infinité de perfonnes qui fe tuent
dans ces extractions de fouffre & de mercure, tant de l'antimoine que du fer, & des
autres métaux & minéraux, & qui n'y ont
jamais pû réuffir, fembleroient juftifier que
ce n'eft pas une chofe fi facile, fi un enfant
de l'Art s'arrêtoit à toutes leurs opérations
fophiftiques.

Mais laiffons ces conjectures & vrai-fem-
blances, aufquelles les pâles Chimiftes, au
mépris de l'art hermetique, ont donné lieu,
par leur opiniâtreté à contredire la Nature,
dont les opérations font fi fimples ; &
voyons fi dans les Auteurs approuvés, &
qui ont le caractere de Philofophes, nous
pourrions rencontrer quelque chofe qui ex-
clue de leur Oeuvre le fer & l'antimoine.

Premierement le fer ne peut fournir l'Or
philofophique, ou le fouffre des Sages, qui
eft une des matieres immédiates, dont avec
le mercure philofophique on compofe la
Pierre : je le prouve par la feule autorité
de Philalethe & de Flamel en fon Poëme
philofophique, & par la Fontaine des Amoureux de philofophie. Flamel en fon Poëme,
& la Fontaine des Philofophes difent, que
plufieurs cherchent ce fouffre dans les minéraux &c, dans le Saturne, Jupiter & Mars
inutilement & il ajoute en fuite :

Mais moi je l'ai trouvé
Au Soleil, & l'ai labouré.

Philalethe au chap. 19. dit en termes ex-
près, que le Soleil philofophique fe tire du
Mercure feul, & plus facilement & plus
promptement que de l'Or vulgaire ; ainfi,
dit-il, notre Soleil eft la matiere très-proche
de notre Pierre, l'Or vulgaire en eft la matiere prochaine, parce qu'on en tire notre
Soleil par l'aide de notre Mercure, & les autres métaux & minéraux en font une matiere étrangere, où on peut dire que les métaux contiennent notre Soleil, en tant que
d'iceux on peut tirer l'Or vulgaire. Voilà ce
que dit Philalethe ; mais on pourroit affurer
qu'il y auroit plus de peine à faire, que le fer
devint Or, qu'à tirer de l'Or le fouffre philofophique, parce que felon que le difent les
Philofophes, & particulierement Geber &
Zachaire, il n'y a point de métail qui ait
moins de difpofition pour la perfection ou
la converfion en Or, qu'en a le Fer. Je m'i-
magine que cette preuve eft pofitive & fuffifante, mais elle fe confirme encore par le
fentiment univerfel des Philofophes, qui demandent l'Or pour leur ouvrage ; Philalethe y eft formel au chap. 13. 10. 11. 14. 15.
16. &c. & il le répéte en une infinité d'endroits ; le Cofmopolite, chap. 10. & à la fin
du chap. 16. du Traité du Souffre ; Defpagnet Canon 18. 19. 20. 24. 28. 29. &c. &
tous ces Philofophes veulent prouver par raifons, que c'eft l'Or vulgaire qui donne l'Or
des Philofophes ; mais cet Or vulgaire doit

auparavant avoir bû l'eau de la Fontaine de
Jouvence, & s'y être noyé, car il se convertit en elle & elle en lui.

Geber à la fin de l'Investigation, quoiqu'ailleurs assez obscur, en parle fort
nettement. Je croi que cela suffit pour faire voir que l'Or des Philosophes ne se tire
point du fer ; & on en demeurera convaincu, si on prend la peine d'examiner les
lieux que je cite, & si on veut faire quelque réfléxion sur ce que dit Philalethe dans
le passage du dix-neuviéme Chapitre que je
viens de citer ; car on en doit conclure,
qu'avant qu'on pût extraire ce Souffre philosophique du fer, il faudroit que ce fer
devînt Or.

Il semble aussi que la raison s'accorde
avec cela, car les Métaux sont doüés d'une
sémence, comme votre ami l'a fort bien remarqué ; & on prétend qu'ils ont été compris dans cette générale bénédiction que le
Créateur donna aux créatures, (Croissez &
multipliez ? La sémence qu'ils ont, c'est une
eau, selon le Cosmopolite, c'est un Mercure ; & cette sémence doit être double,
il faut qu'il y en ait du mâle & de la fémelle ; la sémence masculine est le Souffre, &
la féminine c'est le Mercure ; l'une sans
l'autre ne peut de rien servir, telle est donc
la pureté de la sémence, telle sera la pureté du métail. Mais puisqu'il se présente
occasion de parler de la génération des Mé-

taux, pour faire comprendre le raisonnement que je prétends en tirer, je m'en vais
l'expliquer, comme ont fait quelques Philosophes, & je n'établirai ce systême que
sur l'autorité de Geber, du Cosmopolite,
Trevisan, Zachaire & Arnaud, sans rapporter leurs autorités ; comme ces Philosophes
vivoient en des siécles, où l'on avoit grande vénération pour Aristote, ils ont rai-
sonné suivant les principes de sa Physique.

Le Trevisan, Zachaire & Arnaud le citent
à tout moment; pour Geber il n'en parle pas,
mais l'on voit assez qu'il suit ses sentimens,
& qu'il eût même crû faire une faute con-
sidérable contre la raison que de s'en éloigner : lui qui étoit Arabe, a suivi en cela le
sentiment des plus habiles de sa Nation, *
qui ont pris bien de la peine à commenter
ce Philosophe; ce qui montre l'estime qu'ils
faisoient de sa doctrine : il ne faut que voir
les louanges exhorbitantes, & contre le bon
sens, que lui donnent tous les Arabes, particuliérement Averoës & Avicenne ; on peut
donc dire avec ces Philosophes, que les quatre Elémens produisent vers le centre de la
terre une certaine liqueur, qui est le Mercure & la sémence feminine ; & que ces mêmes Elémens produisent aussi une autre substance seiche, qui est le souffre ; dans la premiere dominent l'eau & l'air, dans la se-

* Il est bon d'observer que ce Pays est celui du monde
le plus fréquenté par les vrais Philosophes.

conde dominent la terre & le feu. D'autres ont expliqué cela autrement, & prétendent que le Mercure est fait seulement d'eau & de terre, & le Souffre d'air & de feu ; & d'autres ont dit que le Mercure est d'air & d'eau, & le Souffre de terre & de feu. Mais quoi qu'il en soit, il y a toujours deux matieres, deux semences, une masculine & une féminine ; & comme les Philosophes semblent se contredire sur ces principes, il est difficile à un Inquisiteur de la Science, & qui n'est pas encore bien assuré de rien statuer de certain ; cependant il ne doit pas balancer à les suivre, parce qu'ils s'accordent tous dans les effets des principes qu'ils supposent diversement. Le sentiment plus général qu'ils ont sur la formation des Métaux, est que le Mercure contient tout ce qui est nécessaire pour produire un métail ; il est comme un œuf d'une poule qui n'avoit pas souffert le coq, ou encore comme un œuf parfait & qui contiendroit la sémence du coq, mais qui ne donnera jamais de mouvement à la matiere de l'œuf, si cette sémence intérieure n'est excitée par un Agent extérieur. De même, disent Zachaire & le Trevisan, la nature après avoir fait le Mercure lui joint un Souffre qui est son Agent, & qui n'entre pas essentiellement dans la composition du Métail, mais cet Agent en est peu à peu séparé par la seule coction, & moins il reste de cet Agent, plus le Métail eſt parfait. Le Mercure eſt donc à l'égard du Métail comme la matiere, & la vertu du Souffre en eſt comme la forme. Quand la nature a joint ces deux, elle ne fait que les cuire, & par cette cuiſſon le ſouffre ſe ſépare, & la vertu agit ſur ce Mercure, & reſte en lui; or ſi ce Souffre eſt entiérement ſéparé, le Métail ſera très-parfait, & ce ſera de l'Or qui n'eſt qu'un pur feu dans le Mercure; ce qui ſe voit en ce que l'Or s'imbibe plus facilement de Mercure que tout autre Métail, parce que ce n'eſt qu'un Argent-vif cuit par ſon propre ſouffre. Les autres Métaux participent donc plus de ce ſouffre, qu'ils peuvent moins s'imbiber d'Argent-vif. Il eſt donc évident que ce qui fait la perfection dans les Métaux eſt le Mercure, & ce qui cauſe leur imperfection eſt le mélange de ce Souffre terreſtre.

Cela eſt tant rebattu par Geber & Arnaud, qu'il n'en faut point douter, ſi on ne veut renoncer à leur doctrine. Je me ſuis inſenſiblement engagé plus avant que je ne voulois; j'abandonne donc la pourſuite de cette explication, parce que cela me méneroit trop loin, & je concluerai que ſi le fer, comme il eſt véritable, abonde en un ſouffre impur, livide, terreſtre, fixe & non fuſible (qui ſont les qualités que lui attribue Geber au Chap. 8. du Livre ſecond) il eſt abſolument inutile de le prendre pour l'Or des Philoſophes, puiſqu'il cauſeroit plutôt de l'imperfection que de la perfection, & l'on ne peut pas dire qu'on peut de ce souffre en séparer l'impureté, après que Geber assure que cela est impossible aux Chap. 9. 14. Livre 2. où il en donne la raison.

Mais si la Pierre n'est autre chose que l'Or extrêmement digeste, comme nous en assurent le Cosmopolite, Chap. 10. au traité du Sel, Chap. 2. 8. le Trevisan & Zachaire, pourquoi ne pas prendre de l'Or pour tâcher de le cuire plus que la nature n'a fait, & lui rendre la vie qu'il avoit perdu par l'extraction de sa mine & le martir du feu, & ainsi lui donner plus de perfection ? Car les autres Métaux, & le fer moins qu'aucun, n'ont pas tant de coction que l'Or. Il faudroit donc en prenant le fer, où si vous voulez son souffre, qu'on le fît passer par le dégré de coction ou métalization qui répond à l'Or, avant qu'il pût devenir la Pierre, qui est encore plus parfaite que l'Or, ce qui est un travail d'Hercule ; & d'ailleurs superflus, dès qu'on peut avoir de l'Or vulgaire sans cela.

Puisque les Métaux ont leur sémence en laquelle ils se multiplient, il semble que la sémence de l'Or doit donner de l'Or, qui est l'intention des Philosophes. Mais, dira-t-on, cette sémence se trouve dans les autres Métaux ; cela est vrai, mais elle n'y est pas si pure, les Métaux sont infectez de lépre ou de mauvais souffres. Le Traité du Sel

dit, il n'y a que l'Or qui soit pur. Or pour
suivre notre comparaison, une sémence impure provenant d'un corps impur, n'engendrera qu'un fruit impur, & si l'on dit qu'il
est possible de purifier cette sémence, & de
la tirer (ce que toutefois les Philosophes
nient) ne vaudroit-il pas mieux prendre cette sémence dans l'Or, où il n'y a pas d'impureté, que d'avoir la peine de la purifier,
après l'avoir extraite d'un corps imparfait?

Si le Fer n'est pas l'Or des Philosophes, ni
le sujet d'où ils le doivent extraire pour le
conjoindre avec leur Mercure, & en faire
immédiatement leur Pierre, il n'est pas aussi
le sujet qui donne au Mercure le Souffre
qu'il n'a point, ou qu'il paroît ne pas avoir,
afin qu'il devienne le Mercure des Philosophes ; mais il me semble que je n'ai pas de
besoin de prouver cela, parce que vous sup-
posez que le Mercure extrait de l'Antimoine,
soit celui qui dissout radicalement tous les
Métaux, ce qui ne convient qu'au Mercure
des Philosophes.

Mais les Philosophes assurent qu'on peut
faire l'œuvre entier du seul Mercure sans
aucune addition, & que c'est même la voie
la plus courte, la plus facile & la plus excellente, mais non pas encore la Pierre transmutatoire. Il ne faudra donc point y mêler ni le Fer ni l'Or, quoiqu'on puisse y
mêler l'Or, pour le rendre transmutatoire,
quand on ne sçait pas encore le mistère de
trer notre Or, & de notre Mercure, comme

parle Philalethe, Chap. 19. Si on peut tout
faire du Mercure, il contient donc dans ses
entrailles son propre souffre ; c'est en effet
ce dont universellement tous les Philosophes nous assurent, & c'est pour ce sujet
qu'ils l'appellent Androgin , comme qui
diroit qu'il est la semence & masculine &
féminine ; ils l'appellent aussi Hermaphrodite, ce qui a donné lieu a bien des gens qui
philosophent sur les mots, de travailler sur le
Mercure & sur le Venus, que ce terme signifie.

Peut-être pourrois-je m'être trompé ci-
devant dans tous ces raisonnemens , & je
viens de m'appercevoir que faute de faire
un peu de réfléxion, j'allois me tromper encore plus grossiérement. Je demeure d'accord que si non-seulement de l'Antimoine,
mais de quelque Métail que ce soit, on pouvoit extraire un Mercure pur , ce seroit un
Mercure des Philosophes, supposé qu'il fût
impregné de la vertu du souffre ; parce que
tous les Métaux sont fondés de ce Mercure;
les Philosophes nous avertissent bien que
nous devons prendre une matiere dont sont
formés les Métaux ; mais ils ne disent pas
qu'il faut tirer cette matiere des Métaux ;
au contraire, ils le défendent, comme je vais
le faire voir après quelques expositions.

Nous devons considérer le Mercure & le
Souffre , comme la semence masculine &
féminine , comme la matiere & la forme.
Mais par le Mercure & par le Souffre , je
n'entends

n'entends pas les vulgaires, mais les deux
principes des Métaux ; car le Mercure vulgaire est fait de ces deux, ces principes étant
séparés contiennent chacun deux Elémens,
& font la premiere & vraie matiere métallique, dont l'un sans l'autre ne produira jamais un métail ; témoins le Cosmopolite,
Chap. 3. Geber, Chap. 25. Livre premier,
le Trevisan, Zachaire, Flamel.

Ces deux principes font la premiere matiere,
qui est inutile à l'Artiste selon le Cosmopolite, Chap. 4. 7. 12. Et la raison pour laquelle ces deux principes nous font inutils,
c'est que nous ignorons non-seulement la
proportion du mélange de ces deux principes, mais nous en ignorons aussi la maniere
du mélange ; & quand nous les aurions tous
deux dans leur entiere pureté, ils nous se-
roient inutiles pour cette raison. Il n'y a que
la nature qui puisse faire ce mélange, & le
faire dans la proportion qu'il faut pour produire un Métail ; le Cosmopolite nous en
assure, Chap. 4. 6. 12. &c. Geber, Chap. 9.
10. 11. Livre premier ; & Zachaire dit que la
Nature fait cette composition d'une maniere indicible.

Lorsque la Nature a mêlé ces deux sémences, c'est alors la seconde matiere, ou la
matiere prochaine des Métaux, c'est la sémence métallique : & comme de chacune
de ces deux matieres séparées, elle en a pû
produire autre chose qu'un métail, quand

elle les a mêlées & altérées en certaine substance terrestre, elle n'en fait jamais qu'un
métail. C'est-là ce que le Philosophe doit
prendre, & c'est de ce sujet terrestre qu'il
doit tirer son Mercure, disent le Cosmopolite,
Ch. 4. où il est formel, Ch. 3. 6. 12. Geber,
Chap. 26. Livre premier. Le Trevisan, partie 2. 3. Zachaire, pag. 203. de l'édition de
Paris 1672. où il appelle cette matiere Mercure animé, traité du Sel, Chap. 2. 8.

La Nature, agissant sur cette matiere, par
la seule coction en fait tous les Métaux &
Métallions par ordre. Le premier dégré d'altération est le Plomb, le second l'Etain, &c.
Mais s'il y a une trop grande quantité de
terrestreité, elle n'en produit que des Mar-
cassites & Métallinnes, comme du Zinc ou
du Bismuht, qui sont de l'Etain imparfait, de
l'Antimoine qui est un Plomb impur, suivant
Zachaire, le Trevisan, le Cosmopolite. Si nous
voulons donc faire la sémence métallique,
ou pour parler plus proprement, si nous
voulons l'extraire, il nous faut connoître ce
sujet qui la contient, & lequel si on avoit
laissé dans la terre, & qu'il y eût assez de
chaleur en ce lieu, seroit devenu un métail,
selon la pureté du lieu où elle s'est trouvée.
Mais pour cela il ne faut pas imiter les vulgaires Opérateurs, qui prennent les corps
Métalliques, soit Or, soit Mercure, soit
Plomb, &c. Qui veut faire quelque chose
de bon, doit prendre la sémence, & non

pas les corps entiers, dit le Cofmopolite, ch. 6.

1. La premiere matiere eſt le Mercure, & le Souffre a part, ſelon le même, chap. 3.

2. La ſeconde, c'eſt la ſémence Métallique, ou le Mercure philoſophique, dont s'engendrent les Métaux, chap. 4. 6. & 7.

3. La troiſiéme matiere, c'eſt le Métail, en l'Epilogue.

La premiere matiere, c'eſt-à-dire, ces deux principes ſont inutiles ; la ſeconde matiere qui eſt la ſémence, ou les principes joints par la Nature, eſt la ſeule utile ; la troiſiéme, qui eſt le corps produit par cette ſémence, eſt inutile.

Que la premiere matiere ſoit inutile, cela a été prouvé ; que la ſeconde ſoit utile, cela paroît par les ch. 4. 6. 7. 8. 10. 12. & que la troiſiéme ſoit inutile, cela paroît encore par l'Epilogue : ſi tu travailles, dit-il, en la troiſiéme matiere tu n'en feras rien, & ceux-là y travaillent, qui laiſſant notre matiere, s'amuſent à travailler ſur les herbes, pierres & minieres, tous êtres déterminés & inanimés, & par conſéquent incapables de donner la vie.

Et au chap. 6. ceux qui travaillent ſur le Mercure, & ſur les autres Métaux, prennent les corps au lieu de la ſémence, leſquels ſont la troiſiéme matiere qui eſt inutile.

Au traité du Sel, chap. 2. il faut que vous ayez une ſémence d'un ſujet de même nature que celui que vous voulez produire. Il

faut donc prendre l'unique Mercure métallique en forme du Sperme cru & non mûr,
qui eſt Hermaphrodite, qui reſſemble à une
pierre, à cauſe de ſa puiſſance à paſſer en
acte, & qui comme telle ſe peut broyer, &
dont la forme extérieure eſt un ſouffre
puant, qui eſt le premier ſujet métallique
que la nature a laiſſé cru & imparfait. Et
chap. 8. il faut tirer le Mercure du même
ſujet, dont ſont produits les corps Métalliques vulgaires que nous voyons.

Zachaire dit, la màtiere dont nous nous ſer-
vons, n'eſt qu'une ſeule, ſemblable à celle
dont la Nature ſe ſert ſous terre en la production des Métaux ; tant s'en faut donc
que toutes les matieres que nous pourrions
prendre & mêler, fuſſent métalliques ou
non, ſoient la matiere de notre ſcience.

Les Philoſophes ne diſent autre choſe, &
ne répétent rien tant que cela ; ſi l'on doit
donc prendre la matiere d'où ſe forment les
Métaux, il ne faut pas prendre l'Antimoine, ni le Mercure, ni le Fer ; mais il faut
prendre une matiere dont le Fer, le Mercure vulgaire & l'Antimoine ont été formés,
auſſi-bien que les autres Métaux. Dès que
la Nature a joint & uni les deux principes
métalliques, il ne s'en fait pas un Antimoine ; l'Antimoine eſt une production même
de ces deux principes altérés & cuits par la
Nature : de même dès que la poule a fait
ſon œuf qui contient, comme le Mercure

des Philofophes, un principe actif & paffif, qui renferme en lui les deux fémences, la matiere & la forme ; dès qu'elle a fait, dis-je, cet œuf, ce n'eft pas un poulet en acte, mais en vertu. La comparaifon du poulet au métail, & de l'œuf à la matiere des Philofophes, n'eft pas nouvelle, Hermes l'a faite le premier, & affure que l'on trouve une grande analogie entre l'œuf & l'œuvre ; Flamel l'a fait auffi ; & il y en a des Livres entiers ; ainfi l'Antimoine & les Métaux produits du fujet des Philofophes font comme autant de poulets produits d'un ou de plufieurs œufs. S'il étoit poffible qu'un poulet put naître d'un œuf qui contiendroit de l'impureté, il feroit impur, infirme & languiffant. De même, quand le fujet philofophique contient de l'impureté, ou qu'il fe rencontre dans un lieu impur, comme l'Antimoine, le Plomb, le Bifmuth, &c. felon la qualité ou le dégré d'impureté. Mais fi un œuf eft bien conditionné, il produit un poulet parfait, de même que notre matiere étant pure produit un métail parfait; car, dit le Cofmopolite, un méchant Corbeau pond un mauvais œuf.

Si on vouloit donc faire éclore un poulet parfait, on ne prendroit pas un peu de ces poulets impurs à demi formés dans l'œuf ; mais on prendroit un œuf bien conditionné, on en ôteroit, s'il étoit poffible, le fuperflu, & ce qui en naîtroit feroit parfait. Il en va de même en l'œuvre philofophique ; on veut faire éclore ce poulet philofophique d'Hermogenes , il ne le faut pas prendre déja formé & impur , parce que ces impuretés ne peuvent plus s'ôter , c'eft-à-dire , qu'il ne faut pas prendre aucun métail ni métaline , dont les impuretés ne fe peuvent féparer , comme le dit Geber ; il ne faut pas prendre non plus ancun métail fi pur qu'il puiffe être ; parce qu'il a des impuretés , felon le Cofmopolite , chap. 3. Mais il faut prendre cet œuf philofophique , cette fémence métallique qui eft dans un certain fujet terreftre , & qui n'a pas encore été altéré en aucune efpéce métallique ; c'eft-à-dire , non fpécifié ni déterminé : nous en féparerons les impuretés par la préparation , & nous cuirons & ferons ainfi éclore ce poulet parfait.

Je répéte donc qu'il faut prendre une matiere laquelle étant une fois conçûe , ne peut jamais changer de forme , felon le Cofmopolite , chap. 4. De même que l'œuf ne peut jamais devenir que poulet.

Or l'Antimoine que nous prendrions , a déja la forme métallique ; mais quoi que le fujet que les Philofophes doivent prendre ne change pas de forme , c'eft à-dire , felon le Cofmopolite , qu'il foit déterminé à devenir un métail , il ne s'enfuit pas qu'il doive être métail , quand on le prend.

Je crois que l'on peut aifément peufer que

du premier mélange que la nature fait des principes, quoiqu'elle agisse dessus pour les mêler *per minima*, & les déterminer à devenir un métail, il ne s'en fait pas immédiatement de l'Antimoine ; de même comme j'ai dit, que dès que le coq & la poule s'étoient accouplez, & qu'elle avoit pondu son œuf, il ne s'en faisoit pas un poulet, mais seulement un œuf, l'on peut donc inférer que le sujet philosophique est quelque chose plus crû que l'Antimoine, que c'est le sujet d'où l'Antimoine & les Métaux sont formés.

Je pense que cela est suffisant, mais voici encor d'autres autorités ; car je n'ai cité que quelques Auteurs du premier Volume de la Bibliothéque Alchimique, & Geber, d'Espagnet, le Cosmopolite, Lulle & Arnaud qui n'y sont pas ; je n'ai rien rapporté de ceux du second Volume qui ne comprend qu'Artephius, & la somme de Geber ; parce que le Traducteur a misérablement tronqué & estropié ce dernier Auteur, on le méconnoît dans cette Traduction ; de sorte que, comme il en a changé l'ordre, il ne s'y faut pas arrêter pour trouver les lieux que je cite, mais seulement sur l'édition Latine. Je reprends donc la suite de ces autorités.

Le Cosmopolite, chap. 3. dit, il y en a qui prennent le corps pour leur matiere, c'est-à-dire, pour leur sémence ; les autres n'en prennent qu'une partie ; tous ceux-là

font dans l'erreur , de même que ceux qui
essayent de réduire le grain ou le corps en
sémence , & qui s'amusent à de vaines dissolu-
tions de Métaux , s'efforçant de leur mélange d'en créer un nouveau.

Tiens pour assuré qu'il ne faut pas chercher ce point où cette sémence dans les Métaux vulgaires , parce qu'il n'y est pas , &
qu'ils sont morts.

Le Cosmopolite , chap. 6. dit le Mercure
vulgaire, aussi-bien que les autres Métaux,
ont leur sémence comme les animaux ; le
corps de l'animal est comparé au mercure
ou à quelqu'autre métal. Qui voudroit donc
engendrer un autre homme, il ne faudroit pas
prendre un homme ; de même qui veut engendrer l'homme métallique , il ne doit pas
prendre le corps du mercure ou d'autre métal ; moins encore pourroit-on de leur différent mélange en produire un , ni après les
avoir dissous & divisez en parties ; car cette
division & dissolution les tuë.

Le Cosmopolite en sa Préface , dit que
toutes les extractions d'ame ou de soufre
des métaux n'est qu'une vaine persuasion &
une pure fantaisie ; Geber dit de même,
chap. 21. Livre premier.

Le Cosmopolite, chap. 11. de la Nature,
& ch. 6. du soufre dit, il faut à l'imitation
de la Nature cuire la première matiere des
Philosophes ou leur Mercure. Or si ce Mercure se tiroit de l'Antimoine , il faudroit
donc

donc que la nature pour produire les métaux prit ce mercure de l'Antimoine, parce
qu'elle ne les produit qu'avec ce mercure ;
je ne crois pas que personne doute que l'Antimoine soit lui-même composé de ce même
mercure. Le Cosmopolite, chap. 6. du Souffre dit, le mercure des Philosophes est en
tout sujet, mais il est en l'un plus proche
qu'en l'autre, & la vie de l'homme ne seroit pas assez longue pour l'extraire ; il n'y a
qu'un seul Etre au monde où on le trouve aisément : puisque cela est, je m'étonne
que vous n'ayez pas dit que ce mercure se
doit extraire de l'étain ; car ce mercure y est
plus pur que dans l'Antimoine, & en plus
grande abondance, selon Geber, puisqu'a-
près le Soleil & la Lune, il n'y en a point
de plus parfait, ni qui contienne tant de
Mercure que l'Etain ; je dirois de même que
je m'étonne que vous n'ayez pris le Cuivre
au lieu du Fer ; car le cuivre est plus parfait,
selon Geber, & son Souffre est plus pur que
celui du Fer, & il en abonde aussi-bien
que le Fer, & en a davantage de bon que
n'en a le Fer. Pour la facilité ou difficulté de
l'extraction du Mercure de l'Antimoine ou
de l'Etain, & du Souffre du Fer & du Cuivre,
je pense que n'en ayant expérience ni de
l'un ni de l'autre, il valloit autant prendre Jupiter ou Venus qui sont plus purs,
que de choisir Mars ou l'Antimoine, qui ont
tant d'impureté ; mais comme on ne trouve,

selon le Cosmopolite, qu'une seule matiere au monde en quoi consiste l'Art, & de laquelle on puisse avoir ce qui est nécessaire, on ne peut pas dire que la Pierre ou Mercure qui en est le principe, se peut extraire de tous les Métaux, il en faut déterminer un, ou une autre matiere minérale.

Pour montrer que les Métaux imparfaits & autres Métallions, soit qu'on les prenne entiérement, soit qu'on ait l'adresse de les séparer en diverses substances, qui est d'en extraire leur Mercure & leur Souffre, ne peuvent de rien servir, il faudroit copier tout le Chap. 14. du 2. Livre de la somme de Geber. J'aime mieux que vous ayez le plaisir de le lire, c'est le 13. de la nouvelle édition Françoise, lisez encore le Chap. 9. du même Livre, qui est le 8. de la nouvelle; sur la fin Philalethe, chap. 17. plusieurs se tourmentent pour tirer le Mercure de l'Or, le Mercure de la Lune, mais c'est peine perdue.

Trevisan, page 117. derniere édition, laissez tous Métaux.

Zachaire, page 169. même édition, parlant de ceux qui sont dans l'erreur, y compte ceux qui convertissent les Métaux ou Minéraux en Mercure coulant, ou en Argent-vif; ce seroit assez pour prouver que l'on ne doit pas faire cela de l'Antimoine.

Vous ajouterez; s'il vous plaît, à cela ce que je vous en avois écrit la premiere fois;

mais comme je ne me perſuade pas que je
vous ſatisfaſſe plutôt cette fois que l'autre ;
faites-moi la grace de me marquer ce que
vous trouvez à reprendre ; bien-loin de me
chagriner, vous m'obligerez ſenſiblement , &
je ne croi pas qu'on me puiſſe plus obliger
que de me déſabuſer & me faire voir que je
me trompe. Mais je vous avouë franche-
ment ici que je ne crois pas qu'on le puiſſe
faire ; car j'ai fait tout ce que j'ai pu , pour
me détromper moi-même : j'ai feint cent
fois que tous mes principes étoient faux , je
les ai examiné par ordre , plus les dernieres
fois que lorſque je les ai reçus. Et enfin
plus je tâchois de me déſabuſer , plus je
vóyois clair dans ce que je cherchois ; & en
effet à celui qui connoît ce que le Coſmopolite en ſon Épilogue appelle le point de la
Magnéſie , toutes les difficultés ſont levées ,
tous les nuages ſe diſſipent , & toutes ces
choſes lui ſont claires & manifeſtes. Que ſi
vous avez quelques expériences, ou quelques
raiſons , ou quelques autorités pour fonder
votre opinion , & que vous me les vouliez
dire , j'eſſayerai de les détruire , ou d'expliquer par les Philoſophes mêmes que vous
me citerez, les paſſages que vous croirez faite parler en faveur de votre opinion.

Il faut que l'Art commence où la nature
finit les corps métalliques parfaits, dit le Coſmopolite , chap. 4. C'eſt lorſqu'on prend
l'Or ou l'Argent pour les mêler avec le Mer-

cure philofophique , qui eſt la terre & le
champ dans lequel l'Or étant femé , il ſe
multipliera, ſelon Philalethe ; ce n'eſt pas
donc le Fer. Mais s'il falloit apporter des
preuves poſitives que c'eſt l'Or qui doit donner ce Souffre philofophique , que c'eſt,
dis-je, l'Or ou l'Argent qui ſe doivent mêler avec le Mercure , il faudroit copier tous
ces Auteurs, & principalement Artephius.

Richard Anglois dans ſon Traité , qui eſt
dans le Théâtre Chimique , & dont il y en
a quelque choſe d'inſéré dans le grand Roſaire , rejette abſolument toutes les Métaux
& Minéraux Métalliques , ou qui ont la forme de quelque Métail , comme l'Antimoine , &c, pour la compoſition ou l'extraction
du Mercure philofophique. Vous ſuivrez leur
conſeil , ſi vous m'en croyez. Leur expérience & leur ſentiment univoque ſur cette
premiere matiere , doit vous ſuffir.

J'y ajouterai encore une réfléxion , pour
détruire votre ſentiment. Les Philoſophes
diſent ſans énigmes que leur matiere premiere eſt une ſubſtance mercurielle, qui renferme en elle un eſprit de Feu céleſte, actif,
vivifiant , & non corroſif dont elle eſt impregnée ; l'Art a bien peu de choſe à faire
pour extraire cette même ſubſtance de ſa
miniere , elle paroît d'abord aux yeux revêtu
d'un Souffre terreſtre & impur , que bientôt après, ſans le ſecours de l'Art , elle abandonne d'elle-même , pour s'offrir à l'habile

Artiste, qui la reconnoiſſant, la recueille avec précaution, mais que le vulgaire aveugle ſur lui-même, foule aux pieds. Ceci doit vous convaincre, en peſant bien tous les mots ; car je vous défie de pouvoir, ainſi que vous le croyez, tirer du Fer, de l'Antimoine ou autres Métaux vulgaires. Cette Saturnie végétable, cet Eſprit univerſel & onctueux, qui ſe répand dans tout, anime tout, détermine tout & informe tout, ſans uſer d'une force étrangére à la Nature. Cette Ouvriere, cette Mere induſtrieuſe n'a pas beſoin du ſecours de l'Art, pour nous donner ſon Fils premier-né. Nous la laiſſons agir, elle nous le donne prêt à être opéré, tous les Philoſophes ſont d'accord de ce que je vous dis. Au lieu que vous, vous forcez la nature. Quand vous aurez trouvé une Mine d'où ſorte naturellement & ſans le ſecours d'aucun Art, ce Mercure généraliſſime déterminant & non déterminé, ſpécifiant & non ſpécifié, alors vous ſerez dans le bon chemin, vous reconnoîtrez votre erreur. Et par les Ecrits des Philoſophes vous ſentirez vous-même que vous pouvez travailler avec ſûreté, & que vous ayez trouvé cette Eau cathodique, qui digérée par une coction bien conduite, vous donnera au tems preſcrit, le Chef-d'œuvre de la Nature & de l'Art, qui eſt la ſource de la ſanté des corps, & du contentement du cœur & de l'eſprit.

Ainſi ſoit-il. Fin.

V v iij

L'UNITE' TERNAIRE DE
la Vertu céleste, infuse dans les
principes principiés du quadruple
élément, est l'unique & véritable
Médecine.
PARACELSE.

Crede videre bona in terrâ viventium. Pſ. 26. v. 19.
Fœlix, qui potuit rerum cognoſcere cauſas. Virgile.
Arcanos mihi crede ſenſus.
Nec fidos inter amicos ſit, qui dicta foràs eliminet,
Eſt & fideli tuta ſilentio merces;
Vetabo, qui Cereris ſacrum vulgarit arcanæ.
HORACE, Li 3. Odo 3.

LETTRE
PHILOSOPHIQUE.

AVERTISSEMENT DU LIBRAIRE
AU LECTEUR.

EST-ce folie, témérité, & imprudence, ou bien sagesse, charité, & humanité, de mettre au jour une Lettre philosophique cachetée du sceau d'Hermes, qui m'est tombée entre les mains, par occasion fortuite!

Un Philosophe inconnu, sans doute de ces Phenix errans dans ce vaste Univers, desquels les Romans nous vantent le Phénomene, l'a adressée, sous un nom Cabalistique, à un de ses amis, qu'il semble vouloir angarier & initier à son occulte sagesse, non pas comme un plat de la Philosophie vulgaire, mais comme un mets exquis de la table des Dieux ; & je n'en sçais point savourer les délices, n'osant pas même y porter la main profane; (j'ai cela de commun avec bien d'autres. Il y a quelques sentimens partagés sur le pour & le contre ; le oui ou le nom de la réalité de cette Science, parmi certains Connoisseurs ; mais le reste du monde, le plus nombreux avis, & l'opinion la plus commune, presque générale,

Vu iiij

logent un Philosophe de cet acabit aux Petites Maisons, & sa Lettre au Magasin des Contes des Fées, comme illusion de belles & flateuses chimeres.

Pour moi j'opine du bonnet, car je ne suis point du tout endoctriné des secrets de la Caballe Judaïque, pour pouvoir juger par moi-même, en connoissance de cause, de la vérité, ou de l'erreur de cette Philosophie naturelle, énigmatique, & obscure.

Je connois la sagesse, & sa pratique envers notre souverain Créateur & conservateur, & pour la conduite morale à l'égard de notre prochain, & de nous même; j'en fais mon devoir & mon observance, d'honnête homme & de Chrétien, & n'en scais point d'autre que celle qui y a rapport.

Si la Nature & l'Art ont quelqu'individu, ou partie secréte de cette Sagesse en leur département, dans la main & au pouvoir de l'homme, enfin une Science cachée sous des énigmes pour les effets merveilleux que l'Auteur nous annonce, c'est ce que j'ignore absolument, & j'en remets l'épilogue aux vrais connoisseurs, curieux & censeurs.

Le sujet m'a paru si intéressant, & la nouveauté de cette Philosophie par elle-même si curieuse & sçavante, que j'ai cru pouvoir en faire part au Public, avec quelques autres Ouvrages sur le même sujet, pour les soumettre à toutes ses épreuves, & à son jugement.

Si cette matiere ne fatisfait point fa curiofité , fon intelligence & fon défir, au
moins elle remplira fon efprit d'étonnement de la profonde folie qu'il y trouvera
doctement enluminé.

Mais fi par hazard, quelque Partifan de
cette fecréte Sageffe reconnoît dans les
ténébres la lumiere véritable, qu'il fçache
cueillir des rofes dans les épines, & en faire fon profit, il m'en fçaura bon gré, &
m'aura obligation de fes découvertes.

A ce double motif, je joint celui d'en
attendre la décifion impartiale & équitable; & ce fera ma Pierre de touche, & celle
des gens fenfés.

LETTRE PHILOSOPHIQUE,

PHILOVITE A HELIODORE,

SALUT.

STudieux inveftigateur, Difciple d'Hermes, enfant de la Science philofophique, ne t'imagine point qu'il foit aifé de
monter aux échelons de l'échelle de la Sapience,& d'atteindre au fommet, pour rem-
porter la palme de victoire fur les infirmités terreftres, qui eft attachée à fa hauteur.
Le chemin du Ciel eft étroit, épineux, rude,
& efcarpé; il en eft de même de celui de la

fageffe ; l'on n'y parvient pas , & l'on n'y
entre point fans des aîles du génie, c'est-à-
dire fans s'élever par le moyen d'un efprit
fupérieur, très-pénétrant, droit & fimple,
au-deffus du fol vulgaire , & des doctes infenfés de la terre ; car cette fcience eft fine ,
& paffe les forces ordinaires de l'efprit.

Le caractere d'un véritable & parfait Philofophe ne confifte pas à poffeder la pratique de l'Oeuvre hermétique, & fon objet
défiré, fans la théorie, la fcience & la connoiffance des vertus & propriétés que Dieu
y a répandu, ni à réputer leur fouveraine
excellence, & leurs merveilles , comme un
fecret indifférent à fa toute-puiffance, & à
la grace qu'il veut bien accorder au falut
des ames & des corps ; car la dignité d'un
fi grand don de fa grace , conftitue en la
perfonne du fage & de l'adepte , un vrai
caractere d'illuminé du Pere des lumiéres,
d'interprête de fes oracles , de miniftre de
fes merveilles, de connoiffeur de la Nature, & de fes principes invifibles & vifibles.
Un auffi heureux mortel doit donc par état,
reconnoître la Divinité même dans fon ouvrage & dans fes effets, comme la fource
de toute fageffe & perfection , puifque felon S. Paul rien n'eft privé , rien n'eft dé-
pourvu de la parole fpirituelle falutaire ,
cachée au fond de l'effence de tous les êtres,
& qui fait leur lumiere & leur vie.

Il n'appartient qu'aux vrais Sages, ces Af-

tres de la terre , par leurs profondes méditations & pénétrations des choses faites &
visibles de la Nature, de passer conséquemment à comprendre des oreilles de l'intelligence , & à voir des yeux de l'esprit , les
choses invisibles , & en puissance opérante ,
& à contempler la vertu éternelle & la divinité , qui en sont nécessairement & absolument les agens secrets. C'est ainsi qu'ils
lisent aisément dans le grand Livre de vie
cette parole divine , qui fait tous les miracles du monde ; car l'ame est dans l'esprit de l'homme ce que l'œil est dans son
corps ; tous les deux voyent , l'une les choses intelligibles & compréhensibles , l'autre
les choses sensibles , & la raison le veut
sans contradiction.

Fils de la Science , puisque la curiosité de
tes pénétrations , par une heureuse disposition & une naturelle émulation , qui semblent venir du fond de ton ame , te porte à
approfondir les hauts secrets & les sublimes
mystéres des Sages , nous serions ravis de
joye de voir en ta personne accroître le
petit nombre des Elûs de la Philosophie naturelle ; d'autant plus , comme le dit fort
bien notre cher frere le docte Cosmopolite ,
que la compagnie des Sages ne doit pas être
bornée par un lieu , ni par le nombre des
enfans de la Science ; lorsqu'il est possible
de trouver & former de vrais Prosélites &
Sectateurs , puisqu'il est à souhaiter que cette

noble Compagnie pût se répandre par toute
la terre habitable, & principalement où
Jesus-Christ est adoré, où régne sa Loi, où
la vertu est connue, & où la raison est sui-
vie ; enfin par tout où il se rencontre des
sujets propres à recevoir la saine doctrine
sans indiscrétion, & sous la fidélité du secret harpocratique de leur part, si fort recommandé par Salomon, Prov. Ch. XX,
v. 19. lequel prononce l'anathéme, & lance
la foudre de la voûte céleste contre celui
qui par une conduite frauduleuse, révélera
vulgairement les arcanes mystérieux de la
sagesse, & de la science qui doit être dissi-
mulée ; & suivant les termes de ce grand
Sage, la multitude des possesseurs de cette
sapience est le salut & la santé du monde
entier ; Sapience, Ch. VI. v. 26. & Proverbes Ch. X. v. 14. Ch. XII. v. 23. Ch. XIV.
v. 8. & 33. Ch. XV. v. 2. & 7. Ch. XX. v.
15. & 19. Ch. XXV. v. 2. & 9.

Tu dois donc par la force de ton intelligence fouiller & pénétrer dans les plus secrets ressorts spirituels de la Nature, pour
y pouvoir découvrir & trouver les vertus
des influences célestes & sur-célestes, que le
Très-Haut a infus en tous ses Ouvrages, &
en toute chair dès le commencement ; elles
y sont l'assemblage des propriétés & puissances supérieures dans les choses inférieures ; car il y réside une double force, qui
fait la sagesse & l'admirable économie de

cet immense Univers, avec l'harmonie que tu vois diftribuée, & régner dans toutes fes parties.

Dieu a créé la matiere unique de la Sapience avec un efprit de vie vivifique qu'il y a répandu, & toute vertu fanative & médecinale qu'il lui a donné; il a voulu joindre à ces propriétés & puiffances, celles d'avoir les inftrumens propres à fon œuvre pour toutes les générations, qu'il a confideré dans fes idées éternelles; & il l'a mife & répandue en toute la Nature, comme fon principe d'amination, & de falut des ames & des corps.

Le Verbe divin, au plus haut des Cieux, eft la fource de la Sageffe, qui par la vertu énergique & univerfelle de fon influence fe pouffe & porte à tous les êtres, qu'elle remplit de fa fécondité vivifiante, & de l'efprit falutaire dont elle eft douée; pourquoi Salomon en fa Sapience Ch. VII. v. 25. 26. l'attefte une vapeur de la vertu de Dieu, une candeur de la lumiere éternelle, un miroir fans tache de la Majefté du Tout-puiffant, & l'image de fa bonté.

De cette pure émanation de la clarté du Très-Haut, venant de l'Empirée, fon Trône fur-célefte, dans les élémens & dans tous les mixtes, il fe forme un fluide fpirituel de quatre parties élémentées, fous trois principes céleftes, & trois principes fublunaires, que les Sages appellent; fçavoir les premiers, principes principians & premiers agens, triple, ou trine vertu de l'archée en unité ; & les seconds, principes principiés, & seconds agens, soufre, mercure & sel, aussi en unité, mais non pas les vulgaires terrestres ; & ce qu'il y a d'admirable, en quoi l'on ne doit cesser d'adorer la Divinité, c'est que par un amour & une grace du Dieu des vertus pour ses créatures, les premiers agens sont infus & incorporés dans les seconds, avec une mutuelle magnésie & sympathie, qu'il leur a donné de s'adhérer pour la composition, constitution, & ordination de tous les corps.

L'union harmonieuse de ces substances initiales & incrémentales fait notre naissance, notre vie, & notre conservation ; car leur mission & séjour en la matiere corporelle, sous la forme d'une essence centralissime, crée toutes choses, les forme, les nieut, les anime, les spiritualise & conserve ; voilà notre feu de vie par essence, non spécifiée ni déterminée, quoique propre & personnelle au sujet dans lequel elle habite ; car elle est l'ame générale du grand monde, comme du microscome & de tous les êtres vivans, plus ou moins ordonnée & dignifiée dans chaque individu, où elle pénetre & passe en toute la circonférence & en la capacité du tout, ainsi qu'en ses portioncules les plus fines & déliées, par un travail circulaire de la puissance motrice de l'Esprit éternel *archectypimotivivitectonique* : &

c'eſt auſſi notre nourriture quotidienne qui
nous vient de ſa bouche, & nous eſt gra-
tifiée de ſon régne pour notre ſanté, & l'ex-
termination des eſprits impurs de la corruption terreſtre, ennemie de notre chair, &
ouvriére de deſtruction; car cet Eſprit de
ſageſſe a la vertu & la puiſſance de les renvoyer dans les bas lieux aſſignés à leur demeure, & de les empêcher de nous nuire
par les maux & les fléaux mortiféres, qui
d'inclination font tout leur appanage & leur
milice continuelle.

Dans le fluide ſpirituel nous reconnoiſ-
ſons un Eſprit moteur & de vie, & une
terre vierge ſpirituelle en laquelle il ſe corporifie par amour : ce qui eſt pur eſprit ne
ſe corrompt point, & ne ſe porte à aucune
macule; pourquoi, de l'expreſſion de Salomon, Sapience Chap. VII. v. 22. 23. 24.
25. rien de ſoüillé n'entre dans cette divine
eſſence.

Nous y voyons par les yeux de l'eſprit la
vertu du Ciel, le mouvement perpétuel &
circulaire dans tout, & dans ſes plus mo-
diques particules ; & la vertu ſublunaire qui
retient en ſoi la force ignée du Ciel, & en
eſt le tabernacle, laquelle les Philoſophes
ont appellée magnéſie, comme étant remplie
de ſympathie à s'unir pour opérer toutes les
productions & générations, & les conſerver.

Cette double force, que nous nommons
ſpirituelle, eſt corporelle & moyenne na-

ture, animée & animante, parce qu'elle est
un minéral spirituel, qui a vie, & donne
vie, un être vivant & salutaire : elle aime
la pureté, parce que de soi elle est pure; &
quoiqu'elle s'offense de l'impureté, elle est
incorruptible : elle se plaît avec toutes les
créatures & séjourne en elles, tant qu'elles
peuvent la préserver des impressions de la
corruption, son ennemie incompatible, &
la rendre intacte des accès & des assauts
des qualités peccantes, vénéneuses & meur-
trières du démon infernal, & des légions
de ses esprits impurs, qui cherchent sans cesse
à ravager & détruire son séjour, en désordon-
nant l'harmonie & l'homogénéité des qualités élémentées, & des principes constitutifs.

Elle fait les délices, ainsi qu'il est dit aux
Proverbes, Chap. VIII. v. 31. d'habiter &
de s'enraciner avec les enfans des hommes,
comme le sujet, suivant l'Ecclésiastique Chap.
XXIV. v. 16. 18. 19. & 25. le plus honoré &
dignifié de la Nature, & le plus capable d'en
conserver la grace & le dépôt : celui qui pé-
chera contre elle, ajoûte Salomon en ses
Proverbes Ch. VIII. v. 36. blessera son ame
vitale, & tous ceux qui la haïssent, la négli-
gent ou la méprisent, aiment la mort. Pourquoi l'Ecclésiastique nous assure Ch. IV.
v. 12. 13. 14. que celui qui aime la Sagesse aime la vie, & Salomon en ses Proverbes Ch. IV. v. 10. 13. 22. en donne la raison, en disant que c'est parce que la Sagesse
est

eſt ſa propre vie ; l'homme a le choix du
bien ou du mal, de la vie ou de la mort,
qui ſont à ſon libre arbitre, en ſon pouvoir, & devant lui, & il aura en partage ce
qu'il lui plaira opter ; l'Eccléſiaſtique nous
en avertit encore Ch. XV. v. 17 & 18. &
Ch. XXXIII. v. 15. la ſeule intelligence de
l'eſprit nous fait concevoir ces vérités, car
elles ſont trop éloignées des ſens vulgaires.

Tout eſt d'un, par un, & en un ſeul, principe ſans principe, animateur & conſervateur de toutes choſes : tous les êtres, tant
phyſiques que métaphyſiques ne peuvent
ſubſiſter ſans leur principe, & tombent en
décompoſition & réſolution de leurs élémens ; parce que leurs principes naturels qui
étoient animés, vivifiés, & ordonnés en
homogénité, avec les qualités élémentées
par le premier agent, tombent auſſi en confuſion, & ceſſent d'enclouer & fixer le quadruple élément, de le ſpiritualiſer, ignifier,
& harmoniſer en corps individuel : la vertu
de Dieu eſt cet unique inſtrument, principe
ou agent, opérant l'union & incorporation
des parties ſpirituelles & matérielles, c'eſt-
à-dire des trois principes naturels & des
quatre qualités élémentées individuellement,
leſquels conſtituent & organiſent avec harmonie, relative à celle des Cieux, tous les
corps terreſtres, plus ou moins parfaite-

ment, selon la force & la dignité que la Sagesse éternelle y a partagé.

L'effusion de l'influence sur-céleste du soufle divin est une puissance active, vivifiante & invisible, qui par la volonté & l'amour de Dieu pour ses créatures, descend d'en haut, & se mêle, selon Basile Valentin, avec les vertus & propriétés des Astres, & d'icelles mêlées ensemble il se forme un tiers entre terrestre & céleste, qui est la premiere production que l'air & les élémens traduisent à tous les individus, dont ils ne sont que les tisserans ; car les principes agens, fondamentaux & constitutifs administrent l'œuvre & le travail, en portant avec eux l'ame & l'esprit moteurs, dont le Très-Haut les a vivifiés, sous la forme d'un sel liquide de sapience, que les Sages appellent sel de nitre vital, essence catholique, esprit universel, vital, nutritif, mercure de vie, & pierre triangulaire donnée par la libéralité du souverain Dieu.

Le principe spirituel de vie est donc dans la nature de chaque être, pour son existance & sa conservation, mais il y est aussi pour sa réparation ; heureux passage de la Mer Rouge, pour quiconque la sçait passer ou traverser & franchir à pied sec : voilà le Livre, le flambeau, le miroir, le précepteur & le guide de la Philosophie naturelle, sa connoissance de la Nature entiere, de notre Auteur & de nous-même, où nous apprenons le moyen de foupoudrer comme de fel célefte, tous les malheurs de ce bas monde.

Dans les feuilles & les pages de ce grand Livre de vie, nous voyons le figne de l'alliance de Dieu avec les hommes, & l'objet adorable de la rédemption de notre falut ; qu'il a bien voulu nous envoyer & accorder pour laver nos offenfes dans le mérite du Sang précieux de notre divin Sauveur, lumiere du monde, & qui donne toute vie ; effet de la bonté de fa fageffe infinie, qui eft le fiége de l'ame catholique, & la pifcine probatique, comme l'efprit en l'homme eft le chariot de fon ame & le réfervoir de la vie, roulant les eaux de la rofée falutaire & de régénération dans tous les couloirs des corps.

Le défaut de connoiffance des premiers principes & agens de la Nature, eft caufé de toutes les ignorances qui font dans le monde, & cela ne provient que d'inapplication à l'étude de la même Nature ; car elle contient tout, & rien des propriétés céleftes ne lui manque : cette fcience eft la feule qui n'emprunte rien des autres, car elle eft fupérieure à toutes, qui pour être vraies & folides, ne peuvent dériver que d'elle, puifqu'elle fait le fondement & la régle de tout. L'homme infenfé, dit David, Pfeaume XCI, v. 5. & 7. ne connoîtra ni ne comprendra point ces merveilles de Dieu : la

X x ij

Sageſſe enſeigne les choſes, & non pas les
paroles ; c'eſt à l'enfant de la Science qu'il
appartient de comprendre les unes, & d'obtenir la révélation des autres cachés, aux méchans & indignes ſous des paraboles, par
des raiſons divines, dont il ne faut point
demander compte à la ſainte Providence,
qui gouverne tout, en meſure, en nombre,
& en poids, & n'ouvre ſes tréſors qu'où,
à qui, & quand il lui plaît ; pourquoi les ré-
prouvés en voyant, ne verront point, & en
entendant, ne comprendront point les myſtérieux arcanes de la Sageſſe.

Les inſignes attributs, qualités & propriétés que les Sages ont reconnu dans la
matiere de la Sageſſe, la leur ont fait appeller, ſelon Chopinel, la fontaine viviffi-
cative, le fleuve de tout reméde, l'eau ré-
générative, qui purge & purifie de tout
vieux ferment immonde, & rénouvelle la
vie ; ils l'ont encore dite, eau qui donne
vie à ſa miniere, eau végétable, eau-de-
vie ſpirituelle, terre des vivans, terre phi-
loſophable, terre adamique, parce qu'elle
eſt auſſi-tôt faite que l'homme, qu'il n'eſt
que par elle, & ne vit point ſans elle ; ce
qu'il a de commun, ſous quelques caractéres & diſtinction, avec tous les êtres animés qui en ſont conſtitués, & s'en nour-
riſſent, plus ou moins parfaitement, ſelon
la dignification qu'il a plû au Souverain
Créateur de leur diſtribuer & partager ; car

elle n'eſt qu'une à tous les régnes , à toutes les familles de la Nature , & à la compoſition de tous les mixtes ; où ſous la forme d'une vapeur candide , ſpirituelle & inviſible , elle découle & circule par divers
canaux , ſelon la forme , l'eſpéce & le genre
de leurs ſemences particuliéres.

Dans le centre de l'intérieur de la double
force céleſte & ſublunaire , les Sages ſça-
vent extraire , préparer , & opérer par la
vertu de leur acier magique , & l'épée ardente de Pïtagoras , les principes inſtrumen-
taux de la ſageſſe hermétique , faire ſaillir
de ſon giron virginal , & de ſon œuvre
exalté en perfection , le fruit de vie ou la
vie active , vivifiante tout individu , parce
qu'elle en eſt le fondement univerſel ; &
comme cette ſapience a l'infuſion du don
des ſept Eſprits de Dieu , & des ſept vertus,
Salomon a qualifié ſa ſcience , de ſcience
des Saints ; pourquoi les Philoſophes y ont
trouvé les ſymboles des plus adorables Myſ-
tères de la Religion chrétienne , ſeule , unique & vraie , puiſqu'elle eſt fondée ſur la
Divinité même, & ſur les principes ſpirituels
de vie des ames & des corps.

Il eſt vrai que lorſque nous avons tiré la
matiere philoſophique de ſa miniere , pour
en faire les confections de l'Art , la quin-
teſſence élémentaire repoſe comme dans
ſon ſabat , ou en létargie , ſans dévelloper
ni exercer ſa vertu vivifique & ouvriere ,

jufqu'à ce que l'Artiſte l'ayant convenable-
ment employée en la matrice vitrée des
Philoſophes, qu'ils nomment la coëffe du
fœtus, l'habitacle du poulet ; ou le nid de
l'oyſeau d'Hermes, il ait excité & mis en
mouvement ſon agent, qui, quoique ſe vé-
hiculant en repos ſur le ſuc de l'eau marine
& pontique, a ame & eſprit, leſquels après
la grande éclipſe du Soleil & de la Lune,
doivent faire ſortir la lumiére des ténébres,
par la volonté de Dieu, qui le permet & le
veut ainſi.

　Notre extraction ſpirituelle, corporelle,
& moyenne nature, en cet état eſt dite cahos, matiere premiere, cahotique, hyléale,
hylé primordial, & ſaturnie végétable,
parce que ſa confuſion du liquide avec le ſolide, reſſemble à l'image de l'ancien cahos,
& en repréſente toutes les opérations & les
événemens : elle a vie, parce qu'elle eſt véritablement choſe vive ; elle donne, conſerve & fortifie la vie, parce qu'elle eſt le
principe prolifique de vie, c'eſt-à-dire qu'il
eſt inclus en elle, comme la chaleur naturelle animale eſt inſite dans l'œuf d'où ſort
le poulet ; car ſi cette chaleur étoit une fois
éteinte, ſuffoquée, ou diſſipée, pour retourner à nouvelle iliade dans l'imenſité univerſelle, il n'y auroit plus de végétation, de
production & génération dans l'œuf.

　Cependant la vie de notre Embrion philoſophique a les limbes à ſubir ; & ſi elle

ne femble mourir, elle ne renaîtra point à
une vie plus glorieufe, & ne produira point
de fruit ; ainfi il eft expédient néceffairement que cette vie paroiffe fe perdre & s'é-
teindre dans les ténébres, pour reffufciter
plus triomphante, & communiquer fes vertus mundifiées & parfaites, aux corps qui
en ont foufferts altération ; l'on ne peut dif-
fimuler qu'il faut bien aimer fon ame, avoir
un grand amour pour la vie, bien du courage, de la foi, de la patience, pour une
régénération plus excellente ; de faire un
femblable facrifice à l'image de la Mort,
dans la quadrature élémentaire du cercle du
Serpent Egyptien dévorant fa queuë ; cependant fans corruption, il n'y a point de
génération à efpérer, parce que c'eft fon
commencement ; & la deftruction d'une
forme eft la naiffance d'une autre, par une
viciffitude du Cercle, de la Sphere, & de
l'ordre de la Nature, qui n'eft jamais oifi-
ve ; & dans fes opérations continuelles tend
toujours au plus parfait.

Notre divine matiere donne une quinteffence & un Elixir de vie, qui ont le pouvoir
& la vertu admirable, invifibles, de croître & de multiplier vifiblement l'être où elle
agit, parce que le principe de mouvement,
qui fait & conftitue la vie eft fon agent moteur, le feul ordonnateur de fon Œuvre &
de fes travaux : il eft parfaitement uni à une
nature vierge, la matrice dans laquelle &

avec laquelle il opére ; l'Artiste n'y fait, ma-
nipule, ni laboure rien en maniere quelconque ; il lui suffit d'employer son industrie à l'extraction, préparation, clôture &
simple administration par l'agent externe
excitant, à l'imitation d'une poule, qui
couvant les œufs y met & introduit par les
pores sa propre chaleur naturelle, laquelle
réveille, excite & meut le principe de vie
génératif, endormi dans la masse compacté
de chaque œuf : cette industrie n'est pas petite, l'on en convient ; elle est même es-
sentielle, & le succès de l'Oeuvre en dépend ; mais un habile Philosophe connois-
sant les instrumens de la Nature, s'aide aisément du filet d'Ariane pour trouver l'issue de ce dédal, ou labyrinthe.

Ne crois pas cependant que la connoissance de cette quintessence, ainsi que l'ac-
quisition de son Oeuvre divine, soient don-
nées aux impies, aux ignorans, aux insipides, aux méchans, ni aux indignes & pro-
phanes ; Dieu ne le permet point, & le défend même très-expressément ; les Sages qui
n'en parlent qu'avec crainte, pour en éviter la profanation & l'abus, les leur ont cachés sous des énigmes & paraboles, qu'ils
n'ont souvent expliquées que par d'autres
énigmes cabalistiques, & qui ne peuvent
être comprises que par le studieux Médita-
teur ; il est en effet de la derniere importance, que cette Science ne soit jamais entendue,

tendue ni fçûe ouvertement des ineptes &
ignorans, non plus que du vulgaire ; & il
eſt du devoir du *Sage* de la tenir ſecrette,
ſans jamais la révéler indiſcrétement ; car
ſi ce malheur arrivoit au monde, tout péri-
roit, tout ſeroit renverſé & confondu : &
les précautions que les Philoſophes ont priſes
& ſoigneuſement apportées, pour ne con-
fier leur ſecret qu'au ſilence d'Herpocrates,
ou pour le ſubtiliſer par des hiéroglifs, ſont
une prudence très-loüable, & une fidelle
obéiſſance aux ordres de la volonté ſuprême.

La connoiſſance d'une ſi haute Science,
n'eſt que le partage des ames favorites du
Ciel, des génies tranſcendans, des perſonnes laborieuſes & patientes, des eſprits ra-
ſinés, ſequeſtrés du bourbier du ſiécle, &
nettoyés de l'immondicité du terreſtre fan-
geux, qui eſt l'avarice, par laquelle les ignorans ſont attachés, le nez vers la terre, en
ce monde, domicile de toute pauvreté, folie, ou aveuglement; pourquoi dit fort à
propos Philalethe, les fous & les ignorans
ſont ſi obſtinés en leur erreur, & d'une cervelle ſi dure à pouvoir comprendre, que
quand même ils verroient des ſignes marqués & des miracles, ils n'abandonneroient
pas leurs faux raiſonnemens & leurs ſophiſ-
mes, pour entrer dans le droit chemin de
la vérité.

Salomon de ſon tems déploroit ce malheur, en diſant, Eccléſiaſte ch. 7. v. 30. avec

l'Auteur de l'Ecclésiastique, ch. 1. v. 6. qu'il
y a bien peu d'Elûs de Dieu qui ayent la
révélation de la racine de la Sagesse, & qui
connoissent ses astuces & ses subtilités :
heureux celui qui la trouve, car elle est sa
propre vie & la santé de toute chair, ajoûte
le même en ses Proverbes Ch. 3. v. 2. 8. 13.
14. 15. 16. 18. 22. 35. & ch. 8. v. 10. 11. 17.
18. 19. 20. 34. 35. & ch. 14. v. 6. 12. 30. &
l'Ecclésiastique Ch. 25. v. 13.

Si tu es une fois assez heureux de posséder
ce précieux dépôt des vertus divines, tu posséderas tout : car Salomon te proteste en sa
Sapience Ch. 7. v. 8. 9. 11. 12. 14. 27. &
ch. 8. v. 4. 5. 6. 7. 8. 13. 17. que c'est un
trésor infini, & sans prix pour les hommes ; qu'il n'y a rien au monde de plus
riche, opulent & abondant, puisque la Sagesse seule opére & procure toutes choses :
le reste des Sciences, des félicités humaines
& terrestres, ne sont plus après cela que des
fables transitoires, dont le monde, hôpital de malades d'esprit & d'insensés mo-
ribonds, se repaît avidemment avec ridicule vanité en son ignorance, soit dit sans
être cinique. Le genre humain a cette per-
versité, qu'il donne tête baissée, & se
perd dans la dépravation & dans les choses
qui lui sont contraires : l'on ne désire point
en effet ce que l'on ignore ; l'insipidité fait
l'inconnoissance, & l'inconnoissance la raison négative. Le vulgaire endurci de ses
préjugés, ne veut point croire qu'il y a dans

la Nature un moyen occulte de remédier à
tous fes maux & à tous fes malheurs, &
que le feul *Sage* en a la clef qu'il fe ré-
ferve. Un fou, dit Salomon, eftime, ré-
pute, & appelle fous tous les autres hommes : tel eft un homme yvre, de qui la
raifon égarée du cerveau, n'eft plus connue, lequel croit voir la terre & les objets tourner, & ne trouve perfonne plus
raifonnable que lui.

L'Univers eft inondé d'erreurs, & une
infinité d'ignorans ont avili notre divine
Philofophie ; c'eft pourquoi un inveftigateur prudent doit toujours veiller, & être
fur fes gardes pour éviter & fuir les gens
paitris de préjugés mondains, les Sophiftes du tems, les infâmes Chimiftes, les
Charlatans & les faux Philofophes, ainfi
que leurs trompeufes recettes, qui deshonorent & rendent même honteufe & mé-
prifable la fainte fcience de l'Alchymie, par
leurs procédés contraires au fujet & à la
voie de la belle & fimple Nature ; car tous
leurs travaux, dans l'Ocean de la Science
fuperficielle du fiécle où ils nagent, les y
noyent & fubmergent, en les précipitant
à la perdition & à la mort, puifque fur la foi
de Salomon en fes Proverbes Ch. 12. v. 28.
& chap. 13. v. 14. la vie n'eft que dans
la Sageffe & en fon Oeuvre : toute autre
voie, toute autre reffource, tout autre fujet conduifent infailliblement l'homme à fa

perte ; & il ne la peut éviter, ni réparer fa
ruine fans le fecours de cette fource de Vie :
celui qui aime le péril y périra.

Sçache donc, Enfant d'adoption & de
prédilection, que les Philofophes envieux
& jaloux d'une Science fi relevée & impor-
tante, en ont voilé le fujet, la théorie & la
pratique, fous différens noms allégoriques,
foit à l'origine & à l'influence, foit à la réfidence & aux opérations, foit enfin aux
vertus & propriétés pour embarraffer les cer-
velles fans jugement, & n'être entendus que
des Etudieux de la Nature, en ne s'ouvrant
qu'aux perfonnes capables ; ils difent communément le compofé, une liqueur divine,
une Eau péfante, vifqueufe, luftrale, & le
grand diffolvant univerfel, l'efprit & l'ame
du Soleil & de la Lune, l'Effence, la Fontaine, la Citerne, le Puits, l'Eau Pontique,
l'Eau du Paradis terreftre, le Bain marie,
l'Arbre & le Bois de Vie ; le Feu contre nature, le Feu humide fecret, occulte, invifible ; le vinaigre très-fort des Montagnes du
Soleil & de la Lune ; le crachat de ces deux
grands luminaires, la cinquiéme Effence, l'Antimoine Saturnial réincrudant tous corps,
avec la confervation de leur efpèce, en forme & en génération plus noble & meilleure ; & tous ont raifon à leur fens, & dans
la fubtile fignification qu'ils l'entendent ;
car toutes ces qualifications, & bien d'autres, y conviennent, ou y font analogues.

Le terme plus ufité, eft le double Mer-

eure, diftingué fous trois qualités : la premiere, la plus infirme, eft aux Minéraux &
Métaux, dont l'Or & l'Argent vulgaires
font les plus exaltés ; la feconde, affez dignifiée & vertueufe, eft aux végétaux, qui regardent particuliérement la Vigne & le
Bled, fang & graiffe de la terre, comme
étant les plus avantagés de la rofée vivifique du Ciel pour la nourriture de l'homme :
la troifiéme, infiniment plus noble, puif-
fante & divine, eft aux animaux, chez lefquels la rofée du foufle de vie, beaucoup plus
triturée, pouffée & rectifiée, c'eft-à-dire dégagée des craffes enveloppées qu'elle a con-
tractées dans l'air, & la commotion des Elémens, opére plus merveilleufement ; ce qui
doit s'entendre fur-tout du chef, qui domine fur tous les autres des trois régnes, ou la
fubftance mercurielle & ignée eft très-puif-
fante, puifque le fujet porte le caractére &
le Sceau royal que le Tout-puiffant a imprimé à fon plus bel ouvrage, fait à fon image & reffemblance, & qui même a fon Diadême, en figne de fouveraineté fur tous les
Etres premiers créés.

Ainfi dans l'animal parfait les principes
effentiels font auffi plus parfaits, parce qu'il
raffemble, fe compofe, rectifie & dignifie
les qualités du minéral métallique, & du végétable vineux & fromental ; il eft même
un extrait de toutes les Créatures céleftes &
terreftres, dont la création a précédé la

sienne; il les succe encore, & se les corporifie journellement;ce qui s'engendre au foye
principalement, d'où la décoction dérive, en
se parfaisant dans les Cavernes à ce destinées.

Apprends donc, Amateur des Vérités hermétiques, apprends à pénétrer la vérité des
natures dans l'intérieur; tu trouveras que la
nature des Minéraux terrestres participe le
plus de la qualité de la terre; & comme la
terre d'elle-même n'engendre point une autre terre, semblable à elle, pareillement les
corps Minéraux & Métalliques, après qu'ils
sont tirés de leurs minieres, ne croissent plus,
& ne peuvent plus d'eux-mêmes engendrer
leurs semblables; d'autant moins qu'ils perdent la vie minérale par la fusion dans la géne & le martir du feu.

Cette incapacité & impuissance n'advient
point aux Plantes, qui ont la nature plus
pure & parfaite, participant le plus de la
qualité de l'Eau; par conséquent par leurs
racines & sémences, elles peuvent d'elles-
mêmes, sans autres artifices humaines, pro-
créer, engendrer & pulluler leurs semblables.

Il en est de même, & plus supérieure-
ment des animaux, qui ont leur sémence
première & spécifiée en eux-mêmes, n'ont
enracinée ni attachée à la terre; leur souffre est plus spiritualisé & subtil que celui des
Plantes même, & leur mercure plus pur &
parfait: leur sel est aussi plus spiritueux &
dignifié, & leur terre minérale porte plus de

vertu & propriété, que celle des végétaux :
mais parmi les animaux, la famille privilégiée a encore ces attributs beaucoup en supé-
riorité, dignité, commandement, & empire sur toutes les autres familles de ce règne, lesquelles lui sont subordonnées de
l'ordre de Dieu, ainsi qu'il est dit en la Ge-
nese, selon la naturelle propriété des Elémens de la Nature, dont chaque Etre participe plus ou moins.

La raison de ces différences est bien simple, & je t'en vais donner un autre exemple, qui te doit ouvrir les yeux, & te convaincre de la vérité.

Les minéraux, ainsi que les métaux qui
font leur production, ou plutôt qui font minéraux perfectionnés, tiennent le plus de la
nature & qualité de la terre, laquelle est la
base infime, & comme la lie des autres Elémens, Eau, Air, & Feu ; par conséquent,
les Minéraux & les Métaux sont un composé terrestre, & ainsi les moindres en dignité, en vertu & en propriété ; donc ils
font impropres à servir de principes à la génération, à moins qu'ils ne soient réincrudés, réanimés & spiritualisés par leur premier & souverain principe ; ce que la nature, dans les entrailles de la Terre, ne sçauroit faire, & dont l'Artiste vient à bout, par
sa Science ; en cela il peut, & fait plus que
toute la force de la nature minérale : cependant il n'opère point une si haute merveille,

sans les premiers & seconds Agens bien dis-
posés ; car l'Oeuvre est un merveilleux con-
cours de la Nature animée & animante, &
de l'Art ; l'une ne le peut achever sans l'autre, & celui-ci ne l'ose entreprendre sans
elle ; ainsi c'est un chef-d'œuvre qui borne
la puissance des deux ; pourquoi l'on a raison de dire, que le grand Oeuvre des Sages
tient le premier rang entre les plus belles
choses, les plus sublimes & relevées ; aussi
est-ce le plus haut point, où la force du génie humain ait jamais pû pénétrer.

Les Végétaux, de la nature & qualité de
l'Eau, sont plus purs, moins imparfaits que
les minéraux, mais ils n'ont point le dégré
d'exaltation & de perfection impérative, &
absolue ; ils ne les peuvent acquérir que par
le même moyen, & le principe universel de
toute la nature en souveraine puissance.

Les animaux, qui tiennent le plus de la
nature & qualité de l'Air, qui est l'enveloppe & le véhicule du feu, sont beaucoup plus
purs, parfaits & subtils que l'Eau, où que les
corps qui en sont principalement & copieusement composés ; & par la même raison,
ils sont infiniment plus ignifiés, spiritualisés, verteux & accomplis que les Plantes.

L'on pourroit dire que les Habitans des
Airs, les Corps aëriens, Célestes, l'Aigle,
la Salamandre, l'Oiseau du Paradis, qui participent le plus de la nature & qualité du
Feu céleste, ausquels ils sont plus proxi-

mes, & qui portent en eux une ignition plus
dégagée des levains des Elémens fubordonnés, font auffi plus purs, plus fpirituels,
parfaits, puiffans & vertueux, que les Etres
de l'infériorité de l'Air, & ce n'eft pas fans
fujet que les Sages les ont nommés des Efprits aériens, des Génies céleftes, dont les
principes effentiels font extrêmement fpiri-
tualifés, raréfiés, potenciels, volatils & actifs ; auffi ont-ils rapport à notre Oeuvre.

Il faut donc réputer & juger les minéraux
métalliques & terreftres, comme imparfaits, n'ayant que l'être, & non la faculté
de croître & multiplier par eux-mêmes, c'eft-
à-dire, étant privés de la vertu prolifique,
générative, & multiplicative ; car s'ils l'a-
voient, toute la terre feroit couverte de
Minéraux & de Métaux parfaits & imparfaits, ainfi que de pierres, qui n'ont pareillement que l'être ; c'eft pourquoi l'œuvre de
la formation du minéral en terre, quoiqu'elle foit comme la fource & l'origine de
l'œuvre de la production du végétal, & de
l'œuvre de la génération de l'animal fur terre, leur eft toutesfois beaucoup inférieure ;
d'autant que les corps qui approchent le plus
de la privation & du non être, ont moins
de perfection que les autres plus éloignés de
ce néant ; parce que ceux qui tiennent le
plus à l'exiftence, & au principe vital &
animant, ou à leur proximité, font par conféquent plus avantagés de la vertu prolifi-

que, fpermatique & feminale ; car les minéraux font comme l'apren·iffage, pour ainfi
dire, de la Nature ouvriere, & comme le
compofé des groffes & impures matieres,
qu'elle dignifie il eft vrai, mais fans y admettre une ame & un efprit de vie de foi
prolifique : les végétaux & les animaux, font
comme le chef-d'œuvre de cette même nature, engendrés de la plus pure & parfaite
fubftance des minéraux, par réfolution na-··
turelle, quoiqu'invifible, conjointe à la nature & qualités des Elémens plus fpirituali-
fés, defquels ils participent plus qu'eux.

La vertu minérale, par une fufion univerfelle dans l'immenfité des Globes, & qui
nous eft invifible, mais que nous concevons,
fe joint volontiers à la vertu feminale des
Plantes ; & l'une & l'autre par divers Iliades fe joignent auffi magnétiquement à la
vertu animale, qui les pouffe, exal·e, perfectionne & virtualife, en fe les corpori-
fiant : leur liaifon en unité, & homogenéité,
fait que le corps animal fpirituel participe
de la lumiére des minéraux, & la contient
plus parfaitement qu'elle n'eft contenue en
eux ; parce que par réfolution, la plus fubtile partie du minéral a été tranfmuée au
corps fpirituel, avec le mélange de l'Eau ;
ainfi l'animal contient en foi la vertu minérale & la vertu végétale très-éminemment,
avec puiffance virtuelle de les amener, réduire & convértir defpotiquement à fa qua-

lité d'homogeneité vivante & de perfection animée, en les faifant paffer en acte effectif identifiquement à fa fubftance , par les triturations & coctions naturelles , ou fonctions de la nature.

Ces effets merveilleux & admirables s'opèrent par l'action de la circulation univerfelle, qui en eft l'inftrument principal , dans les quatre Elémens , & les quatre qualités élémentées , ou tempéramment de la nature , où ces mêmes Elémens agiffans les uns fur les autres , par l'action des contraires , font fouvent tranfmués par la force du fupérieur dominant, en fa qualité ; car tout le travail de la nature roule fur quatre pivots perpétuels, que le Créateur lui a affignés , comme fes quatre termes , à fçavoir le defcendant , l'afcendant , le progrédient & le circulaire ; mais ces mêmes quatre termes , & l'action des contraires , n'ont leur motion que par la vertu pulfive & répulfive de l'Efprit Eternel , qui , felon Salomon , *Eccléfiafte , c. 1. v. 5. & 6.* Eclairant toute l'immenfité en circuit , fe pouffe dans tout , & perpétuellement retourne dans les cercles qu'il parcourt.

Fils de la *Science* , tu dois bien reconnoître , par les Arcanes que je t'ai révélé , que le mercure fulfureux des minéraux & des végétaux , n'eft qu'un avec le fouffre mercuriel des animaux , & qu'il y eft minéral ; les principes de ces trois régnes y

étant enchaînés & incorporés par un chaî-
non merveilleux de la toute-puissance adorable de Dieu : infere de-là, & conclue combien plus grandes sont la vertu & la puissance des Esprits célestes & ignés, & combien plus merveilleux sont leurs effets : ainsi
sois attentif à trouver un Or Solaire & Lunaire , dans un Fleuve que Moyse appelle
Phison , & qui circule dans le Jardin déli-
cieux de toute la Terre, qu'il nomme *Hevilath* , en arrosant & environnant tout le
continent ; l'Or y naît, & l'Or de cette terre est très-bon ; mais c'est un Or minéral
spirituel, en puissance virtuelle seulement,
& qui n'est point le vulgaire ; c'est-à-dire,
qu'il est un feu de nature, caché dans la
moëlle du mercure, & que le Vent a porté
dans son ventre pour être la vraie Magnesie
des corps , & l'Orient philosophique.

Dans le choix que tu feras des principes
essentiels qui doivent composer ta matiere,
unique par l'homogenéité des différentes qualités des élémens & des régnes de la nature,
il faut t'appliquer à les trouver dans une
parfaite sérénité, pour en faire ton admirable quinte-essence , que la nature t'admi-
nistrera en sa plus favorable effervescence,
moyennant ton industrie ; car un méchant
Corbeau, dit le Cosmopolite, pond un mauvais œuf.

Pour plus de précaution à la préparation
de ta Confection philosophique , considéres

bien , & fois en état de juger , fi elle eft
amenée aux dégrés de fa coction , aux dif-
pofitions & qualités requifes par les Philofophes ; tu le reconnoîtras par les fimboles
& caractéres qu'ils lui ont donnés lors de
fon éleboration , en la difant Eau mercurielle, Eau fulphureufe , Feu & Eau , feiche
& humide , chaude & froide , Feu végétal
animal & minéral , l'ame du monde , l'élément froid, feu lumiere & chaleur , mouvement & principe de vie , Eau benite,
Eau des Sages , Eau minérale , Eau de célefte grace , Lait virginal , Eau vive , Puits
des Eaux vivantes & végétables , Mercure
philofophique , minéral corporel , miniere de l'Or & de l'Argent , le Mercure gé-
néraliffime , la vertu , le ferment , le corps
vivant , la Médecine parfaite en fpirituali-
té , qui ne fe trouve & ne fe prend que
dans la Citerne de Salomon , felon fes Prov.
ch. 5. v. 15. & Cantique des Cantiques , &
dans le Puits de Démocrite , d'où on l'a tire
fans corde & fans poulie , enfin une fubftance de genre minéral.

Ce compoft Hermétique doit être Amal-
gammé d'un Sperme élémentaire , que les
Adeptes ont nommé *Rebis* , Hermaphrodite , Agent & patient ; car fi la matiere n'a-
voit une caufe inftrumentale en elle , il n'y
auroit point de mouvement , d'action , d'o-
pération & de génération ; l'inftrument étant
l'Agent de la conception & végétation ;

pourquoi les Sages ajoutent que dans leur matiere ils ont le secret de trouver Feu solaire & Eau lunaire, ame, esprit, & corps; & qu'entr'eux est défir, amitié & société fimpathique, magnefie, concupifcence fpirituelle, amour comme entre mâle & fémelle, à caufe de la proximité de leur femblable nature; & dans ce fens l'Eau eft dite le vaiffeau de Feu, le ventre, la matrice, le réceptable de la teinture ignée folaire, la terre Vierge, la Nourrice, la Fontaine de l'ignition célefte, qui la virtualife & fait concevoir, & par lequel la nature a en foi un mouvement inhérent certain, & felon la vraie voie, meilleur qu'aucun ordre qui puiffe être imaginé par l'homme.

Prends donc garde dorénavant de t'égarer en tes recherches & en tes procédes, que Flamel t'explique fort bien fous le mot de proceffions de l'Oeuvre Hermétique; profite de ces éclairciffemens; lis, relis, & medite fouvent les Auteurs de bonne note, fur-tout ne t'éloigne jamais du fujet que tu veux traiter; voilà l'unique point néceffaire; Philalethe te recommande un feul vaiffeau, une feule matiere, & un feul fourneau; il dit vrai, & jamais Philofophe tel jaloux qu'il foit, n'en impofe: il peut être fin, rufé & fubtil, mais non pas menteur; car il eft Partifan juré & fidele de la vérité; s'il femble avoir des contradictions, la raifon eft qu'on ne peut démêler & comprem-

dre aifément fes énigmes obfcures ; & lorfque l'on eft parvenu à en avoir la clef , par
la concordance & la conciliation avec ce
que d'autres ont dit , car un Livre s'explique par un autre , l'on trouve & l'on reconnoît qu'il ne s'eft point impliqué , & qu'il a
parlé avec juftefle , d'accord avec lui-même,
& avec tous les Sages unanimement & d'une
commune voix , ingénieufe à chacun felon
fa façon ; c'eft la méthode que Philalethe a
fuivie ; mais il n'explique point clairement
toutes les autres conditions que l'art requiert , & que l'induftrie te dois fournir ;
ainfi tu peux l'apprendre , ou y fuppléer par
ton génie & ta prudence.

Réfléchis bien au but que tu te propofes ;
tu défire acquérir la Médecine de vie & de
fanté , le Catholicon fouverain , le Baume
de vie pour remédier efficacement à toutes
maladies , infirmités , & à la vieillefle même ; tu ne pourras recueillir que ce que tu
auras femé ; fi tu as femé la vie , tu moif-
fonnera la vie , & l'on ne répare la fanté
des individus de la nature , que par fon propre principe univerfel , dans les différens remédes qu'on y apporte ; la fageffe eft ton
objet, & le fruit de fon ventre eft la Médecine
univerfelle , qui feul a , & produit toutes les
vertus des autres Médecines , par un effet
bien plus fupérieur , puiffant & prompt , radicalement : car la Sapience feule , felon les
termes de Salomon, peut tout , & à un pou-

voir infini pour guérir de tous maux ; ouvre
donc le Livre de vie, & souviens-toi de la
maxime des Sages, que nature contient na-
ture, nature s'éjoüit en nature, nature surmonte nature, nulle nature n'est amandée,
sinon en sa propre nature ; mais n'y prend
point l'action pour la cause, ni l'effet pour
le principe, comme l'ont fait tous les grands
Philosophes du tems.

Cependant, par pure bonté, je t'avertis
donc de ne pas prendre à la lettre absolument, ce que je t'ai dit sous l'enveloppe de
quelques subtilités philosophiques, dont j'ai
été obligé de me servir, pour ne pas encou-
rir la malédiction de Dieu, & l'anathême
des Sages ; la lettre tuë ; le sens caché vivifie ; c'est-à-dire, qu'il ouvre & enseigne un
moyen de conserver & prolonger la vie par
la vie au-delà des bornes ordinaires, & tu
dois bien me comprendre ; car jamais Sage,
depuis le vénérable Hermes, n'a parlé &
écrit de sa science aussi clairement & sincérement que je le fais en ta faveur, par un
pur mouvement de charité & de pitié, qui
part du profond des entrailles de mon humanité pour mon prochain ; mon langage &
mon stile sont peu communs, & au-dessus
de la Sphere du vulgaire : l'amour propre,
ni le désir d'avoir l'approbation des demi-
Sçavans, des insipides, des ignorans & incrédules, ne me donnent point d'aiguillon
flatteur, pour être connu, ni me faire va-
loir

soir en ce que je sçai, & que je ne tiens que de la grace Divine, à qui j'en rend l'hommage & le tribut : cette Science se soutiendra toujours par elle-même, les portes de l'Enfer ne prévaudront jamais contre la vérité Evangélique, non plus que contre celle de la Sagesse : qui attaque l'une attaque l'autre, car elles se défendent mutuellement, & en corps, comme étant toutes deux filles du même Pere, qui les tient en sa main & en sa garde, & dont elles soutiennent les droits, & manifestent la puissance & les vertus à sa gloire. Au surplus mon intention n'est point d'attirer personne à mon parti, s'il ne le mérite, & n'en est capable, car il y a trop de disproportion entre le génie du Siécle & les merveilles que je t'annonce, & confie à ta prudente discrétion sur la doctrine d'Hermes, & le Magistere des Sages si vanté par les Sybilles.

Les travaux d'Hercule que tu as à essuyer, les difficultés à surmonter, & les écueils à éviter dans les trajets de cette Mer philosophique couverte de naufrages, méritent toute ton attention ; c'est pourquoi avant d'entreprendre & de mettre la main à l'œuvre, que tes idées soient bien digérées, & ta conduite parfaite dans l'esprit, comme un habile Architecte a dans la tête un Edifice immense, qu'il n'a pas encore commencé de fonder & d'élever : depuis l'escavation, dont les matériaux doivent soutenir sept colonnes de ton bâtiment, jusqu'au feaîe qui doit couronner l'œuvre, souviens-toi qu'il faut être vigilant à soigner aux travaux, pour l'ordre régulier de leur Géométrie Astronomique; car il y entre plus d'esprit que de matiere.

Lorsque par illustration Divine, car c'est un don de l'Esprit Saint, tes méditations t'auront acquis la connoissance de ces sublimes Arcanes, profite de la grace de Dieu; & muni de l'instrument de la Sapience, œuvre en sa crainte & en son amour, à l'imitation de l'ordre & du simple travail de la nature, dont un Sage doit être le Singe, puisque tout ce qui se fait au contraire, n'est jamais rectement fait : & n'oublie pas qu'incrédulité & impatience sont ennemis de la Science.

Si tu ne parviens à la perfection, comment voudrois-tu commander à une puissance terrestre, faite & constituée pour dominer les autres : car les régnes & les familles inférieures de la nature ne peuvent rien, ou peu, sur le régne & la famille supérieure : ainsi il est essentiel de trouver la double clef de la source de vie, & des richesses tout ensemble, laquelle ouvrira & fermera toutes les portes de la nature, dont elle est l'abrégé, le thélème, l'épitôme, & l'arcboutant; mais ne mets point tout ton cœur dans l'Or, au détriment de ton ame & de ton salut.

C'est ainsi que l'Arbre de vie, selon l'hilalethe, au milieu du Paradis terrestre, donnera des feuilles & des fruits pour la santé

des Nations de la Terre; car fuivant Salomon
en fa Sapience, Ch. 1. v. 7. 13. & 14. Dieu les
a rendus toutes capables de fe procurer la fanté, par la Médecine que, de l'expreffion de
l'Eccléfiaftique, Ch. 38. v. 4, il a mis fur terre, & que l'homme fage ne méprifera point
pour la confervation & prolongation de fes
jours, jufqu'au terme le plus reculé, affigné
par la volonté du Très-Haut.

En effet, par ce feul moyen tu acquereras
la fageffe, plus précieufe que tous les biens
du monde entier, qui ne lui font point com-
parables, & un trefor qui te fera méprifer
toutes les vanités du monde, objets de la
convoitife & des paffions du commun des
hommes; car tu n'as rien de plus défirable
fur terre, & de bonheur plus grand, qu'une
très-longue vie en parfaite fanté : elles font
en ton pouvoir & en ta main par cette fapience, promifes & affurées par Salomon, en
fon Eccléfiafte, Chap. 7. v. 13. en fes Proverbes, c. 3. v. 2. & 18, c. 4. v. 5. 9. & 10.
c. 5. v. 15, c. 8. v. 35. Chap. 9 v. 11,
c. 12. v. 28, c. 13. v. 14, c. 14. v. 30,
c. 28. v. 2; & en fa Sapience, Chap. 8. v. 5,
c. 10. v. 9, c. 14. v. 4, c. 16. v. 7. 8. 12. &
13. David fon pere, en rend le même témoignage, Pfeaume 90. v. 16. Ses autres Pfeau-
mes en retentiffent, ainfi que toutes les Pro-
phéties.

Lorfqu'au terme philofophique, tu tireras le fang de ton Pélican, tu auras la bien-

heureuse possession de la seule & vraie Médecine salutaire, efficace & universelle ; &
par son usage, selon l'art & la prudence, le
pouvoir merveilleux de restaurer & rétablir
la chaleur naturelle débilité & dissipée, ou
éteinte, & de réparer l'humide radical épuisé
par le cours de la nature, ou bien par accident ; tu éloigneras la caduque vieillesse, &
rappelleras la fleurissante jeunesse, enfin tu
régénéreras toute nature & tout tempéramment, en les mettant en état parfait, en
vigueur & en fonctions bien ordonnées.

Admire en cela la Providence, qui a bien
voulu départir aux simples & aux humbles
méprisés du monde, un si grand don de sa
vertu toute-puissante ; car ce remède souverain à toutes maladies, conservateur de nos
vies & de nos santés, contient toute propriété Médecinale exubérée en parfaite salu-
brité, puissance & acte, par excellence infiniment supérieure à toutes les Médecines
vulgaires, qui péchent toujours contre le
tempéramment, par quelque défaut d'homogénéité & d'exaltation, lesquelles se trouvent
dans celle-ci parfaitement.

C'est par cette raison, que ce Catholicon
caballistique réintroduit aux corps un Baume analogique de vie, qui fait la juste homogénéité des Élémens de nos constitutions,
en virtualise & exalte les principes, & les
entretient en incolumité, dans un bon régime.

Il tempére tellement les qualités, qu'il n'y en a aucune qui puisse prédominer sur les autres; la colere devient sans violence, & la mélancolie sans malignité; il corrobore toutes les parties intérieures & extérieures du corps, expulse toutes mauvaises humeurs peccantes, toute lépre extérieure, toute corruption centralle & excentralle, extirpe tout mauvais-levain, venin, & poison; guérit radicalement toutes maladies & infirmités, telles croniques, invetérées, & désespérées de secours, qu'elles puissent être; & cela sans aucune violence, ni perturbation de la Nature, parce qu'il lui est aimable, onctueux, & balzamique, & la régénere entiérement.

Dans tout paroxisme dangereux, incurable à tous les remedes vulgaires, cette divine Médecine opére promptement & parfaitement la guérison & la santé, si l'Arrêt n'est prononcé d'en-haut.

C'est un excellent & singulier préservatif de la malignité des vapeurs de la terre & de l'air, de l'impureté & pourriture : de toute peste, contagion, & corruption; & le Démon, non plus que ses esprits malins, ne pourront avoir aucun accès sur ceux qui auront le bonheur de s'en servir.

C'est ici le triomphe de l'humanité, par le culte, la possession, & la portion vevifique & salutaire de la Sagesse.

Maintenant, bénis le Seigneur notre Dieu,

& le remercie à chaque inftant de ta vie, d'un talent fi précieux, qu'il te fait la faveur de t'acorder, par la voye de mes ouvertures & révélations de fa bonté fignalée.

Confacre le fruit de ton travail à la gloire, & à l'utilité & foulagement de ton prochain, des infirmes néceffiteux, des pauvres de la république Chrétienne, & de tous les affligés du genre humain, par de bonnes œuvres qui répandront fur toi la bénédiction de Dieu ; afin qu'au dernier jour, tu ne fois pas trouvé ingrat de tant de bienfaits qu'il t'a donné, par prédilection à une infinité de Sages de la terre, aufquels il n'a point fait la même grace ; & que tu ne fois point reprouvé au Tribunal de ce fouverain Juge équitable, auquel foient éternellement rendus gloire, honneur, & louange dans les Cieux & fur la terre.

C'eft ce que je fouhaite, en finiffant ma Lettre & mes reflexions fimboliquement à quelques Textes qui concluront l'atteftation de la vérité que je t'écris pour ta félicité.

Sapiens exultat in facturâ. Salomon Sap.

In manu artificum opera laudabuntur, Eccléfiaftiq. Ch. 9. v. 24.

Execratio autem peccatoribus cultura Dei, Idem. Ch. 1. v. 32.

Nihil melius eft, quam latari hominem in opere fuo, ut pergat illuc, ubi eft vita; Ecclefiafte, Ch. 3. v. 22. & ch. 6. v. 8.

Quia delectafti me, Domine, in facturâ

tuâ, & in operibus manuum tuarum exalta-
bo, Pseaume 91. v. 5.

*Qui operatur terram suam, satiabitur
panibus*, Proverbes Ch. 28. v. 19.

*Quærit derisor Sapientiam, & non inve-
niet ; perverso huic ex templo veniet perdi-
tio sua, & subito contenretur, nec habebit
ultra medicinam*, Proverbes. Ch. 6 v. 15.

*Viro, qui corripientem durâ cervice con-
temnit, repentinus ei superveniet interi-
tus, & eum sanitas non sequetur*, Proverbes
Ch. 29. v. 1.

*Altissimus creavit de terrâ medicinam,
& vir prudens non abhorrebit eam.* Eccle-
siastiq. Ch. 38. v. 4.

PHILOVITA, ô, Uraniscus.

COSMOCOLA. 1751.

❋❋❋❋❋❋ ❋❋❋❋❋:❋ ❋❋❋❋

PRÉCEPTES
ET INSTRUCTIONS
DU PERE ABRAHAM
A SON FILS,

Contenant la vraie Sageſſe hermétique, traduits de l'Arabe.

Omnia mecum ;
Noſce te ipſum.

I. **M**On cher fils, comme le dernier
ſort de la vie militante de tous
les hommes eſt la mort, dans l'eſpérance
que leurs corps réduits en pourriture & en
cendres, doivent un jour reprendre une
nouvelle vie glorieuſe & immortelle ; je te
veux renouveller cette idée, & te convaincre de la vérité, que notre grand Dieu nous
a tranſmiſe par notre grand Légiſlateur, pour
trouver ſur terre l'anticipation de cette vie
triomphante : cette anticipation ſe trouve
dans la Sageſſe : qui l'aime, aime la vie.

II. Il faut donc que tu te mettes dans la
voie du Seigneur, ſi tu veux comprendre
ſes merveilles, & attirer ſur toi la roſée
de ſes graces, plus précieuſes que l'Or &
l'Argent,

l'Argent, felon notre grand Roi Pro-
phéte.

III. Eléve donc ton cœur au Créateur
de toutes chofes, & conçois par le difcours que je te fais, fa puiffance, fa bonté,
& fa fageffe infinie, laquelle éclate dans la
moindre de fes créatures; mais furtout dans
les pierres prétieufes & les métaux philofophiques qui font au-deffus du Soleil & de la
Lune, lefquels tous parfaits qu'ils font, ne
peuvent être fans tache, comme le font nos
admirables Pierres & Métaux, aufquels Dieu
compare fa parole facrée; ce qui nous les
doit faire eftimer infiniment plus que tous
les Aftres céleftes.

IV. T'ayant dont initié, mon cher fils,
dans la plus faine Philofophie, qui eft de
connoître Dieu, fon Verbe, & Saint-Efprit,
qui ne font qu'une même Effence, je veux
te faire adorer fa bonté, d'avoir donné à
l'homme les plus vives lumières de fon Créateur dans un Art myftérieux qu'il a révélé
à fes vrais adorateurs, qu'on appelle Mages, c'eft-à-dire parfaits Philofophes en tout
genre.

V. Mais garde-toi des opinions erronées
de ces faux Rabins & vains Philofophes,
felon la fcience & les élémens ou principes
mondains & vulgaires, lefquelles d'une
fcience divine en ont fait une diabolique,
condamnée par-tout dans nos Livres facrés,
& par le grand Dieu humanifé, mort &

…scité, auquel tu dois être attaché jufqu'au dernier moment de ta respiration.

VI. Ce que je t'enseigne te sera clairement intelligible, pour avoir foi à tous les
miracles décrits par les Sages : apprens à ré-
vérer ce Mystere profond, de trois, un,
qui doit être pour toi plus véritable que ce
que l'art & la nature te feront connoître
par expérience.

VII. Tu trouveras, mon cher enfant,
des milliers d'écrits de Philosophes, de tout
tems, de tout âge, de différens pays ; mais
ne t'arrête qu'à ce que je te dirai : profites-
en pour la gloire du Très-Haut, & l'utilité
du Prochain ; je serai le plus bref qu'il me
sera possible, pour ne point t'embarrasser
l'esprit.

VIII. Apprens que tous les corps sont
composés de quatre Élémens, Feu, Air,
Eau & Terre ; ils sont toujours mêlés dans
eux-mêmes, & dans les corps qu'ils consti-
tuent ; selon qu'ils dominent plus ou moins
dans ces corps, leur espéce est différente,
ce qui va à l'infini.

IX. L'Eau est proprement le premier Elément, qui donne la naissance à tous corps
créés à produire, ou à être produits ; l'Art
avec la Nature peut aider à la production :
ce qui fait que les Philosophes en produisent un, qui peut parfaire un métal imparfait en un parfait. Si la Nature n'a pas
fait Or, ce qu'on appelle Saturne, l'Art

lé peut faire ; il faut pour cela compoſer un ſel qui ait cette qualité & cette vertu ; ce ſel ſe fait de l'Or, ou de l'Argent conjoints à l'eau argentine ; il faut tirer cette eau primitive & céleſte du corps où elle eſt, & qui s'exprime par ſept lettres ſelon nous *, ſignifiant la ſemence premiere de tous les êtres, & non ſpécifiée ni déterminée dans la maiſon d'*Aries* pour engendrer ſon fils.

X. C'eſt à cette eau que les Philoſophes ont donnés tant de noms, l'appellant premiérement Eſſence divine, puis Eſprit de vie, Vinaigre, Huile, Feu, Souffre, Terre, Sel, Mercure, Argent-vif ; c'eſt le diſſolvant univerſel, la vie & la ſanté de toute chair.

XI. Les Philoſophes diſent que c'eſt dans cette Eau que le Soleil & la Lune ſe baignent, & qu'ils ſe réſoudent eux-mêmes en eau, leur premiere origine ; c'eſt par cette réſolution qu'il eſt dit qu'ils meurent, mais leurs eſprits ſont portés ſur les eaux de cette mer, où ils étoient enſevelis.

XII. Cet eſprit, comme un Phénix renaiſſant de ſes cendres, ſe revêt d'un corps noir, blanc & rouge, à l'aide du feu élémentaire qui agit continuellement, mais par dégrés ſur cette premiere matiere, laquelle voulant ſe dégager de la corruption ſe réu-

---

* Nota. En Grec on l'exprime par ſept lettres, en Latin par cinq, qui ſont propres à ſa nomination & à ſa qualité.

nit au plus haut de la Spére criftaline, d'où
elle eft obligé de defcendre par les vapeurs
des corps puttifiés, qui lui ôtent peu à peu
fa volatilité, & la forcent de prendre corps
avec eux; les Philofophes appellent cela fublimation, trituration, afcenfion, diftillation, imbibition, incération; cette rofée
arrofe la terre, pour qu'elle produife un
fruit précieux dans fon tems.

XIII. Cette rofée circulante dans le vaiffeau philofophique, démontre les agréables
couleurs de l'Iris, par les différentes réfrac-
tions de la lumiére fur les nuages vaporeux,
qui s'élévent de la terre: l'œil & les fens
font ravis d'admiration de ces Phéno-
ménes.

XIV. L'Or & l'Argent n'ont point, à
proprement parler, de femences; & lorfque
ces Philofophes difent qu'il faut extraire la
femence de leur Or & de leur Argent, on
ne doit entendre autre chofe, que de les réduire dans la même forme que fe réduifent
les végétaux qui portent une femence, laquelle fe réfout dans la terre en efpéce d'eau
gluante, ce qui arrive à leur Soleil & Lune,
femés dans notre eau, qui eft, comme leur
terre & leur matrice.

XV. L'on dit alors que ces corps font
pourris & réduits dans leur premiere nature, tels qu'ils étoient d'abord dans le fein
de la mine, ou par compofition homogéne, imprégnée de certains fels & foufres,

ils deviennent corps folides, doux & dociles fous la main de l'homme, incapables d'être détruits que par l'eau argentine, qui ne moüille point, & que la Nature produit dans le fein de la mere univerfelle des végétaux & minéraux, dont l'Artiste toute fois la tire par l'Acier magique.

XVI. Quoiqu'on dife, mon fils, qu'il y a d'autres maniéres de réfoudre ces corps en leur premiere matiére, tiens-toi à celle que je te déclare, comme je l'ai connue par expérience, & felon que nos Anciens nous l'ont tranfmis; car je ne fuis point du tout du fentiment de ces prétendus illuminés, qui veulent que toutes les Sentences des Sages fe rapportent à leurs matiéres chimériques, ne concevant point que la Parabole peut s'expliquer à l'infini, quoiqu'elle n'ait qu'un fens véritable, qui renferme en fecret un tréfor intariffable.

XVII. Tu dois donc concevoir que les corps peuvent être détruits, c'eft-à-dire changés de forme, fans ceffer de fubfifter; & que leurs parties peuvent fe rejoindre à d'autres corps, pour les rendre plus parfaits; de-là vient qu'un corps opaque peut devenir tranfparent, comme tu fçais que le verre fe fait de la Pierre, qui eft un corps au travers duquel on ne peut voir la lumiére, & qu'un corps tranfparent & frangible peut être rendu folide, réfiftant au marteau fans fe brifer, & même devenir ductible, com-

me nos ancêtres nous l'ont appris dans l'é-
xemple du verre rendu malléable.

XVIII. Il est certain qu'on ne peut nier
selon le raisonnement de la bonne Physique
que l'art ne puisse rendre un métal plus parfait qu'il ne l'a été par la Nature, d'autant
mieux que l'expérience le confirme depuis
plusieurs siécles ; mais laissant ces habiles
raisonneurs errer dans leurs sentimens ,
contente-toi , mon fils , d'exercer ton admiration sur ce que la pratique te démontrera ;
il faut que tu sois constant, doux & patient,
en suivant la Nature.

XIX. Lorsque tu commenceras d'opérer,
souviens-toi que la chaleur du ventre du Bélier échauffe doucement le Roi & la Reine
dans leur lit nuptiale , où ils dormiront paisiblement pendant quarante jours au moins,
& quelquefois cinquante ; au bout de ce
tems il sortira de leurs corps une vapeur sulfureuse , qui couvrira la surface de la terre,
ce souffre s'épaississant de jour en jour formera un nuage , qui n'est autre chose que
la résolution des corps royaux dans leur
premier être. L'esprit de la terre s'en voyant
offusqué , & voulant triompher de la dé-
faite de ceux qui l'avoient engendré dans
le sein de Cibel , s'élévera jusqu'aux voû-
tes du Palais , qu'il parcourera jusqu'à ce
qu'il soit forcé lui-même de descendre sur
les prétieuses cendres des corps détruits , qui
par les vapeurs piquantes qu'ils exhalent ,

attirent avec eux le pur fang de leur vainqueur.

XX. Il tâchera plufieurs fois de fe rele-
ver, mais enfin il fera contraint d'expirer
avec eux, ils ne feront plus qu'une fubftance putride, noirâtre & fœtide; c'eft là
que les Anciens ont donné fujet à exercer
la fubtilité des efprits curieux, qui ne peuvent comprendre le fens de leurs allufions
énigmatiques : ce qui les fait errer eft le défaut d'application à la connoiffance de la
riche Nature.

XXI. Nos Mages appellent notre Eau,
Dragon, Lion, Crapeau, Serpent, Pithon ;
& ils difent que c'eft le venin qu'il porte
qui tue le Roi, & qu'enfuite le corps mort,
femblable à Appollon, tue de fes fléches le
Serpent Piton ; ils nomment cette putréfaction des trois corps, la tête du Corbeau.

XXII. Voilà donc la couleur noire, par
où doit paffer la Pierre, & cela arrive au
commencement du quatriéme Signe. Laiffes
agir la chaleur qui ayant réduit tout le Compofé en cendre, la calcinera peu à peu : continues le feu ajoutant un troifiéme fil à ta
méche, jufqu'à ce que tout devienne blanc,
ce qui fera au bout de trois autres Signes,
& cette matiere effacera la neige par fon
éclat : tu peus alors t'en fervir pour rendre
tous les corps des métaux femblables à l'Argent.

XXIII. Alors si tu veux parvenir au rouge, qui arrivera au bout de trois autres signes, il faut que tu augmentes un quatriéme fil pour acquérir le Rubis célefte ; observe que ces files d'augmentation font ceux de la temperie de la cuiffon continuée, qui acquiert des forces & des dégrés par addition journaliere & future à ceux du paffé : il en eft ainfi des Saifons & Quatre-Temps de l'année ; mais fur-tout fouviens-toi d'avoir la patience en partage.

XXIV. Lorfque tu poffederas cette Pierre empourprée, tu pourras par elle, fi tu es prudent, prolonger & conferver tes jours en parfaite fanté, même tranfmuer tous ces vils métaux en Or très-pur ; enfin tu auras en ta main les clefs de la Nature, fes plus riches & vertueux tréfors : par leur moyen tu pourras tout délier & ouvrir, tout lier & fermer.

XXV. Si ton fel blanc, ou rouge n'eft pas fufible, ajoutes-y de ton effence, & que le tout foit mol comme la premiere maffe, la paffant par tous les dégrés de chaleur, comme tu as fait dans l'opération précédente ; & réïtere jufqu'à ce que ton fel foit devenu comme cire ; loues Dieu dans ton cœur, le priant inftamment de te donner les lumieres néceffaires pour en ufer avec prudence.

XXVI. Mon fils, comprenant ce petit abrégé, tu pourras aifément concilier les

Philofophes , qui en effet ont poffédé la
même Sageffe ; il n'y a qu'une vérité , mais
fes vêtemens font divers : fi l'un nous la
préfente pompeufement parée de fines pier-
rereries & de l'Or le plus pur, l'autre auffi
véridique, la couvre de la fange & du fumier pourri ; un troifiéme s'écrie: ô heureux
Sçavans, dont la Science divine trouve dans
l'invifible un point indivifible, qui peut feul
compofer le miracle de l'art.

XXVII. Ces trois bien entendus te dé-
chirent le voile , & te découvrent à la vûe
l'aimable vérité ; il ne tiendra qu'à toi de
fuivre fes préceptes , & par elle aifément
tu développeras les hieroglifiques & toutes
les fictions ; tu verras ; non fans étonnement, cette Mer rouge agtée , retourner en
arriere, te frayant un paffage pour la terre
promife ; tu contempleras fes Serpens , qui
s'engloutiffans, fe détruiront à tes regards
effrayés ; & Mercure arrofant cette arêne
engroffée, les fera reproduire pour en parer
fa verge, de laquelle frappant la falade qui
lui couvre la tête, tout fe confondera dans
la premiere terre.

XXVIII. Dans l'Oeuf philofophique tu
pourras découvrir ces deux Dragons antiques de la race des Dieux ; le feu fecret fera manifefté à tes yeux, & la Mer glaciale
foudain t'apparoîtra : le rameau d'Or fera
en ta puiffance ; les Lys & les Rofes tu
cueilleras de tes mains : du fruit des Her-

perides tranquile poſſeſſeur, tu pourras partager le bonheur des Dieux, & boire dans
leur coupe à longs traits leur nectar, ou leur
ambroiſie.

XXIX. Vois, ſans étonnement, cet hor-
rible Dragon, qui n'a d'autre pâture que
celle de lui-même; ce Phénix renaiſſant de
ſes cendres, & ce Pélican charitable envers
ſes petits; dans un même tableau te ſeront
repréſentées les montagnes fameuſes du
Vulcain, ainſi que les divers Ouvrages des
Cyclopes; tu y verras auſſi les impuiſſants
Titans vaincus par Apollon, Fils luminifere
du Soleil.

XXX. Pénétrant le cahos ténébreux, qui
forma l'Univers, vois d'un Déluge affreux
la terre ſubmergée, renaître en peu de tems
Lucide &purifiée;lavérité toujours terraſſa le
menſonge: ſouviens-toi qu'elle eſt nûe&une,
& qu'elle ne peut apparoître qu'aux régards
du Sage, car le vulgaire y eſt aveugle.

XXXI. Réfléchis ſur l'Hiſtoire de Jaſon
& celle de Cadmus; conſideres Enée dans
les Enfers, le beau Ganimede tranſporté
juſqu'aux Cieux: vois la Mer agitée du Pere
de nos Dieux, qui d'une bouillante écume
enfante à tes regards la Déeſſe Venus, mere
des Amours à ſa ſuite.

XXXII. Ha! ſouviens-toi, cher enfant,
de nos Lettres ſacrées; pénétres en le ſens,
tu trouveras la vie: oui tu pourras t'expliquer, avec un contentement indicible, les

raviſſans tableaux du génie des humains ;
prend ton crayon en main , pour former
un point ; lui ſeul peut t'inſtruire, puiſqu'il
renferme tout.

XXXIII. Extaſié d'admiration ſurnaturelle, conſideres ce point , conçoit ſon centre , vois ſa circonférence, juge de l'étendue , qui joint l'un avec l'autre ; heureux ,
mon fils , ſi le Pere des lumieres, par un
rayon de ſon Eſprit divin , & un feu radieux
d'intelligence , embraſant ton cœur , te re-
velle en ſecret la multiplication, de ce point
par ſon centre.

XXXIV. Ce trine inſéparable , qui
a tout procréé, fondement éternel , ſe découvre en toi, Image de ton Dieu ; médi-
tes ſes Ouvrages , & ſuivant la Nature, vois
ſon commencement,ſon progrès,& ſa fin; l'à
ravi d'admiration , adores le Tout-puiſſant.

XXXV. Repaſſes en ta mémoire cette ſimple opération , que tu fis ſous mes yeux ,
cueillant une plante garnie de ſes racines ainſi que de ſa graine , que tu putrifia
pour en tirer un ſel volatil ; puis conſom-
mant le reſte par l'ardeur des flâmes , il te
reſta une cendre précieuſe , qui te rendit un
ſel fixe criſtalin ; par un moyen uniſſant les
deux , ils ne firent plus qu'un ; que tu fis
jouer avec Vulcain ; & retirant ce ſel embraſé , tu vis , ô prodige étonnant ! que
la peſanteur d'un grain de milliet dans la
terre ſemé , te réproduiſit un grand nombre
de plantes, ſurpaſſantes de beaucoup en beau-

té, la premiére détruite : cette palingénéſie
ne te prouva t'elle point la réſurrection des
végétaux ?

XXXVI. Tu admiras avec moi dans le jeu
de la Nature, le germe indeſtructible à chaque créature : en voyant le miracle de la
végétation, tu compris qu'il pourroit conſe-
quemment arriver dans les deux autres régnes, & tu compris auſſi le myſtére de la
réſurrection univerſelle ; tu t'écria ſoudain,
ha ! ſi la vile Créature accomplit ce prodige,
notre foi pourroit-elle refuſer au Créateur
ſuprême la puiſſance & la vertu ſouveraine
de nous régénérer en des corps plus parfaits, pour jouir à jamais d'une vie éternelle ? Nous, dis-je, ame de ſon ame, eſprit
de ſon eſprit, que ſon amour páternel à
créés ſes enfans privilégiés les plus puiſſans
& vertueux, à ſon Image & à ſa reſſemblance.

XXXVII. Sois donc perſuadé que le ſel
de tous les individus renferme en lui ce vrai
germe, propre & vivace, qui peut régénérer & multiplier à l'infini ; ce ſel eſt la boëte qui renferme le beaume du ſouffre, &
la liqueur mercurielle, que nous appellons
Phiſon, ou fleuve des eaux vives, circulant
dans toute la terre de vie, où naît l'Or de nature ; & de l'expreſſion de notre Sçavant Légiſlateur, l'Or de cette terre eſt très-bon, vrai,
parfait & exquis : le ſouffre eſt un feu plus
puiſſant que le feu élémentaire, ce qui fait
que la forme qu'il renferme ne peut être dé-

truite par lui ; le mercure est le bon compagnon qui fournit tout ce qui est néceslaire
à la multiplication.

XXXVIII. Oui, cette porte ouverte te
présente un heureux pallage pour arriver au
lanctuaire de la Nature , fermé par trois
clefs différentes ; la premiere est de fer, la
seconde d'argent très-pur, & la troisième
est d'or éblouillant ; mais sur-tout, souviens-
toi de joindre chaque clef à sa propre ser-
rure , pour pouvoir trouver la clef universelle des merveilles du monde.

XXXIX. Si l'Esprit divin t'en procure l'entrée, fléchillant le genouil, adore l'Eternel ,
Immortel & Tout-Puillant ; reçois des mains
de la Sagelle , cette Ampoule sacrée , qui
rappelle les morts du fond de leurs tom-
beaux, & dont l'huille empourprée terralle
le Démon jusqu'au profond des Enfers, &
confond en un moment l'ignorance aveugle qui périt les humains.

XL. Cher enfant, souviens-toi des le-
çons de ton pere ; sois sobre & tempéré au
milieu des richelles, en soulageant tes freres nécelliteux de cet Esprit de vie : conçois
qu'il en faut peu pour conserver les corps ,
& qu'ils n'ont anfe vivante que par lui ;
en te donnant la connoillance de cette vérité, j'obéi au Commandement que le Seigneur Dieu nous fait par la bouche de son
Prophete Isaï, c. 38. v. 19.
Unicuique Deus mandavit de proximo suo

TRAITÉ DU CIEL TERRESTRE

DE VINCELAS LAVINIUS DE MORAVIE.

IL y a un seul Esprit corporel, que la Nature a premiérement créé, qui est commun & caché, & qui est le Beaume précieux de la vie, qui conserve ce qui est pur & bon, & détruit ce qui est impur & mauvais. Cet Esprit est la fin & le commencement de toute Créature, triple en substance; car il est fait de Sel, de Souffre & de Mercure, ou d'Eau pure, qui d'en-haut coagule, unit, assemble & arrose tous les bas lieux, par un sec onctueux & humide.

Il est propre & disposé à recevoir quelque forme & figure que ce soit; il n'y a que l'Art, qui, par l'aide & par l'entremise de la Nature, le rende visible à nos yeux. Il céle & cache dans son ventre, une force & une vertu infinie : car c'est une chose qui est pleine & remplie des propriétés du Ciel & de la Terre. Elle est Hermaphrodite, & elle donne l'accroissement à toutes choses, se mêlant indifféremment avec elles; parce qu'elle tient renfermée en soi, toutes les séminces du Globe *Œtheré*. Car elle est pleine d'un feu subtil & puissant, & en descendant du Ciel, elle influe & imprime sa force sur les Corps de la terre, & son ventre qui est poreux est tout plein d'ardeur, &

il eſt le pere de toutes choſes. Alors ce ventre ſe remplit d'un autre Feu vaporeux, & ſans ceſſe il reçoit ſon aliment de l'humeur radical, qui, dans ce vaſte corps, ſe revêt du corps de l'Eau minérale, ce qu'il fait par la concoction de ſon Feu chaud.

Cette Eau, qui peut être coagulée, & qui engendre toutes choſes, devient une terre pure, qui, par une forte union, tient la vertu des plus hauts Cieux renfermée en ſoi ; & parce que dans cette même terre, elle eſt unie & conjointe avec le Ciel, c'eſt pour cela que je lui donne ce beau nom, *le Ciel terreſtre.*

De même qu'au commencement, la premiere Nature ſe ſervit de la ſéparation, pour orner & arranger la maſſe, qui étoit en déſordre & en confuſion : Ainſi l'Art, qui aime la perfection, doit imiter la Nature. La Nature ôte l'excrément ſubſtanciel, oû par un limon terreſtre qu'elle convertit en Eau, ou par aduſtion. L'Art ſe ſert de lotion & de digeſtion, ſoit par l'Eau, ſoit par le Feu, & ſépare l'ordure & l'impureté, en purifiant & nétoyant l'ame de tout vice. Celui donc qui ſçait la maniere de ſe ſervir de l'Eau & du Feu, ſçait le véritable chemin qui le conduit aux plus hauts ſecrets de la Nature.

L'Eau, ce grand Corps, cette premiere créature de Dieu, fut remplie d'Eſprit dès le commencement, ayant toutes ſortes de formes en ſémence ; & en vivifiant par le mouvement, elle anime tout, & elle produit toutes choses dans la lumiere du Ciel & de la Terre. L'Eau est la nourrice de tout ce qui vit dans ces deux lieux : dans la Terre, c'est une vapeur ; dans les Cieux, c'est proprement un Feu , triple en sa substance & premiere matiere ; parce que de trois, & en trois, tous les corps procédent , & s'éloignent de la Nature : elle contient un Beaume, qui a pour son pere le Soleil & pour sa mere la Lune. Par l'Air , elle germe dans les lieux bas , & elle cherche les lieux hauts , & fort élevés ; la Terre la nourrit dans son ventre chaud , & elle est la cause de toute la perfection.

Le grand Dieu , qui donne la vie à tout, a établi deux remédes pour les Esprits & pour les Corps , c'est-à-dire, deux choses qui les nétoyent & les purifient de leurs impuretés , & c'est la cause pourquoi la corruption dispose & tend à une nouvelle vie. Les Métaux ont ces deux choses en eux ; & ces deux choses sont causes de la réparation , & elles participent de la Terre & du Ciel , afin qu'elles unissent & lient ensemble les deux autres extrémités. C'est pourquoi ces deux choses sont descendues du Ciel en terre ; & ensuite elles retournent au Ciel , afin qu'elles fassent paroître leur puissance dans la terre. De même que le Soleil dissipe les nuages , & illumine la terre , ainsi cet Esprit étant préparé de cette sorte, & *séparé* de ses nuages , il illumine tout ce qui eſt obſcur. Dans cet Eſprit, il faut conſidérer deux formes, dans ſon ſuc & dans ſon venin ; ſon ſuc eſt double qui conſerve tous les Corps, par un Sel amer : ſon venin qui eſt pareillement double, les conſume & les détruit.

Ce ſont-là les facultés qui ſont renfermées dans le limbe & dans le cahos, qui a les mêmes effets, lorſque l'on le tire de la terre ; mais lorſqu'il eſt préparé, par la ſéparation du bon d'avec le mauvais, il fait paroître ſa force & ſa puiſſance, ſur les parfaits & ſur les imparfaits.

J'habite dans les Montagnes & dans la Plaine ; je ſuis pere avant que d'être fils : j'ai engendré ma mere, & ma mere, ou mon pere, m'a porté dans ſa matrice, en m'engendrant, ſans avoir beſoin de nourrice. Je ſuis *Hermaphrodite*, & j'ai les deux natures ; je ſuis victorieux ſur tous les forts ; & je ſuis vaincu par le plus foible & petit, il ne ſe trouve rien ſous le Ciel de ſi beau, ni qui ait une figure ſi parfaite.

Il naît *de moi* un *Oiſeau* admirable, qui de ſes os, qui ſont mes os, ſe fait un petit nid, où volant ſans aîles, il ſe revivifie en mourant, & l'Art ſurpaſſant les loix de la Nature, il eſt à la fin changé en un roi, qui ſurpaſſe infiniment en vertu les ſix autres.

Voilà le vrai Miracle du *Ciel terreſtre*, part l'Art du Sage.

DICTIONNAIRE
ABREGÉ
DES TERMES DE L'ART

& des anciens Mots, qui ont rapport au Traité de Philalethe , & aux autres Philosophes contenus dans la Bibliothéque Alchymique.

ACIER des Philosophes, c'est un des Termes mystérieux de l'Art. Philalethe l'appelle autrement, *Cabos*, le Comospolite dans son Enigme dit , *qu'il se trouve dans le ventre d'Aries* , & dans son Epilogue que l'*Eau pontique qui se congele dans le Soleil & la Lune , se tire du Soleil & de la Lune, par le moyen de l'Acier des Philosophes* , qui est un amour mutuel de la chaleur & de l'humide à s'unir , & à attirer à eux leurs semblables.

Accointer, ancien mot , qui signifie hanter & se familiariser avec… d'où vient *Accointance*, familiarité ; on le fait venir du Grec ACOITES mari ; ou du mot poëtique ACORIS femme.

Accordance, conformité, accord.

ACTIF, agissant , mouvant , opérant.

ADAM , terre rouge, Mercure des Sages, soufre, ame, sel de nature.

Adapter, accommoder ; du Latin *Adaptare*.

Administrer , donner , fournir ; du Latin *Administro* , je traduit secours.

Adduire , produire, alléguer ; du Latin *Adducere*.

AIGLE , sublimation naturelle.

Affermer, affirmations.

Afflamber & *En flamber*, inciter, enflammer, brûler les fleurs. Il vient de *Flambe* pour *Flamme*, on dit encore *Flamber* ; du Latin *Flamma*.

AIRAIN des Philosophes, Terme de l'Art ; qui signifie la même chose que l'Or vulgaire, devenu par leur Art, l'Or des Sages, qu'ils appellent autrement Laton.

Albification, blanchissement ou blanchissage, action de blanchir, la Médecine au blanc.

ALCHYMIE, mot composé de l'Article Arabe, *Al* & *Chymie* ; *Al*, signifie divin ; & *Chymie*, œuvre, opération, facture, faction.

A légorie, mot grec, qui signifie que les paroles doivent être expliquées autrement que dans leur sens naturel ; lorsque l'on dit une chose, & que l'on en entend un autre.

ALMAGRA, c'est le Laton.

AMALGAME, d'où vient *Amalgamation*, est une corrosion du métail par le mélange de l'Argent-vif, que l'on met avec lui ; c'est encore une union de différens Corps.

AME, les Philosophes appellent ainsi ce qui de soi est volatil sur le Feu, autrement le feu de nature, où la chaleur naturelle.

Amener, produire raisons amenées, produites alléguées, il vient de mener ; qui vient du verbe latin *Mino*.

Appareiller, apprêter, *Appareillez*, apprêtez ; il vient d'*Appareil*.

ARCHÉE, esprit-moteur, fermentateur.

ARGENT des Philosophes, c'est comme la matrice propre à recevoir le Sperme & la Teinture de l'Or. *Hortulain*, chapitre 4. *Philalethe* l'appelle l'Or blanc, qui est plus crud, & qui est la sémence féminine, dans laquelle l'Or meur, autrement appellé le Laton rouge, jette la sienne, pour produire l'Hermaphrodite des Philosophes, *chap.* 1. En un mot, c'est le Mercure des Philosophes.

ARGENT-VIF, est l'Argent-vif, ou le Mercure commun & vulgaire.

Arguer, argumenter, raisonner, prouver ; du latin *Arguere*.

Arse, brûlé ; il vient du latin *Arsus*.

ARIES est l'un des douze signes du Zodiaque, que nous appellons *le Belier ou Mouton*. Le Soleil entrant dans ce signe le 20. du mois de Mars, fait l'Equinoxe du Printems, si fort recommandable pour l'œuvre Hermétique, & que les Philosophes ont déguisé sous tant de figures. *Ventre* ou *Maison d'Aries* est un des termes mystérieux de l'Art. Philalethe dit dans le Chap. 2. que les premiers Philosophes ont cherché & trouvé le Souffre actif caché dans la maison d'Aries. Le Cosmopolite dans son Enigme dit que l'Acier des Philosophes se trouve dans le ventre d'Aries, comme il a été remarqué dans l'explication de ce mot *Acier*. Fabri dans *les Notes* qu'il a fait sur le Traité de l'huile d'Antimoine de Roger Bacon, dit que l'Antimoine est appellé Aries, parce qu'il est attribué à ce signe ; & que l'Eau qui est cachée dans le ventre d'Aries étant l'Eau qui dissout l'Or d'une véritable dissolution ; le Mercure d'Antimoine est par conséquent le vrai dissolvant de l'Or ; parce que c'est l'Eau, qui est cachée dans le ventre d'Aries. Ce qui fait évidemment voir que Fabri n'a jamais rien sçu dans la Philosophie, & qu'il entend & explique mal Roger Bacon vrai Philosophe Hermétique : ainsi font plusieurs Traducteurs, qui ignorent la science Théorique & Pratique de la Philosophie naturelle, & ne comprennent point l'esprit & le sens occculte des termes qui y sont consacrés. L'Auteur du Traité qui a pour titre *Rares expériences sur l'Esprit Minéral*, s'est avisé d'expliquer à la lettre le ventre d'Aries, *la peau de Chamois ou de Mouton*, par laquelle on passe le Mercure pour le nettoyer, ce qui n'est pas assurément d'un homme aussi habile & fin, qu'il le veut paroître.

ATHANOR, mot de l'Art, signifiant un vase oblong,

ayant son couvercle , lequel on met dans un
fourneau en forme de tour , & sous lequel l'on
entretient un feu continuel dans ce fourneau où
il est joint , il vient du mot grec *Athanatos* immortel , parce que le Feu y doit être immortel ,
& perpétuel.

A tant, ancien mot, qui veut dire *de sorte que.*

Augment , augmentation ; du latin *Augmentum* ,
multiplication.

Aubins , blancs d'œufs servans à certain lut ; du latin *Album.*

AYMANT , est un terme mystérieux de l'Art, dont
se sont servis le Comospolite dans son Enigme ,
& Philalethe dans le Chap. 4. C'est la sympathie
qu'a naturellement chaque Elément à se joindre
& adhérer à ce qui est de lui , enfin à ce qui lui
est semblable , homogene , ou analogue , vertu
que les Physiciens & les Naturalistes non Hermétiques, n'ont jamais connu jusqu'à présent.

B *Ailler* , donner , livrer , traduire.

BAIN MARIN , ainsi appellé parce que le Vaisseau
que l'on met dedans y baigne , comme dans une
Mer. Ce Vaisseau est d'ordinaire un Oeuf , Cucurbite ou Courge de Verre, de Terre ou de Cuivre , où l'on met le compost pour digérer &
distiller. Dans la Chymie vulgaire, pour circuler,
il faut une autre maniere de Vaisseau , ou du
moins ajoûter à la Cucurbite une chappe aveugle , c'est-à-dire , qui soit bouchée. On l'appelle
le Bain Marin *le vicaire du ventre de cheval* , ou
fumier de cheval entassé & échauffé de lui-même , où l'on met des vaisseaux en digestion , ou
pour faire la circulation. Ce Bain se fait dans
un chaudron , ou autre Vaisseau , où l'on met
la Cucurbite que l'on affermit avec du foin , puis
on remplit le chaudron d'eau que l'on fait
chauffer ou bouillir , selon que le requiert l'opération, & l'on remplit l'eau qui s'exhale par d'au-

tre eau chaude. Quelques-uns l'appellent Bain
Marie, voulant dire qu'il a été inventé par Marie
la Prophétesse que l'on croit sœur de Moyse,
sous le nom de laquelle nous avons un Traité de
Philosophie. Dans l'Alchymie le mot *Marie*, est
pris pour l'humide des Eaux marines, ou l'écume superflue de la Mer philosophique, de laquelle écume Marine vient le mot de Bain Marin, parce que l'humide Marin se baigne en
elle.

Besoigner, travailler, *besoigne*, travail, opération.
BETHEL, Maison du Pain, loge de Cerés.

CABALE, tradition secrette de la Sagesse, ou
Philosophie naturelle, de la Science de Dieu
& de la Nature.

Caille, présure, ce qui fait cailler, épaissir, coaguler.

CALCINER, c'est rendre une chose solide, comme
est une pierre, ou un métail, en poudre & en
menuës parties, qui se désunissent par la privation de l'humidité qui unit ces parties, & n'en
fait qu'un corps. Et cette privation se fait par
l'action du feu, ou des Eaux fortes.

Calidité, chaleur; du latin *caliditas*.

CAPRICORNE, est l'un des douze Signes du Zodiaque, dans lequel le Soleil entrant le 22 Décembre, fait le solstice d'Hyver, qui est le plus court
jour de l'année.

Capillaire, ressemblant à des cheveux; du latin *ca-
pillaris*, cercle capillaire dans Flamel.

CATHOLICON, Médecine des Sages, imprignée du
souffle & de la vertu céleste.

CERCLE ou roue de la Nature, circulation orbi-
culaire de l'Esprit invisible universel dans tous
les Globes & les Créatures, par conséquent travail continuel, mouvement perpétuel de l'Esprit
vivifiant dans les quatre Elémens, que les Sages
ont dit la quadrature du cercle.

Chaleur naturelle, matiere des Sages.

CHIEN d'Armenie, Souffre que l'on appelle autrement Lyon, Dragon fans aile, Sperme mafculin, mâle.

CHIENNE de Corafcene, Mercure, Dragon ailé, Sperme féminin, fémelle.

Circulant, environnant; du latin *circueo*, ou *circumeo*.

Clerc, fçavent, bon Praticien d'une Science.

CLABANIQUEMENT, c'eft-à-dire, felon la proportion du Fourneau, du mot Grec CLIBANOS, qui fignifie un Four.

Circuler, tourner en cercle ou en rond, du latin *Circuleo*.

CIRCULATION, c'eft une opération, par laquelle on fait circuler une liqueur ou effence dans un vaiffeau bien bouché, ou dans deux vaiffeaux qui fe tiennent, ou qui entrent l'un dans l'autre, ce qui fe fait par le moyen de la chaleur ou dans le fumier de cheval échauffé de lui-même, ou dans le Bain marih.

Clouë, afin que je leur clouë la bouche, *Trevifan*, que je leur ferme, il vient de *clorré*.

COAGUTATION, c'eft la réduction que l'on fait d'une chôfe coulante & fluide, dans une fubftance folide, par la privation de fon eau, ainfi que l'a défini. Geber, *ch.* 52. du 1. *liv.* de fa Somme. Telle eft la coagulation du lait.

Coagule, préfure, ce qui fait cailler le lait; du latin *coagulum*.

Coaguler, cailler; du latin *coagulare*.

COCQ. Le Cocq, pris pour le Simbole de la Chaleur-naturelle, attaché à Mercure qui la lui traduit du Ciel-Aftral, dès la pointe Crepufculaire de l'Aurore matinal.

Colliger, recueillir, ramaffer; du latin *colligere*.

Combuftion, brûlement, action du feu qui brûle; du latin *combuftio*.

Compiler, ramaffer, amaffer dans un tas, entaffer, piller; du latin *compilare*.

Concaves, concavitez.

Conceder, accorder ; du latin *concedere*.

Confection, composition, compot, ou cuisson parfaite de la matiere des Sages ; du latin, *Confectio*.

Congrégation, assemblée, société ; du latin *congregatio*.

Coopérer, travailler conjointement avec quelqu'un ; du latin *cooperari*.

COOPERATION, travaille qui se fait conjointement avec un autre ; du latin *cooperatio*.

CORPS. Les Philosophes appellent Corps, non seulement ce qui a les trois dimensions, largeur, longueur & profondeur ; mais tout ce qui peut soutenir le feu, ce qu'ils appellent autrement fixe, comme ils appellent Ame tout ce qui de soi est volatil sur le feu ; & Esprit ce qui retient le Corps & l'Ame, & les conjoint & unit ensemble ; ensorte qu'ils ne peuvent plus être séparez.

COPULATION, c'est l'action par laquelle le mâle s'accouple avec la femelle.

Coustumiers, qui ont accoûtumé.

Crisol, creuset ; du latin *Crucibulum*.

Cuider, penser, estimer, avoir opinion que quelque chose que ce soit.

D**Ebouter**, c'est bouter ou mettre hors, exclure, renvoyer rudement, chasser.

Deceptes, tromperies ; du Latin *deceptio*. Il vient de *decevoir*, tromper, abuser. *Deceveurs* trompeurs, affronteurs.

Decorer, orner, embellir ; du latin, *decorare*.

Decoction, chose décuite, quelquefois pris pour cuisson ; du Latin, *decoctio*.

Decuire, signifie proprement perdre sa cuisson, reincruder, liquifier, résoudre. Ainsi l'on dit qu'un syrop s'est décuit lorsqu'il a perdu une partie de sa cuisson, & qu'il est devenu plus liquide ; du Latin *Decoquere*.

Desespérations, désespoir.

Due, matiere dûe, requise, nécessaire.

Devoyer,

Devoyer, ôter du chemin, détourner ; du mot voie, chemin, faire fourvoyer.

Double, copie, *doubler*, copier.

Doublets, affligez ; du Latin *dolens*.

EAu pontique, terme de l'Art, qui signifie le Mercure des Philosophes, qu'ils appellent autrement Vinaigre très-aigre, Feu aqueux, Eau ignée ; Esprit igné & humide ; union de la chaleur naturelle & de l'humide radical, liés par un Sel marin.

Ebulition, action de boüillir.

Elémens, le Feu, l'Air, l'Eau & la Terre, que par leur mixtion dans tous les Corps, les Anciens ont appellez le quadrangle, ou la quadrature ; parce que les Elémens se croisent dans leur cercle, ou la circulation universelle.

Elixir, l'un des noms de la Pierre Philosophale, après sa perfection, ou Pierre humifiée.

Emblême, pour figure, représentation.

Emblématique, pour Enigmatique. Alciar s'est servi de ce mot en ce sens.

Embryon, mot Grec, qui signifie l'Enfant, qui est dans le ventre de la Mere, que les Latins appellent *Fœtus*.

Emender pour amander ; du Latin *Emendare*.

Enflamber. Voyez *Afflambler*.

Enfer, selon les Philosophes, est le fond ou les bas lieux du vase, la terre où se déposent les cadavres, les féces, les immondices, le terrestre, la terre damnée, rejettée, reprouvée.

Engin. Esprit, industrie ; du Latin *Ingenium*, il signifie aussi instrument.

Enquis d'enquérir, rechercher ; du Latin, *Inquirere*.

Ententif pour *attentif* ; d'entendre.

ENTRANT, terme de l'Art, qui signifie pénétrant, ayant ingrès. Les Philosophes disent que leur Magistere est parfait lorsqu'il est fondant, entrant & tingent.

Tome IV. C c c

Envie, envieux, jaloux, réservez. Les Philosophes font envieux, c'est-à-dire, font jaloux de leur Science, la cachent, la tiennent secrette, & ne la veulent pas faire connoître ; comme au contraire, ils disent qu'ils ne font pas envieux, & qu'ils parlent sans envie, quand ils parlent ingénuement & sincérement.

Errer, manquer, faillir ; du Latin *Errare*. Erratiques, qui font errer.

Errans, erreux, qui font errer, qui tompent.

Esprit, est dit l'humide radical.

Esprit fœtide, c'est le Souffre.

Essence. Voyez Quinte-essence.

Essensi.é, rendu ou fait Essence.

Eudica, c'est-à-dire, les féces ou l'immondice du verre.

Exsiccation, Desseichement ; du Latin *Exsiccatio*.

Extrinseque, extérieur ; du Latin *Extrinsecum*.

Eve, terre blanche, terre de vie ou des vivans, Mercure philosophique, humide radical, esprit.

FŒCES, c'est un terme de l'Art qui est un mot Latin, qui signifie crasse, lie, impureté, limon, ordures, l'excrément & les parties les plus grossiéres, impures & étrangéres qui s'affaissent & demeurent au fond, que l'on appelle autrement résidence, principalement d'une liqueur quand elle s'est purifiée ; comme la lie à l'égard du vin, terre damnée.

Faction, action de faire, faction de notre divine Oeuvre, *Zacharie* ; c'est-à-dire, accomplissement, parachevement, pour faire ; du Latin, *Factio*, ou opération.

Féaux, fidelles ; il vient de *féal*, qui garde la foi, le secret.

FERMENT, terme de l'Art du Latin *Fermentum*, qui signifie *Levain*. On appelle ainsi la partie fixe de la Pierre, & ainsi Fermenter est donner le Ferment ou Levain, & *Fermentation* est l'action par laquelle on fermente.

FIXER, Fixation, terme de l'Art, qui veut dire rendre fixe ; c'est-à-dire , rendre une chose qui est volatile , & qui s'enfuit du feu , en état de le pouvoir souffrir sans s'évaporer, ni sublimer ; Geber en sa Somme, *chap.* 53.

FONDANT , fusible , qui se peut fondre , & réduire en liqueur ; c'est un terme de l'Art. Voyez Entrant.

Fors , horsmis, excepté ; du Latin *foris* , ou *foras*.

Fréquence , abondance ; du Latin , *frequentia* , assemblée de plusieurs , qui se trouvent souvent au même lieu.

Frigidité , froideur ; du Latin *frigiditas* , privation du feu, de la lumiere & de la chaleur.

G*Erminatif*, la vie *Germinative*. Philalethe , la vie qui germe ou végéte , la vie végétative.

GRAND OEUVRE , l'un des noms de la Pierre Philosophale.

H ERMÉS Trismegiste ; sont deux mots Grecs , qui signifient Mercure trois fois , très-grand ; ou substance régie par trois principes célestes, & trois principes sublunaires unis.

HERMÉTIQUEMENT ; sceller hermétiquement ; c'est-à-dire , sceller du sceau des Philosophes. Quand l'on fait rougir le bout d'un vaisseau de verre , comme est un Matras , & que l'on le tord avec des pincettes , ou qu'on l'applatit & joint si bien qu'il n'y ait point d'ouverture ; cependant il y a encore le sceau d'Hermes par Hermes , pour lequel sçavoir il faut connoître les Agens. Les Philosophes se servent encore d'un autre sceau , ou lut propre au vase.

HERMAPHRODITE , mot Grec composé d'HERMÉS , qui signifie Mercure , & APHRODITE qui veut dire Venus ; comme qui diroit composé de Mercur. & de Venus. La Fable dit que ce fut le Fils de Mercure & de Venus , qui avoit les membres des deux sexes , & étoit mâle & femelle : Voilà pourquoi on appelle ainsi ce qui a les deux sexes , &

qui eſt tout enſemble mâle & femelle. On l'appelle autrement Androgyne, du mot Grec ANDRODUNOS, qui ſignifie homme & femme, ce qui eſt attribué au Mercure philoſophique ; parce qu'il eſt mâle & femelle, feu & eau, ſec & humide.

HETEROGENE ou Heterogenée, mot Grec, qui ſignifie une choſe dont les parties ſont de différentes natures, comme ſont les parties qui compoſent le Corps des végétaux, qui ſont l'écorce, le bois, les feuilles, &c. Et celle des animaux, la chair, les os, &c. ou la contrariété régnante des quatre élémens, ou qualités élémentées.

HEVILATH, terre de vie, où naît l'Or magique, très-bon, très-fin.

HOMOGENE, mot Grec, qui ſignifie une choſe de laquelle toutes les parties ſont de même nature & eſpèce, comme toutes les parties de l'Eau ſont eau & ſemblables.

HORUS, Fils d'Iſis & d'Oſiris.

HUMIDE radical, matière des Sages.

JA pour déja, Treviſan.

JIGNÉE, terme de l'Art, qui ſignifie qui eſt de Feu ; du Latin Igneus.

INCOMBUSTILE, qui ne ſe conſume point.

Incombuſtible, qui ne peut être brûlé, ni conſommé par le feu, ainſi les Philoſophes appellent leur Souffre incombuſtible, parce que le feu ne peut agir ſur lui.

Indiſſoluble, qui ne peut être déſuni ni ſéparé ; du Latin Indiſſolubile.

Inférer, du Latin Infero. Juger, de tirer conſéquence de.

Innumérable, du Latin Innumerabile. Innombrabre, ſans nombre.

Inquiſiteurs, rechercheurs, du Latin Inquiſitor.

Inſculpé, gravé, du Latin Inſculptum.

Intrinſéque, intérieur, qui eſt au-dedans ; du Latin Intrinſecum.

Invefligateurs, chercheurs, ceux qui cherchent ; du Latin *nvefligator*.

Iſcariſier, couper, trancher, ouvrir.

Iſis, figure de la nature eſſencielle, mere de tout ce qui exiſte, où l'humide radical univerſel impreigne de chaleur céleſte, ſon principe moteur, Mercure philoſophique.

LAbeur, travail ; du Latin *labor*, *Labourer*, travailler, *Labourans*, travaillans.

LAIT de la Vierge, le Mercure philoſophique.

Lamines petites lames ; du Latin *Lamina*.

Lapils, pierres ; du Latin *Lapis*.

Lay, laïque, qui n'a aucun titre dans les Ordres Eccléſiaſtiques, & qui n'eſt pas Religieux ; du Grec LAOS peuple.

LIBRA, le Signe des Balances, l'un des douze Signes du Zodiaque, dans lequel le Soleil entrant le 22 Septembre, fait l'Equinoxe d'Automne.

Ligature, *conſerver le Vaiſſeau avec ſa ligature*, c'eſt-à-dire le conſerver *bien bouché*, en le ſcellant du ſceau d'Hermes, c'eſt-à-dire, en enfermant Hermes par Hermes, ce qu'on ne pourra comprendre ſans connoître le ſujet.

Lineaire, du Latin *Linea e*, c'eſt-à-dire, qui va tout droit, uniment, également, depuis le commencement juſques à la fin : la principale qualité de la ligne, étant d'être par tout unie & droite.

Liquefaction, l'opération par laquelle on réduit en liqueur une choſe ſolide ; du Latin *Liquefactio*.

LUNE, terme de l'Art, qui ſignifie l'Argent, & ſe marque par un Croiſſant tourné de droit à gauche. Voyez *Argent*, humide radical.

LUNAIRE, ſuc de la Lunaire, terme myſtérieux des Philoſophes. Philalethe dit dans le ch. 19. que c'eſt la plus pure ſubſtance du Soleil purifié, & joint avec le Mercure des Philoſophes.

LUT, mot de l'Art ; du Latin *Lutum*, c'eſt le mortier que font les Philoſophes pour lutter & enduire, ou encroûter leurs Vaiſſeaux de verre, afin qu'ils réſiſtent mieux au feu.

MAGISTERE, terme de l'Art, qui ſignifie le grand Oeuvre; du Latin *Magiſterium*, c'eſt-à-dire, ſujet trois fois plus vertueux qu'il n'étoit en ſon premier état. Magiſtere eſt auſſi une opération chymique, par laquelle un Corps mixte ou compoſé eſt tellement préparé par l'Art Chymique, ſans que l'on en faſſe aucune extraction, que toutes ſes parties homogenées ſont conſervées & réduites dans un dégré de ſubſtance ou de qualité plus noble, par la ſéparation que l'on fait ſeulement de ſes impuretés extérieures. Beguin, lib. 2. ch. 19. ainſi qu'eſt le Magiſtere des Perles, de Coral, &c. ſi bien que toutes les préparations des Métaux, ne ſont que des Magiſteres, ou atténuations de leurs Corps ſubtiliés.

Maixtes, pluſieurs.

Mais que, pourvû que.

Mâle volonté, mauvaiſe volonté, comme mâle grace. *Treviſan.*

Marchier, pour Marché. *Zachaire.*

MÉDECINE, c'eſt-à-dire, force univerſelle, améliorant & perfectionnant les Corps malades, ou imparfaits.

MER, les Philoſophes appellent leur Mercure Mer, parce qu'il eſt une Eau marine, ayant un Selpêtre, c'eſt-à-dire, une Eau qui ſe pétréfie.

MERCURE, l'une des ſept Planettes qui ſe marque avec un rond qui a un Croiſſant au-deſſus avec une Croix au-deſſous du rond. Il ſe prend pour l'Argent-vif, tant le commun que celui des Philoſophes, c'eſt-à-dire, que les Philoſophes tirent & font, & pour cet effet Philalethe dit au Chap. 1. que c'eſt un Enfant qu'ils forment, non pas en le créant, mais en le tirant des choſes où il eſt enfermé, par la coopération de la Nature, & par un merveilleux artifice, de ſorte qu'il ne

se trouve point sur la terre tout prêt & préparé pour l'Oeuvre, comme il est dit dans le
chapitre 13. du même Auteur. Ils l'appellent autrement leur Sel, leur Lune, leur Or
blanc, la Fémelle, leur Eau pontique, leur
Vinaigre très-aigre, qui a la vertu de dissoudre
l'Argent & l'Or communs, & de les résoudre
en leur Mercure, qui est leur semence. Les Philosophes disent qu'il est Hermaphrodite, c'est-
à-dire mâle & fémelle, & qu'il est volatil, c'est
pourquoi ils l'appellent le Dragon ailé, mais il
devient fixe par le moyen du Souffre des Philosophes, qui est en lui-même, & qu'il revivifie
en mourant, & ainsi devient leur Salamandre
qui vit dans le feu.

MISTÉRE, secret, énigme, parabole, ignorance
d'une chose, sens caché, esprit occulte.

MINE, ou miniere, d'où s'extrait le Mercure des Sages.

Mondifier, mondification, nettoyer; du Latin Mun-
dificatio.

Moult, beaucoup; du Latin Multum, prononçant
u, comme ou, ainsi que faisoient les Latins.

Mosle, pour moule, Zachaire.

MOSZHACUMIA, c'est-à-dire, les féces ou immondices du verre.

Muer, changer, du Latin Muto, d'où vient transf-
muer. On dit que les Oiseaux muent quand ils
changent de plumes, ainsi fait le Mercure philosophique à chaque aigle.

Narrer, raconter; du Latin Narrare.
Nully, aucune personne. Trevesin.
Obliques, de travers; du Latin Obliquum.
Occises, tuées; du Latin Occisum.

OISEAU D'HERMES, l'Esprit du feu de nature, enclos dans l'humide du Mercure hermétique, Pigeon, ou la chaleur naturelle unie à l'humide
radical.

OR, est le plus parfait de tous les Métaux, que
les Philosophes appellent Soleil, ils le marquent

par un cercle, & un point au milieu pour montrer qu'il est entiérement fixe & parfait. Ils ont leur Or philosophique qu'ils appellent vif. Ils en ont un Rouge, qu'ils appellent leur Laton rouge, Mâle, Souffre, Dragon sans aîle. Et un Or blanc, qui est la Fémelle, le Dragon aîlé, leur Mercure. Voyez *Argent & Mercure*.

Os d'Adam, Mercure philosophique, Souffre igné.

Osiris, pris pour la chaleur naturelle, jointe à l'humide radical figuré par Isis.

Parabole, mot Grec, qui signifie comparaison, énigme, figure, allégorie, symbole.

Paraboliquement, par comparaison.

Part, *la part où*, le lieu, l'endroit où, là où, Zacharie.

Passif, patient ce qui reçoit l'action de la chose qui agit.

Pécunes, argent; du latin *pecunia*. Trévisan.

Philosophe, sage, mage, adepte, amateur de Sagesse, c'est le nom de ceux qui sçavent la Science de Dieu & de la Nature.

Philosophie, amour de Sagesse; nom que l'on donne à la Science ou Art, qui enseigne à faire la Pierre philosophale.

Planettes, les sept Planettes ont chacune leur couleur, par toutes lesquelles successivement passe l'Oeuvre des Sages.

Phison, fleuve, dont les eaux composées des quatre Elémens liquides, circulent dans toute la terre de vie.

Posé, qu'ils e montrent, encore qu'ils le montrent.

Pratique, action du mot grec PRATTEINE qui veut dire faire, opérer, œuvrer, pratiquer.

Probateur, éprouveur, qui éprouve, du latin *probator*.

Putréfaction, pourriture; du latin *putrefactio*.

Putrifier, pourrir; du latin *putrefacere*.

Q Uant & lui, avec lui.

Q uer m, cherchons ; du latin *Quæro. Trévisan.*

QUINTESSENCE, comme qui diroit cinquiéme Es-
fence, ou cinquiéme Etre d'une chose mixte.
C'est comme l'ame très-subtile tirée de son corps
& de la crasse & superfluité des quatre Elémens,
par une très-subtile & très-parfaite distillation.
Vistalusca Plin. ch 2 & qui par ce moyen
est spiritualisée, c'est-à-dire rendue très-spirituelle, très-subtile & très-pure, & comme incorruptible, ou astralisée, & célestifiée.

R *mentevoir*, remettre en mémoire, faire res-
souvenir.

Recepres, procédés ou mémoires pour faire le grand
Oeuvre, ainsi appellés, parce qu'ils commencent
comme les ordonnances des Médecins par le mot
latin R *ecipe*, c'est-à-dire *prends*.

Régir, gouverner, du latin *regere*, de là vient *régim* ; du latin *regimen*, gouvernement. Ainsi
l'on dit *le régim du feu*, c'est-à-dire la maniere
de faire & de conduire le feu.

Regard, au regard d'elle, en comparaison d'elle.
Trévisan.

Reincruder, redevenir cru, ou faire redevenir
cru ; du mot latin barbare *reincrudare*, réincruder, c'est à dire faire retrograder la matiere
jusqu'à l'état de son origine, & de la naissance
qu'elle reçoit en sortant du ventre des quatre
Elémens, ses pere & mere.

REVERBERE, Feu de reverbere, c'est à dire, ou la
flamme circule & retourne d'en haut sur la matiere, comme fait la flamme dans un four ; c'est
un réverbere entier, quand le feu n'a point de
passage par haut : & demi, quand le milieu du
fourneau est ouvert, & qu'il n'y a que les côtés
qui sont fermés ; de sorte que la circulation du
feu ne se fait qu'à demi.

ROSE'E, Eau lustrale des Anciens, Rosée céleste,
Mercure philosophique, enfans de Bacchus & de
Cérès.

ROUGE, terme de l'Art, par lequel les Philosophes appellent la teinture de leur Elixir, lorsqu'elle est dans sa perfection pour donner la véritable couleur de l'Or au Mercure des métaux imparfaits.

Rubification, rougissement, action par laquelle on rougit quelque chose, ou que l'on la fait devenir rouge; du Latin *rubificatio*.

Rubifier, faire rouge : parfaire la Médecine au rouge.

SAGESSE, la Nature essencielle douée de la vertu divine, matiere des Philosophes.

SATURNE, l'une des sept Planettes. Les Philosophes appellent de ce nom le plomb. Néanmoins ils ont leur plomb particulier, qu'ils disent qui est plus précieux que l'Or, & que quelques Auteurs ont appellé le Plomb sacré ou le Plomb des Sages, & ont cru que c'étoit l'Antimoine : mais les Philosophes appellent leur Plomb, leur Matiere lorsqu'elle se putrifie; ce qui se connoît par la couleur noire du noir très-noir, dans laquelle se fait l'Eclypse du Soleil & de la Lune, qu'ils appellent boüe ou limon, dans lequel l'ame de l'Or, (qui est appellée la fleur de l'Or en la tourbe) se joint avec le Mercure : de sorte que les Philosophes appellent Saturne ou Plomb, le tombeau où le Roi est enseveli. *Philalethe*, *Chap.* 22.

SATURNIE, végétable, c'est un des termes mystérieux de l'Art dont se sert Philalethe Chap. II, qu'il a pris de Flamel, lequel dans son Sommaire, ou Poëme philosophique, en parle en cette sorte:

> *L'Herbe triomphante royale,*
>
> *Laquelle ont nommé minérale,*
>
> *Anciens Philosophes, & herbale,*
>
> *Appellée est saturniale.*

Cette Saturnie n'est autre chose que la décoction

des quatre qualités élémentées , & le Mercure philofophique , où tout eſt aqueux & létargique pour venir à végétation.

Sacrements , ferments. *Trévifan* : du Latin *Sacramentum.*

Sapience, fageſſé , perféction & vertu divine dans la Nature ; ſalut , ſanté , incolumité , ſainteté d'ame, d'eſprit & de corps.

Sauve, fauf , ſans. *Sauve aucune fuperfluité.* Trévifan. Il vient du Latin *Salvus*, qui ſignifie ſauté.

Scine, ſe ne reſſentira. Trévifan pour s'en reſſentira.

Sermoner, dire , prêcher , diſcourir. Il vient de *Sermon* , & celui du Latin *Sermo*, parole , ſouffle.

Serpentine, couleur ſerpentine dans la Tourbe , c'eſt-à-dire couleur de Serpent ; couleur verte , qui eſt ſigne de la végétation. Philalethe l'appelle la verdeur déſirée , la Fontaine des Amoureux , parlant de cette couleur dit :

Au fonds d'ell' gît le vert Serpent.

Serpent, venin de la corruption terreſtre , qui paroît en l'Oeuvre , bien figuré , avant le commencement de la noirceur.

Siccité, ſéchereſſe : du Latin *Siccitas.*

Simples, Zachaire ſe ſert de ce mot pour ce que l'on appelle drogues ou matiéres. Il ſignifie proprement les Herbes ou Plantes.

Simptôme, ſymbole , marque , prognoſtic , figure , image , repréſentation , indice.

Singulier, particulier : du Latin *Singularis*. De là vient *Singularité*, ce qui eſt particulier.

Soleil, eſt le Roi des Planettes , qui leur donne la lumiere : les Philoſophes appellent l'Or Soleil. Voyez Or.

Solution eſt une Opération de l'Art , par laquelle on réduit une choſe ſolide & ſéche en eſſence d'eau, où l'on la fait liquide. Geber , Liv. I, Part. IV, Ch. LI.

Solutions, réponfes aux raifons, réfolutions d'argumens. Il vient de *Soudre*, dont Zachaire fe fert
pour réfoudre.

Souffre, premier & principal des trois premiers
principes, qui tient de la nature du feu, & moteur animant ; le fecond eft le Mercure, qui eft
l'humide, & le troifiéme eft le fel, qui eft le
corps & le lien des deux autres.

Souff'reté, difette, pauvreté : il vient de fouffrir.

Sophiftique, du Grec SOPHISTEZ, impofteur, char-
latant.

Sophiftications, impoftures, tromperies. On appelle
ainfi les ouvrages des affronteurs Chymiftes,
qui prétendent par des voyes indirectes blanchir
le cuivre, ou graduer l'Argent, & lui donner
des teintures fuperficielles, faire des augmenta-
tions d'Or par divers mélanges, & diverfes opérations bizarres qu'ils inventent, pour couper la
bourfe à ceux qui les croyent.

Sperme. Sophifme, mot Grec, qui veut dire femence.

SUBLIMATION eft l'élévation faite par la chaleur
d'un corps fec en atômes ou parties très-fubtiles,
qui s'attachent au vaiffeau.

Surdomine, prédomine, eft plus fort & puiffant.

Supernaturelle, furnaturelle au-deffus du pouvoir
de la Nature. Zachaire.

Suftentat on, foutien, vigueur, force.

Sybilles, Prophéteffes, Mages, Philofophes hermétiques très fçavantes, & adeptes dans la Science
de la Philofophie naturelle.

T*Axer*, reprendre, blâmer ; du Latin *Taxare*.
Zach.

TELESME, fin, du mot Grec TELOS, dans la Table
d'Emeraude.

TERRE ROUGE, c'eft le Laiton.

TERRE FOETIDE, c'eft le Souffre de mauvaife odeur.

TINGENT, terme de l'Art qui marque une des perfections de l'Elixir des Philofophes, qui pour

être accompli doit être en poudre, fondante, pénétrante & tingente au blanc & au rouge. Il vient du Latin *Tingens*.

Théorique, mot Grec, qui signifie spéculation, contemplation.

Trafique pour trafic. Zachaire.

Transfigurer, faire changer de figure.

TRANSMUER, d'où vient transmutation, terme fort usité dans l'Art, pour signifier le changement des Métaux imparfaits en Or par le moyen de l'Elixir, qu'on devroit plutôt appeller perfection des Métaux imparfaits, puisqu'ils ont été faits par la Nature pour parvenir à cette perfection, étant tous composés de même matiere : mais l'impureté de leur matrice, c'est-à-dire du lieu où ils sont formés, les en empêche.

Transverses, voyes transverses, qui vont de travers, qui ne vont droit. *Trévisan* ; du Latin *transversus*.

TRITURATION, comme qui diroit broyement, action par laquelle on broye & réduit quelque corps solide en menues parties par la contusion ; du mot Latin *triturare*, ce qui produit l'extraction de la quintessence ignée & humide.

Trouffe, mocquerie, dérision, tromperie, de l'Espagnol & de l'Italien, *truffa*.

TYRIENNE, couleur Tyrienne, c'est-à-dire couleur de la véritable pourpre, qui est le sang d'un poisson qui se pêchoit dans la Mer du Levant, aux environs de la Ville de Tyr, & nom qu'on donne à la Pierre parfaite au rouge.

VENTRE d'Aries. Voyez Aries, Bélier.

VENUS, est l'une des sept Planettes, que les Philosophes prennent pour le cuivre, lorsque leur matiere est au dégré de cette Planette ; elle se marque par un cercle avec une croix au-dessous.

Véridique, qui dit vrai ; du Latin *veridicus*.

Vergone, honte.

Viatique des Sages, la Médecine univerſelle dorée, ou l'Elixir au rouge, opérante cures merveilleuſes dans les maladies extrêmes & déſeſpérées ; celle au blanc, & qu'ils appellent la lunaire, ayant moins de force & de vertu, s'applique dans les maladies moins dangéreuſes.

Vilipender, mépriſer ; du Latin *v.lpando.*

VINAIGRE très aigre, c'eſt un des noms que les Philoſophes donnent à leur Mercure, parce qu'il diſſout l'Or ſans violence. Voyez *Mercure.*

Vivifier, donner la vie ; du Latin *vivificare.*

Voirre, ancien mot pour *verre.*

VOLATIL, qui vole, c'eſt à-dire, ce qui par la chaleur s'éléve en haut ; c'eſt une reſſemblance priſe des Oiſeaux. Les Philoſophes diſént qu'au commencement leur Mercure eſt volatil, c'eſt pourquoi ils l'appellent Dragon volant, parce qu'il ſe ſublime par la chaleur, & emporte avec ſoi la partie fixe ou le Souffre.

Volat.liſation, ſublimation, élévation qui ſe fait d'une matiére au haut du vaiſſeau par la chaleur.

Voulefiſt, l'ancien mot pour *voulût.* Zachaire.

UNITE', un, union indiſſoluble des principes inſéparables & impartibles.

URINAL, vaiſſeau de verre où l'on urine, pour moyenner artiſtement la putréfaction & les opérations néceſſaires ; Flamel l'employe touchant le vaſe requis ; il s'entend encore de l'œuf philoſophique, dit phiole, anipoule, amphore, qui reçoit & contient l'eſſence catholique de l'œuvre de la Médecine hermétique ; le mot eſt tiré du Latin *urina.*

VULGAIRE, mot de l'Art, qui ſignifie commun, vulgaire ; du latin *Vulgare.*

FIN.

FAUTES A CORRIGER,
survenues dans l'impression.

PAge 13. ligne 3. au lieu du mot *ayez*, lisez *avez*.

Page 21. ligne 5. au lieu du nom d'*Espagne*, substituez d'*Espagnet*.

Page 33. ligne derniere, au lieu de *patienc*, mettez *patience*.

Page 45. ligne 4. au lieu de *revifier*, lisez *revivifier*.

Même page, ligne 6. au lieu de l'*Argent*, qui trouble & déplace tout le sens de la pensée, mettez, l'*Agent*.

Même page, ligne 9. au lieu de *vification*, lisez, *vivification*.

Page 71. à la derniere ligne, après le mot *capacité*, ajoûtez *du nid*.

Page 80. ligne 31. au lieu de *souffre*, lisez, *soufle*.

Page 88. ligne 5. au lieu de *Microstome*, mettez, *Microcosme*.

Page 96. ligne 25. au lieu de *Philosopatres*, substituez, *Philosophâtres*.

Page 138. derniere ligne, lisez, *Arsenic*.

Page 150. ligne 3. au lieu d'*intru*, lisez, *issus*.

Page 155. ligne 14. à la place de *alta est*, lisez, *alka est*.

Page 159. ligne 3. de la notte, au lieu de *partient*, lisez, *patient*.

Page 166. avant derniere ligne, au lieu d'*oye*, lisez, *voie*.

Prge 169. ligne 3. au lieu d'*eux*, lisez, *ceux*.

Page 191. ligne 3. au lieu de *provient*, lisez, *proviennent*.

Page 237. ligne 17. après les mots d'*Eau claire*, ajoûtez, *qui*.

Page 280. ligne 30. au lieu d'*implacable*, lisez, *impalpable*.

Page 390. à la 7. ligne, après les mots *céleste*, & ajoûtez, *la terre*.

Page 445. & 446. verſet 117. les Curieux Inveſti-
gateurs pourront avoir recours au Texte manuſcrit de l'Auteur en cet endroit , pour y retrou-
ver & ſcruter ce que la prudence a fait juger devoir obmettre de ce verſet.

Page 488. ligne 27. au lieu de *fonte* , liſez , *fontaine.*

Même page , ligne 28. à la place de *cbent* , 'mettez , *cberchent.*

Page 504. ligne 19. après le mot *encore* , ajoûtez ,
ne.

Page 509. ligne 7. après le mot *vulgaire* , ſuppri-
mez le *point* . troublant la phraſe qui précéde &
ſuit.

Page 510. ligne 8. au lieu de *etuit*, liſez , *potuit.*

Page 529. ligne 9. au lieu d'*Herpecrates* , liſez ,
d'Harpocrates.

Page 532. ligne 13. à la place du mot *Etudieux* ,
mettez , *Eſtudieux.*

Page 534. ligne 17. au lieu de *géne*, liſez , *gébemne.*

Même page 534. ligne 27. au lieu de *n'ont* , liſez ,
non.

Page 536. ligne 27. au lieu de *verteux*, liſez , *vertueux.*

Page 538. ligne 2. à la place d'*aprenlſſage* , ſubſti-
tuez , *apprentiſſage.*

Page 540. ligne 16. au lieu de *naure*, liſez , *nature.*

Page 546. ligne premiere , au lieu de *feaſe* , mettez *faîte* , ou *ſommet.*

Page 559. ligne 18. au lieu de *Piton* , mettez ,
Pithon.

Page 561. ligne 17. au lieu d'*Agléé* , liſez , *Agiléé.*

Page 575. ligne 16. au lieu d'*Almgrmat on* , liſez ,
Amalgammation.

Page 576. ligne 22. ou lieu de *Crſol*, liſez ; *Cruſol.*

www.ingramcontent.com/pod-product-compliance
Lightning Source LLC
Chambersburg PA
CBHW031722210326
41599CB00018B/2472